Advanced Separation Engineering

高等分离工程

钟璟　陈乐　主编

化学工业出版社

·北京·

内容简介

《高等分离工程》是化学工程与工艺中研究混合物分离共性问题的一门核心课程，目的在于反映分离工程的新进展，揭示有关分离过程的规律。本书在讲述传统分离操作多组分精馏、吸收、萃取等的基础上，着重讲解新型绿色分离单元操作，如吸附分离、膜分离等，及新材料在分离单元操作中的应用研究，阐述石化企业对实际分离问题的解决过程与研究成果。

本书可作为高等院校化学工程与工艺、石油化工等相关专业研究生或高年级本科生教材，亦可作为从事化工、能源、制药等相关工业过程工程技术人员的参考书。

图书在版编目（CIP）数据

高等分离工程/钟璟，陈乐主编. —北京：化学
工业出版社，2024.3（2024.11重印）
ISBN 978-7-122-45028-9

Ⅰ.①高… Ⅱ.①钟… ②陈… Ⅲ.①分离-化工过
程-研究生-教材 Ⅳ.①TQ028

中国国家版本馆 CIP 数据核字（2024）第 039295 号

责任编辑：张　艳　　　　　　文字编辑：郭丽芹
责任校对：李雨函　　　　　　装帧设计：王晓宇

出版发行：化学工业出版社
　　　　　（北京市东城区青年湖南街 13 号　邮政编码 100011）
印　　装：北京科印技术咨询服务有限公司数码印刷分部
787mm×1092mm　1/16　印张 17　字数 400 千字
2024 年 11 月北京第 1 版第 2 次印刷

购书咨询：010-64518888　　　　售后服务：010-64518899
网　　址：http://www.cip.com.cn
凡购买本书，如有缺损质量问题，本社销售中心负责调换。

定　　价：59.00 元　　　　　　版权所有　违者必究

前言
PREFACE

自然界中的物质大部分以混合物形式存在。许多通过化学或物理过程得到的产品以及所使用的原料都是混合物。为了有效利用这些物质，需要将其进行分离和提纯。混合物的分离技术一直在化学工程与工艺的发展史中扮演着关键角色，是化学工程学科的重要分支。分离工程为人类在生产、生活中得到纯物质提供理论与方法，在石油化工、煤化工、材料、食品、医药、生化和环保等众多领域都有广泛应用。

高等分离工程具有理论性和实践性强、知识点多、涉及面广等特点，是学生在学习过物理化学、化工原理、化工热力学等专业基础课程后的进一步提升。本书在编写上，一方面在传统的多组分精馏、吸收、萃取和结晶等操作的理论讲述中加入最新研究动态和案例，如在多组分精馏中强调计算机程序设计在化工设计中的应用，使得传质过程复杂的数学模型求解变得容易；另一方面着重讲解新型绿色分离单元操作（膜分离技术、吸附分离技术等），及新材料在分离单元操作中的最新应用研究，阐述石化企业对实际分离问题的解决过程与研究成果。

本书由常州大学化学工程教研室和化工原理教研室的部分教师基于多年的教学与科研经验编写而成。第1章和第3章由张琪编写，第2章由王俊、孙雪妮、陈乐编写，第4章由孙雪妮编写，第5章由王亚男、桂豪冠编写，第6章由陈乐编写，第7章由钟璟、徐荣编写，第8章由李楠、叶菁睿编写，第9章由陈乐、徐荣编写，其中第6章中部分结构图得到了本院张致慧老师的帮助，钟璟、陈乐、叶菁睿对全书进行统稿。

本书可作为高等院校化学工程与工艺、石油化工等相关专业研究生或高年级本科生教材，亦可作为从事化工、能源、制药等相关工业过程工程技术人员的参考书。

由于编写人员水平有限，书中难免有疏漏和不妥之处，敬请读者和相关领域专家批评指正。

主编
2023 年 8 月

目录
CONTENTS

第 1 章

绪　论

分离工程是研究过程工业中物质的分离和纯化方法的一门工程技术学科。自然界中大多数物质以混合物的形式存在，分离是将混合物分成组成互不相同的两种或几种产品的操作。石油化工、生物医药、冶金等过程工业的原料精制及中间产物分离、产品提纯都离不开分离技术，它是获得优质产品、充分利用资源和控制环境污染的关键技术。分离工程在提高化工生产过程的经济效益和社会效益上起着重要作用。

近年来，随着现代科学技术的发展，尤其是以新能源、新材料、电子和信息技术、现代生物技术、环境保护技术、可再生资源利用技术等为代表的高新科技的兴起和发展向分离技术提出了新的艰巨挑战，这使得分离工程成为近半个世纪以来发展最为迅速的化学工程技术之一。随着分离工程的迅速发展，新的分离方法不断出现，很多传统的分离方法在新的领域也找到了用武之地。同时，与分离工程相关的理论、设备及研究方法也不断充实。因此，研究新的分离方法和技术，开发新的高效分离过程和设备，始终是分离工程重要的研究领域。

1.1 分离工程的发展历程

1.1.1 分离工程的起源

分离过程和技术是随着化学工业等过程工业的发展而逐渐形成和发展的，生产实践是分离工程形成与发展的源泉，单元操作的提出带动了分离工程的建立和发展。

分离过程可以追溯至公元前 3000 年，那时起人类就能运用各种分离方法制作一些生活必需品，如从矿物中提取铜、铁、金、银等金属，从花卉中提取香料和从植物中提取染料，从植物灰烬中提取草碱，海水蒸发结晶制盐，沥青岩提炼，蒸馏酒等。这些早期的人类生产活动主要依靠世代相传的经验和技艺，尚未形成科学的体系。

18 世纪工业革命以后的欧洲，"三酸二碱"等无机化学工业的形成开辟了现代化学工业。19 世纪，以煤为基础原料的有机化工在欧洲也发展起来，主要着眼于苯、甲苯、酚等各种化学品的开发，这些化工生产中需要将产品或生产过程的中间体从混合物中分离出来，应用了精馏、吸收、过滤、结晶、干燥等分离操作。但是当时的分离技术实际上是结合具体的化工生产工艺的开发过程，单独而分散地发展的。

1901 年，英国人戴维斯（G. E. Davis）编著的世界上第一本《化学工程手册》奠定了化学工程的基础，其中首次确立了分离操作的概念。1915 年，美国学者利特尔（A. D. Litte）提出单元操作的概念，指出任何化工生产过程不论规模如何，皆可分解为一系列单元操作的过程，例如粉碎、冷凝、吸收、精馏、浸取、结晶、过滤等。1923 年，刘易斯（W. K. Lewis）等合著的《化工原理》正式出版，第一次详细论述了单元操作原理，推出了传质与分离单元操作的定量计算方法，这时，分离工程的理论初见端倪[1-4]。

1.1.2　分离工程的发展

20 世纪中叶分离工程的理论得到充实和完善，动量传递、热量传递和质量传递"三传一反"概念的提出使分离工程建立在更基本的质量传递的基础上，从界面的分子现象到基本流体力学现象进行各单元操作的基础研究，并用定量的数学模型描述分离过程，用于分析已有的分离设备，并用于设计新的过程和设备。

化工分离单元操作的形成和对单元操作的规律进行抽象描述形成的理论，促进了分离过程在化工工艺开发、化工过程放大、化工装置设计和在化工生产中的应用，对促进化学工业的发展起到了重要的作用。

20 世纪下半叶掀起的新技术革命在人类文明和社会发展中具有重大的意义。现代生物技术、环境科学、资源与能源科学、信息技术与材料科学等高新科技的发展对分离工程所提出的新的、更高的要求，使化工分离技术趋向于复杂化、高级化，应用也更加广泛。化工分离技术与其他科学技术相互交叉融合，产生了一些更新的分离技术：生物分离技术、膜分离技术、分步结晶技术、超临界萃取技术、纳米分离技术等。并且这个时期由于计算机技术的飞速发展，使得从基础理论出发对分离过程和设备进行研究成为可能，通过开发用于分离过程优化的过程模拟软件，使化工分离过程的开发设计更趋成熟和完善[5-7]。

21 世纪，随着生产技术的发展，所处理的混合物种类日益增多，对分离的要求越来越高（产品纯度高）。分离物料的量，有的越来越大（生产大型化），有的越来越小（各种生化制品的发展），特别是随着各种天然资源被不断开采使用，含有用物质较高的资源逐步减少，迫使人们从含量较少的资源中去分离、提取有用物质。所有这些都促使常规的分离方法迅速改造和完善，出现了新的强化设备和新的计算方法以适应技术革命飞速发展的需要，同时也促使人们进一步探索各种新的分离原理和开发新的分离方法。

1.2　分离工程的研究内容和研究特点

1.2.1　分离工程的研究内容

分离过程中需要加入分离剂，分离剂是分离过程的辅助物质或推动力。分离剂包括能量分离剂（热量、冷量或功）和物质分离剂。分离过程借助一定的分离剂，实现混合物中的组分分级、浓缩、富集、纯化、精制与隔离等过程。因此分离过程（separation process）是将一混合物转变为组成互不相同的两种或几种产品的操作，而分离工程（separation engineering）是研究分离过程中分离设备的共性规律、物质的分离与提纯的科学。本书所介绍的分离工程，是以传质分离操作作为研究对象，应用物理化学、化工热力学、传递原理和化工原理中的基本原理和知识，研究和处理传质分离过程的开发和设计中遇到的工程问题，包括适宜分离方法的选择，分离流程和操作条件的确定和优化，传质分离设备的传质特性、选型和强化，传质操作和设备的设计计算，以及分离操作的实验研究方法等。主要掌握常用分离过程的理论、操作特点，简捷和严格的计算方法和强化改进操作的途径，一些新的分离技术[1]。

1.2.2 分离工程的研究特点

分离工程主要是在物理化学、化工热力学及化工原理等课程的基础上对常用能量分离剂和质量分离剂的平衡过程进行研究，重点讨论多组分多级分离过程，主要内容包括：①平衡分离过程基本原理及计算；②分离方法选择；③分离过程的节能及优化；④分离系统的组织。在分离过程的计算中，掌握以下几个特点是十分重要的，这也是从事多组分多级分离研究的重要方法。

（1）多组分混合物的热物性数据

当对多组分混合物的单个分离过程或整个分离装置进行计算时，既要对各个分离设备的物料与热量进行衡算，又要进行整个分离装置的物料与热量平衡计算。为了进行这些计算，必须有被分离混合物及各个组分的热物性数据。在多数情况下，纯物质的热物性数据可以查到，但对于混合物，由于组成千变万化，在量上没有固定关系，没有现成的数据可供利用。因此，根据纯组分的热物性数据得到混合物的热物性数据是多组分混合物分离计算要解决的首要问题。

（2）实际体系的相平衡常数

对由理想气体、理想溶液组成的体系的相平衡常数，可以容易地进行计算；但对于实际体系的相平衡常数的计算则比较困难。平衡常数最可靠的数据是通过实验来求得；计算平衡常数则需要用活度系数、逸度系数等对理想体系进行修正。平衡常数的计算是多组分混合物分离过程计算中反复使用的基本运算之一。因此，解决实际体系相平衡常数计算尤为重要。

（3）级态的变化

在多组分混合物分离过程中，往往伴随着级态的变化，即出现新的相——液相或气相。因此，计算时需要确定可能出现新相的参数（温度 T 或压力 p）、气体或液体的量及它们的组成，这也是多组分分离过程要解决的基本问题。

（4）需用电子计算机作为运算工具

由于多组分混合物分离过程的计算往往需要反复试差、迭代或需要联立求解线性或非线性方程组，计算工作量大，靠手工计算很难完成任务，需借助于电子计算机[8]。

1.3 分离过程的分类

目前工业上采用的分离方法很多，装置的结构和类型也多种多样，多数的分离过程依照分离原理分为：机械分离过程和传质分离过程。机械分离过程的分离对象是两相以上组成的混合物，其目的只是简单地将各相加以分离，例如过滤、沉降、离心分离、旋风分离和静电除尘等。这类过程在工业上是十分重要的。在化工原理课中一些单元操作过程已经讲过，在本课程中不再讨论。传质分离过程用于各种均相混合物的分离，其特点是有质量传递现象发生。按照所依据的物理化学原理不同，工业上常用的传质分离过程又可分为：平衡分离过程和速率分离过程。由于本书的定位注重分离过程相关的技术，因此我们按照分离过程中体系内物质的变化（包括相态变化和种类变化）和使用的分离剂的类型来进行分类。

1.3.1 有相产生或添加的分离过程

在分离均相混合物时，通常采用添加或产生第二个不互溶的相实现产品的分离。第二相的产生是通过外加能量分离剂（热和功）产生相变或直接添加第二相的物质分离剂两种途径实现的。有些分离过程同时使用能量分离剂和物质分离剂[9-10]。

表 1-1 列出了工业上常见的与两相间传质相关的分离过程，其中在工业上已经能够成功设计的过程用"*"标注出来，这些过程已经有较成熟的理论，借助于计算机辅助的化工过程设计和模拟程序可以较轻松地设计出连续稳态的过程。

表 1-1　相产生或添加的分离过程

分离操作	进料相态	产生或添加的相态	分离剂	工业实例
部分冷凝*(1)	蒸汽	液体	热量	采用部分冷凝技术从合成氨工业中分离 H_2 和 N_2
闪蒸*(2)	液体	蒸汽	减压	海水淡化
蒸馏*(3)	蒸汽和/或液体	蒸汽和液体	热量	苯乙烯的纯化
萃取蒸馏*(4)	蒸汽和/或液体	蒸汽和液体	热量和液体萃取剂	丙酮和甲醇的分离
再沸吸收*(5)	蒸汽和/或液体	蒸汽和液体	热量和液体吸收剂	从液化石油气产品中去除乙烷和低碳烃
吸收*(6)	蒸汽	液体	液体吸收剂	烟气中二氧化碳的脱除
汽提*(7)	液体	蒸汽	汽提剂	原油蒸馏塔侧线抽提石脑油、煤油和柴油馏分
回流汽提（蒸汽蒸馏）*(8)	蒸汽和/或液体	液体或蒸汽	汽提剂加热量	原油的减压蒸馏
再沸汽提*(9)	液体	蒸汽	汽提剂加热量	回收胺吸收剂
共沸蒸馏*(10)	蒸汽和/或液体	液体或蒸汽	液体夹带剂和热量	用醋酸正丁酯和水形成共沸剂，以从水中分离醋酸
液液萃取*(11)	液体	液体	液体溶剂	回收芳香族化合物
干燥(12)	液体和固体	蒸汽	气体和/或热量	在流化床干燥器中用热空气脱除聚氯乙烯中的水分
蒸发(13)	液体	蒸汽	热量	从尿素和水的溶液中将水蒸发出来
结晶(14)	液体	固体（和蒸汽）	热量	从间二甲苯和对二甲苯的混合物中结晶出对二甲苯
凝结(15)	蒸汽	固体	热量	从不凝性气体中回收邻苯二甲酸酐
浸提(16)	固体	液体	液体溶剂	用热水从甜菜中萃取出蔗糖
泡沫浮选(17)	液体	气体	气泡	从废水溶液中回收清洁剂

（1）～（3）的分离过程都是基于被分离的物质中组分挥发度的差别实现分离的，在挥发度差别不足以完成分离任务时，就需要采用或添加其他的物质分离剂，如（4）中的萃取剂，（5）～（6）中的吸收剂，（7）～（9）中的汽提剂和（10）中的夹带剂。（11）～（17）的分离过程都是根据混合物中各组分的溶解度差别、挥发度差别等实现的分离。这类分离过程通常通

过塔设备来实现分离操作，且多为传统的分离过程。

1.3.2 有分离介质的分离过程

在目前的工业应用领域，采用多孔和无孔膜作为分离介质对传统分离方法难以实现的体系实现高选择性的分离日益受到关注（表1-2）。

表1-2 通过分离介质——膜实现的分离过程

分离操作	进料相态	分离介质	工业实例
渗透	液体	无孔膜	—
反渗透*	液体	压力梯度和无孔膜	海水淡化
渗析	液体	浓度梯度和多孔膜	血液净化
微滤	液体	压力梯度和微孔膜	去除饮用水中的细菌
超滤	液体	压力梯度和微孔膜	从奶酪中分离出乳清
渗透汽化	液体	分压梯度和无孔膜	分离共沸物
气体渗透*	蒸汽	压力梯度和无孔膜	氢气的富集
液膜	蒸汽和/或液体	浓度梯度和液膜	脱除硫化氢

1.3.3 采用固体分离剂的分离过程

采用固体分离剂的分离过程如表1-3所示。固体分离剂通常以颗粒的形式构成填充床层实现分离，也有采用附着在固体表面的液体吸附剂。

表1-3 固体分离剂的分离过程

分离操作	进料相态	分离剂	工业实例
吸附*	蒸汽或液体	固体吸附剂	对二甲苯的纯化
色谱分离*	蒸汽或液体	固体吸附剂或吸附在固体上的液体吸附剂	二甲苯异构体和乙苯的分离
离子交换*	液体	离子交换树脂	去离子水的制备

1.3.4 有外加场的分离过程

通过被分离体系中各组分或离子对外加场或梯度响应程度的不同可以实现分离。表1-4列出了常用的这类分离过程。此类分离过程可以与前面提及的其他分离过程相结合，实现复杂体系的分离操作。

表1-4 基于外加场或梯度实现的分离过程

分离操作	进料相态	外加场或梯度	工业实例
离心	蒸汽	离心力	铀同位素的分离
热传递	蒸汽或液体	热梯度	氯同位素的分离
电解	液体	电场力	重水的浓缩
电渗析	液体	电场力和膜	海水脱盐
电泳	液体	电场力	半纤维素的回收
场致分离	液体	场中的层流流动	—

1.4 分离工程面临的新机遇和挑战

分离工程在其他科学技术和学科发展的促进下，近年来获得了很大的进步，也为其他学科的发展提供了有力的支持。分离工程的发展与高新科技的结合是现实的迫切需求，呈现出快速发展的趋势，也是分离工程面临的新的机遇和挑战。

以基因工程产品为代表的现代生物技术产品的分离提纯是分离技术的前沿研究方向，通常，生物分离过程包括以下几个处理阶段：①培养液（或发酵液）的预处理和固-液分离；②产物提取；③产物纯化（精制）；④成品加工。现在的生物分离过程往往相当复杂，步骤很多，导致分离成本高，收率下降。因此，以经济和大规模高效分离为目标的许多新的生物技术产品的组合分离技术，例如亲和膜分离、亲和超滤技术、扩张床技术、高效层析技术等，已受到重视，其中有些已成功地用于生产。可以预见随着科学技术的发展，现有的生物分离技术将不断完善，新的生物分离技术还将不断涌现，以适应不断增多的生物技术产品的产业化的需要[11]。

分离工程在信息工业所需要的高纯原料的生产上有着重要的应用。锗、硅、砷化镓等半导体材料，集成电路生产中需要的试剂和光纤生产原料等均需要达到极高纯度。以单晶硅生产为例，冶炼级的硅在氢气的保护下与氯化氢反应生成氯硅烷，通过精馏分离得到纯净的三氯硅烷，在高温下通氢还原得到高纯度的多晶硅，这三个步骤实际上是对硅的分离提纯过程。然后再通过另一个纯化步骤——区域熔炼，得到单晶硅，以供制造集成电路之用。光纤生产中所需的四氯化硅，纯度要求很高，其中的含氢化合物的含量要求低于 4×10^{-6}，金属离子含量要求低于 2×10^{-9}，可以通过多次精馏来进行纯化。分离工程在此面临的挑战是，如何开发出新的、更有效的、生产成本更低的提纯工艺来制造超纯材料。为此必须开展广泛的研究，包括新的高选择性质量分离剂（分离介质）、分离过程界面现象、提高分离过程的速率和操作强度、新的分离设备、分离单元操作和分离过程工艺流程的研究等。

在现有资源充分利用，贫矿和贫化资源的开采和提炼，煤、页岩油等资源的有效利用及其向液态燃料转化等方面，分离工程面临着许多新的挑战。资源的分散度大、含量较低、组成复杂（如伴生矿和共生矿）和处理过程的环境保护要求高，对分离过程的开发提出了更高的要求。如在煤气化合成汽油或煤液化生产燃料油的大规模应用中，面临着许多新的、不同于石油化工的分离问题。现已普遍使用的许多化工分离技术如萃取、吸附、离子交换、膜分离等大有用武之地。对此，一个重要的方向是加强对使用于分离过程的高分离因子、高选择性、高容量、使用寿命长且易于再生循环使用的质量分离剂的研究。热力学和化学在其研究中有重要的作用。另外，加强对传质和传递现象、界面现象的研究，自动控制及计算机辅助过程应用于分离工程的研究，对于强化分离过程的分离效果也具有重要的意义。

核能有可能成为 21 世纪的主要能源之一。可控核聚变过程中轻核元素聚变成较重元素释放出的巨大能量可作为能源加以利用。主要的核聚变燃料是氘和氚。氘在自然界以重水的形式存在，可以从海水中提取得到，氚由锂和中子反应产生。据估计海水中约有 200 万亿吨重水，因此可控核聚变如能实现，将成为几乎用之不竭的能源。镁是一种战略性金属，海水提镁已是镁的主要来源之一，从海水中提取镁生产高纯镁砂的主要过程即是对从海水中带来的杂质的分离。应用离子交换和吸附法，还可以从海水中提取铀、银、金、锶、铋、锌、锰等元素。由此可见，海洋是资源的大宝库。分离技术，尤其是从极稀溶液中经济、高效地大量提取有用组分的技术，是充分利用这一重要资源的关键技术之一[11-13]。

环境保护是工业化社会中人们面临的严峻问题，对于工业生产中排出的废气、废液、废渣等污染物，常用的处理方法是生物降解、化学降解和污染物的分离脱除。分离工程在环境保护中起着重要的作用。根除污染物在生产过程中的产生是一种理想的环境保护方法，即所谓的"零排放"生产过程或绿色生产工艺的开发。绿色生产工艺的开发离不开传统分离技术的改进，新分离技术的研究、开发和工业应用，以及分离过程之间、反应和分离过程之间的集成化。从近年的发展来看，国内外在化工分离的前沿研究和开发主要集中在绿色分离工程等方面。绿色分离工程（green separation engineering）是指分离过程绿色化的工程实现，分离过程绿色化的第一种途径是对传统分离过程进行改进、优化，使过程对环境的影响最小甚至没有。对传统分离过程的绿色化主要是对分离过程如精馏、干燥、蒸发等利用系统工程的方法，以过程对环境影响最小为目标，进行分离过程的耦合和集成，大幅度降低了物料和能量的消耗，显著提高了目的产物的纯度和收率，达到减少环境污染、实现清洁生产等目的[1]。

分离过程绿色化的另一种途径是开发及使用新型的分离技术，目前为了适应科技进步所提出的新的分离要求，对新分离方法的开发、研究和应用非常活跃。这些分离技术有些本身就是绿色技术的重要分支，如膜分离技术、超临界萃取技术、分步结晶技术等。膜分离技术是当代新型高效分离技术，具有高效率、低能耗、过程简单、操作方便、不污染环境、容易放大、便于与其他技术集成等突出优点。目前，膜分离技术在资源、能源、环境等领域的应用仍然是全世界关注的热点，国内外专家一致认为膜分离技术是 21 世纪最有发展前途的高新技术之一。超临界萃取技术，以无毒无害的超临界流体替代各种对人和环境有害的有机溶剂等，近年来成为分离领域的研究热点，主要包括超临界 CO_2 萃取技术和超临界流体色谱技术等。

 ## 思考题

[1-1] 什么是分离剂？它包括哪几类？请举例说明分离剂的类型。

[1-2] 说明分离过程与分离工程的区别。

[1-3] 按照所依据的物理化学原理不同，传质分离过程可分为哪两类？

[1-4] 什么是绿色分离工程？请谈谈你的理解。

[1-5] 为什么要进行分离过程的耦合和集成，有什么好处？

参考文献

[1] 叶庆国,陶旭梅,徐东彦. 分离工程[M]. 北京:化学工业出版社,2017.

[2] King C J. Separation processes[M]. 2nd ed. New York:McGraw-Hill,1980.

[3] 姜忠义,吴洪,唐韶坤. 从单元操作到分离过程[J]. 化学工业与工程,2005,22(1):56-59,57.

[4] 朱家文,纪利俊,房鼎业. 化工分离工程与高新科技发展[J]. 化学工业与工程技术,2000,21(2):1-6.

[5] 王湛. 膜分离技术基础[M]. 北京:化学工业出版社,2000.

[6] 蒋维钧. 新型分离传质技术[M]. 北京:化学工业出版社,1992.

［7］陈欢林. 新型分离技术［M］. 北京：化学工业出版社，2005.

［8］赵德明. 分离工程［M］. 杭州：浙江大学出版社，2011.

［9］邓修，吴俊生. 化工分离工程［M］. 北京：化学工业出版社，2013.

［10］Seader J D. Separation Process Principles［M］. New York：John Wiley & Sons. ，2010.

［11］朱家文，吴艳阳. 分离工程［M］. 北京：化学工业出版社，2019.

［12］李军，卢英华. 化工进展前沿［M］. 厦门：厦门大学出版社，2011.

［13］孙宏伟，段雪. 化学工程学科前沿与展望［M］. 北京：科学出版社，2012.

第**2**章

精 馏

2.1 多组分精馏

精馏是利用液体混合物中各组分挥发度的差异及回流的工程手段来实现分离液体混合物的单元操作，吸收是利用气体混合物中各组分在吸收剂中溶解度的差异分离混合物的单元操作。在化工原理课程中，对双组分精馏和单组分吸收等简单传质过程进行了比较详细的讨论。然而，在化工实际生产中，更多遇到的是含有较多组分或复杂物系的提纯和分离问题。

多组分精馏和两组分精馏的基本原理是相同的，根据挥发度的差异，可将各组分逐个分离。因多组分精馏中溶液的组分数目增多，故影响精馏操作的因素也增多，计算过程就比较复杂。随着计算机应用技术的普及和发展，目前，对于多组分多级分离问题的计算大多有软件包可供使用。

2.1.1 设计变量的确定

设计分离装置就是要求确定各个物理量的数值，如进料流率、浓度、压力、温度、热负荷、机械功的输入（或输出）量、传热面积大小以及理论塔板数等。这些物理量都是互相关联、互相制约的，因此，设计者只能规定其中若干个变量的数值，这些变量称设计变量。如果设计过程中给定数值的物理量数目少于设计变量的数目，设计就不会有结果；反之，给定数值的物理量数目过多，设计也无法进行。因此，设计的第一步还不是选择变量的具体数值，而是要知道设计者所需要给定数值的变量数目。对于简单的分离过程，一般容易按经验给出。例如，对于一个只有一处进料的二组分精馏塔，如果已给定了进料流率、进料浓度、进料状态和塔压后，那么就只需再给定釜液的浓度、馏出液浓度及回流比的数值，便可计算出按适宜进料位置进料时所需的精馏段理论塔板数、提馏段理论塔板数以及冷凝器、再沸器的热负荷等。但若过程较复杂，例如，对多组分精馏塔，又有侧线出料或多处进料，就较难确定，容易出错。所以在讨论具体的多组分分离过程之前，先讨论确定设计变量数的方法。

从原则上来说，确定设计变量数并不困难。如果 N_v 是描述系统的独立变量数，N_c 是这些变量之间的约束关系数（即描述约束关系的独立方程式的数目），那么，设计变量数 N_D 应为：

$$N_D = N_v - N_c \tag{2-1}$$

系统的独立变量数可由出入系统的各物流的独立变量数以及系统与环境进行能量交换情况来决定。根据相律，任一处于平衡态的物系，它的自由度数 $f=c-\pi+2$。式中，c 为组分数；π 为相数。应当注意：相律所指的独立变量是指强度性质，即温度、压力、浓度，是与系统的量无关的性质。要描述流动系统，除此之外，还必须再加上物流的数量（流率）。即对任一单相物流，其独立变量数 $N_v=f+1=(c-1+2)+1=c+2$。系统与环境有能量交换时，应相应增加描述能量交换的变量数。例如，有一股热量交换时，应增加一个变量数；既有一股热能交换又有一股功交换时，则增加两个变量数；等等。约束关系式包括：①物料平衡式；②能量平衡式；③相平衡关系式；④化学平衡关系式；⑤内在关系式。根据物料平衡，对有 c 个组分的系统，一共可写出 c 个物料衡算式。但能量衡算式则不同，对每一系统只能写一个能量衡算式。相平衡关系是指处于平衡的各相温度相等、压力相等以及组分 i 在各相中的逸度相等。后者表达的是相平衡组成关系，可写出 $c(\pi-1)$ 个方程式，其中 π 为平衡相的数目。由于我们仅讨论无化学反应的分离系统，故不考虑化学平衡约束数。内在关系通常是指约定的关系，例如物流间的温差、压力降的关系式等等[1]。

下面讨论确定分离装置的设计变量数的方法。

（1）单元的设计变量

一个化工流程由很多装置组成，装置又可分解为多个进行简单过程的单元。因此，首先分析在分离过程中碰到的主要单元，确定其设计变量数，进而确定装置的设计变量数。

分配器是一个简单的单元，用于将一股物料分成两股或多股组成相同的物流。例如，将精馏塔顶全凝器的凝液分为回流和出料，即为分配器的应用实例。一个在绝热下操作的分配器，其独立变量数为：

$$N_v^e=3(c+2)=3c+6$$

上式及以后各式中的上标 e 均指单元。分配器一共有三股物流，每股物流有 $c+2$ 个变量。没有热量的引进或移出，表示能量的变量数为零。

单元的约束关系数为：

物料平衡式 $Fx_{i,F}=L_1x_{i,L_1}+L_2x_{i,L_2}$	c
能量平衡式 $Fh_F=L_1h_{L_1}+L_2h_{L_2}$	1
内在关系式：	
L_1 和 L_2 的压力相等 $p_{L_1}=p_{L_2}$	1
L_1 和 L_2 的温度相等 $T_{L_1}=T_{L_2}$	1
L_1 和 L_2 的浓度相等	$c-1$
N_c^e	$2c+2$

其中，F 表示进入分配器的原料摩尔流率，kmol/s；L_1、L_2 表示离开分配器的两股物料摩尔流率，kmol/s；$x_{i,F}$、x_{i,L_1}、x_{i,L_2} 分别表示 i 组分的进料组成（摩尔分数）及两股出料的组成（摩尔分数）；h_F、h_{L_1}、h_{L_2} 分别表示进料及两股出料的焓，kJ/kmol。

因此，分配器单元的设计变量数为：

$$N_D^e=N_v^e-N_c^e=c+4$$

设计变量数 N_D 可进一步区分为固定设计变量数 N_x 和可调设计变量数 N_a，前者是指描述进料物流的那些变量（例如进料的组成和流量等）以及系统的压力。这些变量常常是由单元在整个装置中的地位或装置在整个流程中的地位所决定的；也就是说，是事实已被给定或最常被给定的变量。而可调设计变量则是可由设计者来决定的。例如，对分配器来说，固定设计变量数和可调设计变量数分别为：

N_x^e:

进料	$c+2$
压力	1
合计	$c+3$

这一可调设计变量可以定为 L_1/F 或 L_2/F 的数值。

对于无进料和侧线采出的绝热操作的简单平衡级，这类单元有两股进料和两股出料，单元与环境无能量交换，故总变量数 $N_v^e=4(c+2)=4c+8$。因为气相物流 V_0 和液相物流 L_0 按定义互成平衡，因此该单元的约束总数为：c 个气液相平衡关系式，一个平衡压力等式，一个平衡温度等式，c 个物料平衡式，一个热量衡算式，故 $N_c^e=2c+3$。

因此，绝热操作的简单平衡单元的设计变量数为：

$$N_D^e=N_v^e-N_c^e=(4c+8)-(2c+3)=2c+5$$

其中 N_x^e:

进料	$2(c+2)$
压力	1
合计	$2c+5$

可见，$N_a^e=N_D^e-N_x^e=0$

（2）设备的设计变量

一个分离设备由若干个单元组成，各个单元依靠单元间的物流而联结成完整的设备。因此，设备的设计变量数 N_D^u 应是构成设备的各个单元的设计变量数之和，即 $\sum N_D^e$，但若在设备中某一种单元以串联的形式被重复使用时（例如精馏塔），则还应增加一个变量数以区别于一个这种单元与其他种单元相联结的情况。当然，若有两种单元以串联形式被重复使用，则需增加两个变量数。这一表示单元重复使用的变量数称为重复变量 N_r。此外，由于在设备中相互直接联结的单元之间必有一股或几股物流，是从这一单元流出而进入那一单元的，在联结的单元之间有了新的约束关系式，以"N_c^u"表示。显然，每一个联结两个单元之间的单相物流将产生 $c+2$ 个等式，即 $N_c^u=N(c+2)$，式中 N 为联结单元间的单相物流数，上标 u 表示设备。设备的设计变量数为：

$$N_D^u=\sum N_D^e+N_r-N_c^u \tag{2-2}$$

分析如图 2-1 所示的简单吸收塔的设计变量。该装置是由 N 个绝热操作的简单平衡级串联构成的，因此 $N_D^e=2c+5$，$N_r=1$。在串级内有中间物流 $2(N-1)$ 个，所以有 $2(N-1)(c+2)$ 个新的约束变量数，故该装置的设计变量数：

$$N_D^u=\sum N_D^e+N_r-N_c^u=N(2c+5)+1-2(N-1)(c+2)=2c+N+5$$

这些设计变量可规定如下：

N_x^u:

两股进料	$2c+4$
每级压力	N

合计	$2c+N+4$

N_a^u:

理论级数	1

分析图 2-2 所示的带有一个侧线采出的精馏塔的设计变量数。该塔有一个进料口，一个侧线采出口、全凝器和再沸器。图中 C 表示冷凝，Q_C 表示塔顶冷凝量；S 表示侧线采出的塔板序号。

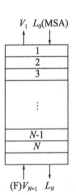

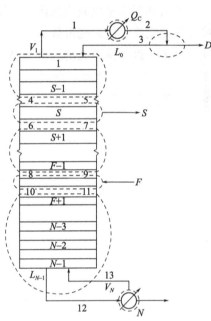

图 2-1　简单吸收塔（MSA 为进入　　　　图 2-2　带有侧线采出的精馏塔
　　　　吸收塔顶的吸收剂）

按图中虚线表示可将全塔划分为 8 个单元（包括三个串级单元），计算如下：

单元	$\sum N_D^e$
全凝器	$c+4$
回流分配器	$c+4$
$S-1$ 块板的平衡串级	$2c+(S-1)+5$
采出级	$2c+6$
$(F-1)-S$ 块板的平衡串级	$2c+(F-1-S)+5$
进料级	$3c+7$
$(N-1)-F$ 块的平衡串级	$2c+(N-1)-F+5$
再沸器	$c+4$
合计	$14c+N+37$

由于单元间的物流数共 13 股，所以

$$N_c^u = 13(c+2) = 13c + 26$$

装置的设计变量数为

$$N_D^u = (14c + N + 37) - (13c + 26) = c + N + 11$$

其中固定设计变量数

$$N_x^u = (c+2) + N + 2 = c + N + 4$$

可调设计变量数

$$N_a^u = N_D^u - N_x^u = 7$$

若规定全凝器出口为泡点温度，尚剩 6 个可调设计变量。对操作型精馏塔，设计变量常规定如下：

N_x^u：

进料	$2c+4$
每级压力（包括再沸器）	N
全凝器压力	1
回流分配器压力	1
合计	$2c+N+6$

N_a^u：

回流为泡点温度	1
总理论级数 N	1
进料 F	1
侧线采出口位置	1
侧线采出流率	1
馏出液 D	1
回流比（L_0/D）	1
合计	7

通过上述举例可分析出，不同设备的设计变量数尽管不同，但其中固定设计变量的确定原则是相同的，即只与进料物流数目和系统内压力等级数有关。而可调设计变量数一般是不多的，它可由构成系统的单元的可调设计变量数简单加和而得到。这样，可归纳出一个简便、可靠的确定设计变量的方法：

① 按每一单相物流有 $c+2$ 个变量，计算由进料物流所确定的固定设计变量数。

② 确定设备中具有不同压力等级的数目。

③ 上述两项之和即为固定设计变量数 N_x^u。

④ 将串级单元的数目、分配器的数目、侧线采出单元的数目以及传热单元的数目相加，便是整个设备的可调设计变量数 N_a^u。

应用该确定设计变量数的方法重新计算图 2-2 所示精馏塔的设计变量数如下：

N_x^u：

进料变量数	$c+2$
压力等级数	$N+2$
合数	$c+N+4$

N_a^u：

串级单元数	3
回流分配器	1
侧线采出单元数	1
传热单元数	2
合计	7

可见，用两种确定设计变量数的方法计算结果是相同的，但后者要简单得多，设备越复杂，越体现出其优越性。而且该方法很容易推广到确定整个流程的设计变量数。

2.1.2 多组分物系泡点和露点的计算

泡点、露点计算是分离过程设计中最基本的气液平衡计算。例如在精馏过程的严格计算中，为确定各塔板的温度，要多次反复进行泡点温度的计算。为了确定适宜的精馏塔操作压力，就要进行泡点、露点压力的计算。在给定温度下做闪蒸计算时，也是从泡点、露点温度计算开始的，以估计闪蒸过程是否可行。一个单级气液平衡系统，气液相具有相同的 T 和 p，c 个组分的液相组成 x_i 与气相组成 y_i 处于平衡状态。根据相律，描述该系统的自由度数 $f=c-\pi+2=c-2+2=c$，式中，c 为组分数，π 为相数。

泡点、露点计算按规定哪些变量和计算哪些变量而分成四种类型：

类型	规定	求解
泡点温度	$p, x_1, x_2, \cdots, x_c$	$T, y_1, y_2, \cdots, y_c$
泡点压力	$T, x_1, x_2, \cdots, x_c$	$p, y_1, y_2, \cdots, y_c$
露点温度	$p, y_1, y_2, \cdots, y_c$	$T, x_1, x_2, \cdots, x_c$
露点压力	$T, y_1, y_2, \cdots, y_c$	$p, x_1, x_2, \cdots, x_c$

在每一类型的计算中，规定 c 个独立参数，则另有 c 个独立的未知数。温度或压力为一个未知数，$c-1$ 个组成为其余的未知数。

2.1.2.1 多组分系统的泡点计算

（1）泡点计算与有关方程

泡点温度和压力的计算指规定液相组成 x、p 或 T，分别计算气相组成 y、T 或 p。计算方程有：

① 相平衡关系

$$y_i = K_i x_i (i=1,2,\cdots,c) \tag{2-3}$$

② 浓度总和式

$$\sum_{i=1}^{c} y_i = 1 \tag{2-4}$$

$$\sum_{i=1}^{c} x_i = 1 \qquad\qquad (2\text{-}5)$$

③ 相平衡常数关联式

$$K_i = f(p, T, x, y) \qquad\qquad (2\text{-}6)$$

在化工生产的多数情况下，气相可认为是理想气体，K_i 与气相组成无关。

方程数为 $2c+2$ 个，变量数 x_i，y_i，K_i，T，p 为 $3c+2$ 个，自由度数＝变量数－方程数＝c，给定 p 或 T 和 $c-1$ 个 x_i，则上述方程有唯一解。

（2）泡点温度的计算

若气液平衡关联式可简化为 $K_i = f(T, p)$，即与组成无关时，解法就变得简单。计算结果除直接应用外，还可作为进一步精确计算的初值。

将式（2-3）代入式（2-4）得泡点方程：

$$f(T) = \sum_{i=1}^{c} K_i x_i - 1 = 0 \qquad\qquad (2\text{-}7)$$

求解该式须用试差法，按以下步骤进行：

若按所设温度 T 求得 $\sum K_i x_i > 1$，表明 K_i 值偏大，所设温度偏高，根据差值大小降低温度重算；若 $\sum K_i x_i < 1$，则重设为较高温度。

$p\text{-}T\text{-}K$ 列线图常用于查找烃类的 K 值，图 2-3 和图 2-4 分别是常见烃类在低温段和高温段的 $p\text{-}T\text{-}K$ 列线图。

【例 2-1】某液体混合物的组成为：苯 0.50（摩尔分数，下同），甲苯 0.25，对二甲苯 0.25。假设物系为理想系统，计算该物系在 100kPa 时的平衡温度和气相组成。计算三个组分饱和蒸气压的安托因方程为：苯 $\ln p^S = 20.7936 - 2788.51/(T - 52.36)$；甲苯 $\ln p^S = 20.9065 - 3096.52/(T - 53.67)$；对二甲苯 $\ln p^S = 20.9891 - 3346.65/(T - 57.84)$。$p^S$ 表示饱和蒸气压，单位是 kPa；T 单位是 K。

解： 理想物系的相平衡常数计算公式为

$$K_i = \frac{p_i^S}{p} = \frac{1}{p} e^{A_i - \frac{B_i}{T + C_i}} \quad (A_i, B_i, C_i \text{ 为安托因常数})$$

$$f(T) = \sum_{i=1}^{c} \frac{x_i}{p} e^{A_i - \frac{B_i}{T + C_i}} - 1 = 0$$

一阶导数为

$$f'(T) = \sum_{i=1}^{c} K_i x_i \frac{B_i}{(T + C_i)^2}$$

可采用牛顿迭代法计算（k 表示迭代次数）：

$$T_{k+1} = T_k - \frac{f(T_k)}{f'(T_k)}$$

迭代得到最后的结果为

$$T = 367.77$$

$$y_1 = 0.7762（苯的气相组成）$$

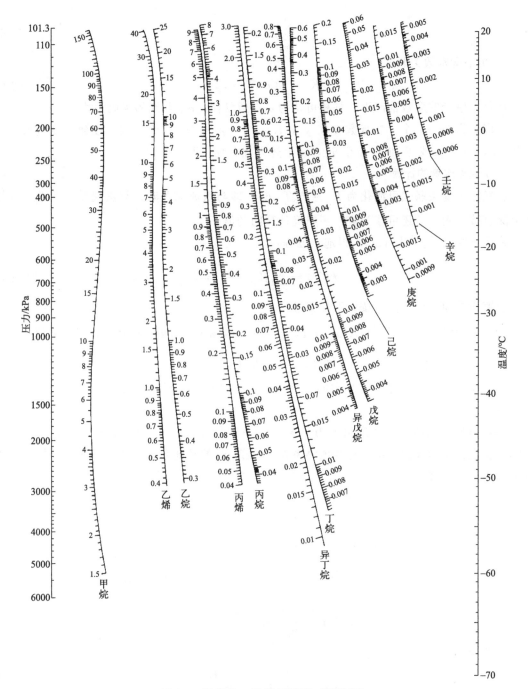

图 2-3　烃类的 p-T-K 列线图（低温段）

$$y_2 = 0.1571（甲苯的气相组成）$$

$$y_3 = 0.0667（对二甲苯的气相组成）$$

【例 2-2】求含正丁烷（1）0.15、正戊烷（2）0.4 和正己烷（3）0.45（均为摩尔分数）的烃类混合物在 0.2MPa 压力下的泡点温度。

解：因各组分都是烷烃，所以气、液相均可看成理想溶液，K_i 只取决于温度和压力。如计算要求不高，可使用烃类的 p-T-K 图（见图 2-3 和图 2-4）。

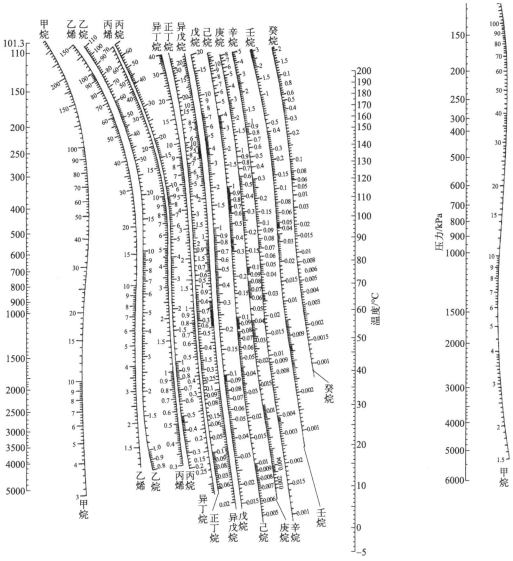

图 2-4 烃类的 p-T-K 列线图（高温段）

假设 $T=50℃$，$p=0.2MPa$，查图求 K_i，进而计算 $\sum K_i x_i$。

组分	x_i	K_i	$y_i = K_i x_i$
正丁烷	0.15	2.5	0.375
正戊烷	0.40	0.76	0.304
正己烷	0.45	0.28	0.126

$\sum K_i x_i = 0.805 < 1$ 说明所设定的温度偏低，重设定 $T=58.7℃$。

组分	x_i	K_i	$y_i = K_i x_i$
正丁烷	0.15	3.0	0.450
正戊烷	0.40	0.96	0.384
正己烷	0.45	0.37	0.1665

$$\sum K_i x_i = 1.005 \approx 1，故泡点温度为 58.7℃。$$

当系统的非理想性较强时，K_i 必须按式 (2-8) 计算。

$$K_i = \frac{y_i}{x_i} = \frac{\gamma_i p_i^S \Phi_i^S}{\hat{\Phi}_i^V p} \exp\left[\frac{V_i^L (p - p_i^S)}{RT}\right] \tag{2-8}$$

式中　γ_i——组分 i 在液相中的活度系数；

　　　p_i^S——组分 i 在温度 T 时的饱和蒸气压；

　　　$\hat{\Phi}_i^V$——组分 i 在温度 T、压力 p 时的气相饱和蒸气压；

　　　Φ_i^S——组分 i 在温度 T、压力 p_i^S 时的气相逸度系数；

　　　V_i^L——组分 i 的液态摩尔体积，L/mol；

　P、T——系统的压力和温度。

然后联立式 (2-3) 和式 (2-4) 求解。

当系统压力不大（2MPa 以下）时，K_i 主要受温度影响，其中关键项是饱和蒸气压随温度变化显著，从安托因方程可分析出，在这种情况下，$\ln K_i$ 与 $1/T$ 近似线性关系，故判别收敛的准则变换为

$$G(1/T) = \ln \sum_{i=1}^{c} K_i x_i = 0 \tag{2-9}$$

用 Newton-Raphson 法能较快地求得泡点温度。

对于气相非理想性较强的系统，例如高压下的烃类，K_i 值用状态方程法计算，用上述准则收敛速度较慢，甚至不收敛，此时仍以式 (2-7) 为准则，改用 Muller 法迭代为宜。

（3）泡点压力的计算

计算泡点压力所用的方程与计算泡点温度的方程相同，即式 (2-3)、式 (2-4) 和式 (2-6)，但未知数不是 T 而是 p。当 K_i 仅与 p 和 T 有关时，计算很简单，有时尚不需试差。

泡点压力计算公式为

$$f(p) = \sum_{i=1}^{c} K_i x_i - 1 = 0 \tag{2-10}$$

若用式 $K_i = p_i^S / p$ 表示理想情况的 K_i，由上式得到直接计算泡点压力的公式：

$$p_{泡} = \sum_{i=1}^{c} p_i^S x_i \tag{2-11}$$

对气相为理想气体、液相为非理想溶液的情况，用类似的方法得到：

$$p_{泡} = \sum_{i=1}^{c} \gamma_i p_i^S x_i \tag{2-12}$$

若用 p-T-K 列线图求 K_i 的值，则需假设泡点压力，通过试差求解。

2.1.2.2　多组分系统的露点计算

该类计算规定气相组成 V 和 p 或 T，计算液相组成 x 和 T 或 P。

露点温度方程为

$$f(T) = \sum_{i-1}^{c} (y_i / K_i) - 1.0 = 0 \tag{2-13}$$

露点压力方程为

$$f(p)=\sum_{i-1}^{c}(y_i/K_i)-1.0=0 \tag{2-14}$$

露点的求解方法与泡点计算类似。以露点压力为例：

【例 2-3】一烃类混合物含甲烷 5%、乙烷 10%、丙烷 30% 及异丁烷 55%（均为摩尔分数），试求混合物在 25℃时的泡点压力和露点压力。

解：因为各组分都是烷烃，所以气、液相均可以看成理想溶液，K_i 值只取决于温度和压力。可使用烃类的 p-T-K 列线图。

① 泡点压力的计算

假设压力 = 2.0MPa，因 T = 25℃，查图求 K_i。

组分 i	甲烷（1）	乙烷（2）	丙烷（3）	异丁烷（4）	$\sum$
x_i	0.05	0.10	0.30	0.55	1.00
K_i	8.5	1.8	0.57	0.26	
$y_i=K_ix_i$	0.425	0.18	0.171	0.143	0.919

$\sum K_ix_i=0.919<1$，说明所设压力偏高，重设 p = 1.8MPa。

组分 i	甲烷(1)	乙烷(2)	丙烷(3)	异丁烷(4)	$\sum$
x_i	0.05	0.10	0.30	0.55	1.00
K_i	9.4	1.95	0.62	0.28	
$y_i=K_ix_i$	0.47	0.195	0.186	0.154	1.005

$\sum K_ix_i=1.005\approx1$，故泡点压力为 1.8MPa。

② 露点压力的计算

假设 p = 0.6MPa，因 T = 25℃，查图求 K_i。

组分 i	甲烷(1)	乙烷(2)	丙烷(3)	异丁烷(4)	$\sum$
y_i	0.05	0.10	0.30	0.55	1.00
K_i	26.0	5.0	1.6	0.64	
$x_i=y_i/K_i$	0.0019	0.02	0.1875	0.8594	1.0688

$\sum(y_i/K_i)=1.0688>1.00$，说明压力偏高，重设压力 = 0.56MPa。

组分 i	甲烷(1)	乙烷(2)	丙烷(3)	异丁烷(4)	$\sum$
y_i	0.05	0.10	0.30	0.55	1.00
K_i	27.8	5.38	1.69	0.68	
$x_i=y_i/K_i$	0.0018	0.0186	0.1775	0.8088	1.006

$\sum(y_i/K_i)=1.006\approx1$，故露点压力为 0.56MPa。

2.1.3 多组分精馏的简捷计算

2.1.3.1 多组分精馏过程分析

（1）关键组分

通过设计变量分析得到，普通精馏塔的可调设计变量数 $N_a = 5$。因此，除规定全凝器为饱和液体回流、回流比和适宜进料位置以外，另外两个可调设计变量一般规定为馏出液中某一组分的浓度和釜液中另一组分的浓度。对多组分精馏来说，只能规定两个组分的浓度就意味着其他组分的浓度不能再由设计者指定，既规定了那两个组分的浓度，实际上也就决定了其他组分的浓度。通常把指定浓度的这两个组分称为关键组分，其中相对易挥发的那一个称为轻关键组分（L），难挥发的那一个为重关键组分（H）。

一般来说，一个精馏塔的任务就是要使轻关键组分尽量多地进入馏出液，重关键组分尽量多地进入釜液。但由于系统中除轻重关键组分外，尚有其他组分，故塔顶和塔底产品通常仍是混合物。相对挥发度比轻关键组分大的组分（简称轻非关键组分或轻组分）将全部或接近全部进入馏出液，而相对挥发度比重关键组分小的组分（简称重非关键组分或重组分）将全部或接近全部进入釜液。只有当关键组分是溶液中最易挥发的两个组分时，馏出液才有可能是近乎纯的轻关键组分；反之，若关键组分是溶液中最难挥发的两个组分，釜液可能是近乎纯的重关键组分。但若轻、重关键组分的挥发度相差很小，则也较难得到高纯度产品。

若馏出液中除了重关键组分外没有其他重组分，而釜液中除了轻关键组分外没有其他轻组分，这种情况称为清晰分割。两个关键组分的相对挥发度相邻且分离要求较苛刻，或非关键组分的相对挥发度与关键组分相差较大时，一般可达到清晰分割。

（2）多组分精馏特性

以苯-甲苯二元混合物分离为例，精馏塔内的流量、温度和组成与理论板数关系的特点是：除了在进料板处液体流率有突变外，各段的摩尔流率基本上为常数。液体组成在塔顶部的变化较为缓慢，随后较快，至接近进料板处又较缓慢。进料板以下，也是同样的情况。显然，蒸气组成分布图与液体组成分布图应相类似。对于平衡线有异常现象的二组分精馏，由于最小回流比时的夹点区是在精馏段（或提馏段）中部，因此，在实际操作中，在塔顶部和接近进料处浓度变化较快。

温度分布图的形状接近于液体组成分布图的形状，因为泡点和组成是密切相关的。

而对于苯-甲苯-异丙苯三组分精馏，总流率和温度与理论板的关系如图 2-5 和图 2-6 所示。

如果恒摩尔流的假设成立，那么气液流率只在进料板处有变化。图 2-5 的虚线及实线分别表示按摩尔流假设和非摩尔流情况的模拟结果。值得注意的是，对于非摩尔流情况，液、气流率都有一定变化，但液气比 L/V 却接近于常数。

从图 2-6 可以看出，虽然温度分布的情况从再沸器到冷凝器仍呈单调下降，但精馏段和提馏段中段温度变化最明显的情况却不复存在。相反，在接近塔顶、塔底以及进料板附近，温度变化较快。相应在这些区域中组成变化也最快，而且在很大程度上是非关键组分在变化。由于塔底的重关键组分的浓度迅速下降，重组分浓度急剧增加，使得塔釜温度明显增高。同时可以看出，由于非关键组分的存在，加宽了全塔的温度跨度。

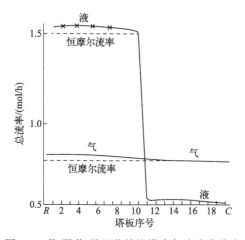

图 2-5　苯-甲苯-异丙苯精馏塔内气液流率分布

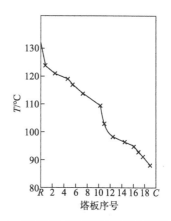

图 2-6　苯-甲苯-异丙苯精馏塔内温度分布

图 2-7 表示了苯（1）-甲苯（2）-二甲苯（3）-异丙苯（4）四组分精馏的液相浓度分布。进料组成为：$z_1 = 0.125$，$z_2 = 0.225$，$z_3 = 0.375$，$z_4 = 0.275$（摩尔分数）。甲苯在馏出液中的回收率为 99%。各组分相对挥发度为：$\alpha_{12} = 2.25$，$\alpha_{22} = 1.0$，$\alpha_{32} = 0.33$，$\alpha_{42} = 0.21$。根据给定的要求，甲苯为轻关键组分，二甲苯为重关键组分，苯为轻组分，异丙苯为重组分。由图可看出，在进料板处各组分的摩尔分数都有相近的数量级。这是因为在该板引入的原料中包含了组成数量级相近的全部组分。在进料板以上，由于重组分异丙苯的相对挥发度比其他组分低得多，因此只需几块板就足以使它的摩尔分数降到很低的值。完全类似的道理也适用于进料板以下

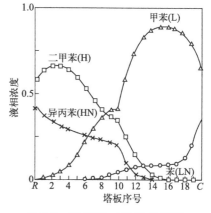

图 2-7　苯-甲苯-二甲苯-异丙苯四组分精馏塔内液相浓度分布图

的轻组分苯。由于苯的相对挥发度大得多，因此它在进料板以下仅几板就降到很低的浓度。

重组分在再沸器液相中浓度最高，在向上为数不多的几块板中浓度有较大的下降，逐渐拉平并延续到进料板（见图 2-7 中的异丙苯）。这一行为的原因可以解释为，塔最下面几块板的主要功能是分离重组分和重关键组分，由于重组分比重关键组分的相对挥发度小，因此，从再沸器向上，重组分的浓度明显下降。但由于进料中有一定量的重组分，而且它必须从釜液中排出，从而限制了重组分浓度继续下降，使得重组分在进料板以下相当长的塔段上浓度变化不大。根据物料衡算可知，该塔段中重组分的摩尔流率至少必须等于该组分在釜液中的摩尔流率。

同理适用于轻组分苯在进料板以上的行为。进料中的绝大部分轻组分必须进入塔顶馏出液中，因此也必须出现在进料板以上离开每一板的上升蒸气中。由于靠近进料板以上的塔段的主要功能是分离轻、重关键组分，因此轻组分的液相浓度变化很小。在顶部很少几块板上，轻组分和轻关键组分之间的分离是主要的，使得轻组分的浓度急剧增加，以致在馏出液中达到最高。

从图 2-7 中可明显看出，甲苯（L）和二甲苯（H）浓度分布曲线变化方向相反，规律

相同。由于轻、重组分存在，两关键组分必须调整浓度以便同时适应彼此之间的分离和它们与非关键组分之间的分离。一方面像轻、重关键组分的二组分精馏一样，甲苯的浓度分布沿塔向上总的趋势是增大，而二甲苯的浓度分布沿塔向下总的趋势是增大。另一方面，二甲苯的浓度在接近塔底几块板处出现极大值，釜液中二甲苯的浓度反而降低，这是由于重关键组分对重组分分离的结果。同理，由于塔顶几块板的主要功能是分离轻组分和轻关键组分，故甲苯浓度在接近塔顶几块板处出现极大值，馏出液中甲苯的浓度反而降低。

多组分精馏与二组分精馏在浓度分布上的区别可归纳为，在多组分精馏中：①关键组分的浓度分布有极大值；②非关键组分通常是非分配的，即重组分通常仅出现在釜液中，轻组分仅出现在馏出液中；③重、轻非关键组分分别在进料板下、上形成接近恒浓的区域；④全部组分均存在于进料板上，但进料板浓度不等于进料浓度。塔内各组分的浓度分布曲线在进料板外是不连续的。

塔内流量的变化与热平衡紧密相关。在精馏过程中沿塔向上组分的平均分子量一般是下降的，这是因为挥发度高的化合物通常是低分子量的。还因为低分子量组分一般具有较小的摩尔汽化潜热（又称汽化热），所以上升蒸气进入某级冷凝时将产生具有较多物质的量的蒸气。由于这一因素，沿塔向上流量通常有增加的趋势。若沸点较高的组分具有较低的汽化热，则情况正好相反。

其次，由于温度沿塔向上是逐渐降低的，所以蒸气向上流动时被冷却。这种冷却或是增加液体的显热或是增加液体的汽化量，如果液体被汽化，则导致向上流量增加。再者，液体沿塔向下流动时，液体必被加热，其热量或是消耗蒸气的显热或造成蒸气的冷凝，如果是蒸气冷凝，则导致下降流量的增加。当进料中有大量的、相对于关键组分是非常轻的或非常重的组分，或者更一般地说，如果从塔顶到塔底的温度变化幅度大，则这种影响更明显。

显然，上述这三个因素的总效应是复杂的，难以归纳出一个通用的规律。然而很明显，这些因素在很大程度上常常互相抵消，这就说明了恒摩尔流假设的实用性。

级间流量通过总物料衡算联系在一起，如果通过塔段的蒸气流量在某一方向上增大，则在该方向上液体流量也将增大。此外，由于分离作用主要取决于液气比 L/V，流量相当大的变化对液气比影响不大，因而对分离效果影响也小。级间的两流量越接近于相等，既操作越接近于全回流，则流量变化对分离的影响也越小。

通过上述分析得出重要结论：在精馏塔中，温度分布主要反映物流的组成，而总的级间流量分布则主要反映了热衡算的限制。这一结论反映精馏过程的内在规律，用于建立多组分精馏的计算机严格解法。

2.1.3.2　最小回流比

多组分精馏的最小回流比是在无穷多塔板数的条件下达到关键组分预期分离所需要的回流比。二元精馏，仅有一个"夹点"即恒浓区，在夹点处塔板数变为无穷多，且通常出现在进料板处。而对于多组分精馏，则会出现两个恒浓区，由于非关键组分存在，使塔中出现恒浓区的部位较二元精馏来得复杂。

多组分精馏中，只在塔顶或塔釜出现的组分为非分配组分，而在塔顶和塔釜均出现的组分则为分配组分。在最小回流比条件下，若轻、重组分都是非分配组分，则因原料中所有组分都有，进料板以上必须紧接着有若干块塔板使重组分的浓度降到零，恒浓区向上推移至精馏塔段中部。同样，进料板以下必须有若干块塔板使轻组分的浓度降到零，恒浓区应向下推移至提馏段中部 [图 2-8 (a)]。重组分均为非分配组分而轻组分均为分配组分，则进料板以上的恒浓区在精馏段中部，进料板以下因无需一个区域使轻组分的浓度降至零，恒浓区依然紧靠着进料板 [图 2-8 (b)]。又若混合物中并无轻组分，即轻关键组分是相对挥发度最大的组分，情况也是这

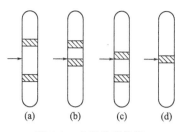

图 2-8　多组分精馏塔
中恒浓区的位置

样。若轻组分是非分配组分而重组分是分配组分，或原料中并无重组分，则进料板以上的恒浓区紧靠着进料板，而进料板以下的恒浓区在提馏段中部 [图 2-8 (c)]。若轻重组分均为分配组分，则进料板上、下两个恒浓区均紧靠着进料板，变成和二组分精馏时的情况一样 [图 2-8 (d)]，实际上这种情况是很少的。

最小回流比可以用严格的逐板计算法求解，须经试差，因此采用手算十分繁复。Underwood 提出最小回流比（R_m）的简捷计算法，使用恒定的相对挥发度和假设恒摩尔流。该公式的推导是很复杂的，在 Underwood、Smith、Holland 和 King 等人的专著中都有详细的论述。为确定最小回流比，须求解以下两个方程

$$\sum \frac{\alpha_i (x_{i,D})_\mathrm{m}}{\alpha_i - \theta} = R_\mathrm{m} + 1 \tag{2-15}$$

$$\sum \frac{\alpha_i x_{i,F}}{\alpha_i - \theta} = 1 - q \tag{2-16}$$

式中　α_i——组分 i 的相对挥发度；

　　q——进料的回流比；

　R_m——最小回流比；

　$x_{i,F}$——进料混合物中组分 i 的摩尔分数；

$(x_{i,D})_\mathrm{m}$——最小回流比下馏出液中组分 i 的摩尔分数；

　　θ——方程的根。

为求解 R_m，首先用试差法解出式（2-16）中的 θ。θ 值应处于轻、重关键组分的 α 值之间。如果轻、重关键组分不是挥发度相邻的组分，则可得出两个或两个以上的 0 值，分别计算 R_m，取其大者。由式（2-15）可以看出，计算 R_m 需要最小回流比下馏出液的组成，但该组成难以知道，虽有若干估算方法，但都比较麻烦，在实际计算中常近似用全回流条件下的组成代替。

2.1.3.3　最少理论塔板数和组分分配

达到规定分离要求所需的最少理论塔板数对应于全回流操作的情况。精馏塔的全回流操作是有重要意义的：①一个塔在正常进料之前进行全回流操作达到稳态是正常的开车步骤，在实验室设备中，全回流操作是研究传质的简单和有效的手段；②全回流下理论塔板数在设计计算中是很重要的，它表示达到规定分离要求所需的理论塔板数的下限，是简捷法估算理论板数必须用到的一个参数。

像两组分精馏一样，全回流操作下的多组分精馏也有确定的最少理论级数（N_m）。芬斯克（Fenske）方程同样应用于多组分系统中的任何两个组分，当应用于轻、重关键组分时，变为

$$N_m = \frac{\lg\left[(x_{LD}/x_{HD})(x_{HW}/x_{LW})\right]}{\lg\alpha_{LH,av}} \tag{2-17}$$

式中　x_{LD}、x_{HD}——轻、重关键组分在馏出液中的摩尔分数；

$\quad\quad$ x_{HW}、x_{LW}——轻、重关键组分在釜液中的摩尔分数；

$\quad\quad$ $\alpha_{LH,av}$——轻、重关键组分相对挥发度的平均值。

全塔平均相对挥发度可近似由式（2-18）或式（2-19）计算。

$$\alpha_{LH,av} = \sqrt[3]{\alpha_D \alpha_W \alpha_F} \tag{2-18}$$

$$\alpha_{LH,av} = \sqrt{\alpha_D \alpha_W} \tag{2-19}$$

α_D 和 α_W 分别为塔顶温度（露点）和塔釜温度下轻重关键组分的相对挥发度。注意，馏出物露点和釜液泡点温度的估计须经试差，因为此时馏出液和釜液中其他组分的分配是未知的，而它们会影响 α 值。

式（2-17）中的摩尔分数之比也可用物质的量、体积或质量之比来代替，因为换算因子互相抵消。常用的形式是

$$N_m = \frac{\lg\left[\left(\dfrac{d}{\omega}\right)_L \Big/ \left(\dfrac{d}{\omega}\right)_H\right]}{\lg\alpha_{LH,av}} \tag{2-20}$$

式中　$\left(\dfrac{d}{\omega}\right)_i$——组分 i 的分配比，即组分 i 在馏出液中的物质的量与釜液中的物质的量之比。

式（2-17）或式（2-20）用于多组分精馏时，由对关键组分规定的分离要求计算出最少理论板数，进而求出任一非关键组分在全回流条件下的分配。

设 i 为非关键组分，r 为重关键组成或参考组分，则式（2-20）可变为

$$\left(\frac{d_i}{\omega_i}\right) = \left(\frac{d_r}{\omega_r}\right)(\alpha_{ir})^{N_m} \tag{2-21}$$

联立求解式（2-21）和 i 组分的物料衡算式 $f_i = d_i + \omega_i$，便可导出计算 d_i 和 ω_i 的公式。

当轻重关键组分的分离要求以回收率的形式规定时，用芬斯克方程求最少理论板数和非关键组分在塔顶、塔釜的分配是最简单的。若以 φ_{LD} 表示轻关键组分在馏出液中的回收率，φ_{HW} 表示重关键组分在釜液中的回收率，则

$$d_L = \varphi_{LD}f_L; \omega_L = (1-\varphi_{LD})f_L \tag{2-22}$$

$$d_H = (1-\varphi_{HW})f_H; \omega_H = \varphi_{HW}f_H \tag{2-23}$$

$$N_m = \frac{\lg\left[\dfrac{\varphi_{LD}\varphi_{HW}}{(1-\varphi_{LD})(1-\varphi_{HW})}\right]}{\lg\alpha_{LH,av}} \tag{2-24}$$

该式经变换可求非关键组分的回收率，进而完成全回流下的组分分配。

由式（2-17）看出，Fenske 方程的准确度明显取决于相对挥发度数据的可靠性。本书中所介绍的泡点、露点的计算方法可提供准确的相对挥发度。

由 Fenske 公式还可看出，最少理论板数与进料组成无关，只取决于分离要求。随着分离要求的提高（即轻关键组分的分配比加大，重关键组分的分配比减小），以及关键组分之间的相对挥发度向 1 接近，所需最少理论板数将增加。

2.1.3.4 实际回流比和理论板数

全回流条件下最少理论板数和最小回流比是两个极限条件，它们确定了塔板数和操作回流比的允许范围，有助于选择特定的操作条件。

确定在操作回流比下所需理论板数的简捷方法是 Gilliland 提出的经验算法以及 Erbar 和 Maddox 的经验关联，见图 2-9 和图 2-10。该图将操作回流比 R 与使用 Underwood 法得到的最小回流比 R_m、Fenske 法得到的最小理论板数以及操作回流比条件下的理论板数相关联。Gilliland 适用于在分离过程中相对挥发度变化不大的物系，若系统的非理想性很大，该图所得结果误差较大。Erbar-Maddox 图对多组分精馏的适用性较好，因为它所依据的数据更多些。

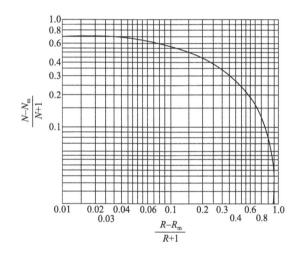

图 2-9　Gilliland 关联图　　　　图 2-10　Erbar-Maddox 图（图中虚线为外推值）

实际回流比的选择多基于经济方面的考虑，根据 Fair 和 Bolles 的研究结果，R/R_m 的最优值约为 1.05，但是，在比该值稍大的一定范围内都接近最佳条件。在实际情况下，如果取 $R/R_m = 1.10$，常需要很多理论板数；如果取为 1.50，则需要较少的理论板数。根据经验，一般取中间值 1.30。

Gilliland 还可拟合成如下公式：

$$\frac{N-N_m}{N+1} = 0.75 - 0.75\left(\frac{R-R_m}{R-1}\right)^{0.5668} \tag{2-25}$$

简捷法计算理论塔板数还包括确定适宜的进料位置。Brown 和 Martin 建议，适宜进料位置的确定原则是：在操作回流比下精馏段与提馏段理论板数之比，等于在全回流条件下用 Fenske 公式分别计算得到的精馏段与提馏段理论板数之比。

Kirkbride 提出了一个近似确定适宜进料位置的经验式：

$$\frac{N_R}{N_S} = \left[\frac{z_{HF}}{z_{LF}} \times \left(\frac{x_{LW}^2}{x_{HD}} \times \frac{\omega}{d}\right)\right]^{0.2606} \tag{2-26}$$

在多组分精馏计算中，能独立地指定的塔顶和塔釜的组成是有限的。但是，各组分在塔顶与塔釜的分配状况，却是计算一开始便需要的数据，因此要设法对其作初步估计。

将表示全回流下最少理论板数的式（2-17）等号两边取对数并移项，得

$$\lg\frac{x_{AD}}{x_{AW}} - \lg\frac{x_{BD}}{x_{BW}} = N_m \lg\alpha_{AB} \tag{2-27}$$

该式表示，在全回流时，组分的分配比与其相对挥发度在双对数坐标上呈直线关系，是估算馏出液和釜液浓度的简单易行的方法。

2.1.3.5 多组分精馏塔的简捷计算方法

对一个多组分精馏过程，若指定两个关键组分并以任何一种方式规定它们在馏出液和釜液中的分配，则：①用 Fenske 公式估算最少理论板数和组分分配；②用 Underwood 公式估算最小回流比；③用 Gilliland 或 Erbar-Maddox 图或相应的关系式估算实际回流比下的理论板数。以这三步为主体组合构成多组分精馏的 FUG（Fenske-Underwood-Gilliland）简捷计算法。

馏出液和釜液中组分分配的规定方式有以下几种：

① 当给定轻、重关键组分分别在塔顶和塔釜的回收率时，应用 Fenske 方程、Underwood 公式和物料衡算可直接进行计算。

② 当给定轻、重关键组分分别在塔顶、塔釜的含量，且轻、重关键组分相对挥发度相邻时，首先假定为清晰分割进行物料衡算，通过校核，若假定合理，则能得到轻、重关键组分的回收率；若假定不合理，则应以该计算值作为初值进行试差计算，直至得到合理物料分配。

③ 当给定轻、重关键组分分别在塔顶、塔釜的含量，但轻、重关键组分的相对挥发度不相邻时，首先设定轻、重关键组分的回收率初值，利用 Fenske 公式进行试差计算，最终得到符合规定轻、重关键组分的塔顶、塔釜的含量值。

④ 当给定轻、重关键组分其中之一的回收率，另一个为塔顶或塔釜的含量时，首先假定比轻关键组分轻的组分在塔釜为零，比重关键组分重的组分在塔顶为零，作物料衡算并进行校核。若假定合理，则得到轻、重关键组分的回收率；若假定不合理，则应以该计算值作为初值进行试差计算，直至物料分配合理。

Aspen Plus 软件中的单元操作模块 DSTWU 可用于对单一进料、两出料的多组分精馏塔进行简捷设计计算。给定平衡级数，可计算回流比；给定回流比，可计算理论级数。同时也可得到最佳进料位置和再沸器及冷凝器热负荷。利用 DSTWU 可得到回流比与理论级数关系曲线，为严格计算提供初值。

【例 2-4】某分离烃类的精馏塔，进料量为 100mol/h，70℃（泡点）进料，操作压力为 405.3kPa。

进料组成：正丁烷 $x_A=0.4$（摩尔分数，下同）；正戊烷 $x_B=0.25$；正己烷 $x_C=0.20$；

正庚烷 $x_D = 0.15$；

分离要求：正戊烷在馏出液中的回收率为 90%，正己烷在釜液中的回收率为 90%。

计算：①馏出液和釜液的流率和组成；

②塔顶温度和塔釜温度；

③最少理论板数和组分分配。

解：设正戊烷为轻关键组分，正己烷为重关键组分。

① 馏出液和釜液的流率和组成的计算

总物料衡算 $F = D + W$

对组分 B，$Fx_{BF} = 0.25 \times 100 = 25.0 = Dx_{BD} + Wx_{BW}$

由 B 的回收率得 $Dx_{BD} = 0.90 \times 25.0 = 22.5$

因此 $Wx_{BW} = 2.5$

对于组分 C，$Fx_{CF} = 0.20 \times 100 = 20.0 = Dx_{CD} + Wx_{CW}$

同理得 $Wx_{CW} = 0.90 \times 20 = 18.0$，$Dx_{CD} = 2.0$

作第一次试差时，假设馏出液中没有组分 D，釜液中没有组分 A，因此物料衡算列表如下：

组分	进料 F		馏出液 D		釜液 W	
	$x_{i,F}$	$Fx_{i,F}$	$x_{i,D}$	$Dx_{i,D}$	$x_{i,W}$	$Wx_{i,W}$
A	0.40	40.0	0.620	40.0	0	0
B (L)	0.25	25.0	0.349	22.5	0.070	2.5
C (H)	0.20	20.0	0.031	2.0	0.507	18.0
D	0.15	15.0	0	0	0.423	15.0
$\sum$	1.00	$F = 100.0$	1.000	$D = 64.5$	1.000	$W = 35.5$

② 塔顶温度和塔釜温度的计算

顶温的计算：

第一次试差：假设 $T = 67℃$，查 K_i（67℃，405.3kPa），再由

$$y_{i,D} = x_{i,D} \xrightarrow{\alpha_c = 1} \alpha_i \longrightarrow \frac{y_i}{\alpha_i} \longrightarrow \sum \frac{y_i}{\alpha_i} \longrightarrow K_c = \frac{\sum y_i}{\sum \frac{y_i}{\alpha_i}} = 0.2627$$

查得 K_c 值相应于 67℃，故假设值正确。馏出液露点温度即塔顶温度为 67℃。

釜温的计算：

第一次试差塔釜温度：假设 $T_W = 135℃$。

组分	x_i	K_i	α_i	$\alpha_i x_i$	y_i
A	0	5.00	4.348	0	0
B(L)	0.070	2.35	2.043	0.1430	0.164
C(H)	0.507	1.15	1.000	0.5070	0.580
D	0.423	0.61	0.530	0.2242	0.256
$\sum$	1.000			$\sum \alpha_i x_i = 0.8742$	1.000

$$K_c = 1/0.8742 = 1.144$$

由 K_c 值反算塔釜温度 $T_W = 132℃$，因其接近假设值，结束试差。

③ 最少理论塔板数和组分分配

首先计算 α 值：

$$\alpha_{LH,D} = 2.50$$

$$\alpha_{LH,W} = 2.04$$

$$\alpha_{LH,av} = \sqrt{2.50 \times 2.04} = 2.258$$

$$N_m = \frac{\lg\left[(0.349/0.031)(0.507/0.070)\right]}{\lg 2.258} = 5.404（包括再沸器）$$

其他组分的分配：

组分 A 的分配

$$\alpha_{AC,av} = \sqrt{\alpha_{AC,D}\alpha_{AC,W}} = \sqrt{6.73 \times 4.348} = 5.409$$

$$\frac{Dx_{AD}}{Wx_{AW}} = (\alpha_{AC,av})^{N_m} \frac{Dx_{CD}}{Wx_{CW}} = (5.409)^{5.404} \frac{64.5 \times 0.031}{35.5 \times 0.507} = 1017$$

作组分 A 的物料衡算

$$Fx_{AF} = 40.0 = Dx_{AD} + Wx_{AW}$$

与上式联立求解得

$$Wx_{AW} = 0.039; Dx_{AD} = 39.961$$

同理求出组分 D 的分配

$$Wx_{DW} = 14.977; Dx_{DD} = 0.023$$

修正的馏出液和釜液组成如下表：

组分	馏出液 D		釜液 W	
	$y_{i,D} = x_{i,D}$	$Dx_{i,D}$	$x_{i,W}$	$Wx_{i,W}$
A	0.6197	39.961	0.0011	0.039
B(L)	0.3489	22.500	0.0704	2.500
C(H)	0.0310	2.000	0.5068	18.000
D	0.0004	0.0230	0.4217	14.977
$\sum$	1.000	$D = 64.484$	1.000	$W = 35.516$

可见组分 D 在馏出液中的摩尔数以及组分 A 在釜液中的摩尔数都是很小的。

使用新的馏出液组成重算其露点温度，得 $K_c = 0.2637$，与前述计算结果偏差仅有 0.4%，故塔顶温度仍为 67℃。同理，釜温重算值也为 132℃。若所计算的泡点或露点温度有明显变化，则应重算 N_m。

【例 2-5】最小回流比和操作回流比下的理论板数的计算。应用例 2-4 的已知条件和计算结果进行下列计算：

① 使用 Underwood 法确定最小回流比；

② 使用 Erbar-Maddox 图求 $R=1.5R_m$ 的理论板数；

③ 使用 Kikbride 法确定进料位置。

解：①由前例已知塔顶和塔釜温度分别为 67℃ 和 132℃，故全塔平均温度为 99.5℃，查图得该温度和平均操作压力下的 K_i 值。进、出物料组成及相对挥发度列于下表：

组分	$x_{i,F}$	$x_{i,D}$	$K_i(99.5℃)$	$\alpha_i(99.5℃)$	$y_{i,W}$
A	0.40	0.6197	3.12	5.20	0.0011
B(L)	0.25	0.3489	1.38	2.30	0.0704
C(H)	0.20	0.0310	0.60	1.00	0.5068
D	0.15	0.0004	0.28	0.467	0.4217
$\sum$	1.000				1.000

泡点进料 $q=1.0$，将上述数据代入式（2-16）：

$$\frac{5.20\times0.40}{5.20-\theta}+\frac{2.30\times0.25}{2.30-\theta}+\frac{1.00\times0.20}{1.00-\theta}+\frac{0.467\times0.15}{0.467-\theta}=0$$

θ 的取值范围在 $1.00\sim2.30$ 之间，试差情况见下表：

θ	$\dfrac{5.20\times0.40}{5.20-\theta}$	$\dfrac{2.30\times0.25}{2.30-\theta}$	$\dfrac{1.00\times0.20}{1.00-\theta}$	$\dfrac{0.467\times0.15}{0.467-\theta}$	$\sum$
1.210	0.5213	0.5275	-0.9524	-0.0942	$+0.0022$
1.2	0.5200	0.5227	-1.0000	-0.0955	-0.0528
1.2096	0.5213	0.5273	-0.9542	-0.0943	$+0.0001$

将 $\theta=1.2096$ 代入式（2-15）：

$$R_m+1=\frac{5.20\times0.6197}{5.20-1.2096}+\frac{2.30\times0.3489}{2.30-1.2096}+\frac{1.00\times0.031}{1.00-1.2096}+\frac{0.467\times0.0004}{0.467-1.2096}$$

解得 $R_m=0.395$。

②
$$R=1.5R_m=0.593$$
$$R/(R+1)=0.3723$$
$$R_m/(R_m+1)=0.2832$$

查图 2-9 得

$$N_m/N=0.49$$
$$N=5.40/0.49=11.0$$

所以理论板数为 11.0。

③ 用式（2-26）求进料板位置

$$\lg\frac{N_R}{N_S}=0.206\lg\left[\frac{0.20}{0.25}\times\left(\frac{0.0704}{0.0310}\right)^2\times\frac{35.516}{64.484}\right]=0.07344$$

又因 $N_R/N_S=1.184$，$N_R+N_S=11$

解得：$N_S=5.0$；$N_R=6.0$

故进料板在第 6 块（自上而下）。

2.1.4 多组分精馏的严格计算

随着计算机技术的迅猛发展与广泛应用，对于多级分离过程进行严格的数学模拟已经成为可能。对于多组分多级分离设备的严格计算，不仅能够确定各级上的温度、压力、流率、气液相组成和传热速率等工艺设计所必需的参数，而且能考察和改进设备的操作，优化控制过程。对多级分离过程进行数学模拟，其核心是建立描述分离过程的动量、质量和热量传递模型和方程并进行求解。

2.1.4.1 平衡级的理论模型

逆流多级分离问题的平衡级模型由四组基本方程组成，即物料衡算方程（M）、相平衡方程（E）、组分摩尔分数加和方程（S）和热量衡算方程（H），称为 MESH 方程。

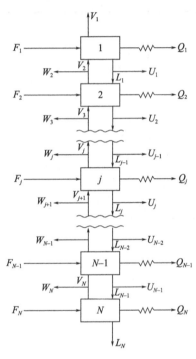

图 2-11 多组分分离塔示意图

有多股进料和多股出料的复杂多组分分离过程可以由图 2-11 表示，它是普通的 N 级逆流接触梯级布置的连续、稳态多级气液或液液分离装置。分离级由上而下编号，假定在各级上达到相平衡且不发生化学反应。

任一平衡级 j 的进料可以是一相或两相，其摩尔流率为 F_j，组分的摩尔分数为 $z_{i,j}$，温度 $T_{F,j}$，压力 $P_{F,j}$，平均摩尔焓为 $H_{F,j}$。级 j 的另外两股输入是来自上面第 $j-1$ 级组成的摩尔分数为 $x_{i,j-1}$、摩尔流率为 L_{j-1} 的液相，和来自下面第 $j+1$ 级的摩尔组成为 $y_{i,j+1}$、摩尔流率为 V_{j+1} 的气相。级 j 的温度为 T_j，压力 p_j，气相摩尔焓 H_j，摩尔组成为 $y_{i,j}$，与之平衡的液相摩尔焓 h_j，摩尔组成为 $x_{i,j}$。

离开级 j 的气相物流可分为摩尔流率为 W_j 的气相侧线采出和进入第 $j-1$ 级的级间流 V_j，当 $j=1$ 时 V_1 作为塔顶气相产品采出。离开级 j 的液相物流可分成摩尔流率为 U_j 的液相侧线采出和送往第 $j+1$ 级的级间流 L_j。若 $j=N$，则 L_N 作为塔底产品采出。自级 j 引出的热量以 Q_j 表示，它可用来模拟级间冷却器、级间加热器、冷凝器或再沸器的热负荷。

对于组分数为 c 的平衡级 j，其 MESH 方程如下。

（1）M 方程（物料衡算方程）

$$G_{i,j}^{M} = L_{j-1}x_{i,j-1} + V_{j+1}y_{i,j+1} + F_j z_{i,j} -$$
$$(L_j + U_j)x_{i,j} - (V_j + W_j)y_{i,j} = 0$$
$$i = 1, 2, \cdots, c \qquad (2\text{-}28)$$

（2）E 方程（相平衡方程）

$$G_{i,j}^{E} = y_{i,j+1} - K_{i,j}x_{i,j} = 0$$
$$i = 1, 2, \cdots, c \qquad (2\text{-}29)$$

（3）S 方程（加和归一方程）

$$G_j^{\mathrm{SY}} = \sum_{i=1}^{c} y_{i,j} - 1.0 = 0 \tag{2-30}$$

$$G_j^{\mathrm{SX}} = \sum_{i=1}^{c} x_{i,\,j} - 1.0 = 0 \tag{2-31}$$

（4）H 方程（热量衡算方程）

$$G_j^{\mathrm{H}} = L_{j-1}H_{j-1} + V_{j+1}H_{j+1} + F_jH_j - (L_j+U_j)h_j - (V_j+G_j)H_j - Q_j = 0 \tag{2-32}$$

式中，相平衡常数 $K_{i,j}$、气相摩尔焓 H_i 以及液相摩尔焓 h_i 不是独立变量，所对应的下列函数关联式也不被计入方程组内。

$$K_{i,j} = K_{i,j}(T_j, p_j, x_{i,j}, y_{i,y}) \tag{2-33}$$

$$H_j = H_j(T_j, p_j, y_{i,y}) \tag{2-34}$$

$$h_j = h_j(T_j, p_j, x_{i,y})$$
$$i = 1, 2, \cdots, c \tag{2-35}$$

这样，描述一个平衡级的 MESH 方程数为 $2c+3$ 个。将上述 N 个平衡级按逆流方式串联起来，并且去掉分别处于串级两端的 L_0 和 V_{N+1} 两股物流，则组合成适用于精馏、吸收和萃取的通用逆流分离装置，该装置共有 $N(2c+3)$ 个方程和 $[N(3c+9)-1]$ 个变量。注意：每级上进料组成仅计入 $c-1$ 个独立变量。

根据设计变量的确定方法，该装置的设计变量数为：

固定设计变量数 $N_x = N(c+3)$。

其中压力等级数 N；进料变量数 $N(c+2)$。

可调设计变量数 $N_a = 3N-1$。

其中串级单元数 1；侧线采出单元数 $2(N-1)$；传热单元数 N。

故，设计变量总数为 $[N(c+6)-1]$ 个。

对于多组分多级分离计算问题，进料变量和压力变量的数值一般是必须规定的，其他设计变量的规定方法分设计型和操作型。设计型问题规定关键组分的回收率（或浓度）及有关参数、计算平衡级数、进料位置等；操作型问题规定平衡级数、进料位置及有关参数、计算可达到的分离要求（回收率或浓度）等。因此，设计型问题是以设计一个新分离装置使之达到一定分离要求的计算，而操作型问题是以在一定操作条件下分析已有分离装置性能的计算。

如图 2-11 所表示的通用逆流接触装置的操作型问题可指定下列变量为设计变量：

① 各级进料量（F_j）、组成（$z_{i,j}$）、进料温度（$T_{F,j}$）和进料压力（$p_{F,j}$）；

② 各级压力（p_j）；

③ 各级气相侧线采出流率（W_j，$j=2, \cdots, N$）和液相侧线采出流率（U_j，$j=1, \cdots, N-1$）；

④ 各级换热器的换热量（Q_j）；

⑤ 级数 N。

上述规定的变量总数为 $N(c+6)-1$ 个。在 $N(2c+3)$ 个 MESH 方程中，未知数 $x_{i,j}$、

$y_{i,j}$、L_j、V_j 和 T_j，其总数也是 $N(2c+3)$ 个，故独立方程数与未知变量数相等，方程组可解且具有唯一解。

文献中介绍了大量的非线性代数方程组的迭代解法。例如对于单股进料、无侧线采出的简单精馏塔，Lewis 和 Matheson 逐级计算法以及 Thiele-Geddes 逐级、逐个方程计算法广泛用于手算级数。后来 Friday 和 Smith 指出，对于多进料、多侧线采出的复杂塔，逐级计算法不适于在计算机上使用，主要原因是计算机上圆整误差的累计导致解的失真。

随着高速计算机的使用，Amundson 和 Pontinen 提出了适于计算机运算的操作型多级分离问题的 MESH 方程解离法，随后出现了许多改进的方程解离技术。例如，泡点法（BP法）适用于窄沸程进料的分离塔计算；流率加和法（SR法）适用于宽沸程或溶解度有较大差别的进料；介于上述两者之间的情况，应采用 Newton-Raphson 法或解离与 Newton-Raphson 相结合的方法。BP 法适用于精馏计算，SR 法适用于吸收、解吸的计算，这两种算法具有简单、对初值要求不高、占用内存单元少的优点。Newton-Raphson 法在求解过程中将高度非线性方程进行了线性化处理，具有收敛速度快、稳定性好及适用于各种场合的优点，但它的计算工作量很大，占用内存单元多，对初值要求高。

由 Boston 和 Sullivan 提出的内-外法在设计稳态、多组分分离过程时大大缩短了计算热力学性质所耗用的时间，它采用两套热力学性质模型：①简单的经验法用于频繁的内层收敛计算；②严格和复杂的模型用于外层计算。在内层求解 MESH 方程使用经验关系式，而经验式中的参数则需在外层用严格的热力学关系校正，但这种校正是间断进行的且频率并不高。在 Aspen Plus 软件中，用改进的内-外法编制了 RADFRAC 和 MULTIFRAC 计算程序，它们可应用于多种类型的分离过程计算。

此外，还有仿照过程由不稳态趋向稳态的进程进行求解的松弛法。松弛法对初值要求不高，收敛稳定性好，但它的收敛速度极为缓慢，不宜作为常规计算方法。

2.1.4.2　三对角线矩阵法

三对角线矩阵法是以方程解离法为基础的严格计算方法，目前广泛地应用于精馏、吸收的操作型计算。给定平衡级数，MESH 方程组中相平衡方程与物料平衡方程相结合，消去 $y_{i,j}$（或 $x_{i,j}$），形成具有三对角系数矩阵的新方程，因而被称为三对角线矩阵法或 Thomas 法。

对图 2-11 中逆流装置作从第 1 级到第 j 级的总物料衡算，得到

$$L_j = V_{j+1} + \sum_{m=1}^{j}(F_m - U_m - W_m) - V_1 \tag{2-36}$$

将式（2-29）代入式（2-28）消去 $y_{i,j}$，再用式（2-36）消去变量 L，经整理得到

$$A_j x_{i,j-1} + B_j x_{i,j} + C_j x_{i,j+1} = D_j \tag{2-37}$$

$$A_j = V_{j+1} + \sum_{m=1}^{j}(F_m - U_m - W_m) - V_1 \quad 2 \leqslant j \leqslant N \tag{2-38}$$

$$B_j = -\left[V_{j+1} + \sum_{m=1}^{j}(F_m - U_m - W_m) - V_1 + U_j + (V_j + W_j)K_{i,j} \right]$$
$$1 \leqslant j \leqslant N \tag{2-39}$$

$$G_j = V_{j+1}K_{i,j+1} \quad 1 \leqslant j \leqslant N-1 \tag{2-40}$$

$$D_j = -F_j z_{i,j} \quad 1 \leqslant j \leqslant N \tag{2-41}$$

如图 2-11 所示，不存在级 0 和级 $N+1$，所以不存在 $x_{i,0}$ 和 V_{N+1}，因此，当 $j=0$ 时，式（2-37）的第一项不存在；当 $j=N$ 时，其第三项不存在，有：

$$\begin{aligned}
j&=1 & B_1 x_{i,1} + C_1 x_{i,2} &= D_1 \\
j&=2 & A_2 x_{i,1} + B_2 x_{i,2} + C_2 x_{i,3} &= D_2 \\
&\cdots & \cdots & \\
j&=j & A_j x_{i,j-1} + B_j x_{ij} + C_j x_{i,j+1} &= D_j \\
&\cdots & \cdots & \\
j&=N-1 & A_{N-1} x_{i,N-2} + B_{N-1} x_{i,N-1} + C_{N-1} x_{i,N} &= D_{N-1} \\
j&=N & A_N x_{i,N-1} + B_N x_{i,N} &= D_N
\end{aligned} \tag{2-42}$$

将组分 i 的 N 个方程式集合起来，表示成下列三对角线矩阵方程：

$$
\begin{bmatrix}
B_1 & C_1 & & & & & \\
A_2 & B_2 & C_2 & & & & \\
& \cdots & \cdots & \cdots & & & \\
& & A_j & B_j & C_j & & \\
& & & \cdots & \cdots & \cdots & \\
& & & & A_{N-1} & B_{N-1} & C_{N-1} \\
& & & & & A_N & B_N
\end{bmatrix}
\begin{bmatrix}
x_{i,1} \\ x_{i,2} \\ \vdots \\ x_{i,j} \\ \vdots \\ x_{i,N-1} \\ x_{i,N}
\end{bmatrix}
=
\begin{bmatrix}
D_1 \\ D_2 \\ \vdots \\ D_j \\ \vdots \\ D_{N-1} \\ D_N
\end{bmatrix}
\tag{2-43}
$$

在对方程组式（2-43）进行求解时，当相平衡常数 K 与组成无关，且已知 T_j 和 V_j 初始值的情况下，式（2-43）变成一组线性代数方程，可用追赶法求解液相组成。在相平衡常数 K 与组成有关的情况下，开始计算前必须对组成赋初始值，而后在迭代中可用前一次迭代得到的组成计算 K 值。

MESH 方程中的另外两组方程 S 方程和 H 方程用于迭代和收敛变量 T_j 和 V_j，但方程式和变量的组合方式，即用哪个方程计算哪个变量，取决于物系的收敛特性。泡点法和流率加和法是两种不同的组合情况，分别有其应用场合。

（1）三对角线矩阵的托马斯解法

对于具有三对角线矩阵的线性方程组，常用追赶法（或称托马斯解法）求解，该法属于高斯消元法，它涉及从第 1 级开始一直到第 N 级的消元过程，并最终得到 $x_{i,N}$，其余的 $x_{i,j}$ 值则从 $x_{i,N-1}$ 开始的回代过程得到。假设 A_j、B_j、C_j、D_j 为已知。计算步骤如下：

对第 1 级

$$B_1 x_{i,1} + C_1 x_{i,2} = D_1 \tag{2-44}$$

$$x_{i,1} = \frac{D_1 - C_1 x_{i,2}}{B_1}$$

令

$$p_1 = \frac{C_1}{B_1} \text{ 和 } q_1 = \frac{D_1}{B_1}, \text{则 } x_{i,1} = q_1 - p_1 x_{i,2} \tag{2-45}$$

$$A_2 x_{i,1} + B_2 x_{i,2} + C_2 x_{i,3} = D_2$$

将式（2-45）代入解得 $x_{i,2}=q_2-p_2 x_{i,3}$

式中　$p_2=\dfrac{C_2}{B_2-A_2 p_1}$ 和 $q_2=\dfrac{D_2-A_2 q_1}{B_2-A_2 p_1}$

显然，$x_{i,1}$ 的系数由 A 变为 0，$x_{i,2}$ 的系数由 B_2 变为 1，$x_{i,3}$ 的系数由 C 变为 p_2，相当于 D_2 的项变为 q_2。

将以上结果用于第 j 级，得到

$$p_j=\frac{C_j}{B_j-A_j p_{j-1}} \tag{2-46}$$

$$q_j=\frac{D_j-A_j q_{j-1}}{B_j-A_j p_{j-1}} \tag{2-47}$$

且

$$x_{i,j}=q_j-p_j x_{i,j+1} \tag{2-48}$$

对于第 N 级，由于 $p_N=0$，可得到

$$x_{i,N}=q_N \tag{2-49}$$

在完成上述消元后，式（3-43）变成下面的简单形式：

$$\begin{bmatrix} 1 & p_1 & & & & & \\ & 1 & p_2 & & & & \\ & & \cdots & \cdots & & & \\ & & & 1 & p_j & & \\ & & & & \cdots & \cdots & \\ & & & & & 1 & p_{N-1} \\ & & & & & & 1 \end{bmatrix} \begin{bmatrix} x_{i,1} \\ x_{i,2} \\ \vdots \\ x_{i,j} \\ \vdots \\ x_{i,N-1} \\ x_{i,N} \end{bmatrix} = \begin{bmatrix} q_1 \\ q_2 \\ \vdots \\ q_j \\ \vdots \\ q_{N-1} \\ q_N \end{bmatrix} \tag{2-50}$$

求出 $x_{i,N}$ 后，按上式逐级回代，直至得到 $x_{i,1}$。

（2）泡点法（BP法）

精馏过程涉及组分的气液平衡常数的变化范围比较窄，用泡点方程计算新的级温度非常有效，故称这种三对角线矩阵法为泡点法（BP法）。

在泡点法计算过程中，用修正的 M 方程计算液相组成，其内层循环用 S 方程迭代计算级温度，而外层循环用 H 方程迭代气相流率。其设计变量规定为：各级的进料流率、组成、状态（F_j、$z_{i,j}$、p_F、$T_{F,j}$ 或 $H_{F,j}$）、压力（p_j）、侧线采出流率（W_j，U_j，其中 U_1 为液相馏出物），除第 1 级（冷凝器）和第 N 级（再沸器）以外各级的热负荷（Q_j），总级数（N），泡点温度下的回流量（L_1）以及塔顶气相馏出物流率（V_1）。

泡点法的计算步骤为：开始计算流率时首先给定迭代变量 V_j 和 T_j 的初值。对大多数问题，V_j 可以通过规定的回流比、馏出流率、进料和侧线采出流率按恒摩尔流率假设进行初估。塔顶温度的初值可按下列方法之一确定：①当塔顶为气相采出时，可取气相产品的露点温度；②当塔顶为液相采出时，可取馏出液的泡点温度；③当塔顶为气、液两相采出时，可取露点、泡点之间的某一温度值。塔釜温度的初值常取釜液的泡点温度。当塔顶和塔釜温度均假定后，用线性内插得到中间各级的温度初值，然后计算 K 值。当 K 值是 T、p 和组

成的函数时，除非在第一次迭代中用假设为理想溶液的 K 值，还需要对所有 $x_{i,j}$（有时还需 $y_{i,j}$）提供初值，而在以后的迭代中使用前一次迭代得到的 $x_{i,j}(y_{i,j})$。通过运算得到各组分的系数矩阵中的 A_j、B_j、C_j、D_j 数值之后，便可以应用式（2-43）求解 $x_{i,j}$。由于式（2-43）没有考虑 S 方程的约束，故必须按照下式对计算得到的 $x_{i,j}$ 进行归一化：

$$x_{i,j} = \frac{x_{i,j}}{\sum\limits_{i=1}^{c} x_{i,j}} \tag{2-51}$$

泡点温度的计算方法参阅前面的相关部分。在级温度确定后，用 E 方程求 $y_{i,j}$，进而计算各级的气、液相摩尔焓 H_j 和 h_j。

由于 F_1、V_1、U_1 和 L_1 已规定，故可用式（2-36）计算 V_2，并用如下 H 方程计算冷凝器的热负荷：

$$Q_1 = V_2 H_2 + F_1 H_{F,1} - (L_1 + U_1) h_1 - V_1 H_1 \tag{2-52}$$

由全塔的总物料衡算式计算出 L_N，进而由全塔的总热量衡算式计算再沸器的热负荷：

$$Q_N = \sum_{j-1}^{N} (F_j H_{F,j} + U_j h_j - W_j H_j) - \sum_{j-1}^{N-1} Q_j - V_1 H_1 - L_N h_N \tag{2-53}$$

为使用 H 方程计算 V_j，分别用式（2-36）表示 L_{j-1} 和 L_j 并代入式（2-32），得到修正的 H 方程：

$$\alpha_j V_j + \beta_j V_{j+1} = \gamma_j \tag{2-54}$$

式中　$\alpha_j = h_{j-1} - H$；$\beta_j = H_{j+1} - h_j$；

$\gamma_j = \left[\sum\limits_{m=1}^{j} (F_m + U_m - W_m) - V_1 \right] (h_j - h_{j-1}) + F_j (h_j - H_{F,j}) + W_j (H_j - h_j) + Q_j$。

根据式（2-54），对第 2 级到第 $N-1$ 级写出矩阵表达式，得到式（2-55）所示的对角线矩阵方程：

$$\begin{bmatrix} \beta_2 & & & & & & \\ \alpha_3 & \beta_3 & & & & & \\ & \cdots & \cdots & & & & \\ & & \alpha_j & \beta_j & & & \\ & & & \cdots & \cdots & & \\ & & & & \alpha_{N-2} & \beta_{N-2} & \\ & & & & & \alpha_{N-1} & \beta_{N-1} \end{bmatrix} \begin{bmatrix} V_3 \\ V_4 \\ \vdots \\ V_{j+1} \\ \vdots \\ V_{N-1} \\ V_N \end{bmatrix} = \begin{bmatrix} \gamma_2 - \alpha_2 V_2 \\ \gamma_3 \\ \vdots \\ \gamma_j \\ \vdots \\ \gamma_{N-2} \\ \gamma_{N-1} \end{bmatrix} \tag{2-55}$$

假定 α_j、β_j、r_j 为已知，V_2 由式（2-36）计算得到，故可逐级计算出 V_j。

$$V_3 = \frac{\gamma_2 - \alpha_2 V_2}{\beta_2}$$

$$V_4 = \frac{\gamma_3 - \alpha_3 V_3}{\beta_3}$$

$$V_j = \frac{\gamma_{j-1} - \alpha_{j-1} V_{j-1}}{\beta_{j-1}}$$

迭代收敛可采用如下的简单准则：

$$\tau = \sum_{j=1}^{N} |T_j^{(K)} - T_j^{(K-1)}| \leqslant 0.01N \tag{2-56}$$

T_j 和 V_j 的计算常用直接迭代法。但经验表明，为保证收敛，在下次迭代开始之前对当前迭代结果进行调整是必要的。例如应规定级温度的上、下限，当级间流率为负值时，应将其变成接近于零的正值。此外，为防止迭代过程发生振荡，应采用阻尼因子来限制，使先后两次迭代之间的 T_j 和 V_j 变化幅度小于 10%。

【例 2-6】 一精馏塔分离轻烃混合物，全塔共 5 个平衡级（包括全凝器和再沸器）。从上往下数第 3 级进料，进料量为 100mol/h，原料中丙烷（1）、正丁烷（2）和正戊烷（3）的含量分别为 $z_1 = 0.3$，$z_2 = 0.3$，$z_3 = 0.4$（摩尔分数）。塔压为 689.4 kPa，进料温度为 323.3K（即饱和液体）。塔顶馏出液流率为 50mol/h，饱和液体回流，回流比 $R=2$。规定各级（全凝器和再沸器除外）及分配器在绝热条件下操作，试用泡点法完成一个迭代循环。

该物系为理想体系，各组分饱和蒸气压的安托因方程为：

$$丙烷 \quad \ln p^S = 15.7260 - 1872.46/(T - 25.16)$$
$$正丁烷 \quad \ln p^S = 15.6782 - 2154.90/(T - 34.42)$$
$$正戊烷 \quad \ln p^S = 15.8333 - 2477.07/(T - 39.94)$$

p^S 单位为 mmHg[❶]，T 单位为 K。

液体摩尔焓 h 为：

$$丙烷 \quad h = 10730.6 - 74.31T + 0.3504T^2$$
$$正丁烷 \quad h = -12868.4 - 64.2T + 0.19T^2$$
$$正戊烷 \quad h = -13244.7 - 65.88T + 0.2276T^2$$

h 单位为 J/mol，T 单位为 K。

气体摩尔焓为：

$$丙烷 \quad H = 25451.0 - 33.356T + 0.1666T^2$$
$$正丁烷 \quad H = 47437.0 - 107.76T + 28488T^2$$
$$正戊烷 \quad H = 16657.0 - 95.753T + 0.05426T^2$$

H 单位为 J/mol，T 单位为 K。

解： 馏出液量 $D = U_1 = 50$mol/h，则 $L_1 = RU_1 = 100$mol/h，由围绕全凝器的总物料衡算得 $V_1 = L_1 + U_1 = 150$mol/h。

迭代变量初值列表如下：

级序号 j	V_j/(mol/h)	T_j/K
1	0（无气相出料）	291.5
2	150	305.4
3	150	319.3
4	150	333.2
5	150	347.0

---

❶ 1mmHg$=1.33322 \times 10^2$Pa。

在假定的级温度及 689.4kPa 压力下，从图 2-3 得到 K 值为：

组分	$K_{i,j}$				
	1	2	3	4	5
丙烷	1.23	1.63	2.17	2.70	3.33
正丁烷	0.33	0.50	0.71	0.95	1.25
正戊烷	0.103	0.166	0.255	0.36	0.49

对第 1 个组分的 C_3，按照式（3-37）～式（3-41）进行矩阵系数计算，可得到如下矩阵方程：

$$
\begin{bmatrix}
-150 & 244.5 & & & \\
100 & -344.5 & 325.5 & & \\
& 100 & -525.5 & 405 & \\
& & 200 & -605 & 499.5 \\
& & & 200 & -549.5
\end{bmatrix}
\begin{bmatrix}
x_{1,1} \\ x_{1,2} \\ x_{1,3} \\ x_{1,4} \\ x_{1,5}
\end{bmatrix}
=
\begin{bmatrix}
0 \\ 0 \\ -30 \\ 0 \\ 0
\end{bmatrix}
$$

由追赶法求解该方程，得到：

$$x_{1,5}=0.0333, x_{1,4}=0.0915, x_{1,3}=0.1938, x_{1,2}=0.3475, x_{1,1}=0.5664。$$

用类似方式解正丁烷和正戊烷的矩阵方程得到 $x_{i,j}$：

组分	$K_{i,j}$				
	1	2	3	4	5
丙烷	0.5664	0.3475	0.1938	0.0915	0.0333
正丁烷	0.1910	0.3820	0.4483	0.4857	0.4090
正戊烷	0.0191	0.1149	0.3253	0.4820	0.7806
$\sum\limits_{i=1}^{3} x_{i,j}$	0.7765	0.8444	0.9674	1.0592	1.2229

将这些数据归一化后，用泡点方程式（2-30）迭代计算 689.4kPa 压力下的泡点温度并和初值比较：

温度＼级数	1	2	3	4	5
$T_j^{(1)}/K$	291.5	315.4	319.3	333.2	347.0
$T_j^{(2)}/K$	292.0	307.6	328.1	340.9	357.6

根据液体和气体纯组分的摩尔焓计算公式，计算出在泡点温度下，各组分的液相、气相的摩尔常数，再按下列公式加和：

$$H_j = \sum_{i=1}^{c} H_{i,j} y_{i,j} \;;\; h_j = \sum_{i=1}^{c} h_{i,j} x_{i,j}$$

式中，H_j 和 h_j 分别是第 j 级气相和液相的平均摩尔焓。

平均摩尔焓计算结果如下：

级数	1	2	3	4	5
H_j/(J/mol)	30818	34316	38778	43326	49180
h_j/(J/mol)	19847.5	23783.9	19151.7	32745.6	37451.2

气、液相组成的摩尔分数见下表：

级数	液相组成 $x_{i,j}$			液相组成 $y_{i,j}$		
	丙烷	正丁烷	正戊烷	丙烷	正丁烷	正戊烷
1	0.7294	0.0246	0.0246	0.9145	0.0830	0.0024
2	0.4115	0.4524	0.1361	0.7142	0.2437	0.0421
3	0.2003	0.4634	0.3363	0.4967	0.3999	0.1033
4	0.0864	0.4585	0.4551	0.2728	0.5283	0.1989
5	0.0272	0.3345	0.6383	0.5018	0.5018	0.3947

按照式（2-54）计算出矩阵系数后，便可构成如下对角线矩阵：

$$\begin{bmatrix} 14994.1 & & \\ -14994.1 & 14174.3 & \\ & -14174.3 & 16434.4 \end{bmatrix} \begin{bmatrix} V_3 \\ V_4 \\ V_5 \end{bmatrix} = \begin{bmatrix} 1973455 \\ -159280 \\ 179695 \end{bmatrix}$$

逐级计算出：$V_3 = 131.62$；$V_4 = 128.0$；$V_5 = 121.33$。

【例 2-7】分离苯（B）、甲苯（T）和异丙苯（C）的精馏塔，操作压力为 101.3kPa。饱和液体进料，其组成（摩尔分数）为 25%苯、35%甲苯和 40%异丙苯。进料量 100kmol/h。塔顶采用全凝器，饱和液体回流，回流比 $L/D = 2.0$。假设恒摩尔流。相对挥发度为常数 $\alpha_{BT} = 2.5$，$\alpha_{TT} = 1.0$，$\alpha_{CT} = 0.21$。规定馏出液中甲苯的回收率为 95%，釜液中异丙烷的回收率为 96%。试求：

① 按适宜进料位置进料，确定总平衡级数；

② 若在第 5 级进料（自上而下），确定总平衡级数。

解：①全塔物料衡算和计算起点的确定

按清晰分割：$Fz_B = Dx_{BD} = 2.5$

$Dx_{TD} = 0.95Fz_T = 33.25$

$Dx_{CD} = (1 - 0.96)Fz_C = 1.6$

物料衡算表：

组分	馏出液		釜液	
	$Dx_{i,D}$	$x_{i,D}$	$Wx_{i,W}$	$x_{i,W}$
B	25	0.418	0	0
C	33.25	0.555	1.75	0.044
T	1.6	0.027	38.4	0.956
Σ	59.85	1.0	40.15	1.0

② 操作线方程

精馏段 $y_{i,j+1} = \dfrac{L}{V}x_{i,j} + \dfrac{D}{V}x_{i,D}$

式中，$L/V = \dfrac{L}{L+D} = \dfrac{2}{2+1} = \dfrac{2}{3}$ ；$D/V = \dfrac{1}{3}$。

提馏段 $y_{i,j+1} = \dfrac{L'}{V'}x_{i,j} + \dfrac{W}{V'}x_{i,W}$

式中，$L' = 2D + F = 219.7$；

$V' = V = L + D = 3D = 179.55$；

$L'/V' = 1.224$ ；$W/V' = 0.224$。

③ 逐级计算

组分	第 1 级		第 2 级	
	$y_{i,1} = x_{i,D}$	$x_{i,1}$	$y_{i,2}$	$x_{i,2}$
B	0.418	0.193	0.268	0.084
T	0.555	0.655	0.622	0.497
C	0.027	0.151	0.110	0.419
$\sum$	1.0	0.999	1.0	1.0

核实第 2 级是否为进料级：

按精馏段操作线计算 $y_{i,3}$ 得

$y_{B,3} = 0.1953$；$y_{T,3} = 0.5163$；$y_{C,3} = 0.2883$

按提馏段操作线计算 $y_{i,3}$ 得

$y_{B,3} = 0.1028$；$y_{T,3} = 0.5985$；$y_{C,3} = 0.2987$

则 $\left[\dfrac{y_{T,3}}{y_{C,3}}\right]_R = 1.7908 < \left[\dfrac{y_{T,3}}{y_{C,3}}\right]_S = 2.0037$

所以第 2 级不是进料级

所以，$y_{B,3} = 0.1953$；$y_T = 0.5163$；$y_C = 0.2883$。

核实第 3 级是否为进料级：

按精馏段操作线计算 $y_{i,4}$ 得

$y_{B,4} = 0.166$；$y_{T,4} = 0.360$；$y_{C,4} = 0.474$

按提馏段操作线计算 $y_{i,4}$ 得：

$y_{B,4} = 0.049$；$y_{T,4} = 0.311$；$y_{C,4} = 0.640$

则 $\left[\dfrac{y_{T,4}}{y_{C,4}}\right]_R = 0.759 < \left[\dfrac{y_{T,4}}{y_{C,4}}\right]_S = 0.486$

故第 3 级为进料板，以下按提馏段操作线逐级计算：

组分	第 4 级		第 5 级	
	$y_{i,1}=x_{i,D}$	$x_{i,1}$	$y_{i,2}$	$x_{i,2}$
B	0.049	0.0058	0.007	0.0006
T	0.311	0.0920	0.103	0.0237
C	0.640	0.9021	0.890	0.9756
$\sum$	1.0	0.9999	1.0	0.9999

因 $x_{C,5}>x_{CW}$ 和 $x_{T,5}>x_{TW}$，所以第 5 级（包括再沸器）为最后一级。

④ 估计值的校核

W 值应调整为：

$$\frac{1.75}{W}+\frac{38.4}{W}+0.0006=1.0$$

解得

$$W=40.174$$

$$D=59.826$$

$$x_{TD}=\frac{33.25}{59.826}=0.5558$$

$$x_{CD}=\frac{1.6}{59.826}=0.0267$$

$$x_{BD}=0.4175;\frac{|(x_{BD})_{估计}-(x_{BD})_{计算}|}{(x_{BD})_{计算}}=\frac{|0.418-0.4175|}{0.4175}=0.0012<0.01$$

满足准确度，不再重复逐级计算。

2.1.5 气液传质设备的效率

对操作型问题，按给定的平衡级数计算产品组成；对设计型问题，按给定的分离要求确定平衡级数。本节内容所涉及的是传质设备问题，重点讨论影响气液或液液传质设备处理能力和效率的因素，确定效率的经验方法和机理模型，以及气液和液液传质设备的选型问题。

2.1.5.1 气液传质设备处理能力的影响因素

气液传质设备的种类繁多，但基本上可分为两大类：板式塔和填料塔。无论哪一类设备，其传质性能的好坏、负荷的大小及操作是否稳定，在很大程度上取决于塔的设计。关于这一问题，在化工原理课程中已有详尽论述。本节仅就影响设备处理能力的主要因素作简要定性分析。

① 液泛。任何逆流流动的分离设备的处理能力都受到液泛的限制。在气液接触的板式塔中，液泛气速随 L/V 的减小和板间距的增加而增大。对于气液接触填料塔，规整填料塔的处理能力比具有相同形式和空隙率的乱堆填料塔要大。这是由于规整填料的流道具有更大连贯性的结果。此外，随着 L/V 的减小、液体黏度（膜的厚度）的减小、填料空隙率的增大和其比表面积的减小，液泛气速是增加的。液泛气速愈大，说明处理能力愈强。

② 雾沫夹带。雾沫夹带是气液两相的物理分离不完全的现象。由于它对级效率有不利的影响以及增加了级间流量，在分离设备中雾沫夹带量常常表现为处理能力的极限。在板式

塔中，雾沫夹带程度用雾沫夹带量或泛点百分率表示。雾沫夹带量随着板间距的减小而增加，随塔负荷的增加急剧上升。在低 L/V 或低压下，雾沫夹带是限制处理能力的更主要的因素。

③ 压力降。与处理能力密切相关的另一因素是接触设备中的压力降。对真空操作的设备，压力降将存在某个上限，往往成为限制处理能力的主要原因。此外，在板式塔中，板与板之间的压力降是降液管内液位高度的重要组成部分，因此压力降大就可能引起液泛。

④ 停留时间。对给定尺寸的设备，限制其处理能力的另一个因素是获得适宜效率所需的流体的停留时间。接触相在设备内停留时间愈长，则级效率愈高，但处理能力愈低。若处理能力过高，物流通过一个级的流速增加，则效率通常降低，表现在产品纯度达不到要求。

由于对处理能力的限制常指一个分离设备中所允许的流速上限，因此对影响适宜操作区域的一些其他因素不予讨论。

2.1.5.2　气液传质设备的效率及其影响因素

（1）效率的表示方法

前面所讨论的都是有关平衡级（或理论板）的设计和计算，但实际板和理论板之间存在着诸多的差异：①理论板上相互接触的气、液两相均完全混合，板上液相浓度均一，这与塔径较小的实际板上的混合情况比较接近。但当塔径较大时，板上混合不完全，上一板溢流液入口处液相浓度比溢流堰处液相浓度要高；进入同一板的气相各点浓度不相同，并且沿着在板上液层中的进程而逐渐增高。②理论板定义为离开某板的气、液两相达到平衡，即 $y_j = K_j x_j$；它意味着在该板上的传质量为 $V(y_j^* - y_{j-1})$。但实际板上的传质速率受塔板结构、气液两相流动情况、两相的有关物性和平衡关系的影响，离开板上每一点的气相不可能达到与其接触的液相成平衡的浓度，因为达到平衡时传质推动力为零，两相需要无限长的接触时间。③实际板上气、液两相存在不均匀流动，造成不均匀的停留时间。④实际板存在雾沫夹带、漏液和液相夹带气泡的现象。由于上述原因，需要引入效率的概念。效率有多种不同的表示方法，在此只将广泛使用的几种简述如下。

① 全塔效率（E_T）。全塔效率定义为完成给定分离任务所需要的理论塔板数与实际塔板数之比，即

$$E_T = \frac{N_{理}}{N_{实}} \tag{2-57}$$

全塔效率很容易测定和使用，但若将全塔效率与板上基本的传质、传热过程相关联，则相当困难。

② 默弗里（Murphree）板效率。假定板间气相完全混合，气相以活塞流垂直通过液层。板上液体完全混合，其组成等于离开该板降液管中的液体组成。那么，定义实际板上的浓度变化与平衡时应达到的浓度变化之比为默弗里板效率。若以组分 i 的气相浓度表示，则

$$E_{i,MV} = \frac{y_{i,j} - y_{i,j+1}}{y_{i,j}^* - y_{i,j+1}} \tag{2-58}$$

式中　$E_{i,MV}$——以气相浓度表示的组分 i 的默弗里板效率；

$y_{i,j}$，$y_{i,j+1}$——离开第 j 及第 $j+1$ 板的气相中组分 i 的摩尔分数；

$y_{i,j}^*$——与 $x_{i,j}$ 成平衡的气相摩尔分数。

默弗里板效率也可用组分 i 的液相浓度表示：

$$E_{i,\mathrm{ML}} = \frac{x_{i,j} - x_{i,j-1}}{x_{i,j}^* - x_{i,j-1}} \tag{2-59}$$

③ 点效率。塔板上的气液两相是错流接触的，实际上在液体的流动方向上，各点液体的浓度可能是变化的。因为液体沿塔板流动的途径比板上的液层高度大得多，所以在液流方向上比在气流方向上更难达到完全混合。若假定液体在垂直方向上是完全混合的，在塔的某一垂直轴线 JJ' 上，进入液相的蒸气浓度为 $y_{i,j+1}$，离开液面时的蒸气浓度为 $y_{i,j}'$，在 JJ' 处液相浓度为 $x_{i,j}'$，与其成平衡的气相浓度为 $y_{i,j}^*$，则

$$E_{i,\mathrm{OG}} = \frac{y_{i,j}' - y_{i,j+1}}{y_{i,j}^* - y_{i,j+1}} \tag{2-60}$$

式中 $E_{i,\mathrm{OG}}$——i 组分在该 j 点处的点效率。

④ 填料塔的等板高度（HETP）。尽管填料塔内气液两相连续接触，也常常采用理论板及等板高度的概念进行分析和设计。一块理论板表示由一段填料上升的蒸气与自该段填料下降的液体互成平衡，等板高度为相当于一块理论板所需的填料高度，即

$$\mathrm{HETP} = \frac{填料高度}{理论板数} \tag{2-61}$$

（2）影响效率的因素

影响气液传质设备板效率的因素是错综复杂的，板上发生的两相传质情况、气液两相分别在板上和板间混合情况、气液两相在板上流动的均匀程度、气相中雾沫夹带量和溢流液中泡沫夹带等均对板效率有影响，而它们又与塔板结构、操作状况和物系的物性有关。

2.1.5.3 气液传质设备效率的估算方法

板式塔的塔效率可用经验法确定。化工原理课程中介绍的奥康奈尔（O'Connell）法是最常用的方法，它们是由一些实测数据关联得到的。当处理的物系包括在经验关联所用的实测物系或与其性质相近时，该法能提供比较接近实际的塔效率估计值。

填料塔等板高度的大小不仅取决于设备结构、填料的类型与尺寸，而且还与物系性质和操作气速有关。一般通过实验测定或取工业设备的经验数据。

实测的 HETP 值是最准确的。通常在全回流条件下进行测定。Ellis 和 Brooks 发现，在 L/V 低于 1 的情况下，HETP 有所增加，但直至 $L/V \approx 1/2$，HETP 一般增加很小，故测定结果能直接用于设计。

HETP 随填料尺寸的增大而增高，因物系不同而变化。具有相同尺寸的大多数填料具有相近的 HETP。若给定物系和填料尺寸，HETP 在较宽的气速范围内大致是恒定的。而在很低气速的区域，HETP 通常增加，其原因为填料未完全润湿。

若无可用数据，Ludwig 建议乱堆填料的平均 HETP 值为 0.45～0.6m。Eckert 提出对于 25mm、38mm 和 50mm 的鲍尔环，HETP 分别为 0.3m、0.45m 和 0.6m。目前广泛流行的规整填料，如金属丝网波纹填料（Sulzer 填料），CY 型的 HETP 为 0.125～0.166m，BX 型的 HETP 为 0.2～0.25m。麦勒派克（Mellapak）填料的 HETP 为 0.25～0.33m。

2.2　特殊精馏

2.2.1　恒沸精馏

　　恒沸精馏是指在被分离的液体混合物中加入恒沸剂（也称共沸剂、夹带剂），与体系中至少一个组分形成具有最低（或最高）恒沸物，增大混合物组分间的相对挥发度来实现分离。在精馏时，形成的恒沸物从塔顶（塔釜）采出，塔釜（塔顶）得到较纯产品，最后将恒沸剂与组分分离。工业上把这种操作称为恒沸精馏，也称共沸精馏。

　　恒沸精馏技术的过程强化体现在对特殊体系的分离以及节能分离过程能耗两个方面。恒沸精馏主要用于组分相对挥发度接近 1 或等于 1 的混合物分离，恒沸物可以从塔顶或塔釜采出。通常情况下，加入恒沸剂形成最低恒沸物，从塔顶蒸出，因而恒沸精馏消耗的能量主要是汽化恒沸剂的热量和输送物料的电能，耗能较多。

　　工业中典型的恒沸精馏应用实例是无水酒精的制备。水和乙醇能形成具有恒沸点的混合物，无法采用普通精馏方法获得高纯乙醇。在乙醇和水的溶液中加入恒沸组分苯，则可形成不同的恒沸物，其中乙醇、苯和水所组成的三组分为沸点 64.84℃ 的最低恒沸物。当精馏温度在 64.85℃ 时，此三元恒沸物首先被蒸出；进一步升温至 68.25℃，乙醇与苯的二元恒沸物被蒸出；继续升温，苯与水的二元恒沸物和乙醇与水的二元恒沸物先后蒸出。这些恒沸物把水从塔顶带出，在塔釜可以获得无水酒精。

　　对于恒沸精馏，恒沸剂的选择非常关键。一般需考虑以下原则[2]：

　　① 恒沸剂必须与待分离混合物中至少一组分形成最低恒沸物，这是最基本的原则。

　　② 形成的恒沸物，其沸点温度与被分离组分沸点间的差别愈大，恒沸精馏越容易进行。一般温差大于 10℃ 为宜。

　　③ 形成的恒沸物中恒沸剂占比越小越好，且汽化潜热应小，以减少恒沸剂用量，节省恒沸精馏塔以及再生塔的能耗。

　　④ 形成的恒沸物最好是非均相，便于通过分层方法分离和回收恒沸剂。

　　⑤ 恒沸剂要求无毒，无腐蚀，热稳定性好，价廉易得。

2.2.2　恒沸精馏流程

　　根据恒沸剂与待分离混合物组分形成的恒沸物的互溶情况，恒沸精馏的流程也不同。下面主要介绍加入恒沸剂和不加恒沸剂两种条件下的恒沸精馏流程。不加恒沸剂时，可分为设有倾析器的二元非均相恒沸精馏流程和变压恒沸精馏流程。加入恒沸剂时，分为均相恒沸精馏和非均相恒沸精馏两种情况；此流程一般包括恒沸精馏塔和恒沸剂回收塔。

2.2.2.1　不加恒沸剂

　　（1）二元非均相恒沸精馏

　　若二元组分溶液形成低沸点非均相恒沸物，在恒沸组成下溶液可分为两个具有一定互溶度的液层，在精馏塔顶得到的恒沸物分层，变成两个组成不同的液相，两液相组成偏离恒沸组成，此类混合物的分离无须加入第三组分而只要用两个塔联合操作，便可获得两个纯组分。如果料液组成在两相区内，则可将原料加入塔顶分层器，经分层后分别进入两个塔的塔顶进行精馏[3]。其原理及在典型体系丁醇-水分离中的应用如图 2-12 所示[4]。

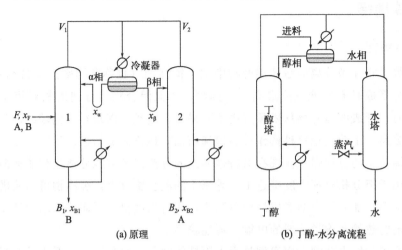

(a) 原理　　　　　　　　(b) 丁醇-水分离流程

图 2-12　二元非均相恒沸精馏流程

（2）变压恒沸精馏

当压力变化能显著影响恒沸物的组成和温度，可采用两不同压力操作的双塔流程，实现二元恒沸物完全分离。变压恒沸精馏的原理如图 2-13 所示。

2.2.2.2　加恒沸剂

大部分情况下，恒沸精馏需要加入恒沸剂，其原理如图 2-14 所示。恒沸剂可能与原溶液的组分形成一个或两个恒沸物，也可能形成多元恒沸物。此外，恒沸物分为均相和非均相。通常，会形成最低恒沸物，从塔顶蒸出。

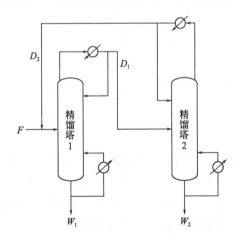

图 2-13　变压恒沸精馏原理

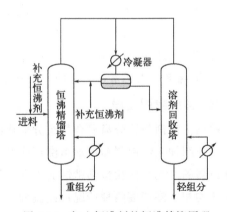

图 2-14　加入恒沸剂的恒沸精馏原理

以典型恒沸精馏过程乙醇-水恒沸物为例，加入夹带剂苯，溶液形成了苯-水-乙醇的三组分非均相低沸点恒沸物，恒沸点为 64.9℃，其组成摩尔分数为：苯 0.539，乙醇 0.228，水 0.223。恒沸精馏流程如图 2-15 所示，在恒沸精馏塔中部加入接近恒沸组成的乙醇-水溶液，塔顶加入苯。三组分恒沸物从塔顶蒸出，经全凝后在倾析器中分层；其中，苯相作为夹带剂回流入恒沸精馏塔，循环使用；水相进入苯回收塔，回收其中的苯；塔釜得到高纯的无水乙醇产品。苯回收塔的塔顶所得的恒沸物并入恒沸精馏塔的倾析器，塔底为低浓度乙醇水溶液，进入乙醇回收塔，回收其中的乙醇，塔釜废水排出[5]。

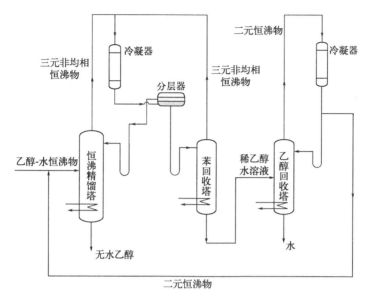

图 2-15　乙醇-水恒沸物恒沸精馏流程

2.2.3　恒沸精馏的工业应用

恒沸精馏在工业中的应用非常广泛，表 2-1 列出了典型的应用实例[2]。

表 2-1　恒沸精馏的典型应用实例

应用	分离	夹带剂（质量分离剂）
醋酸的回收	醋酸-水混合物	乙酸乙酯，乙酸丁酯，乙酸异丙酯
对苯二甲酸溶剂的回收	醋酸-水混合物	乙酸乙酯，乙酸丁酯，乙酸异丙酯，对二甲苯
高纯酯的制备	水-酯混合物	醇，对二甲苯，正庚烷，烃类，甲基环戊烷
四氢呋喃的纯化	四氢呋喃-水恒沸物	正戊烷
丙酮的纯化	丙酮-水混合物	甲苯，苯
1,1,1,2-四氟乙烷的纯化	1,1,1,2-四氟乙烷与氟化氢混合物	系统中存在的组分
全氟乙烯的回收（干冷溶剂）	全氟乙烯与残余物	水
醇类脱水	乙醇-水混合物 正丙醇-水混合物 异丙醇-水混合物	异丙醚，异辛烷，苯
（生物）乙醇脱水	乙醇-水恒沸物	苯，环己烷，正戊烷，己烷，正庚烷，异辛烷
C_9 分离	1,3,5-三甲苯/1-甲基-2-乙苯	乙二醇，二甘醇
乙腈的生产	乙腈-水的恒沸物	己胺，乙酸丁酯

应用	分离	夹带剂（质量分离剂）
烃类的回收	辛烯-含氧组分	二元夹带剂（乙醇/水）
	丙酮-正庚烷混合物	甲苯
	异丙醇-甲苯混合物	丙酮

以下以醇类脱水、酸类脱水和酯类生产介绍恒沸精馏的应用。

2.2.3.1 乙醇脱水

恒沸精馏应用于醇脱水已经有悠久的历史，而且应用至今。乙醇作为一种和水相似的含羟基的组分，同时也是一种有机物，它与水表现出类似的物性，从而形成共沸。当正戊烷作为夹带剂时，其工艺流程如图 2-16 所示。

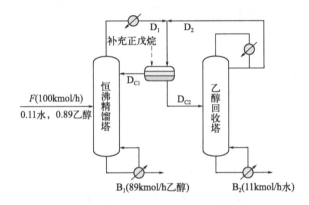

图 2-16　乙醇脱水恒沸精馏工艺流程

在恒沸精馏塔中，引入正戊烷作为恒沸剂，可以形成恒沸点在 33.5℃ 三元恒沸物，从而可以把沸点为 78.43℃ 的乙醇分离开来。恒沸精馏塔塔底产品是乙醇 B_1，塔顶为恒沸流股 D_1，与循环流股 D_2 进入分相器，分为有机相与水相。此非均相恒沸物形成了两个液相，正戊烷富含相 D_{C1} 返回到恒沸精馏塔；水相 D_{C2} 被送到乙醇回收塔，该塔塔底为水，塔顶得到的水与乙醇二元恒沸物 D_2，返回到恒沸精馏塔。在恒沸精馏塔的设计与控制过程中，需要关注灵敏板。在该塔板附近，可能会出现温度或者组成的突变，可以通过建立恰当的数学模型进行研究[6]。

2.2.3.2 醋酸脱水

醋酸脱水是恒沸精馏在芳香酸生产中最常见的工业应用之一，如对苯二甲酸生产过程需要高纯度的醋酸。该生产过程包含两个主要的步骤：对二甲苯被催化氧化生成粗对苯二甲酸的氧化过程，然后是对苯二甲酸的纯化获得高纯对苯二甲酸的过程。醋酸作为溶剂存在于氧化反应器中，同时也有利于反应本身，但是必须从氧化产生的水中分离出来。

醋酸溶剂的回收和循环利用对对苯二甲酸生产过程的高效和经济运行至关重要，酸的损失都不利于生产的经济性，因为需要补充溶剂或增加废水处理成本。而在水和醋酸混合物中，高浓度水会导致夹点，回收纯酸困难。对苯二甲酸工艺中的常规醋酸回收装置由两个吸收塔（低压和高压）和一个酸脱水塔组成，寻找适合的夹带剂比较困难，通过常规精馏分离需要 70～80 个塔板。采用恒沸精馏技术，常见的恒沸剂是醋酸正丁酯，它与水部分互溶，从而形成非均相恒沸物（恒沸点为 90.23℃），再送至脱水塔。二元恒沸物与水从塔顶出料，塔底得到醋酸产品。非均相恒沸物在冷凝时形成两个相，有机相循环回到脱水塔，水相被送入汽提塔，水在汽提塔中作为塔底产物被除去，然后相对少量的夹带剂作为恒沸剂循环回到脱水塔中去。与常规精馏塔相比，恒沸物汽化热较低，恒沸精馏可省 34％的能耗，在水中排放的醋酸损失可以减少 40％。值得注意的是，类似的恒沸精馏工艺也用于醋酸的生产、丁烷或石脑油催化液相氧化和乙醛氧化[3]。

2.2.3.3　酯类生产

醇与羧酸可通过酯化反应生成酯，其收率通常受化学平衡限制，因此可以去除至少一种产物来获得更高的转化率，这也是反应精馏的基本原理。反应精馏对于低碳酯的合成非常实用，但用于生产长碳链酯时，经典的反应精馏流程需要进一步强化，此时往往需要加入夹带剂在恒沸精馏中去除水，一般采用芳香族和脂肪族碳氢化合物作为夹带剂。例如，酯类（如乙酸异丁酯、乙酸正丁酯和乙酸异戊酯）可以用壬烷、甲基环戊烷或其他各种碳氢化合物等夹带剂。此外，恒沸精馏还可用于酶法纯化由肉豆蔻酸制备的肉豆蔻酸异丙酯和脂肪酶制备的异丙醇[3]。

2.2.4　萃取精馏

萃取蒸馏是化工中重要的特殊蒸馏分离方法之一，适用于分离沸点相近或形成共沸物的混合物。由于恒沸精馏共沸剂用量大，且需汽化后进入共沸精馏塔塔顶，因此其能耗一般比萃取精馏大，在许多应用场合已被萃取精馏所代替。萃取精馏一方面增加了被分离组分之间的相对挥发度，另一方面带来的缺点是溶剂比大、生产能力低、相对于液液萃取能耗高。众所周知，分离剂是萃取精馏的核心技术，平衡分离过程的本质是相对挥发度或选择性要高。一般地说，分离剂的选择性（或被分离组分之间的相对挥发度）越大，年度总生产成本就越低，这是因为选择性越大，操作回流比（操作费用）和塔板数（设备费用）较低，年总生产成本降低。

萃取剂选择的首要原则是应尽可能地增大轻组分对重组分的相对挥发度，根据萃取精馏条件的不同，在选择萃取剂的时候，往往需要考虑很多因素。一般应包括以下几点[7]：①萃取剂的选择性和溶解度；②萃取剂在被分离组分中的溶解度；③萃取蒸馏过程中溶剂对塔设备的腐蚀性；④萃取剂易回收；⑤萃取剂与被分离组分不形成共沸物；⑥萃取剂的热稳定性和化学稳定性；⑦萃取剂的来源和价格。萃取剂的选择性和溶解度是最重要的选择依据，溶解度有时会显著影响选择性。高选择性的萃取剂，能够降低年操作费用。萃取剂一般具备以下特点：①适合的萃取剂一般与被分离组分的极性相似。常见有机化合物的极性大小顺序排序为：烃→醚→醛→酮→酯→醇→二醇→（水）。为了能将重关键组分的挥发度降到最低，所选择的萃取剂应该与重关键组分在极性上相似。②氢键的作用要远远大于被分离组分间的极性作用（即萃取蒸馏的氢键原理）。氢键是由一个提供电子的原子与一个缺少电子的原子即活性氢原子相接触而形成的，氢键强度是由氢原子配位的供电子原子的性质决定的。

目前常用的萃取分离剂有溶盐和溶剂两大类。溶盐类主要指固体盐，极性较强，能较大幅度提高被分离组分之间的相对挥发度；溶剂类分离剂常用混合溶剂增加相对挥发度，混合萃取剂的温度应低于单一萃取剂，高于被分离组分，混合溶剂可以降低溶剂回收时的沸点，减少能耗。另外新兴的盐类分离剂有离子液体分离剂，离子液体是室温下完全由有机阳离子和阴离子组成的熔融盐，由于其具有不挥发、热稳定性好、无毒等特点，成为对环境友好的绿色溶剂。目前，离子液体已成为绿色化学化工领域的研究热点，与普通有机溶剂（包括水）相比，离子液体具有非挥发性，因而易于与被分离组分简单蒸馏分离并循环使用，无分离剂损失，不会影响塔顶产品质量。而当采用传统的非离子液体溶剂作为分离剂时，塔顶产品易受污染。离子液体种类和数目繁多，改变阳离子-阴离子的不同组合，可以设计出不同的离子液体。常见的阳离子类型有烷基季铵阳离子 $[NR_xH_{4-x}]^+$、烷基季鏻阳离子 $[PR_xH_{4-x}]^+$、1,3-二烷基取代的咪唑阳离子或称 N,N'-二烷基取代的咪唑阳离子 $[R_1R_3im]^+$、N-烷基取代的吡啶阳离子 $[RPy]^+$；常见的阴离子有 $[PF_6]^-$，$[BF_4]^-$，$[SbF_6]^-$，$[CF_3SO_3]^-$，$[CuCl_2]^-$，$[AlCl_4]^-$，$[AlBr_4]^-$，$[AlI_4]^-$，$[AlCl_3Et]^-$，$[NO_3]^-$，$[NO_2]^-$ 和 $[SO_4]^{2-}$ 等[2]。

典型的萃取精馏流程如图 2-17 所示。该萃取蒸馏流程由一个萃取蒸馏塔和一个溶剂回收塔组成。原料混合物从萃取蒸馏塔中部进入，而萃取剂从塔上部加入。为了尽可能地增加萃取剂与原料液的接触时间，萃取剂进料位置一定要在原料液进料位置之上。但是为了防止萃取剂夹带到塔顶污染产品，萃取剂进料位置要与塔顶之间保持有若干块塔板。在萃取精馏塔塔顶得到轻组分，重组分和萃取剂由塔釜流出，进入溶剂回收塔。溶剂回收塔的塔顶得到重组分，塔底得到萃取剂，萃取剂经过与原料换热和进一步冷却，可循环使用。

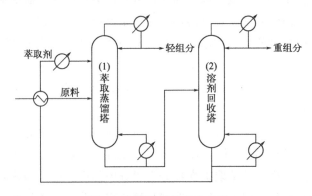

图 2-17　萃取精馏基本流程

合适操作参数的选择决定了萃取精馏的成功实现。大量的实验及模拟结果表明[8]：

① 选择合适的原料液和萃取剂的进料位置和进料温度。通常来说，萃取剂进料位置越靠近塔顶，与原料液的接触时间就越长，原料分离效果就越好。但当萃取剂进料位置太靠近塔顶时，会有部分萃取剂夹带到产品中，反而会降低产品纯度。原料进料位置应该低于萃取剂的进料位置。

② 萃取精馏的原料液一般以饱和蒸气压的进料状态加入塔内；若为泡点进料，精馏段和提馏段应使用不同的相平衡数据计算。

③ 萃取精馏一般不适用于间歇操作，必须连续加入萃取剂。

④ 萃取精馏过程存在一个最合适的回流比，回流比不宜过大，否则萃取剂在塔板液相含量过低不利于原料的分离。

⑤ 对于萃取精馏多组分混合液时，当原料液中两两组分间的相对挥发度差别较大时，可按相对挥发度递减的顺序进行萃取蒸馏流程排序。

⑥ 对于萃取精馏分离多组分混合液时，最后分离产品纯度要求较高的产品。

对于多组分分离，萃取蒸馏的流程设计非常重要。以工业上炼油厂催化裂化及乙烯裂解装置副产碳四（C_4）馏分的分离为例来说明萃取精馏（蒸馏）的流程安排及其优化。C_4 馏分是指含有四个碳原子的烃类，包括 1,3-丁二烯、正丁烯(1-丁烯、顺-2-丁烯和反-2-丁烯)、异丁烯、正丁烷、异丁烷等。其中用处最多的是 1,3-丁二烯、正丁烯和异丁烯。由于 C_4 馏分的沸点相近，一般采用萃取蒸馏的方法进行分离。其分离机理是：烷烃没有饱和键，烯烃有双键，二烯烃有共轭双键，炔烃有三键。所以烷烃分子没有流动的电子云，烯烃分子上的一对电子具有可流动性，二烯烃分子上的两对电子具有更大的流动性，炔烃分子三键上的两对电子具有很大的流动性，因此当加入极性溶剂时与它们的吸引力不同。电荷的流动性愈大，和极性分子的吸引力也就愈大。因此，极性溶剂对烃类挥发性的增加程度是不同的，可以表示为：烷烃＞烯烃＞二烯烃＞炔烃。所以对 C_4 馏分的萃取蒸馏，丁烷将成为最轻组分，随后是丁烯和丁二烯，炔烃为最重组分，从而能够将它们有效地分开。以乙腈（ACN）为分离剂，按照萃取蒸馏双塔流程的模式，应该采用萃取蒸馏塔（1）-溶剂回收塔（2）-萃取蒸馏塔（3）-溶剂回收塔（4）的常规思路进行分离，其流程如图 2-18 所示。

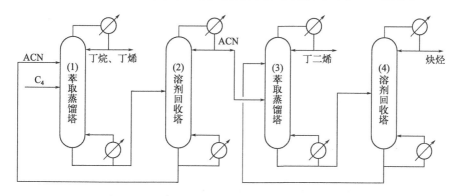

图 2-18　乙腈（ACN）法 C_4 萃取精馏工艺流程一

该流程是最早开发和应用的。但是存在的缺点是塔数多设备投资大；丁二烯反复汽化和冷凝，能耗较大。在两个萃取精馏塔之间设置溶剂回收塔（2），作用是使富含丁二烯的 C_4 组分与萃取剂 ACN 完全分离。但是这并没有必要，因为在二萃塔中仍然需要用到萃取剂，因此可以将溶剂回收塔（2）去掉，采用萃取蒸馏塔（1）-萃取蒸馏塔（3）-溶剂回收塔（4）的流程二（如图 2-19 所示）进行分离，使流程一得到简化。如果从减少流程二中第二个萃取蒸馏塔内液相负荷的角度来考虑，可以对流程二继续进行优化[4]。如图 2-20 所示，第一个萃取蒸馏塔侧线气相采出进入二萃塔，从而达到减少液相负荷、提高生产能力的目的。

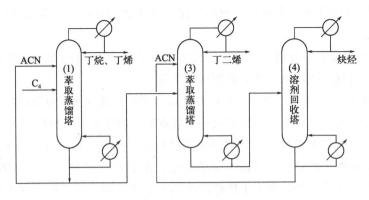

图 2-19　ACN 法 C$_4$ 萃取精馏工艺流程二

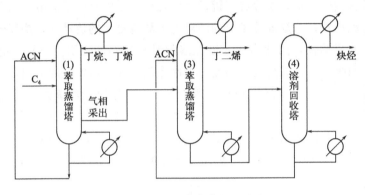

图 2-20　ACN 法 C$_4$ 萃取精馏工艺流程三

2.2.5　萃取精馏的工业应用

萃取精馏工业应用很广泛，主要用于两方面：一是沸点相近的烃的分离如丁烷-丁烯、丁烯-丁二烯、戊烯-异戊二烯、己烯-正己烷、乙苯-苯乙烯以及苯-环己烷、甲基环己烷-甲基正庚烷-甲基己烷等。例如最典型的丁烯与丁二烯分离，两者沸点相差只有 2℃，相对挥发度只有 1.03，用普通精馏需要很多塔板，在加入溶剂（乙腈＋20％水）时，相对挥发度增加到 1.67，因而容易分离。二是有共沸点的混合物分离，典型的有：丙酮-甲醇、甲乙酮-仲丁酮、乙醇-醋酸乙酯、丙酮-乙醚以及乙醇、醋酸等有机水溶液，还有某些含有少量烃或水的有机物的分离。

以工业上常见而重要的能形成共沸物的乙醇/水体系萃取蒸馏为例，当使用三种不同的分离剂（传统液体溶剂、传统液体溶剂＋无机盐、离子液体）时分离性能的对比见表 2-2。由表可知，在同样的操作条件和相同的乙醇产品纯度、产量下，流程的冷凝器和再沸器的热负荷的顺序是：流程 B＜流程 A＜流程 C。对于离子液体来说，烷基链长度越短，能量消耗越小。总的来说，传统液体溶剂＋无机盐作为萃取剂萃取蒸馏的效果好于其他萃取剂。但是，如果进料的乙醇浓度较低，应先通过普通蒸馏法首先将乙醇浓度浓缩到 85％（质量分数）以上，以减少萃取蒸馏中萃取剂的用量。

表 2-2 不同萃取剂的流程能耗对比

项目	液体溶剂（流程 A）	液体溶剂＋无机盐（流程 B）	离子液体（流程 C）	
萃取剂	乙二醇（EG）	乙二醇＋CaCl$_2$	$[C_2MIM]^+[BF_4]^-$	$[C_4MIM]^+[BF_4]^-$
乙醇纯度（摩尔分数）/%	99.70	99.70	99.70	99.70
乙醇流量/(kmol/h)	89.2	89.2	89.2	89.2
冷凝器热负荷/kW	1188.7	1122.2	1591.9	1640.1
再沸器热负荷/kW	1882.4	1809.3	2213.0	2353.5

表 2-3 对比了 4 种蒸馏技术（普通蒸馏、分子蒸馏、恒沸蒸馏和萃取蒸馏）的分离性能。其中，数字 1、2 和 3 分别代表三个程度：低、中和高。同普通蒸馏一样，萃取蒸馏易于工业实践。在普通蒸馏不能完成的分离场合，应该优先考虑萃取蒸馏，然后才是其他的特殊蒸馏方式和分离方法。因此研究萃取蒸馏具有较强的实用性，其研究成果（甚至包括离子液体萃取蒸馏技术）容易工业实施，这是某些新兴的分离方法所不具有的优点。

表 2-3 四种蒸馏方法的对比

项目	普通蒸馏	分子蒸馏	恒沸蒸馏	萃取蒸馏
能耗	2	1	3	2
生产能力	3	1	3	3
投资	1	3	2	2
操作复杂程度	3	1	2	2

2.3 蒸馏新技术

2.3.1 分子蒸馏

（1）分子蒸馏技术的原理及特点

分子蒸馏技术有别于一般蒸馏技术，是一种特殊的液-液分离技术。常规蒸馏是基于不同物质的沸点差异来进行物质的分离，而分子蒸馏则是运用不同物质分子运动自由程的差别来进行物质的分离，又被称为短程蒸馏[9]。鉴于其在高真空下运行，且因其特殊的结构形式，分子蒸馏能够实现远离沸点下的操作。同时该技术还具备蒸馏压强低、受热时间短、分离程度高等特点，因而能大大降低高沸点物料的分离成本，极好地保护热敏性物质的品质。分子蒸馏技术作为分离技术中的一个重要分支，已广泛应用于石油化工、食品、天然食物、农药等领域的高纯物质的提取[10]。

根据分子运动理论，液体混合物受热后分子运动会加剧，当接受到足够能量时，就会从液面逸出而成为气态分子。随着液面上方气态分子的增加，有一部分气态分子又会返回液相。在外界条件保持恒定情况下，最终会达到分子运动的动态平衡，气液两相最终也会达到动态平衡。根据分子平均自由程公式（2-62）可知：不同种类的分子，由于其分子有效直径不同，故其平均自由程也不同。

$$\lambda_{m} = \frac{k}{\sqrt{2}\pi} \times \frac{T}{d^2 P} \tag{2-62}$$

式中，λ_{m} 为平均自由程；d 为分子有效直径；P 为分子所处环境压力；T 为分子所处环境温度；k 为玻尔兹曼常数。

不同种类的分子，从统计学观点看，其逸出液面后不与其他分子碰撞的飞行距离是不相同的。而分子蒸馏正是依据不同种类物质分子逸出液面后在气相中的运动平均自由程不同，来实现不同物质的相互分离的。分子蒸馏的原理如图 2-21 所示，其主要结构由加热器、捕集器、高真空系统组成。液体混合物沿加热板自上而下流动，受热后获得足够能量的分子逸出液面，因为轻分子的运动平均自由程大，重分子的运动平均自由程小，如果在离液面距离小于轻分子的运动平均自由程而大于重分子的运动平均自由程的地方设置一捕集器（冷凝板），则气相中的轻分子可以到达冷凝板被冷凝，从而移出气液平衡体系。此时，体系为了达到新的动态平衡，不断会有轻分子从混合物液面逸出；相反，气相中的重分子不能达到气液平衡，表观上不会有重分子继续逸出液面。于是，不同质量的分子被分离开。由此可见，分子蒸馏实现分离的两个基本条件是：第一，轻重分子的平均自由程必须有差异，差异越大则越容易分离；第二，蒸发面（液面）与冷凝板间的距离必须介于轻分子和重分子的平均自由程之间。

鉴于分子蒸馏在原理上根本区别于常规蒸馏，因而它具备着许多常规蒸馏无法比拟的优点：

① 操作温度低：常规蒸馏是靠不同物质的沸点差进行分离，而分子蒸馏是靠不同物质分子运动自由程的差别进行分离，因此后者是在远离（远低于）沸点下进行操作的。

② 蒸馏压强低：由于分子蒸馏装置独特的结构形式，其内部压强极小，可以获得很高的真空度。同时，由分子运动自由程公式可知，要想获得足够大的平均自由程，可以降低蒸馏压强，一般为 10^{-1} Pa 数量级。从以上两点可知，尽管常规真空蒸馏也可采用较高的真空度，但由于其结构上的制约（特别是板式塔或填料塔），其阻力较分子蒸馏装置大得多，因而真空度上不去。加之沸点以上操作，所以其操作温度比分子蒸馏高得多。如某液体混合物在真空蒸馏时的操作温度为 260℃，而分子蒸馏仅为 150℃。

③ 受热时间短：鉴于分子蒸馏是基于不同物质分子运动自由程的差别而实行分离的，因而加热面与冷凝面的间距要小于轻分子的运动自由程（即距离很短），这样由液面逸出的轻分子几乎未碰撞就到达冷凝面，所以受热时间很短。另外，若采用较先进的分子蒸馏结构，使混合液的液面达到薄膜状，这时液面与加热面的面积几乎相等。那么，此时的蒸馏时间则更短。假定真空蒸馏受热时间为 1h，则分子蒸馏仅用十几秒。

④ 分离程度高：分子蒸馏常常用来分离常规蒸馏不易分开的物质，然而就 2 种方法均能分离的物质而言，分子蒸馏的分离程度更高。

随着工业化的发展，分子蒸馏技术已广泛应用于高附加值物质的分离。该技术在实际的工业化应用中相较于常规蒸馏技术，具有以下明显的优势：

① 对于高沸点、热敏性及易氧化物料的分离，分子蒸馏提供了最佳分离方法。因为分子蒸馏是在很低温度下操作，且受热时间很短。

② 分子蒸馏可极有效地脱除液体中的低分子物质（如有机溶剂、臭味等），这对于采用

溶剂萃取后液体的脱溶是非常有效的方法。

③ 分子蒸馏可有选择地蒸出目的产物，去除其他杂质，通过多级分离可同时分离 2 种以上的物质。

④ 分子蒸馏的分离过程是物理过程，因而可很好地保护被分离物质不受污染和侵害。

（2）分子蒸馏装置

分子蒸馏装置主要包括蒸发、物料输入输出、加热、真空和控制等几部分，其系统组成框图如图 2-22 所示。蒸发器是蒸发系统的核心，可以采用单级蒸发器，也可以采用多级；物料输入输出系统主要包括计量泵和物料输送泵，以实现连续进料和排料；加热系统的加热方式常用的有电加热、导热油加热和微波加热；真空获得系统是保证足够真空度的关键部分。控制系统可以实现对整个装置的运行控制。

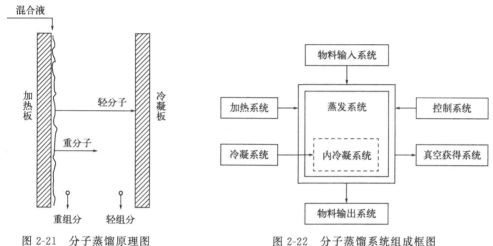

图 2-21　分子蒸馏原理图　　　　　图 2-22　分子蒸馏系统组成框图

分子蒸馏装置从结构上可以分为降膜式、刮膜式和离心式三大类。图 2-23 是一种内蒸发面自由降膜式分子蒸馏蒸发器的构造示意图。混合液由上部入口进料，经液体分布器使混合液均匀分布在蒸发面上，形成薄膜。液膜被加热后，由液相逸出的蒸气分子进入气相。轻分子抵达冷凝表面而被冷凝，沿冷凝面下流至蒸出物出口；重分子在到达冷凝面之前即返回液相或凝聚后流至蒸余物出口。降膜式装置的特点是结构简单，无转动密封件、易操作。但由于液膜厚，蒸发速率不高、效率差，现很少被采用。

图 2-24 是一种旋转刮膜式分子蒸馏设备的构造示意图。它是在自由降膜式的基础上增加了刮膜装置。混合液由上部进料口输入后，经导向盘将液体分布在塔壁上。由于设置了刮膜装置，因而在塔壁上形成了薄而均匀的液膜，使得蒸发效率提高，分离效率也相应提高。但由于增加了刮膜装置，相较于降膜式，刮膜式分子装置结构更复杂。

图 2-25 是一种离心式分子蒸馏设备的构造示意图。真空室与水平面呈一定角度倾斜放置。这种蒸发器的最大特点是蒸发面和冷凝面的间距可调整，实际工作中可以根据被分离物质的分子运动平均自由程随意调节。离心式蒸发装置靠离心力成膜，特点是液膜薄、蒸发效率高、生产能力大。但离心式分子蒸馏装置的结构复杂，制造及操作难度较大，工业推广受到一定限制。

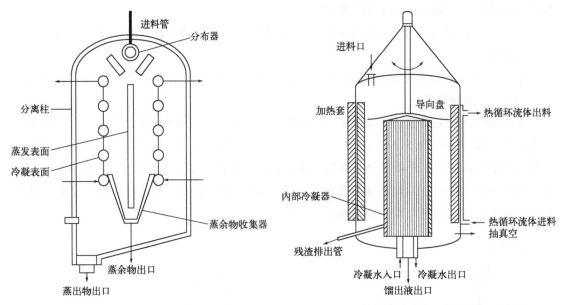

图 2-23 自由降膜式分子蒸馏装置示意图 图 2-24 旋转刮膜式分子蒸馏装置示意图

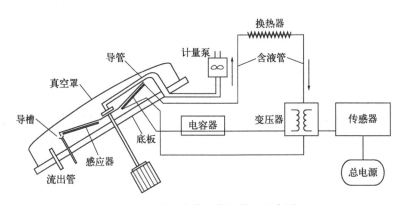

图 2-25 离心式分子蒸馏装置示意图

（3）分子蒸馏技术的应用

分子蒸馏技术在工业上可用来解决很多分离问题，其应用范围极为广泛。

① 石油化工：生产低蒸气压油（如真空泵油等）；蒸馏制取高黏度润滑油；碳氢化合物的分离；原油的渣油及其类似物质的分离；表面活性剂的提纯及化工中间体的精制等。

② 食品工业：混合油脂的分离，如硬脂酸单甘油酯、月桂酸单甘油酯、丙二醇酯等；从动植物中提取天然产物，如精制鱼油、米糠油、小麦胚芽油等。

③ 医药工业：用以蒸馏天然鱼肝油浓缩维生素 A；提取浓缩药用级合成及天然维生素 E 及 β-胡萝卜素等；通过分子蒸馏获得激素缩体；制备氨基酸及葡萄糖衍生物等。

④ 香精香料：合成香料的提纯；脱臭、脱色、提纯获得高品位天然香料，如桂皮油、玫瑰油、香根油、香茅油、山苍子油等。

⑤ 塑料工业：磷酸酯类的提纯；酚醛树脂中单体酚的脱除；环氧树脂的分离提纯；塑料稳定剂脱臭等。

2.3.2　热泵精馏

在化学加工工业中，最常见且能量消耗最大的分离过程就是精馏操作，蒸馏过程能耗占整个化学工业能耗的近 40%。因此，如何降低精馏过程的能量消耗并充分利用过程能量存在重大的意义。目前针对精馏过程已开发有多项节能措施，如多效精馏、热泵精馏、热偶精馏等等。其中，热泵精馏因其易实施性、节能效率高和易于控制成为最具发展潜力及最有效的精馏过程节能方法之一。

（1）热泵精馏原理

热力学第二定律表明：热量可以自发地从高温物体传递到低温物体，但不可能自发地从低温物体传递到高温物体。虽然在自然条件下，这个转变过程是不可逆的，但如果以机械功为补偿条件，则可以使热传递方向倒转过来，使得热量从低温物体转移到高温物体中去。这种靠补偿或消耗机械功，迫使热量从低温物体流向高温物体的机械装置称为热泵（heat pump）。热泵系统的工作过程可用图 2-26 来描述。热泵所用循环工质为低沸点介质，构成循环的主要部件为蒸发器、压缩机、冷凝器和节流阀等。来自蒸发器的低温低压蒸汽经过压缩机压缩后升温升压，达到所需压力的蒸汽流经工质冷凝器，蒸汽放出热量，降温后冷凝形成的液相流经节流阀降压。降压液相流入工质蒸发器

图 2-26　热泵系统工作流程图

后，蒸发成为低温低压蒸汽，完成热泵系统工艺流程的循环[11]。利用热泵系统的工作原理，将热泵系统和蒸馏系统的工艺流程进行耦合，就形成闭式热泵精馏（又称间接热泵精馏）的工艺流程。即将热泵系统的工质蒸发器放在蒸馏塔顶作为冷凝器，并向其提供冷量，而蒸发后低压蒸汽则进入压缩机进行压缩，使压缩后的高压气体在工质冷凝器中冷凝，其冷凝放出的热量作为蒸馏塔再沸器的热源，从而实现了蒸馏塔低位热能经过压缩机提升为高位热能的转变，而热泵系统在蒸馏塔再沸器产生的冷凝液则经过节流降压又回到蒸馏塔顶冷凝器作为其冷源。

（2）热泵精馏类型

经过几十年的发展，热泵精馏技术已有多种类型。根据热泵所消耗外界能量的不同，热泵精馏可分为蒸汽压缩式和吸收式两种类型。热泵精馏的应用形式分类如图 2-27 所示。

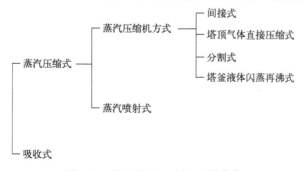

图 2-27　热泵精馏的应用形式分类

蒸汽压缩方式热泵精馏分为蒸汽压缩机方式和蒸汽喷射式两种。按照流程的不同，蒸汽压缩机式热泵又可分为以下几种形式：间接式、塔顶气体直接压缩式、分割式和塔釜液体闪蒸再沸式四种（图 2-28～图 2-31）。

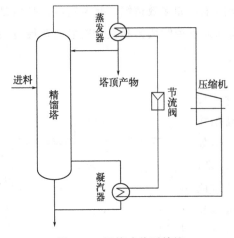

图 2-28　间接式热泵精馏

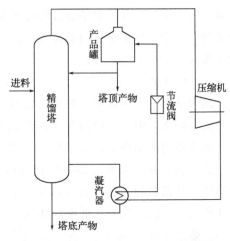

图 2-29　塔顶气体直接压缩式热泵精馏

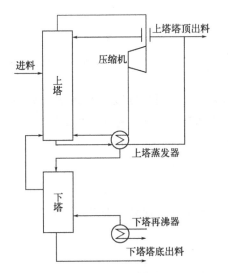

图 2-30　分割式热泵精馏

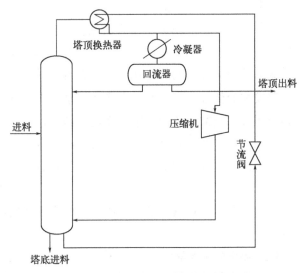

图 2-31　塔釜液体闪蒸再沸式热泵精馏

间接式热泵精馏流程利用单独封闭循环的工质（制冷剂）工作，制冷剂与塔顶物料换热后吸收热量蒸发为气体，气体经压缩提高压力和温度后，送去塔釜加热釜液，而本身凝结成液体。液体经节流减压后再去塔顶换热，完成一个循环。间接式热泵精馏的优点是：①适用于热敏产品、腐蚀性介质及塔内介质不适合采用直接压缩的塔；②节省操作费用；③采用定型的标准系统。其缺点有：①由于大多数制冷剂的操作范围限制在 130℃ 以下，对于较高温度的操作，载热介质的选择受到限制；②与直接热泵精馏相比较，多一个热交换器（即蒸发器），压缩机需要克服较高的温度差和压力差，效率偏低。

塔顶气体直接压缩式热泵精馏是以塔顶气体作为工质的热泵，精馏塔顶气体经压缩机压缩升温后进入塔底再沸器，冷凝放热使釜液再沸，冷凝液经节流阀减压降温后，一部分作为产品出料，另一部分作为精馏塔顶的回流。塔顶气体直接压缩式热泵精馏的优点是：①所需的载热介质是现成的；②因为只需要一个热交换器（即再沸器），压缩机的压缩比通常低于单独工质循环式的压缩比；③系统简单、稳定可靠。该流程的缺点是：①压缩机操作范围较窄，控制性能不佳，容易引起塔操作的不稳定，需要在设计时，尤其是控制系统的设计中加以注意；②不能用于分离产品不是适用载热介质的蒸馏操作。

分割式热泵精馏流程分为上下两塔。上塔类似于常规热泵精馏，只不过多了一个进料口；下塔则类似于常规精馏的提馏段（或汽提塔），进料来自上塔的釜液，蒸汽出料则进入上塔塔底。分割式热泵精馏采取上塔安装热泵及下塔降低回流比的措施，节能效果明显，投资费用适中，控制简单，拓宽了热泵精馏的应用范围。分割式热泵精馏适用于被分离物系的相图存在恒浓区和恒稀区的大温差精馏，如乙醇水溶液、异丙醇水溶液等。

塔釜液体闪蒸再沸式热泵是热泵的一种变型，它直接以塔釜出料为冷剂，经节流后送至塔顶换热，吸收热量蒸发为气体，再经压缩升压升温后，返回塔釜。从精馏过程的角度看，可理解为再沸器和塔顶冷凝器为一个设备；从制冷角度看，则可理解为将间接换热转变为了直接换热。其流程与塔顶气体直接压缩式相似，比直接式热泵精馏少一个换热器。

蒸汽喷射式热泵精馏和吸收式热泵精馏如图 2-32、图 2-33 所示。

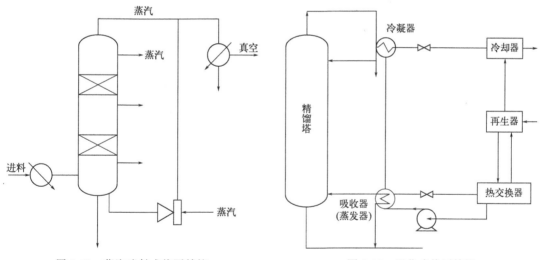

图 2-32　蒸汽喷射式热泵精馏　　　　　图 2-33　吸收式热泵精馏

不同的热泵类型，各有优缺点，具体采用哪种形式，应依据具体的物系、热源特点、用户要求和经济核算而定。此外，还应注意热泵精馏系统各个装置的优化及理想配合，才能取得最佳的经济效益。

2.3.3　超重力精馏

相较于传统精馏技术，超重力精馏技术作为一种新兴的精馏技术，有着突出优势。超重力精馏的实现使得现代化学工业微型化，极大地减少了能源的消耗，该技术在节约能源和资源方面做出了巨大贡献。

（1）超重力精馏原理

超重力精馏是基于超重力技术的一种特殊精馏技术。所谓超重力是指物体所受的力远大于地球重力的环境，利用超重力科学原理而产生的应用技术称为超重力技术[4]。除了超重力精馏，超重力技术在化工中其他领域也有着广泛的应用，如超细粉体制备、油田注水脱

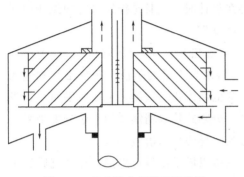

图 2-34　超重机内部流型示意图

氧、脱硫、除尘以及吸收等等。在超重力环境下，分子扩散与相间传递过程均比在常规重力场下的要快得多，气液传质单元被超重力撕裂成微米甚至纳米级的液膜及液丝。气-液、液-液两相在比地球重力场大数百倍至数千倍的立场中，产生巨大的和快速更新的相界面，使得相际间传质速率比传统的塔设备提高若干数量级，极大强化了微观混合和传质过程[12]。超重力的实现依赖超重机，超重机又称为旋转床。图 2-34 为一超重机的内部流型示意图[13]。

（2）超重力精馏工艺

除了超重机之外，超重力精馏工艺还包含有冷凝器、再沸器、储罐等其他辅助设备，物料的走向和普通精馏类似，只是进料口、出料口不同。根据精馏过程中是采用单台超重机或是多台超重机串联运转，可将超重力精馏分为单级超重力精馏、两级超重力精馏和多级超重力精馏技术。图 2-35 为一两级分离式超重力精馏过程流程图[7]。其中的 RPB1 作为精馏塔的提馏段，RPB2 作为精馏塔的精馏段。原料液由填料层内侧向填料层外侧流动。从填料层外边缘离开后，液体经 RPB1 底部的液体收集管流入再沸器。流入再沸器的液体一部分作为塔底产物被收集，另一部分则被加热为上行蒸气进入 RPB1。RPB1 中的蒸气从填料层外侧向内侧与液体呈逆流方向进行传质与传热。蒸气在到达填料层内边缘后，由 RPB1 的顶部导

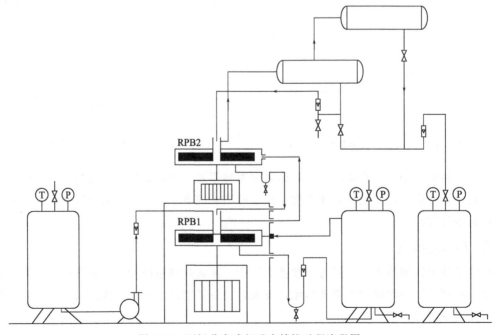

图 2-35　两级分离式超重力精馏过程流程图

管进入 RPB2 的内部。而由 RPB2 进入冷凝器的蒸气分为两部分，一部分当作回流液再次进入 RPB2，另一部分则作为塔顶产品进入产品罐。

2.3.4　旋转带蒸馏技术

对于那些沸点相差极小，产品纯度要求较高的分离过程，往往需要很高的理论塔板数。如果采用真空精馏分离技术，虽然理论塔板数可以满足分离的要求，但精馏塔固有的压力降难以满足混合物系热敏分解的局限。若选取阻力降很小的分子蒸馏或短程蒸馏，就必须采用多次循环分离克服单级理论级的不足，以满足高理论塔板数的要求。而多次循环操作势必会带来收率的损失和操作时间的浪费。旋转带蒸馏则是一种可以同时满足高真空和高理论塔板数的新型分离技术[14-16]。

旋转带蒸馏技术的重要用途之一是分离沸点非常接近的液体物质，其关键是在有限的塔高内实现较多的理论塔板数，具有非常强的分离能力。例如：采用聚四氟乙烯旋转带可以在600mm 塔高时达到 118 块理论塔板数；高度 900mm 塔高时能达到 200 块理论塔板数。旋转带蒸馏技术不仅具有高效率填料精馏塔所具有的高分离能力，还兼具分子蒸馏技术所具有的可以在高真空条件下进行分离的能力。除此之外，经旋转带蒸馏分离后，塔内液体残留量少，尤其适用于分离昂贵的、稀缺的、高附加值的物料。旋转带蒸馏装置的核心为旋转带，其沿塔内的纵向中心轴缠绕呈螺旋状。在旋转带蒸馏装置的分离过程中，通过整个塔身的旋转带以每分钟几千转的速度高速旋转，螺旋的形状使旋转带呈现拉长的螺旋面，产生轴向的搅拌力，对上升的蒸气和下降的冷凝液不断作用，造成气液两相之间密切接触。旋转带的宽度足以使带的边缘在旋转的同时轻轻刮擦到周围的塔壁，在回流的液膜上产生搅动，并使回流的液体快速均匀地沿塔壁向下流动。旋转带还可以使回流液喷溅到塔壁上，让回流液从塔壁上均衡地蒸发，从而获得极佳的分馏效果。此外，在高温操作条件下，高速旋转的旋转带还可以起到防止液泛的作用[17-18]。

到上世纪末，旋转带蒸馏已经发展成可以商业化、具有批量生产能力的先进分离技术，并被成功应用于石油产品的精馏、化学物质的提纯、香精香料的分离、标准物的提纯及实验室高纯度溶剂的回收等方面。但由于商业保密等原因，对于旋转带蒸馏装置的设计、基础理论研究、传质规律，鲜少有公开的文献报道。

本章符号说明

符号	意义	计量单位	符号	意义	计量单位
d	分子有效直径	m	p	总压	Pa
D	塔顶产品流率	kmol/s	q	加料热状态	
f	物系自由度		Q	传热量	kJ/s
F	进料流率	kmol/s	R	回流比	
k	玻尔兹曼常数	J/K	t、T	温度	K
K	相平衡常数		V	塔内上升蒸气流率	kmol/s
L	回流液流率	kmol/s	W	塔釜出料流率	kmol/s
N	理论塔板数		λ_m	平均自由程	m

思考题

[2-1] 多组分精馏流程设计依据是什么？

[2-2] 恒沸精馏和萃取精馏的主要异同点？选择不同精馏方式的依据是什么？

[2-3] 分子蒸馏的基本原理是什么？

[2-4] 试写出常规蒸馏的相对挥发度及分子蒸馏的相对挥发度计算表达式，并进行比较。

[2-5] 试对比常规真空蒸馏和分子蒸馏之间存在的差异。

[2-6] 如何判断热泵精馏对某物系分离的适用性和可行性？

 计算题

[2-1] 一液体混合物的组分（摩尔分数）为：苯 0.50；甲苯 0.25；对二甲苯 0.25。用平衡常数法计算该物系在 100kPa 时的平衡温度和气相组成。假设为完全理想物系。

[2-2] 一烃类混合物含有甲烷 5％、乙烷 10％、丙烷 30％及异丁烷 55％（摩尔分数），试求混合物在 25℃时的泡点压力和露点压力。

[2-3] 在 101.3kPa 下，对组成为 45％（摩尔分数，下同）正己烷、25％正庚烷及 30％正辛烷的混合物计算。求泡点和露点温度。

[2-4] 在一精馏塔中分离苯（B）、甲苯（T）、二甲苯（X）和异丙苯（C）四元混合物。进料量 200mol/h，进料组成 $z_B=0.2$，$z_T=0.1$，$z_X=0.4$，$z_C=0.3$（摩尔分数）。塔顶采用全凝器，饱和液体回流。相对挥发度数据为：$a_{BT}=2.25$，$a_{TT}=1.0$，$a_{XT}=0.33$，$a_{CT}=0.21$。规定异丙苯在釜液中的回收率为 99.8％，甲苯在馏出液中的回收率为 99.5％。求最少理论板数和全回流操作下的组分分配。

[2-5] 某精馏塔共有三个平衡级，一个全凝器和一个再沸器。用于分离由 60％（摩尔分数，下同）的甲醇、20％乙醇和 20％正丙醇所组成的饱和液体混合物。在中间一级上进料，进料量为 1000kmol/h。此塔的操作压力为 101.3kPa。馏出液量为 600kmol/h。回流量为 2000kmol/h。饱和液体回流。假设恒摩尔流。用泡点法计算一个迭代循环，直到得出一组新的 T_i 值。

安托因方程：

甲醇　$\ln p_1^S = 23.4803 - 3626.5/(T-34.29)$

乙醇　$\ln p_2^S = 23.8047 - 3803.98/(T-41.68)$

正丙醇　$\ln p_3^S = 22.4367 - 3166.38/(T-80.15)$　（T：K；p^S：Pa）

参考文献

[1] 尹芳华，钟璟. 现代分离技术[M]. 北京：化学工业出版社，2009.

[2] 李鑫钢，高鑫，漆志文，等. 蒸馏过程强化技术[M]. 北京：化学工业出版社，2020.

[3] Kiss A A. Azeotropic distillation [J]. Reference Module in Chemistry, Molecular Sciences and Chemical

Engineering，2013.

[4] Luyben W L. Control of the heterogeneous azeotropic *n*-butanol/water distillation system[J]. Energy and Fuels，2008，22(6)：4249-4258.

[5] Laird T. Advanced distillation technologies：Design，control and applications[J]. Organic Process Research and Development，2013，17(8)：1074.

[6] Lei Z G. Azeotropic distillation[J]. Reference Module in Chemistry，Molecular Sciences and Chemical Engineering，2017：1-13.

[7] 刘家祺. 分离过程[M]. 2 版. 北京：化学工业出版社，2001.

[8] Widagdo S，Seider W D. Azeotropic distillation[J]. AIChE Journal，1996，42(1)：96-130.

[9] Erdweg K J. Molecular and short—Path distillation[J]. Chemistry and Industry，1983，2(5)：342-345.

[10] Atistella C B，Moraes E B，Maciel Filho R，et al. Molecula distillation process for recovering biodiesel and carotenoids from palm oil[J]. Applied Biochemistry and Biotechnology，2002，98：1149-1159.

[11] 马沛生，李永红. 化工热力学[M]. 北京：化学工业出版社，2009.

[12] 刘有智. 超重力化工过程与技术[M]. 北京：国防工业出版社，2009.

[13] 陈建峰. 超重力技术及应用：新一代反应与分离技术[M]. 北京：化学工业出版社，2002.

[14] 刘有智. 超重力分离工程[M]. 北京：化学工业出版社，2019.

[15] 张振翀，栗秀萍，刘有智. 两级分离式超重力精馏实验研究[J]. 现代化工，2010，30(4)：79-82.

[16] Baner R H，Barkenbus C，Roswell C A. A large spinning-band fractionating column for use with small quantities of liquids[J]. Industrial and Engineering Chemistry，1940，12(8)：468-471.

[17] Freeman S J，Nerheim A G. A macro spinning-band distillation column[J]. Analytical Chemistry，1959，31(11)：1929-1930.

[18] Jentoft R E，Doty W R，Gouw T H. Spinning band distillation column still heads[J]. Analytical Chemistry，1969，41(1)：223-224.

第 **3** 章

多组分吸收

3.1 概述

在实际生产中，混合气体大都含有两种以上组分，在吸收过程中，同时会有多种组分溶解到吸收剂中，各组分在吸收剂中的溶解度不同，但多个组分在吸收剂中有显著的溶解度，这种吸收称为多组分吸收。如用汽油吸收润滑油裂解气中的 C_5、C_6、C_7 等碳氢化合物；用洗油吸收焦炉气中的苯、甲苯、二甲苯等[1]；天然气常用甘油、乙二醇作为吸收剂除去气体混合物中的水分[2]；石油裂解气的分离工艺中采用冷油吸收法，以 C_3、C_4 组分混合物作为吸收剂吸收裂解气中的乙烯而将甲烷、氢气分离出来[3]。可见，多组分吸收在化学工业中的应用是相当广泛的。本章将主要讨论多组分吸收过程分析，多组分吸收和解吸的特点，多组分吸收过程的简捷算法和严格计算，吸收过程热量衡算，多组分吸收法在天然气脱水中的应用等。

3.2 多组分吸收过程分析

多组分吸收中每一组分吸收过程的分析和计算方法，与单组分吸收完全相同。但是，由于各个被吸收组分间的相互影响，会给相平衡关系及扩散系数的确定增加难度。目前，对多组分吸收的平衡数据、溶解热数据以及动力学数据研究得还很不充分，有待深入研究。从过程分析与计算看，由于被吸收组分多，确定过程所需规定的变量数亦多，因而过程的详细计算十分复杂[4]。

假设多组分吸收过程中混合气体可以被吸收的组分有 A、B、C 三个，其中 A 最难溶，B 次之，C 最易溶。它们的平衡线分别为 OA、OB、OC；操作线分别为 DE、FG、HI，如图 3-1 所示。多组分吸收原则是按照工艺与经济上的考虑保证其中某一个组分的吸收程度达到一定要求，从而决定其他组分被吸收的程度，这个被选择的组分称为关键组分。A、B、C 三个组分的操作线互相平行，而平衡线斜率

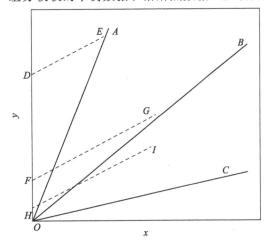

图 3-1　多组分吸收平衡性和操作线

$m_A > m_B > m_C$，其中总有一个或一个以上组分的平衡线斜率与操作线的斜率较为接近，两线近于平行。它一般都是溶解度居中的组分，图 3-1 中就是组分 B，这个组分就是关键组分[4-5]。

比关键组分难溶的组分 A，其平衡线的斜率大于操作线，平衡线与操作线在塔底处趋于汇合，溶液从塔底送出时其中 A 的浓度已近于饱和，而气体从塔顶送出时其中 A 的浓度仍然很高，表示被吸收得并不完全，即回收率很小。比关键组分易溶的组分 C，情况恰好相反。平衡线与操作线趋于汇合之处在塔顶，气体从塔顶送出时其中 C 的浓度已非常低，表示 C 被吸收得很完全，即回收率很大。

从上面的分析可以得知，要求一个塔对所有组分都吸收得一样好，显然是做不到的。多组分吸收的原则是按其中一个组分的吸收要求，然后定出其他组分的吸收量。因此，确定关键组分对多组分吸收是相当重要的。

吸收剂与被吸收的易溶组分一起从吸收塔底排出后一般要把吸收剂与易溶组分分离开，即解吸过程，多组分吸收和解吸都是在气、液相间的物质传递过程，不同的是两者的传质方向相反，推动力的方向也相反。所以，多组分解吸被看作是多组分吸收的逆过程。由此可知，凡有利于多组分吸收的条件对多组分解吸都是不利的。

3.3　多组分吸收和解吸的特点

多组分吸收的基本原理和单组分吸收相同，但多组分吸收的计算以及吸收和解吸的组合方案既不同于单组分吸收，又不同于多组分精馏，化工生产中多组分吸收和解吸有如下几个特点：

① 多组分吸收中，各溶质组分的沸点范围很宽，吸收剂与溶质的沸点差较大，在操作条件下有的组分已接近或超过临界状态，因此多组分吸收中的物系不能按理想溶液处理。

② 吸收过程是气相中的吸收质溶解到不易挥发的吸收剂中去的单向传质过程，由进塔到出塔的气相（由下到上）流率逐渐减小，而液相（由上到下）流率不断增大，除非是贫气吸收，气液相流量在塔内不能视为常数，不能用恒摩尔流的假设，从而就增加了吸收计算的复杂性。

③ 吸收过程由于气相中易溶组分溶解到溶剂中，会放出溶解热，这一热效应会使液相和气相的温度都升高，而温度升高又将影响到溶解的量，因而气相中各组分沿塔高的溶解量分布不均衡，这就导致了溶解热也分布不均，这使得吸收塔的温度分布比较复杂。所以不能用精馏中常用的泡点、露点方程来确定吸收塔中温度沿塔高的分布，通常要采用热量衡算来确定温度的分布。

④ 多组分吸收过程中，因为各个组分在同一塔内进行吸收，所有组分的条件都一样，如温度、压力、塔板数、塔高、液气比。但是由于各组分的溶解度不同，所以被吸收量也不同。吸收量的多少由各组分平衡常数决定，而且相互之间存在一定的关系，所以不能对所有的组分规定分离要求，而只能指定某一个组分的分离要求，根据对此组分的分离要求进行计算，然后再根据此计算结果得出其他组分的分离程度。这个首先被指定的组分通常是选取在吸收操作中起关键作用的组分，也就是必须控制其分离要求的组分。

⑤ 吸收过程中，在塔的不同位置，对组分的吸收程度是不同的，即难溶组分一般只在靠近塔顶的几块塔板被吸收，而在塔底上变化很小。易溶组分主要在塔底附近的几块塔板上被吸收，而在塔顶上变化很小，唯一只有关键组分才在全塔范围内被吸收[5]。

3.4 多组分吸收过程的简捷计算

3.4.1 吸收因子法

吸收因子法主要是以物料衡算和相平衡为基础来确定吸收塔的理论板数[3,6-7]，板式吸收塔如图 3-2 所示，混合气体自下而上流动，设塔内离开同一板的气相和液相流量分别为 V、L（kmol/h），如果令 v 和 l 分别表示任一组分 i 的气相和液相的流量，对任意一块理论板 n 作任一组分的物料衡算可得：

$$v_n + l_n = v_{n+1} + l_{n-1} \tag{3-1}$$

根据理论板的概念，离开塔板 n 的任一组分 i，气相组成 y_i 和液相组成 x_i 满足相平衡关系，可表示为 $y_i = m x_i$。

由摩尔分数定义 $y_i = \dfrac{v_i}{V}$，$x_i = \dfrac{l_i}{L}$，为简化起见，略去下标 i，可写为

$$\frac{v}{V} = m \frac{l}{L} \tag{3-2}$$

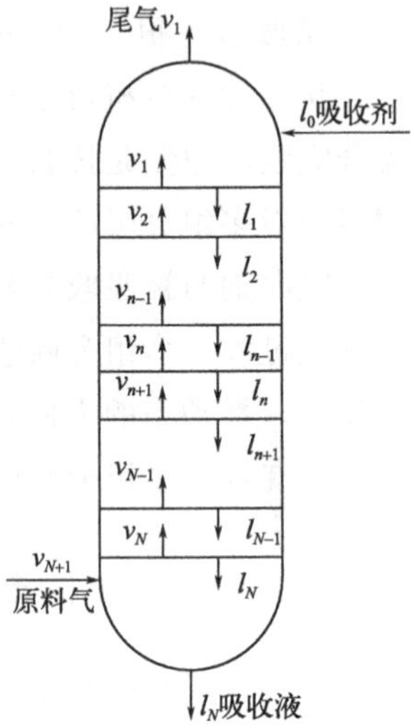

令 $A = \dfrac{L}{mV}$，A 为吸收因子，反映吸收进行的难易程度，A 越大，越有利于组分的吸收，达到同样目的所需的理论板数就越少。整理后得

$$l = Av \tag{3-3}$$

将式 (3-3) 代入式 (3-1) 得

$$v_n + A_n v_n = v_{n+1} + A_{n-1} v_{n-1}$$

整理得

$$v_n = \frac{v_{n+1} + A_{n-1} v_{n-1}}{A_n + 1} \tag{3-4}$$

当 $n = 1$ 时，由式 (3-4) 可得

$$v_1 = \frac{v_2 + A_0 v_0}{A_1 + 1} = \frac{v_2 + l_0}{A_1 + 1} \tag{3-5}$$

当 $n = 2$ 时，由式 (3-4) 可得

$$v_2 = \frac{v_3 + A_1 v_1}{A_2 + 1}$$

将式 (3-5) 中的 v_1 代入上式整理得

$$v_2 = \frac{(A_1 + 1)v_3 + A_1 l_0}{A_1 A_2 + A_2 + 1} \tag{3-6}$$

类似地，当 $n = 3$ 时，可推得

$$v_3 = \frac{(A_1 A_2 + A_2 + 1)v_4 + A_1 A_2 l_0}{A_1 A_2 A_3 + A_2 A_3 + A_3 + 1} \tag{3-7}$$

图 3-2 多组分吸收塔物流图

同理，对第 N 板可以写出

$$v_N = \frac{(A_1 A_2 A_3 \cdots A_{N-1} + A_2 A_3 \cdots A_{N-1} + \cdots + A_{N-1} + 1)v_{N+1} + A_1 A_2 \cdots A_{N-1} l_0}{A_1 A_2 A_3 \cdots A_N + A_2 A_3 \cdots A_N + \cdots + A_N + 1}$$

$$(3\text{-}8)$$

为消去 v_N，作全塔物料衡算

$$v_{N+1} + l_0 = v_1 + l_N = v_1 + A_N v_N$$

$$v_N = \frac{v_{N+1} - v_1 + l_0}{A_N}$$

$$(3\text{-}9)$$

联立式（3-8）和式（3-9）得

$$\frac{v_{N+1} - v_1}{v_{N+1}} = \frac{A_1 A_2 A_3 \cdots A_N + A_2 A_3 \cdots A_N + \cdots + A_N}{A_1 A_2 A_3 \cdots A_N + A_2 A_3 \cdots A_N + \cdots + A_N + 1} -$$

$$\frac{l_0}{v_{N+1}} \times \left(\frac{A_2 A_3 \cdots A_N + A_3 A_4 \cdots A_N + \cdots + A_N + 1}{A_1 A_2 A_3 \cdots A_N + A_2 A_3 \cdots A_N + \cdots + A_N + 1} \right)$$

$$(3\text{-}10)$$

式（3-10）是吸收因子法的基本方程，称为哈顿-富兰克林（Horton-Franklin）方程。其中 $\dfrac{v_{N+1} - v_1}{v_{N+1}} = \eta_i$ 为组分 i 的吸收率，代表 i 组分在吸收塔内被吸收的量和进入吸收塔内 i 组分的总量之比。因此该式关联了吸收率、各塔板的吸收因子和理论板数三者的关系。

哈顿-富兰克林方程的推导未作任何假设，是普遍适用的。但严格按照上式求解吸收率、吸收因子和理论板数之间的关系还是很困难的，因为各板上相平衡常数是温度、压力和组成的函数，而这些条件在计算前是未知的，因此，需要对吸收因子的确定进行简化处理。

3.4.2　平均吸收因子法

克雷姆赛尔和布朗等假定全塔各板的吸收因子 A 是相同的，基于三点假设：①设吸收液是理想溶液或接近理想溶液，符合亨利定律和拉乌尔定律；②全塔温度变化不大，可视相平衡常数 m；③气相、液相的流率变化不大，均可取平均值，视为常数。由此可以采用全塔平均的吸收因子来代替各板的吸收因子。哈顿-富兰克林方程式（3-10）可简化为：

$$\frac{v_{N+1} - v_1}{v_{N+1}} = \frac{A^N + A^{N-1} + \cdots + A}{A^N + A^{N-1} + \cdots + A + 1} - \frac{l_0}{A v_{N+1}} \times \left(\frac{A^N + A^{N-1} + \cdots + A}{A^N + A^{N-1} + \cdots + A + 1} \right)$$

$$= \left(1 - \frac{l_0}{A v_{N+1}} \right) \left(\frac{A^N + A^{N-1} + \cdots + A}{A^N + A^{N-1} + \cdots + A + 1} \right)$$

由等比数列 a_0，$a_0 q$，$a_0 q^2$，$\cdots$，$a_0 q^{n-1}$ 前 n 项和的公式[5]

$$S_n = a_0 \frac{1 - q^n}{1 - q}$$

可得

$$\frac{v_{N+1} - v_1}{v_{N+1}} = \left(1 - \frac{l_0}{A v_{N+1}} \right) \left(\frac{A^N + A^{N-1} + \cdots + A}{A^N + A^{N-1} + \cdots + A + 1} \right)$$

$$= \left(1 - \frac{l_0}{A v_{N+1}} \right) \left(\frac{\dfrac{1 - A^{N+1}}{1 - A} - 1}{\dfrac{1 - A^{N+1}}{1 - A}} \right)$$

因 $l_0 = Av_0$，上式可写为

$$\frac{v_{N+1} - v_1}{v_{N+1}} = \left(1 - \frac{v_0}{v_{N+1}}\right)\left(\frac{A^{N+1} - A}{A^{N+1} - 1}\right) \tag{3-11}$$

即

$$\frac{v_{N+1} - v_1}{v_{N+1} - v_0} = \frac{A^{N+1} - A}{A^{N+1} - 1} = \varphi_i \tag{3-12}$$

式（3-12）称为克雷姆赛尔方程，表达的是相对吸收率、平均吸收因子 A 和理论板数 N 之间的关系。式中，v_{N+1} 为原料气中组分的摩尔流量；v_0 为与吸收剂平衡的塔顶气相组分的摩尔流量；v_1 为离开吸收塔的尾气中组分的摩尔流量；$v_{n+1} - v_1$ 为任一组分 i 通过吸收塔后被吸收的量；$v_{n+1} - v_0$ 为任一组分 i 根据平衡关系计算的最大可能吸收量；φ_i 为组分 i 相对吸收率，定义为该组分在吸收塔中被吸收的量和可能被吸收的最大量之比。

由式（3-12），得

$$N = \frac{\lg \dfrac{A - \varphi}{1 - \varphi}}{\lg A} - 1 \tag{3-13}$$

根据式（3-13）可以算出所需的理论板数 N，为了使用方便，克雷姆赛尔等将式（3-13）绘制成曲线，称为吸收（解吸）因子图，如图 3-3。图的横坐标为吸收因子 A 或解吸因子 S，纵坐标为相对吸收率（φ）和相对解吸率（C_0），以板数作为参变量，不同的曲线代表不同的板数。当已知 φ_i、A 和 N 三个参数中任意两个，利用图 3-3 可容易地求出第三个参数。

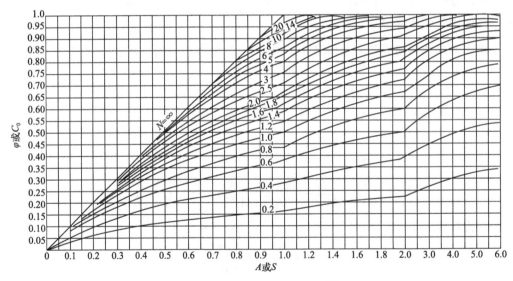

图 3-3　吸收（解吸）因子图[6]

在平均吸收因子法三点假设基础上，相平衡常数可取全塔平均温度和压力下的与浓度变化无关的常数，即 $m_{i均}$，而液气比的平均值常可用以下几种算法进行计算。

① 假设被溶剂吸收的溶质量可以略去不计，把 L_0 和 V_{N+1} 看作常数，液气比的平均值则可写为：

$$\left(\frac{L}{V}\right)_{均} = \frac{L_0}{V_{N+1}}$$

② 溶质被溶剂吸收后流量有变化，液气比的平均值则可按如下两种计算方法：

a. 先分别求得液相流量变化的平均值和气相流量变化的平均值，然后计算液气比的平均值。

$$L_{均} = 吸收剂量 + \frac{1}{2}吸收量$$

$$V_{均} = 进气量 - \frac{1}{2}吸收量$$

则

$$\left(\frac{L}{V}\right)_{均} = \frac{L_{均}}{V_{均}}$$

b. 分别求出塔顶和塔底 L/V 的比值，然后通过对数平均值计算液气比的平均值。

$$\left(\frac{L}{V}\right)_{均} = \frac{\left(\frac{L}{V}\right)_N - \left(\frac{L}{V}\right)_1}{\ln \dfrac{\left(\frac{L}{V}\right)_N}{\left(\frac{L}{V}\right)_1}}$$

【例题 3-1】 采用吸收分离工艺将裂解气脱丁烷，塔进料流量 100kmol/h，进料组成如下表，原料气入塔温度 30℃，塔操作压力 0.2MPa，吸收剂入塔温度 −10℃，丁烷回收率 98％，已知其吸收因子为 $A = 3$，试确定理论板数。

组分	H_2	C_1^0	$C_2^=$	C_2^0	$i\text{-}C_4^0$	Σ
f_i	3	8	34	27	13	100

解：（1）解析法

$$N = \frac{\lg \dfrac{A-\varphi}{1-\varphi}}{\lg A} - 1 = \frac{\lg \dfrac{3-0.98}{1-0.98}}{\lg 3} - 1 = 3.2 \approx 4（块）$$

（2）图解法

根据题给 $\varphi = 98\%$，$A = 3$，查吸收因子图，得 $N = 4$（块）。

3.4.3 平均吸收因子法的应用

（1）关键组分吸收分数的确定

多组分吸收过程计算中，按关键组分的分离要求，求吸收分数 $\varphi_{关}$。如裂解气分离车间采用中压油吸收脱甲烷分离工艺是要尽可能多地回收乙烯，因此乙烯为该吸收过程中的关键组分，一般要求乙烯的吸收分数达到 98％～99％，当关键组分乙烯的吸收分数确定后，其他组分的吸收分数也就随之确定。

（2）最小液气比和操作液气比

理论板数 N 趋于无穷大时的液气比称为最小液气比，由吸收因子图可知当 $N = \infty$ 时，$\varphi = A$。

根据吸收因子的定义可得：

$$\left(\frac{L}{V}\right)_{\min} = mA = m\varphi \tag{3-14}$$

工程上考虑到操作费用及设备投资各方面的因素，通常适宜的液气比取最小液气比的1.2~2倍，即

$$\frac{L}{V} = (1.2 \sim 2)\left(\frac{L}{V}\right)_{\min}$$

（3）理论板数 N 的确定

根据吸收因子定义式，求出液气比后，在选定操作压力和温度后，可以得到关键组分的吸收因子 A。平均吸收因子法首先需要设定操作温度，一般操作温度为进料温度和吸收剂入塔温度的算术平均值，即 $T = (T_F + T_0)/2$。由关键组分的吸收因子 A 和吸收分数 $\varphi_{关}$，通过式（3-13）计算得到理论板数 N，或通过查吸收因子图读出所需的理论板数 N。

（4）其他组分吸收率的确定

根据关键组分分离要求确定了该塔的操作液气比和理论板数 N 后，根据其他各组分的相平衡常数 m，可计算各组分的吸收因子 A_i，当 A_i 确定后，可在吸收因子图上根据 A_i 和理论板数 N 确定其他组分的吸收分数 φ_i，也可由式（3-12）计算求出其他各组分的吸收分数。

（5）尾气量 V_1 及组成的确定

当 $l_{i,0} = 0$ 时，$\varphi_i = \eta_i = \dfrac{v_{i,N+1} - v_{i,1}}{v_{i,N+1}}$，所以 $v_{i,1} = (1 - \varphi_i)v_{i,N+1}$

尾气量 $V_1 = \sum v_{i,1}$，尾气组成 $y_{i,1} = \dfrac{v_{i,1}}{V_1}$

（6）吸收液量 L_N 及组成和应加入的吸收剂量 L_0 的确定

因为 $L_N = L_0 + (V_{N+1} - V_1)$，所以 $x_N = \dfrac{v_{N+1} - v_1 + l_0}{L_N}$

气体的平均流率 $V_{均} = \dfrac{1}{2}(V_{N+1} + V_1)$

液体的平均流率 $L_{均} = \dfrac{1}{2}(L_0 + L_N) = \left(\dfrac{L}{V}\right)_{均} V_{均}$

将上述公式联立求解，即可求得 L_N 和 L_0。

吸收因子法不仅可以应用于设计计算，而且可以应用于现有设备的校核计算。在设计一多组分吸收塔时，下列条件通常是已知或选定的：①入塔原料气的流量 v_{N+1}；②入塔原料气组成 y_{N+1}；③操作温度和压力；④吸收剂的种类和组成；⑤对原料气中关键组分的分离要求 $\varphi_{关}$。

设计计算的任务是要确定：在上述条件下完成该吸收操作时①所需的理论板数 N；②塔顶加入的吸收剂的量 L_0；③塔顶尾气的量 V_1 和组成 y_1；④塔底吸收液的量 L_N 和组成 x_N。

【例题 3-2】拟采用丙酮作吸收剂除去脱乙烷塔塔顶气体中乙炔，原料气组成 C_2H_6 为 12.6%（摩尔分数，下同）、C_2H_4 为 87.0%、C_2H_2 为 0.4%，操作压力为 18atm（1atm = 101.325kPa），操作温度为 $-20℃$，此条件下各组分的相平衡常数 m 为：$m_{C_2H_6} = 3.25$，

8

$m_{C_2H_4}=2.25$，$m_{C_2H_2}=0.3$，乙炔的回收率为 0.995，求：（1）完成此任务所需的最小液气比；（2）实际液气比为最小液气比的 1.83 倍时所需的理论板数；（3）各组分的回收率和出塔的尾气组成；（4）进料为 100kmol/h 时塔顶应加入的吸收剂用量。

解：（1）根据题意，选乙炔为关键组分。

因为最小液气比时，$N=\infty$，$A_{关,min}=\varphi_关=0.995$

所以，最小液气比

$$\left(\frac{L}{V}\right)_{min}=m_关 A_{关,min}=m_关 \varphi_关$$

$$\left(\frac{L}{V}\right)_{min}=m_关 A_{关,min}=0.995\times0.3=0.299$$

（2）实际液气比

$$\frac{L}{V}=1.83\left(\frac{L}{V}\right)_{min}=1.83\times0.299=0.547$$

$$A_关=\frac{L}{Vm_关}=\frac{0.547}{0.3}=1.823$$

$$所需的理论板数 N=\frac{\lg\frac{A_关-\varphi_关}{1-\varphi_关}}{\lg A_关}-1=\frac{\lg\frac{1.823-0.995}{1-0.995}}{\lg 1.823}-1=7.5（块）$$

（3）由各组分的 m_i 和 L/V，分别计算各组分的 A_i（$A_i=\frac{m_关 A_关}{m_i}$），再由 A_i 和 N 利用式（3-12）求出各组分的回收率 φ_i。

利用下列算式计算塔顶尾气量 V_1 和组成 y_1。

$V_{N+1}=100$kmol/h；

$v_{i,N+1}=V_{N+1}y_{i,N+1}$；$\varphi_i=\frac{v_{i,N+1}-v_{i,1}}{v_{i,N+1}}$；$V_1=\sum v_{i,1}$；$y_{i,1}=\frac{v_{i,1}}{V_1}$

计算结果列于下表。

组分	A_i	φ_i	$v_{i,1}$	$y_{i,1}$
C_2H_6	0.1683	0.1683	10.48	0.137
C_2H_4	0.2431	0.2431	65.85	0.863
C_2H_2	1.823	0.995	0.002	0
合计			76.33	1.00

所以，$V_1=76.33$kmol/h

（4）平均气量

$$V_{平均}=\frac{V_{N+1}+V_1}{2}=\frac{100+76.33}{2}=88.17$$

$$L_{平均}=\frac{L}{V}V_{平均}=0.547\times88.17=48.23=\frac{L_0+L_N}{2}$$

全塔物料衡算：

$$L_N = L_0 + V_{N+1} - V_1 = L_0 + 100 - 76.33 = L_0 + 23.67$$

求得　　$L_0 = 36.40\text{kmol/h}$

　　　　$L_N = 60.07\text{kmol/h}$

3.5　吸收过程热量衡算

在吸收过程中，溶质自气相传入液相因产生相变而释放出热量，所放出的热量称为溶解热，也称吸收热，单位为 kJ/mol。当溶质溶入吸收剂中形成理想溶液时，溶解热即为溶质的冷凝潜热。溶解热仅与温度压力有关，而与溶液的组成无关。当溶质溶入吸收剂中形成非理想溶液时，溶质的溶解热和冷凝潜热相差很大，此时溶解热包括相变热和混合热，混合热与溶液的性质和浓度都有关。

由于吸收过程中有热量放出，因此吸收剂在塔内自上而下的流动过程中，不断地吸收溶质，随着溶质浓度的不断增大，吸收液温度也不断升高。与之相反，解吸过程溶质自液相传入气相因产生相变而吸收热量，使得液相有被冷却的趋势。吸收液温度与气相中溶质浓度、吸收剂用量以及溶解热的大小等因素有关，当气体中溶质浓度较低、吸收剂用量较大的情况下，溶质被吸收所放出的热量不足以使吸收液温度有显著的升高，因此吸收过程中无需设置中间移走热量的设备冷凝器。当气体混合物中溶质浓度很高，吸收剂用量不大时，溶质被吸收放出的热量往往会使吸收液温度上升几十度，然而温度的升高会使气体的溶解度急剧降低，这对吸收极为不利。因此，为了保持气体有较高的溶解度，在吸收塔内加设若干个中间冷凝器以保持塔内温度维持在预期的范围内。设计时是否需要设置中间冷凝器、设置中间冷凝器的数量以及冷凝器的热负荷，必须通过吸收塔的热量衡算来确定。因此，吸收操作应进行热量衡算并确定吸收过程的温升[3,8]。

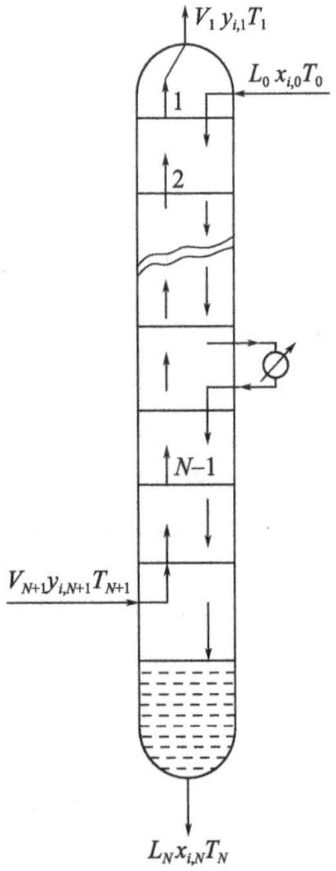

吸收塔的热量平衡关系，如图 3-4 所示：

该塔的热量衡算方程（忽略热损失）用式（3-15）表示：

$$\sum V_1 y_{i,1} c_{vi}(T_{N+1} - T_1) + \sum (V_{N+1} y_{i,N+1} - V_1 y_{i,1}) Q_{si}$$
$$= \sum L_0 x_{i,0} c_{li}(T_N - T_0) + Q_{冷} \qquad (3-15)$$

式中　V_{N+1}——入塔气体总量，kmol/h；

　　　V_1——塔顶尾气量，kmol/h；

　　　L_0——吸收剂量，kmol/h；

　　　$y_{i,N+1}$——入塔气中组分含量（摩尔分数）；

　　　$y_{i,1}$——尾气中组分含量（摩尔分数）；

　　　$x_{i,0}$——吸收剂中组分含量（摩尔分数）；

　　　T_{N+1}——气体入塔温度，℃；

　　　T_1——尾气出塔温度，℃；

　　　T_0——吸收剂入塔温度，℃；

　　　T_N——吸收液出塔温度，℃；

　　　c_{vi}——吸收塔操作平均温度下 i 组分气体的比热容，kJ/(kmol·℃)；

图 3-4　吸收塔热量平衡图

c_{li}——吸收塔操作平均温度下 i 组分液体的比热容，kJ/(kmol·℃)；

Q_{si}——组分的溶解热，kJ/kmol；

$Q_冷$——中间冷凝器热负荷，kJ/h。

对于烃类理想溶液常用热焓表示热平衡方程，用式（3-16）表示，理想溶液的溶解热 Q_{si} 等于 i 组分的冷凝潜热，在热焓值中已计入此项热量。

$$V_{N+1}H_{N+1}-V_1 H_1=L_N h_N-L_0 h_0+Q_冷 \tag{3-16}$$

理想混合气、液相热焓可按下式求得：

$$H=\sum H_i y_i \quad h=\sum h_i x_i$$

式中，H_{N+1}、H_1、h_0、h_N 分别为单位流量的原料气、尾气、吸收剂和吸收液的焓，kJ/mol，H_i、h_i 为气、液相中组分 i 单位质量焓，kJ/kg。

【例题 3-3】某裂解气吸收塔进料量为 100kmol/h，操作压力 4.0MPa，进料温度 −3℃，吸收液入塔温度 −24℃，塔顶温度 −22℃，吸收物料衡算结果下表所示，吸收塔内不设中间冷凝器，塔底吸收液的温度将达到多少？

项目		原料 V_{N+1}	尾气 V_1	吸收剂 L_0	吸收液 L_N
数量/(kmol/h)		100	38.1	42.7	104.5
各组分摩尔分数	H_2	0.1320	0.3462	0	0
	C_1^0	0.3718	0.6446	0	0.1206
	$C_2^=$	0.3020	0.0079	0	0.2860
	C_2^0	0.0970	0.0013	0	0.0922
	$C_3^=$	0.0840	—	0.04	0.0966
	$i\text{-}C_4^0$	0.0132	—	0.96	0.4046
	Σ	1.0000	1.0000	1.00	1.0000

解：无中间冷凝器时，$Q_冷=0$，热量平衡方程式（3-16）则为

$$V_{N+1}H_{N+1}-V_1 H_1=L_N h_N-L_0 h_0$$

先分别求出气、液相热焓 H_{N+1}，H_1，h_N，h_0。

① 求入塔气体热焓 H_{N+1}

由焓温图查得 $T=-3℃$、$p=4.0MPa$ 时各组分的热焓，并折算为 −129℃ 的饱和液体为焓的零点。

项目	分子量	$H'_{i,N+1}$/(kJ/kg)	$H_{i,N+1}$/(kJ/kmol)	$y_{i,N+1}$（摩尔分数）	$H_{i,N+1}y_{i,N+1}$/(kJ/kmol)
H_2	2	1750.2	3500.4	0.1320	462.05
C_1^0	16	682.5	10920.0	0.3718	4060.06
$C_2^=$	28	598.7	16763.6	0.3020	5062.61
C_2^0	30	665.7	19971.0	0.0970	1937.19
$C_3^=$	42	669.9	28135.8	0.0840	2363.41

项目	分子量	$H'_{i,N+1}$/(kJ/kg)	$H_{i,N+1}$/(kJ/kmol)	$y_{i,N+1}$（摩尔分数）	$H_{i,N+1}y_{i,N+1}$/(kJ/kmol)
$i\text{-}C_4^0$	58	586.2	33999.6	0.0132	448.79
Σ			—	1.0000	14334.11

入塔气体 $H_{N+1} = \sum H_{i,N+1} y_{i,N+1} = 14334.11\text{kJ/kmol}$

② 求出塔气体热焓 H_1（$T = -22\text{℃}$、$p = 4.0\text{MPa}$）

组分	分子量	$H'_{i,1}$/(kJ/kg)	$H_{i,1}$/(kJ/kmol)	$y_{i,1}$（摩尔分数）	$H_{i,1}y_{i,1}$/(kJ/kmol)
H_2	2	1427.80	2855.5	0.3462	988.57
C_1^0	16	636.40	10182.4	0.6446	6563.58
$C_2^=$	28	628.05	17585.4	0.0079	138.92
C_2^0	30	653.17	19595.1	0.0013	25.47

$$H_1 = \sum H_{i,1} y_{i,1} = 7716.54\text{kJ/kmol}$$

③ 求入塔吸收剂热焓 h_0（$T = -24\text{℃}$、液体）

组分	分子量	$h'_{i,0}$/(kJ/kg)	$h_{i,0}$/(kJ/kmol)	$x_{i,0}$（摩尔分数）	$h_{i,0}x_{i,0}$/(kJ/kmol)
$C_3^=$	42	230.29	9672.2	0.04	386.89
$i\text{-}C_4^0$	58	217.72	12627.8	0.96	12122.65
Σ	—	—	—	1.00	12509.54

$$h_0 = \sum h_{i,0} x_{i,0} = 12509.54\text{kJ/kmol}$$

④ 求出塔吸收液热焓

将上述计算数值代入热平衡方程式

$$h_N = \frac{1}{L_N}(V_{N+1}H_{N+1} + L_0 h_0 - V_1 H_1)$$

$$= \frac{1}{104.5}\left[(100 \times 14334.11) + (42.7 \times 12509.54) - (38.1 \times 7716.54)\right]$$

$$= 16015.0(\text{kJ/kmol})$$

⑤ 求吸收液温度

以试差法求算，设 $T_N = 30\text{℃}$，结果如下：

组分	分子量	$h'_{i,N}$/(kJ/kg)	$h_{i,N}$/(kJ/kmol)	$x_{i,N}$（摩尔分数）	$h_{i,N}x_{i,N}$/(kJ/kmol)
C_1^0	16	610.3	9764.8	0.1206	1177.6
$C_2^=$	28	514.1	14394.8	0.2860	4116.9
C_2^0	30	468.2	14046.0	0.0922	1295.0

组分	分子量	$h'_{i,N}/(\text{kJ/kg})$	$h_{i,N}/(\text{kJ/kmol})$	$x_{i,N}$（摩尔分数）	$h_{i,N}x_{i,N}/(\text{kJ/kmol})$
$C_3^=$	42	372.0	15624.0	0.0966	1509.3
$i\text{-}C_4^0$	58	342.8	19882.4	0.4046	8044.4
Σ	—	—		1.0000	16143.3

$$h_N = \sum h_{i,N}x_{i,N} = 16143.3\text{kJ/kmol}$$

由假设的塔底温度 30℃，计算得到吸收液热焓为 16143.3kJ/kmol，与由热平衡方程求得的吸收液热焓 16015.0kJ/kmol 基本相符，表明所设的塔底吸收液温度基本准确。

3.6　多组分吸收过程的近似计算

平均吸收因子法是建立在吸收塔内温度变化不大的前提下，实际上由于吸收为放热过程，如果溶质的量不是太少，必然使得塔内温度升高。因此平均吸收因子法仅适用于溶质浓度较低、吸收量小的情况，否则计算结果与实际出入很大。故在吸收量不太小的情况下，一般是在平均吸收因子法结果基础上采用平均有效吸收因子法（effective absorption factor method）进行近似计算[6]。

平均有效吸收因子法是由埃德密斯特（Edmister）[9] 提出，是以某不变的平均有效吸收因子 A_e 和 A'_e 代替各板上的吸收因子 A_1，A_2，$\cdots$，A_N，使最终计算出来的吸收率比用平均吸收因子计算结果更接近实际。埃德密斯特假设吸收过程主要是由塔顶和塔底各一块理论板完成，计算有效吸收因子时也只着眼于塔顶和塔底这两块板，这一设想与马多克斯（Maddox）通过一些多组分轻烃吸收过程进行逐板计算，得出吸收过程主要是吸收塔的塔顶、塔底两块板完成的结果一致。因此，用平均有效吸收因子计算所得结果与逐板计算法比较接近。

平均有效吸收因子可以通过式（3-10）推导而得，将 A_e 取代式（3-10）中等式右端第一项的吸收因子 A_1，A_2，$\cdots$，A_N，则

$$\frac{A_1A_2A_3\cdots A_N + A_2A_3\cdots A_N + \cdots + A_N}{A_1A_2A_3\cdots A_N + A_2A_3\cdots A_N + \cdots + A_N + 1} = \frac{A_e^N + A_e^{N-1} + \cdots + A_e}{A_e^N + A_e^{N-1} + \cdots + A_e + 1} = \frac{A_e^{N+1} - A_e}{A_e^{N+1} - 1} \tag{3-17}$$

把式（3-10）中等式右端第二项分子中各项分别乘以 A_1，A_2，$\cdots$，A_N，并在分母乘以平均有效吸收因子 A'_e，再用 A_e 取代 A_1，A_2，$\cdots$，A_N，则

$$\left(\frac{l_0}{v_{N+1}}\right)\frac{A_2A_3\cdots A_N + A_3A_4\cdots A_N + \cdots + A_N + 1}{A_1A_2A_3\cdots A_N + A_2A_3\cdots A_N + \cdots + A_N + 1} =$$
$$\frac{l_0}{v_{N+1}A'_e}\left(\frac{A_e^N + A_e^{N-1} + \cdots + A_e}{A_e^N + A_e^{N-1} + \cdots + A_e + 1}\right) = \frac{l_0}{v_{N+1}A'_e}\left(\frac{A_e^{N+1} - A_e}{A_e^{N+1} - 1}\right) \tag{3-18}$$

因此，式（3-10）可改写为

$$\frac{v_{N+1} - v_1}{v_{N+1}} = \left(1 - \frac{l_0}{A'_e v_{N+1}}\right)\left(\frac{A_e^{N+1} - A_e}{A_e^{N+1} - 1}\right) \tag{3-19}$$

根据式（3-18）可得

$$\frac{A_e^{N+1}-A_e}{A_e'(A_e^{N+1}-1)}=\frac{A_2A_3\cdots A_N+A_3A_4\cdots A_N+\cdots+A_N+1}{A_1A_2A_3\cdots A_N+A_2A_3\cdots A_N+\cdots+A_N+1} \tag{3-20}$$

当吸收塔只有两块理论板即 $N=2$ 时，式（3-17）和式（3-20）变为

$$\frac{A_e^3-A_e}{A_e^3-1}=\frac{A_1A_2+A_2}{A_1A_2+A_2+1} \tag{3-21}$$

$$\frac{A_e^3-A_e}{A_e'(A_e^3-1)}=\frac{A_2+1}{A_1A_2+A_2+1} \tag{3-22}$$

两式相除得

$$A_e'=\frac{A_1A_2+A_2}{A_2+1}=\frac{A_2(A_1+1)}{A_2+1} \tag{3-22}$$

由式（3-21），可得 A_e 的二次方程式

$$A_e^2+A_e-A_2(A_1+1)=0$$

经整理得

$$A_e=\sqrt{A_2(A_1+1)+0.25}-0.5 \tag{3-23}$$

对于具有 N 块理论板的吸收塔，基于 Edmister 假设，只需用塔底的 A_N 代替上式中的 A_2，不需再做其他校正，则可计算出平均有效吸收因子 A_e 和 A_e'。

$$A_e'=\frac{A_N(A_1+1)}{A_N+1} \tag{3-24}$$

$$A_e=\sqrt{A_N\ (A_1+1)\ +0.25}-0.5 \tag{3-25}$$

为了计算平均有效吸收因子，就必须知道离开塔顶和塔底的气、液相流量（即 V_1、L_1、V_N、L_N）及其温度。需要预先估计整个吸收过程的总吸收量，并且采用以下两个假定来估计各板的流量和温度。

假定（1）各板的吸收率相同；即塔内任意相邻两板的气相流率的比值相等。

$$\frac{V_1}{V_2}=\frac{V_2}{V_3}=\cdots=\frac{V_n}{V_{n+1}}=\cdots=\frac{V_N}{V_{N+1}}$$

由此，可得

$$\frac{V_1}{V_{N+1}}=\left(\frac{V_n}{V_{n+1}}\right)^N$$

所以

$$\frac{V_n}{V_{n+1}}=\left(\frac{V_1}{V_{N+1}}\right)^{\frac{1}{N}} \tag{3-26}$$

$$\frac{V_{n+1}}{V_{N+1}}=\left(\frac{V_1}{V_{N+1}}\right)^{\frac{N-n}{N}} \tag{3-27}$$

由式（3-26）和式（3-27）相乘，可得

$$V_n=V_{N+1}\left(\frac{V_1}{V_{N+1}}\right)^{\frac{N+1-n}{N}} \tag{3-28}$$

由塔顶至第 n 板间做总物料和组分的物料衡算，分别得

$$L_n = L_0 + V_{n+1} - V_1 \tag{3-29}$$

$$l_n = l_0 + v_{n+1} - v_1 \tag{3-30}$$

假定（2）塔内的温度变化与吸收量成正比

$$\frac{T_N - T_n}{T_N - T_0} = \frac{V_{N+1} - V_{n+1}}{V_{N+1} - V_1}$$

在给定原料气流量 V_{N+1} 和吸收剂流量 L_0 的情况下，平均有效吸收因子法确定尾气流量 V_1 和吸收液流量 L_N 与组成 $x_{i,N}$ 的计算步骤如下：

（1）采用平均吸收因子法估算 v_1 和 l_N

首先估计总吸收量和平均温度，并由此计算塔顶和塔底的 L 和 V 值，取其平均值计算。

根据关键组分的吸收率和平均吸收因子确定所需要的理论板数。按式（3-12）计算其他组分的 v_1 值，然后计算总吸收量 $V_{N+1} - V_1$，并与估计的总吸收量比较是否一致，如不一致，则重新取总吸收量进行计算，直至一致。

再由全塔范围内的组分物料衡算式（3-30）计算各组分离开塔底 N 板的液相流量 l_N。

（2）用热量衡算确定塔底吸收液的温度 T_N

初步设定塔顶温度 T_1，一般高于入塔溶剂温度 3～8℃。由全塔热量衡算式确定塔底温度 T_N。

$$V_{N+1} H_{N+1} + L_0 h_0 = V_1 H_1 + L_N h_N + Q \tag{3-31}$$

式中，H，h 分别为气相和液相的焓；Q 为从吸收塔取走的热量。

（3）用平均有效吸收因子法核算 v_1、l_N 和 T_N

按式（3-28）和式（3-29）分别算出 V_1、L_1 和 V_N、L_N，计算 $\left(\dfrac{L}{V}\right)_1$ 和 $\left(\dfrac{L}{V}\right)_N$，求出 A_1 和 A_N 然后按式（3-24）和式（3-25）算出 A_e' 和 A_e。由式（3-19）算出 v_1，并用热量衡算核算 T_N，如果与前一步结果不符，则应改设 T_1，重复（2）、（3）步骤，直到相符为止。

【例题 3-4】多组分气体混合物的组成甲烷为 70%（摩尔分数，下同）、乙烷为 15%、丙烷为 10%、正丁烷为 5%，进料流量 1kmol/h，原料气在 24℃、202.6 kPa 压力下，在绝热的板式塔中用轻烃油吸收，烃油含 1% 正丁烷、99% 不挥发性烃油，进塔的温度和压力与进料气相同。所用烃油与进料气之比为 3.5。进料气中的丙烷至少有 70% 被吸收。甲烷在烃油中的溶解度可以忽略，而其他的组分均形成理想溶液。估算所需理论板数和出口气相的组成。

解：列出各组分有关物性数据：

组分	0～30℃的平均比热容/ [kJ/(mol·℃)]		0℃的汽化热/ (kJ/mol)	m—y/x		
	气体	液体		24℃	27℃	30℃
甲烷	35.71					
乙烷	53.56	133.2	9121	13.00	13.50	14.20

组分	0～30℃的平均比热容/ [kJ/(mol·℃)]		0℃的汽化热/ (kJ/mol)	m—y/x		
	气体	液体		24℃	27℃	30℃
丙烷	73.80	128.2	16560	4.10	4.35	4.60
正丁烷	91.68	144.0	22380	1.19	1.30	1.40
烃油		376.6				

基准温度为0℃，取0℃时的气态甲烷和其他组分在0℃时的液态焓值为零。

初步估计总吸收量为0.165kmol/h，假设平均温度为27℃，则塔顶液气比 $L/V=3.5/(1-0.165)=4.19$，塔底液气比 $L/V=(3.5+0.165)/1=3.665$，其平均液气比为3.93。理论板数由给定的丙烷吸收率来确定。

对于丙烷，27℃的相平衡常数 $m=4.35$，吸收因子为

$$A=\frac{L}{Vm}=\frac{3.93}{4.35}=0.903$$

由式（3-12）可知，当吸收率为0.7、 $l_0=0$ 时，则

$$\varphi=\frac{A^{N+1}-A}{A^{N+1}-1}=\frac{0.903^{N+1}-0.903}{0.903^{N+1}-1}=0.7$$

解得 $N=2.83$，应选用塔板数为 $N=3$。再将其代入式（3-12）中计算，则丙烷的吸收率为

$$\varphi=\frac{A^{N+1}-A}{A^{N+1}-1}=\frac{0.903^{3+1}-0.903}{0.903^{3+1}-1}=0.71$$

出口气中丙烷的数量可按式（3-12）计算

$$\varphi=\frac{v_{N+1}-v_1}{v_{N+1}-v_0}=\frac{0.10-v_1}{0.10-0}=0.71$$

$$v_1=0.029\text{kmol/h}$$

对于乙烷，27℃的相平衡常数 $m=13.5$，吸收因子为

$$A=\frac{L}{Vm}=\frac{3.93}{13.5}=0.291$$

由式（3-12）可得乙烷吸收率为

$$\varphi=\frac{v_{N+1}-v_1}{v_{N+1}-v_0}=\frac{0.15-v_1}{0.15-0}=0.291$$

出口气中乙烷量为

$$v_1=0.1064\text{kmol/h}$$

对于正丁烷，27℃的相平衡常数 $m=1.3$，吸收因子为

$$A=\frac{L}{Vm}=\frac{3.93}{1.3}=3.02$$

由式（3-11）可得：

$$\frac{v_{N+1}-v_1}{v_{N+1}}=\left(1-\frac{v_0}{v_{N+1}}\right)\left(\frac{A^{N+1}-A}{A^{N+1}-1}\right)=\frac{0.05-v_1}{0.05}=\left(1-\frac{3.5\times0.01}{3.02\times0.05}\right)\left(\frac{3.02^{3+1}-3.02}{3.02^{3+1}-1}\right)$$

$$v_1=0.0125\text{kmol/h}$$

由此得 $\sum v_1=0.8479\text{kmol/h}$，则总吸收量为 $1-0.8479=0.1521\text{kmol/h}$ 与估计的总吸收量相符。设塔顶温度 $t_1=25℃$（由于总吸收量不大，故设此温度高于吸收剂温度1℃），然后按式（3-29）进行热量衡算，初步得如下结果：

组分	$v_1/(\text{kmol/h})$	焓/(kJ/kmol)	$H_1 v_1$
甲烷	0.7000	$35.71\times(25-0)=892.8$	$892.8\times0.7=625$
乙烷	0.1064	$53.36\times(25-0)+9121=10455$	1112
丙烷	0.0290	$73.80\times(25-0)+16560=18405$	533.7
正丁烷	0.0125	$91.68\times(25-0)+22380=24672$	308.4
Σ	$V_1=0.8479$		2579.1

组分	$l_3/(\text{kmol/h})$	焓/(kJ/kmol)	$h_3 l_3$
乙烷	$0.15-0.1064=0.0436$	$133.2t_3$	$0.0436\times133.2t_3=5.808t_3$
丙烷	$0.1-0.029=0.071$	$126.2t_3$	$0.102t_3$
正丁烷	$0.035+0.05-0.0125=0.0725$	$144.0t_3$	$10.44t_3$
烃油	$3.5-0.035=3.465$	$376.6t_3$	$1304.92t_3$
Σ	$L_3=3.652$		$1330.3t_3$

$$H_{N+1}V_{N+1}+h_0L_0=H_1V_1+h_3L_3$$
$$5267.3+32952.5=2579.1+1330.3t_3$$
$$t_3=26.8(℃)$$

已估计顶板温度 $t_1=25℃$，解出底板温度 $t=26.8℃$，将此二值作为下面计算的依据。

当 $n=2$ 时，由式（3-28）得

$$V_N=V_{N+1}\left(\frac{V_1}{V_{N+1}}\right)^{\frac{N+1-n}{N}}=V_2$$

$$V_2=1.0\left(\frac{0.8479}{1.0}\right)^{\frac{3+1-2}{3}}=0.8958(\text{kmol/h})$$

由物料衡算式（3-29）得

$$L_n=L_0+V_{n+1}-V_1=L_1=3.5+0.8958-0.8479=3.5479(\text{kmol/h})$$

$$\frac{L_1}{V_1}=\frac{3.5479}{0.8479}=4.184$$

当 $n=3$ 时

$$V_3=1.0\times\left(\frac{0.8479}{1.0}\right)^{\frac{3+1-3}{3}}=0.9465(\text{kmol/h})$$

$$\frac{L_3}{V_3} = \frac{3.652}{0.9465} = 3.858$$

对于正丁烷，25℃时，$K=1.2$，则

$$A_1 = \frac{4.184}{1.2} = 3.49$$

26.8℃时，$K=1.29$，则

$$A_3 = \frac{3.858}{1.29} = 2.99$$

由式（3-25）得

$$A_e = \sqrt{A_N(A_1+1)+0.25} - 0.5 = \sqrt{2.99(3.49+1)+0.25} - 0.5 = 3.20$$

由式（3-11）可得：

$$\frac{v_{N+1}-v_1}{v_{N+1}} = \left(1-\frac{v_0}{v_{N+1}}\right)\left(\frac{A_e^{N+1}-A_e}{A_e^{N+1}-1}\right) = \left(1-\frac{0.01}{0.05}\right)\left(\frac{3.2^{3+1}-3.2}{3.2^{3+1}-1}\right) = 0.783$$

同理可求得其他组分的 v_1 值以及离塔气体和液体的焓，计算结果如下表所示。

组分	v_1/(kmol/h)	$H_1 v_1$/(25℃)	l_3/(kmol/h)	$h_3 l_3$
甲烷	0.7	625	0	
乙烷	0.1068	1116.6	0.0432	$5.754t_3$
丙烷	0.0277	509.8	0.0723	$9.052t_3$
正丁烷	0.0109	268.9	0.0741	$10.671t_3$
轻烃			3.465	$1304.919t_3$
Σ	0.8454	2520.3	3.6546	$1330.396t_3$

由全塔热量衡算得

$$5267.3 + 32952.5 = 2520.3 + 1330.4t_3$$
$$t_3 = 26.8℃$$

然后校核所设顶板温度，直到求出的顶板温度与前面所假设的温度一致为止。

3.7 多组分吸收过程的严格计算

为了确定各板上的气液相组成和温度，对于多组分吸收过程的最终设计，必须使用严格计算，目前普遍采用流量加和（SR）法进行严格计算。1961 年苏嘉塔（A. D. Sujata）提出 SR 法，1967 年，伯宁翰（D. W. Burning ham）和奥托（F. D. Otto）发展了 SR 法，使之简化和实用。SR 法是采用 ME 方程组联立建立三对角方程组校正 V_j、L_j，用 H 方程的计算结果校正 T_j。SR 法是通过迭代进行计算，然后由三对角矩阵求得组成断面 $x_{i,j}$。再由流量加和方程校核流量，热衡算方程校核温度。该法简单准确，适用于理论板数小于 10 的吸收过程，但存在收敛稳定性差，阻尼因子确定困难等不足[6,8]。

多组分吸收过程的定态数学模型有理论板和非理论板两类，前者应用广，比较成熟，本节仅讨论理论板模型。吸收模型如图 3-5 所示，若组分数为 c，塔内理论板数为 N；F_j 为 j

板进料流量，$z_{i,j}$ 为 i 组分的摩尔分数，F_N 为塔底原料气流量，将溶剂视为第一级进料 F_1，$H_{F,j}$ 为进料焓；V_j 为离开 j 板气体流量，V_1 为塔顶尾气流量。L_j 为离开 j 板液体流量，L_N 为塔底流出液量；U_j 为 j 板抽出液体流量，G_j 为 j 板抽出气体流量；Q_j 为 j 板热交换量，H_j 和 h_j 为 j 板气液相流体焓，$x_{i,j}$ 为 j 板 i 组分的液相摩尔分数，$y_{i,j}$ 为 j 板 i 组分的气相摩尔分数。

（1）ME 方程的建立[6]

物料平衡关系（material balance），简称 M 方程。对任意理论板 j 作组分 i 的物料衡算可得

$$L_{j-1}x_{i,j-1}-(V_j+G_j)y_{i,j}-(L_j+U_j)x_{i,j}+V_{j+1}y_{i,j+1}$$
$$=-F_jz_{i,j} \tag{3-32}$$

相平衡关系（phase equilibrium relation），简称 E 方程。对任意组分 i：

$$y_{i,j}=m_{i,j}x_{i,j} \tag{3-33}$$

将相平衡 E 方程代入 M 方程得任意塔板的 ME 方程：

$$L_{j-1}x_{i,j-1}+V_{j+1}m_{i,j+1}x_{i,j+1}+F_jz_{i,j}-$$
$$(V_j+G_j)m_{i,j}x_{i,j}-(L_j+U_j)x_{i,j}=0 \tag{3-34}$$

$$L_{j-1}x_{i,j-1}-\left[(V_j+G_j)m_{i,j}x_{i,j}+(L_j+U_j)x_{i,j}\right]+$$
$$V_{j+1}m_{i,j+1}x_{i,j+1}=-F_jz_{i,j} \tag{3-35}$$

令

$$A_j=L_{j-1};B_j=-[(V_j+G_j)m_{i,j}+(L_j+U_j)];$$
$$C_j=V_{j+1}m_{i,j+1};D_j=-F_jz_{i,j} \tag{3-36}$$

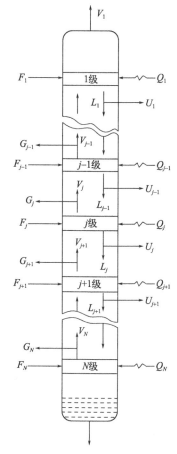

图 3-5 吸收模型图

则式（3-35）变为

$$A_jx_{i,j-1}+B_jx_{i,j}+C_jx_{i,j+1}=D_j \tag{3-37}$$

$j=1$ 时，由于没有上一级来的液体，$A_1=L_0=0$，式（3-37）变为

$$B_1x_{i,1}+C_1x_{i,2}=D_1 \tag{3-38}$$

$j=N$ 时，由于没有下一级上来的蒸气，$C_N=V_{N+1}=0$，式（3-37）变为

$$A_Nx_{i,N-1}+B_Nx_{i,N}=D_N \tag{3-39}$$

其中 $A_N=L_{N-1},B_N=-[(V_N+G_N)K_{i,N}+L_N],D_N=-F_Nz_{i,N}$

从塔顶第一板到塔底，组分 i 的 ME 线性方程组为：

$$\begin{cases}B_1x_{i,1}+C_1x_{i,2}=D_1(j=1)\\A_jx_{i,j-1}+B_jx_{i,j}+C_jx_{i,j+1}=D_j(2\leqslant j\leqslant N-1)\\A_Nx_{i,N-1}+B_Nx_{i,N}=D_N(j=N)\end{cases} \tag{3-40}$$

写成三对角矩阵形式：

$$
\begin{bmatrix}
B_1 & C_1 \\
A_2 & B_2 & C_2 \\
 & A_3 & B_3 & C_3 \\
 & & \cdots & \cdots & \cdots \\
 & & & A_j & B_j & C_j \\
 & & & & \cdots & \cdots & \cdots \\
 & & & & & A_{N-1} & B_{N-1} & C_{N-1} \\
 & & & & & & A_N & B_N
\end{bmatrix}
\begin{bmatrix}
x_{i,1} \\
x_{i,2} \\
x_{i,3} \\
\vdots \\
x_{i,j} \\
\vdots \\
x_{i,N-1} \\
x_{i,N}
\end{bmatrix}
=
\begin{bmatrix}
D_1 \\
D_2 \\
D_3 \\
\vdots \\
D_j \\
\vdots \\
D_{N-1} \\
D_N
\end{bmatrix}
\tag{3-41}
$$

解此矩阵方程，即可求得各板任意组分 i 的摩尔分数 x_i，共有 N 个 x_i；对 c 个组分的 N 个理论板的吸收塔需解 c 个矩阵，可解得 $N \times c$ 个 x_i，即得到吸收过程所有的 x_i。

（2）三对角矩阵求解 $x_{i,j}$[6]

利用托马斯（Thomas）追赶法求解三对角矩阵方程组，该法实质上是高斯（Gauss）消去法，利用矩阵的初等变换将对角线元素 A_j 变为 0，B_j 变为 1，然后将 C_j 与 D_j 引用两个辅助参量 P_j 和 Q_j，可采用如下步骤求解：

将式（3-41）第一行乘以 $1/B_1$ 得

$$P_1 = C_1/B_1, \quad Q_1 = D_1/B_1$$

将式（3-41）第一行乘以 $-A_2/B_1$，然后与第二行相加，则

$$A_2 \text{ 变为} \qquad A_2 + B_1(-A_2/B_1) = 0$$
$$B_2 \text{ 变为} \qquad B_2 + C_1(-A_2/B_1) = B_2 - A_2 P_1$$
$$C_2 \text{ 变为} \qquad C_2 + 0 = C_2$$
$$D_2 \text{ 变为} \qquad D_2 + D_1(-A_2/B_1) = D_2 - A_2 Q_1$$

再将第二行除以 $B_2 - A_2 P_1$，并令

$$P_2 = \frac{C_2}{B_2 - A_2 P_1}, \quad Q_2 = \frac{D_2 - A_2 Q_1}{B_2 - A_2 P_1}$$

逐行进行类似整理，对第 j 行可化成

$$P_j = \frac{C_j}{B_j - A_j P_{j-1}}, \quad Q_j = \frac{D_j - A_j Q_{j-1}}{B_j - A_j P_{j-1}} (2 \leqslant j \leqslant N-1) \tag{3-42}$$

经过上述变换后，矩阵变为：

$$
\begin{bmatrix}
1 & P_1 \\
 & 1 & P_2 \\
 & & \cdots & \cdots \\
 & & & 1 & P_j \\
 & & & & \cdots & \cdots \\
 & & & & & 1 & P_{N-1} \\
 & & & & & & 1
\end{bmatrix}
\begin{bmatrix}
x_{i,1} \\
x_{i,2} \\
\vdots \\
x_{i,j} \\
\vdots \\
x_{i,N-1} \\
x_{i,N}
\end{bmatrix}
=
\begin{bmatrix}
Q_1 \\
Q_2 \\
\vdots \\
Q_j \\
\vdots \\
Q_{N-1} \\
Q_N
\end{bmatrix}
\tag{3-43}
$$

由式（3-42）求出 P_j 和 Q_j，便可以式（3-43）求出某一组分在各个板上的液相组成。

$$x_{i,N} = Q_N (j = N) \tag{3-44}$$

$$x_{i,N-1} + P_{N-1} x_{i,N} = Q_{N-1}$$

$$\cdots$$

$$x_{i,j} + P_j x_{i,j+1} = Q_j \qquad (j = 1, 2, \cdots, N-1) \tag{3-45}$$

$$\cdots$$

$$x_{i,1} + P_1 x_{i,2} = Q_1$$

由式（3-44）求出 $x_{i,N}$ 后，按上式回代解方程组，即可求得各个 $x_{i,j}$ 值。

（3）流量加和及归一化[8]

吸收操作中，气液相组成变化决定气液相流量，当液相组成已知后，采用如下关系式确定液相和气相流量。

$$L_j^{k+1} = L_j^k \left(1 - \beta + \beta \sum_{i=1}^{C} x_{ij}^k \right) \tag{3-46}$$

$$V_j^{k+1} = L_{j-1}^{k+1} - L_N^{k+1} + \sum_{m=j}^{N} (F_m - G_m - U_m) \tag{3-47}$$

$$\varepsilon_k = \frac{\sum\limits_{j=1}^{N} \left| \sum\limits_{i=1}^{C} x_{ij}^k - 1 \right|}{CN} \tag{3-48}$$

式中，β 为校正因子，避免过度校正。当 $\varepsilon_k > 0.05$ 时，$\beta = 0.5$；$\varepsilon_k < 0.05$，$\beta = 1$。

用下面关系式对各理论板气液相组成归一化：

$$x_i = \frac{x_i}{\sum\limits_{i=1}^{C} x_i} \tag{3-49}$$

$$y_i = K_i x_i \tag{3-50}$$

$$y_i = \frac{y_i}{\sum\limits_{i=1}^{C} y_i} \tag{3-51}$$

（4）求解热量平衡方程，校正温度[8]

热量平衡方程（heat balance equation），简称 H 方程，对任一理论板作热量衡算可得：

$$L_{j-1} h_{j-1} + V_{j+1} H_{j+1} + F_j H_{F,j} - (L_j + U_j) h_j - (V_j + G_j) H_j - Q_j = 0 \tag{3-52}$$

若以 R_j 表示任意理论板上温度偏差产生的热平衡偏差，则：

$$R_j = L_{j-1} h_{j-1} + V_{j+1} H_{j+1} + F_j H_{F,j} - (L_j + U_j) h_j - (V_j + G_j) H_j - Q_j \tag{3-53}$$

$$\begin{cases} R_1 = V_1 H_1 + (L_1 + U_1) h_1 - V_2 H_2 - F_1 H_{F,1} + Q_1 & (j=1) \\ R_j = -L_{j-1} h_{j-1} + (V_j + G_j) H_j + (L_j + U_j) h_j - V_{j+1} H_{j+1} - F_j H_{F,j} + Q_j & (2 \leqslant j \leqslant N-1) \\ R_N = -L_{N-1} h_{N-1} + (V_N + G_N) H_N + L_N h_N - F_N H_{F,N} + Q_N & (j=N) \end{cases}$$
$$\tag{3-54}$$

当各板气液相流量 V_j、L_j 及组成 $x_{i,j}$、$y_{i,j}$ 给定后，方程组为非线性方程组，可用牛顿-拉普森法求解。将式（3-54）按泰勒级数展开，并略去所有高阶偏导数项可得：

$$R_j^{k+1} = R_j^k + \left(\frac{\partial R_j}{\partial T_{j-1}}\right)^k \Delta T_{j-1}^k + \left(\frac{\partial R_j}{\partial T_j}\right)^k \Delta T_j^k + \left(\frac{\partial R_j}{\partial T_{j+1}}\right) \Delta T_{j+1}^k \tag{3-55}$$

式中，$\Delta T_j^k = T_j^{k+1} - T_j^k$。

调整温度 T_j 的目标是满足热平衡方程，即令 $R_j^{k+1} = 0$，式（3-55）可写成：

$$-R_j^k = \left(\frac{\partial R_j}{\partial T_{j-1}}\right)^k \Delta T_{j-1}^k + \left(\frac{\partial R_j}{\partial T_j}\right)^k \Delta T_j^k + \left(\frac{\partial R_j}{\partial T_{j+1}}\right) \Delta T_{j+1}^k \tag{3-56}$$

对上式求偏导，令：

$$A_j = \left(\frac{\partial R_j}{\partial T_{j-1}}\right) = -L_{j-1}\left(\frac{\partial h_{j-1}}{\partial T_{j-1}}\right) \tag{3-57}$$

$$B_j = \left(\frac{\partial R_j}{\partial T_j}\right) = -(V_j + G_j)\left(\frac{\partial H_j}{\partial T_j}\right) - (L_j + U_j)\left(\frac{\partial h_j}{\partial T_j}\right) \tag{3-58}$$

$$C_j = \left(\frac{\partial R_j}{\partial T_{j+1}}\right) = -V_{j+1}\left(\frac{\partial H_{j+1}}{\partial T_{j+1}}\right) \tag{3-59}$$

$$D_j = -R_j \tag{3-60}$$

式中，H、h 分别为气相和液相的焓。利用归一后的各板气液组成 $x_{i,j}$、$y_{i,j}$ 及各组分焓得到表达式：

$$H_j = \sum y_{i,j} H_i = \sum y_i (a_i + b_i T_j + c_i T_j^2) \tag{3-61}$$

$$h_j = \sum x_{i,j} h_i = \sum x_i (a_i + b_i T_j + c_i T_j^2) \tag{3-62}$$

将式（3-56）～式（3-62）代入式（3-54），变成矩阵形式可得：

$$
\begin{bmatrix}
B_1 & C_2 \\
A_2 & B_2 & C_2 \\
 & A_3 & B_3 & C_3 \\
 & & \cdots & \cdots & \cdots \\
 & & & A_j & B_j & C_j \\
 & & & & \cdots & \cdots & \cdots \\
 & & & & & A_{N-1} & B_{N-1} & C_{N-1} \\
 & & & & & & A_N & B_N
\end{bmatrix}
\begin{bmatrix}
\Delta T_1 \\
\Delta T_2 \\
\Delta T_3 \\
\vdots \\
\Delta T_j \\
\vdots \\
\Delta T_{N-1} \\
\Delta T_N
\end{bmatrix}
=
\begin{bmatrix}
D_1 \\
D_2 \\
D_3 \\
\vdots \\
D_j \\
\vdots \\
D_{N-1} \\
D_N
\end{bmatrix}
\tag{3-63}
$$

式（3-63）为线性方程组，其系数矩阵为三对角矩阵，可用与解 ME 方程相同的方法即托马斯法求解方程组解出 ΔT_j，下一次迭代的温度 T_j 按下式确定：

$$T_j^{k+1} = T_j^k + \lambda \Delta T_j^k \tag{3-64}$$

式中，λ 为阻尼因子，以避免过度校正。通常 λ 为 0～1，首次计算 λ 可取 1。

（5）流量加和法计算步骤

① 给定原始数据：理论板数，进料量及组成，吸收剂量及组成，塔操作温度，各组分的相平衡常数及气相、液相焓的温度表达式。

② 估算各板温度和气液流量参数，温度可按线性分布，流量可按恒摩尔流。

③ 用托马斯法确定各级的 $x_{i,j}$。

④ 确定各级气液相流量。

⑤ 气液相组成归一化。

⑥ 建立热平衡矩阵并用托马斯法求解各级温度差。

⑦ 确定阻尼因子 λ 和新温度 T_j^{k+1}。

⑧ 判断是否收敛：

$$\sum_{j=1}^{N} \frac{(T_j^k - T_j^{k-1})^2}{(T_j^k)^2} + \sum_{j=1}^{N} \frac{(V_j^k - V_j^{k-1})^2}{(V_j^k)^2} \leqslant \varepsilon \qquad (\varepsilon = 0.01N) \qquad (3\text{-}65)$$

如不满足上式要求，则重复③～⑧，直至全部满足。

3.8 多组分吸收法在天然气脱水中的应用

天然气的加工和处理是开采出的天然气变成商品燃气的一个重要环节，水是天然气从采出至消费的各个处理或加工步骤中最常见的杂质组分，天然气脱水是天然气净化过程中必不可少的一环[2,10]。天然气的脱水方法有多种，按其原理可分为溶剂吸收法、固体吸附法、低温分离法和膜分离法等[11-12]。在生产实际中可根据对天然气脱水深度的要求选择适当的脱水方法。

溶剂吸收法的基本原理是利用溶剂对天然气、烃类的溶解度低，对水的溶解度高和水蒸气吸收能力强的特点，使天然气中的水蒸气及液态水被溶解和吸收，然后再将含水溶剂与天然气分离，溶剂经再生除水后，可返回系统中循环使用。用作吸收剂的物质多为分子量高的醇类，如乙二醇、甘醇和三甘醇。

溶剂吸收法是应用最为普遍的一种天然气脱水方法，目前国内外普遍使用三甘醇（TEG）作为吸收剂。三甘醇天然气脱水法具有热稳定性好、易于再生等优点，适用于较大规模的天然气脱水，主要应用在集气站或脱水净化厂[13-17]。一般脱除 1 kg 水需三甘醇循环量 25～60 L，脱水过程中存在三甘醇损失。在以下范围内系统可正常运行：露点降为 22～78℃，气体压力为 0.172～17.2MPa，气体温度为 4～71℃。世界上已有数万套三甘醇脱水装置在运行，在美国已投入使用的甘醇法中，三甘醇占 85％。国内已经投产的装置也多使用三甘醇。

3.8.1 三甘醇吸收天然气脱水方法

甘醇脱水工艺是采用最多的一种天然气脱水方法。甘醇类化合物具有很强的吸水性，其溶液冰点较低，所以广泛应用于天然气脱水装置。其中三甘醇具有下列优点：①投资和操作费用低；②稳定性好，TEG 理论分解温度 206.7℃；③在高的再沸器温度下再生效率高，TEG 浓度可达 99.9％；④蒸发损失小；⑤毒性很轻微。三甘醇是使用最普遍和最经济的脱水溶剂。TEG 脱水的主要限制是最低露点，低于 −31.7℃的露点很难达到，而此露点又未低至使用固体脱水剂的深冷处理的温度。另外，被空气氧化后具有腐蚀性。TEG 在受污染或被空气氧化后具有腐蚀性。

目前，在三甘醇脱水的各类工艺流程中，再生部分不尽相同。由于再生提浓方法采用的是常压加热法，只能靠加热来提浓三甘醇溶液，受其热分解温度的影响，一般只能提浓到

98.5%，可使露点降达 35℃左右。一些三甘醇吸收脱水装置为保证再生后的贫三甘醇的质量分数在 99%以上，通常还采用另外三种再生提浓方法：①减压再生法，这种方法与炼油厂的减压蒸馏原理是一样的，即在一定的温度和压力下从三甘醇溶液中蒸馏出更多的水分，从而达到提浓的目的；虽然效果不错，但此法系统较为复杂，操作费用高。②气体汽提法即向再沸器中通入由燃料气引出的汽提气。用以搅动三甘醇溶液，使滞留在高浓度三甘醇溶液中的水蒸气逸出，同时也降低了水蒸气的分压，使更多的水蒸气从再沸器和精馏柱中去除，从而将贫三甘醇中的浓度进一步提高；这种方法汽提用量很少，成本低，操作简便，贫甘醇的质量分数可达 99.5%。③共沸再生法，这是 20 世纪 70 年代由美国杜邦公司提出并发展起来的方法。所采用的共沸剂应具有不溶于水和三甘醇、与水能形成低沸点共沸物且无毒、蒸发损失小等特点，最常用的是异辛烷。此法能将三甘醇溶液提浓到 99.99%，露点降至 75～85℃，恒沸剂损失量很小，但此法最大的缺点是增加了设备和汽化恒沸物的能耗。根据目前国内外的使用情况看，绝大多数三甘醇脱水装置都采用气体汽提的再生方法。

三甘醇吸收天然气脱水工艺流程如下：

常见的三甘醇脱水装置主要分为吸收和再生两部分，分别应用了吸收、分离、气液接触、传质、传热和抽提等原理，露点降通常可以达到 30～60℃，最高可达 85℃。图 3-6 为典型的三甘醇吸收脱水工艺流程，该工艺主要流程是：湿天然气首先进入吸收部分的过滤分离器，以去游离液体和固体杂质，后进入吸收塔的底部，由下向上与贫三甘醇溶液逆向接触，使气体中的水蒸气被三甘醇溶液所吸收。离开吸收塔顶部的干气流经气体/三甘醇换热器，以冷却由再生部分进入吸收塔的三甘醇贫液，随后进入管道外输。经气体/三甘醇换热器冷却后的贫三甘醇溶液进入吸收塔顶部。在吸收了天然气中的水蒸气后，三甘醇富液从吸收塔底部流出进入再生部分，在贫/富三甘醇换热器（冷）中与再生好的热三甘醇贫液换热至 77℃后进入闪蒸分离器中；在这里分离出被三甘醇溶液吸收的烃类气体经上部出口排空，而由闪蒸分离器底部排出的富三甘醇则依次经过纤维过滤器和活性炭过滤器，以除去其在吸收塔中吸收与携带过来的少量固体、液烃、化学剂及其他杂质。随后，富三甘醇溶液经贫/富三甘醇换热器（热）预热至 115℃，进入再沸器上部的精馏柱中；富三甘醇向下流入再沸

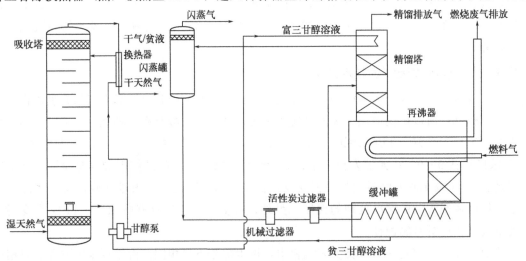

图 3-6　三甘醇脱水装置工艺流程示意图

器，与由再沸器中汽化上升的热三甘醇蒸气和水蒸气接触，进行传热与传质；再沸器在常压下操作，操作温度为 204℃。再沸器内由富三甘醇中汽化的水蒸气经精馏柱顶部排至大气，再生的贫三甘醇溶液由此流出后经贫/富三甘醇换热器（冷）冷却至 118℃，后经三甘醇泵加压至 6.2MPa 后去气体/三甘醇换热器进一步冷却，最后进入吸收塔顶部循环使用[18]。

3.8.2　三甘醇吸收天然气脱水模拟计算

多组分吸收是涉及多个组分的复杂物系，平衡分离过程的计算烦琐，难度大。将 Aspen Plus 化工流程模拟软件应用于多组分吸收的计算，可提高计算效率，节省时间，采用 Aspen Plus 对某座海上气田处理量为 $220 \times 10^4 \, m^3/d$ 的天然气三甘醇脱水装置工艺流程进行模拟优化研究[19]。

天然气三甘醇脱水部分模拟计算主要采用 Aspen Plus 软件，并组合利用其物性参数包和热力学模型。所涉及 Aspen Plus 中物性计算有 PSRK 方程和 NRTL-RK 方程 PSRK 方程主要应用于整个流程下的物性模拟计算，而 NRTL-RK 方程只是针对再生系统采用的物性模拟计算。三个换热器选用了 HEATX 模块，吸收塔与再生塔选用 RADFRAC 模块，在吸收塔的 convergence 属性中定性为 absorber，吸收塔为浮阀塔，塔径为 1.26 m，总板效率取 33%，闪蒸罐选用 flash 模块，TEG 循环泵选用 pump 模块。

天然气 Aspen Plus 三甘醇脱水模拟工艺流程如图 3-7 所示，天然气原料气进料组成见表 3-1，天然气吸收塔进料温度为 25℃，操作压力为 9MPa，吸收塔板数 6 块，在 TEG 贫液循环量为 $2m^3/h$ 和 TEG 贫液浓度（质量分数）为 99.0% 的条件下对脱水后吸收塔塔顶干气组成进行模拟计算，计算结果列于表 3-2 与工业装置实际值（表 3-3）比较。

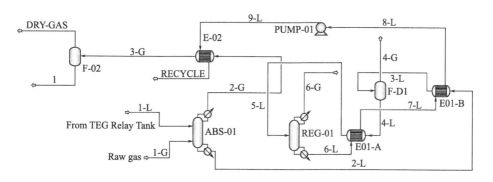

图 3-7　Aspen Plus 三甘醇脱水模拟工艺流程[18]

表 3-1　天然气 TEG 脱水系统进料气组成

原料气	温度/℃			流量/(kmol/h)			密度/(kg/m³)		分子量
	35			3525.527			87.841		20.671
进料组成/ (kmol/h)	N_2	CO_2	CH_4	C_2H_6	C_3H_8	I&N-C_4H_{10}	I&N-C_5	C_{6+}	H_2O
	29.193	142.940	2852.210	26.819	146.908	64.264	16.210	7.747	3.236

表 3-2 天然气 TEG 脱水系统模拟计算组成

原料气	温度/℃			流量/ (kmol/h)		密度/ (kg/m³)		分子量	
	35.83			3516.72		87.25		20.66	
进料组成/ (kmol/h)	N_2	CO_2	CH_4	C_2H_6	C_3H_8	I&N-C_4H_{10}	I&N-C_5	C_{6+}	H_2O
	25.180	142.68	2851.47	262.55	146.64	64.09	16.13	7.67	0.307

表 3-3 天然气脱水后装置实际组成

原料气	温度/℃			流量/ (kmol/h)		密度/ (kg/m³)		分子量	
	35.9			3517.345		87.345		20.67	
进料组成/ (kmol/h)	N_2	CO_2	CH_4	C_2H_6	C_3H_8	I&N-C_4H_{10}	I&N-C_5	C_{6+}	H_2O
	25.190	142.780	2852.120	262.480	146.601	64.16	16.108	7.620	0.3058

模拟计算结果表明，天然气干气总流率、温度、密度及平均分子量分别为 3516.72kmol/h、35.83℃、87.25kg/m³、20.66，与现场实际误差分别为 0.017%、0.20%、0.11%、0.048%。天然气脱水后干气组成计算结果与工业现场实际值误差小于 0.39%。因此通过 Aspen Plus 建立的天然气 TEG 脱水系统计算模型是可靠的。

采用 Aspen Plus 建立的天然气 TEG 脱水系统计算模型可以计算与分析：TEG 循环量、TEG 贫液浓度、塔板数、吸收塔操作压力以及原料气进料温度对天然气脱水效果的影响；TEG 循环量、TEG 贫液质量浓度、塔板数、吸收塔操作压力以及原料气进料温度对再生塔再沸器热负荷的影响；可以进行流程模拟优化。

本章符号说明

符号	意义	计量单位	符号	意义	计量单位
A	吸收因子		Q	从吸附塔取走的热量	kJ/h
A_e	平均有效吸收因子		Q_s	溶解热	kJ/kmol
c	浓度	kmol/m³	S	解吸因子	
c_v	气体的比热容	kJ/(mol·℃)	T	温度	℃
c_1	液体的比热容	kJ/(mol·℃)	U	抽出液体流量	kmol/h
C_0	相对解吸率		V	气相流量	kmol/h
F	原料气流量	kmol/h	v	组分的气相流率	kmol/h
G	抽出气体流量	kmol/h	x	液相摩尔分数	
h	液体物料的摩尔焓	kJ/mol	y	气相摩尔分数	
H	气体物料的摩尔焓	kJ/mol	z	进料摩尔分数	
l	组分的液相流率	kmol/h	η	吸收率	
L	液相流量	kmol/h	φ	相对吸收率	
m	相平衡常数		β	校正因子	
N	吸收塔的理论板数		λ	阻尼因子	
P	系统的总压	Pa	ε	收敛允许误差	

思考题

[3-1] 为什么多组分吸收只有一个关键组分？

[3-2] 如何从过程的特点理解多组分吸收与解吸是两个截然相反的传质过程？

[3-3] 当吸收效果不好时，能否用增加塔板数来提高吸收效率，为什么？

[3-4] 说明用简捷计算法计算多组分吸收过程的理论板数的步骤？

[3-5] 如何理解吸收剂用量对吸收操作过程技术与经济性的影响？

[3-6] 请解释对于一般多组分吸收塔，为什么不易挥发的组分主要在塔底几块板上吸收，而易挥发的组分主要在塔顶的几块板上吸收？

 计算题

[3-1] 某厂裂解气分离车间采用中压油吸收分离工艺，脱甲烷塔进料 100kmol/h，进料组成如下（摩尔分数/％）：H_2 15.0，C_1^0 30.0，$C_2^=$ 28.0，C_2^0 5.0，$C_3^=$ 19.0，C_3^0 1.0，C_4 2.0。该塔操作压力 3.6MPa（绝），吸收剂入塔温度－36℃，原料气入塔温度－10℃。取操作液气比为最小液气比的 1.5 倍，乙烯回收率 98％。试求：

（1）完成分离要求所需的操作液气比；

（2）该塔所需理论板数；

（3）各组分的吸收率及出塔尾气的组成；

（4）采用 C_8 馏分为吸收剂，计算吸收剂的用量。

[3-2] 某厂拟在 1MPa 和 308 K 下吸收裂解气，裂解气油吸收分离是利用溶剂油对裂解气中各组分的不同吸收能力，将裂解气中除氢气和甲烷以外的其他烃全部吸收，然后用精馏法将各种烃逐个分离。裂解气的组成及操作条件下的相平衡常数如下表：

组分	甲烷	乙烷	丙烷	异丁烷
$y_{i,N+1}$	0.365	0.265	0.245	0.125
m_i	19	3.6	1.2	0.53

试求：

（1）计算操作液气比为最小液气比的 1.2 倍时异丁烷组分被吸收 94％时所需的理论板数；

（2）丙烷的吸收率。

[3-3] 裂解气经脱甲烷及脱丁烷后组成如下表，拟采用 C_6^0 馏分为吸收剂吸收脱 C_4，塔进料 100kmol/h，塔的绝对操作压力 0.22MPa，吸收剂入塔温度－5℃，原料气入塔温度 25℃，丁烷回收率 98％，取操作液气比为最小液气比的 1.5 倍。试确定：

（1）吸收塔所需理论板数；

（2）各组分的吸收量及尾气量；

(3) 吸收剂加入量。

组分	H_2	C_1^0	$C_2^=$	C_2^0	iC_4^0	Σ
f_i	2.8	12.8	64.4	16.5	3.5	100

[3-4] 某厂裂解气组成如下，氢 13.2%（摩尔分数，下同）、甲烷 37.18%、乙烯 30.2%、乙烷 9.7%、丙烯 8.4%、异丁烷 1.32%，所用的吸收剂中不含所吸收组分。要求乙烯的回收率达到 99%。该吸收塔处理的气体量为 100kmol/h，操作液气比为最小液气比的 1.5 倍，操作条件下各组分的相平衡常数如下：

组分	H_2	CH_4	C_2H_4	C_2H_6	C_3H_6	$i\text{-}C_4H_{10}$
m_i	∞	3.1	0.72	0.52	4.5	0.058

试求：

(1) 最小液气比；

(2) 所需理论板数；

(3) 各组分的吸收因子、吸收率；

(4) 塔顶尾气的组成及数量；

(5) 塔顶应加入的吸收剂量。

[3-5] 裂解气采用吸收分离工艺脱丙烷，脱丙烷塔进料 100kmol/h，进料组成如下表，塔的绝对操作压力 1atm，吸收剂入塔温度 -35℃，原料气入塔温度 -15℃，丙烷回收率 95%，液气比为最小液气比的 1.6 倍，吸收剂为 C_6^0 馏分。试用平均吸收因子法确定：

(1) 吸收塔理论板数；

(2) 吸收剂用量。

组分	C_0	$C_2^=$	C_3^0	Σ
$x_i/\%$	63	20.5	16.5	100

[3-6] 用不挥发的烃类液体作为吸收剂，平均吸收温度为 38℃，操作压力为 1.013MPa，要求 $i\text{-}C_4H_{10}$ 的回收率为 90%。原料气组成 $y_{i,N+1}$（摩尔分数）和操作条件下的相平衡常数 m_i 如表所示。

组成	CH_4	C_2H_6	C_3H_8	$i\text{-}C_4H_{10}$	$n\text{-}C_4H_{10}$	$i\text{-}C_5H_{12}$	$n\text{-}C_5H_{12}$	$n\text{-}C_6H_{14}$
$y_{i,N+1}$	76.5	4.5	3.5	2.5	4.5	1.5	2.5	4.5
m_i	17.4	3.75	1.3	0.56	0.4	0.18	0.144	0.056

计算：

(1) 最小液气比；

(2) 操作液气比为最小液气比的 1.1 倍时所需的理论板数；

(3) 各组分的吸收率和塔顶尾气的数量和组成；

（4）塔顶的吸收剂加入量。

[3-7] 某厂脱乙烷塔塔顶气体组成如下表，用 nC_5^0 作吸收剂除去其中的丁烷，吸收塔绝对操作压力 1atm，丁烷的回收率为 0.95，取操作液气比为最小液气比的 1.1 倍。已知进料为 100kmol/h，入塔温度为 -10℃，吸收剂入塔温度为 -20℃。求：

（1）所需的理论板数；

（2）各组分的回收率和出塔尾气组成；

（3）加入吸收剂的用量。

组分	$C_2^=$	C_2^0	iC_4^0	Σ
$x_i/\%$	41.3	34.5	24.2	100

[3-8] 吸收是利用物质的溶解度性质的不同实现分离的过程，某原料气组成如下：

组分	C_1^0	C_2^0	C_3^0	$i\text{-}C_4^0$	$n\text{-}C_4^0$	$i\text{-}C_5^0$	$n\text{-}C_5^0$	$n\text{-}C_6^0$	合计
$y_{i,N+1}$	0.765	0.045	0.035	0.025	0.045	0.015	0.025	0.045	1.000

随着碳链的增长，物质在水中的溶解度变差，但烷烃普遍易溶于有机溶剂，现拟用不挥发烃类液体为吸收剂在板式塔内进行吸收，平均吸收温度为 38℃，压力为 1.013MPa，如果要将 $i\text{-}C_4^0$ 回收 90%，试求：

（1）为完成此吸收任务所需最小液气比；

（2）操作液气比为最小液气比的 1.1 倍时，为完成吸收任务所需理论板数；

（3）各组分吸收分数和离塔气体组成；

（4）塔底吸收液量。

[3-9] 某裂解气组成如下表所示。

组成	H_2	CH_4	C_2H_4	C_2H_6	C_3H_6	$i\text{-}C_4H_{10}$	合计
摩尔分数	0.132	0.3718	0.3020	0.097	0.084	0.0132	1.000

现拟以 $i\text{-}C_4H_{10}$ 馏分作吸收剂，从裂解气中回收 99% 的乙烯，原料气的处理量为 100kmol/h，塔的操作压力为 4.052MPa，塔的平均温度按 -14℃ 计，求：

（1）为完成此吸收任务所需最小液气比；

（2）操作液气比若取为最小液气比的 1.5 倍，试确定为完成吸收任务所需的理论板数；

（3）各个组分的吸收分数和出塔尾气的量和组成；

（4）塔顶应加入的吸收剂量。

[3-10] 裂解气经脱甲烷后组成如下表，拟采用 C_7^0 馏分为吸收剂吸收脱 C_4，塔进料 100kmol/h，塔的绝对操作压力 0.1MPa，吸收剂入塔温度 -20℃，原料气入塔温度 -10℃，丁烷回收率 95%，取操作液气比为最小液气比的 1.341 倍。试确定：

（1）吸收塔所需理论板数；

（2）各组分的吸收量及尾气量；

（3）吸收剂加入量；

（4）塔底吸收液温度（取尾气温度为 -15℃）。

组分	CH_4	$C_2^=$	C_2^0	$C_3^=$	C_3^0	nC_4^0	Σ
f_i	3	8	34	27	13	15	100

[3-11] 某吸收塔操作压力 0.414MPa，原料气和吸收剂入塔温度均为 32.2℃，塔顶温度 37℃，裂解气进料量为 100kmol/h，吸收物料衡算结果如下，如果不设冷却器，塔底吸收液的温度将达多少？

项目	组分	原料 V_{N+1}	尾气 V_1	吸收剂 L_0	吸收液 L_N
流量/(kmol/h)		100	56.14	110.4	154.26
组成	CH_4	0.285	0.487	0	0.008
	C_2H_6	0.158	0.228	0	0.020
	C_3H_8	0.240	0.202	0	0.080
	$n\text{-}C_4H_{10}$	0.169	0.043	0.02	0.108
	$n\text{-}C_5H_{12}$	0.148	0.019	0.05	0.125
	$n\text{-}C_6H_{14}$		0.021	0.93	0.659
合计		1.000	1.000	1.000	1.000

[3-12] 具有 3 个平衡级的吸收塔，用来处理下表所列组成的原料气，塔的平均操作温度为 32℃，吸收剂和原料气的入塔温度均为 32℃，塔压力为 2.13MPa，原料气处理量为 100kmol/h，以正丁烷为吸收剂，用量为 20kmol/h，试用平均有效吸收因子法确定尾气中各组分的流量。

组成	CH_4	C_2H_6	C_3H_8	$n\text{-}C_4H_{10}$	$n\text{-}C_5H_{12}$	合计
$y_{i,\,N+1}$ /%	70	15	10	4	1	100

[3-13] 裂解气采用吸收分离工艺脱丙烷，脱丙烷塔进料 100kmol/h，进料组成如下表：塔操作压力 8atm（绝），吸收剂入塔温度 5℃，原料气入塔温度 25℃，丙烷回收率 95%，吸收剂为正戊烷，液气比为最小液气比的 1.24 倍。试用平均有效吸收因子法确定吸收塔尾气和富液的组成及温度。

组分	C_0	$C_2^=$	C_2^0	$C_3^=$	C_3^0	Σ
摩尔分数/%	6.0	54	21	6.5	12.5	100

[3-14] 已知原料流量为 100kmol/h、温度为 20℃，原料组成如下表，在 3atm 下用 0℃的正戊烷为吸收剂吸收丁烷，丁烷收率 95%。试用流量加和法确定各级组成及温度分布。

组分	C_2^0	C_3^0	nC_4^0	Σ
x_i /%	55	33	12	100

[3-15] 裂解气采用中压油吸收分离工艺脱丙烷，脱丙烷塔进料 100kmol/h，进料组成如下表，塔操作压力 3.6MPa，吸收剂入塔温度 $-36℃$，原料气入塔温度 $-10℃$，丙烷回收率 98%，吸收剂为 nC_5^0。试用流量加和法确定组成及温度分布。该压力下各烃相平衡常数及气液焓表达式见以下两个表：

组分	C_0	$C_2^=$	C_2^0	C_3^0	C_4^0	Σ
分子/%	84.0	10.0	3.0	2.5	0.5	100

组成	K 表达式	$H_V/(\text{kcal}❶/\text{mol})$	$H_L/(\text{kcal}/\text{mol})$
C_0	$3.39143+0.01443T-2.14286×10^{-5}T^2$	$9.6T-65.76$	$9.888T+676.267$
$C_2^=$	$1.4285×10^{-5}T^2+8.29×10^{-3}T+0.74617$	$-0.26404T^2+128.34T-11377.1$	$24.07T-3912.21$
C_2^0	$0.52671+5.99×10^{-3}T+2.75×10^{-5}T^2$	$-0.1578T^2+83.765T-6317.49$	$22.56T-3693.266$
C_3^0	$1.27321×10^{-5}T^2+2.32×10^{-3}T+0.12521$	$11T+3969.35$	$23.06T-3311.91$
C_4^0	$0.05555+9.37914×10^{-4}T+3.28571×10^{-6}T^2$	$20.3T+2981.06$	$33.06T-5208.14$
$n\text{-}C_5^0$	$0.00948+2.46893×10^{-4}T+2.275×10^{-6}T^2$	$26.64T+4092.08$	$37.08T-5547.56$

参考文献

[1] 魏刚. 化工分离过程与案例[M]. 北京：中国石化出版社，2009.

[2] 王念兵，王东芳，张辉. 天然气 TEG 脱水系统工艺技术[J]. 油气田地面工程，2003，22(5)：80.

[3] 赵德明. 分离工程[M]. 杭州：浙江大学出版社，2011.

[4] 靳海波，徐新，何广湘，杨索和. 化工分离过程[M]. 北京：中国石化出版社，2008.

[5] 唐强，杜娜，胡立新. 化工分离技术[M]. 北京：科学出版社，2016.

[6] 叶庆国，陶旭梅，徐东彦. 分离工程[M]. 北京：化学工业出版社，2017.

[7] 宋华，陈颖. 化工分离工程[M]. 哈尔滨：哈尔滨工业大学出版社，2008.

[8] 刘丽华，张顺泽. 分离工程[M]. 北京，科学出版社，2020.

[9] Edmister W C. Design for hydrocarbon absorption and stripping[J]. Industrial & Engineering Chemistry，1943，35：837-839.

[10] 王腾飞，张宏彬，谢水春. TEG 脱水系统陆地调试的探讨与优化[J]. 中国造船，2008，49：321-324.

[11] 陈韬，海涛，胡建伟. 膜分离在天然气脱水中的应用研究[J]. 管道技术与设备，2008(6)：1-4.

[12] 郝蕴. TEG 脱水工艺探讨[J]. 中国海上油气(工程)，2001，13(3)：22-29.

[13] 鲁保山，闫洪涛，侯达昌. TEG 脱水系统在歧口 18-1 油田的应用[J]. 中国海上油气(工程)，2002，14(3)：34-38.

[14] Chorng H Twu, Vince Tassone, Wayne D Sim, et al. Advanced equation of state method for modeling TEG-water for glycol gas dehvdration[J]. Fluid Phase Equilibria，2005，228-229：213-221.

[15] Darwisha N，Hilalb N. Sensitivity analysis and faults diagnosis using artificial neural networks in natural gas TEG-dehydration plants[J]. Environmental Modelling& Software，2007，19(10)：957-965.

[16] Lars Eriki. Estimation of tray efficiency in dehydration absorbers[J]. Chemical Engineering and Processing，2003：867-878.

---

❶ 1kcal=4.1868kJ。

[17]Mohamadbeigy K H. Studying of the effectiveness parameters on gas dehydration plant[J]. Petroleum & Coal, 2008, 50(2)：47-51.

[18] 徐心茹，杨敬一，李少萍. 化工过程分离工程[M]. 上海：华东理工大学出版社，2012.

[19] 谢书圣，徐心茹，杨敬一，赵晓军. 天然气三甘醇脱水系统吸收塔模拟计算研究[J]. 计算机与应用化学，2007, 24 (9)：1173-1178.

第**4**章

液液萃取

4.1 概述

广义的萃取分离法是将样品相中的目标化合物选择性地转移到另一相中或选择性地保留在原来的相中（转移非目标化合物），从而使目标化合物与原来的复杂基体相互分离的方法。萃取分离法根据所用萃取相为液体、固体和超临界流体，可大体上分为液相萃取、固相萃取和超临界流体萃取。其中，液相萃取又可分为液液萃取和固液萃取。液相萃取的样品为液相时，称为液液萃取；样品为固体时称为固液萃取，即通常所说的提取或浸提。与其他溶液组分分离技术相比，萃取具有操作温度条件较温和、不涉及相变、能耗低、能对不挥发物质如金属离子等进行分离的多项特点，较适用于分离具有以下特点的体系：组分相对挥发度很小，或形成共沸物，用通常的精馏方法难以分离；低浓度高沸点组分的分离，此时用精馏分离能耗过高；多种离子的分离；热敏性物质等不稳定物质的分离；等等。除了分离选择性较高，萃取的优势还体现在仪器设备简单及操作方便上。19世纪，人们开始尝试用萃取法分离和提纯无机物。如用二乙醚从沥青铀矿中提取和纯化硝酸铀酰，用乙醚从水溶液中萃取硫氰酸盐等。19世纪后期建立的液-液分配定量关系等理论为20世纪萃取分离的飞速发展奠定了基础。20世纪初，采用液态二氧化硫从煤油中萃取芳烃实现了萃取的首次工业应用。20世纪40年代，萃取走向成熟，并迎来鼎盛时期，不但建立起了完善的理论体系，还发展出了丰富的萃取模式。现如今，萃取技术在科学研究和工农业生产等方面均获得了广泛的应用：炼油和石化工业中石油馏分的分离和精制，如烷烃和芳烃的分离、润滑油精制等；湿法冶金，铀、钍、钇等放射性元素，稀土、铜等有色金属，金等贵金属的分离和提取；磷酸和硼酸等无机产品的净化；医药工业中多种抗生素和生物碱的分离提取；食品工业中有机酸的分离和净化；环保处理中多种有害物质的脱除等。本章所讨论的萃取仅限于液液萃取，重点针对多元萃取和多级萃取展开讨论，一些新型萃取技术也将放在本章介绍。

4.2 萃取基本概念

萃取的基本过程[1] 如图4-1所示。一混合料液F中含有待分离组分（溶质A）和载体C，现将萃取剂（溶剂）S加入到混合料液F中，搅拌使其混合。因溶质A在料液相-萃取相中并不呈现平衡状态，溶质A从料液相向萃取相E中扩散，从而实现溶质A和载体C的分离。萃取结束后，分离出溶质的混合料液成为萃余相R，其中含有载体C、少量的溶质A

及萃取剂 S。对于萃取相 E，需要采用精馏或反萃取等方法进行分离，得到含溶质的产品和萃取剂，萃取剂供循环使用；对于萃余相 R，由于含有少量萃取剂，也需应用适当的分离方法回收其中的萃取剂。

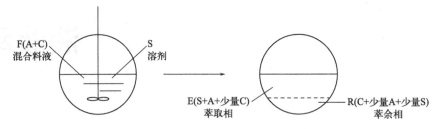

图 4-1 液液萃取的基本过程示意图

（1）分配常数

1891 年能斯特提出了分配定律，该定律的基本内容可以表述为：在一定温度下，当某一溶质 A 溶解于两个互不相溶的液相中时，若溶质 A 在两相中的分子形态相同，两相接触达到平衡后，该溶质在两相中的平衡浓度比值为一常数，被称为分配平衡常数 K_D，或简称分配系数[2]。设溶质 A 在水相 w（如料液相）和有机相 o（如萃取相）中的平衡浓度分别为 $[A]_w$ 和 $[A]_o$，则平衡

$$K_D = \frac{[A]_o}{[A]_w} \tag{4-1}$$

当溶质在两相间的浓度很低，溶质的活度系数接近 1 时，分配系数不随溶质的浓度变化而变化。但在实际萃取过程中，当溶质在某一相或两相中发生离解、缔合、配位或离子聚集现象时，被萃取组分在两相平衡时的浓度比值不可能保持常数，往往会随着萃取组分浓度的变化而改变。为此，用分配比来表征被萃取组分在两相的平衡分配关系。

（2）分配比

分配比为在一定条件下，当萃取体系达到平衡时，被萃取物质在有机相（o）中的总浓度与在水相（w）中的总浓度之比，用 D 表示，有：

$$D = \frac{\text{有机相中各形态的浓度总和}}{\text{水相中各形态的浓度总和}} = \frac{\sum [A]_o}{\sum [A]_w} \tag{4-2}$$

从上式的定义可见，D 值越大，被萃取物质在有机相中的浓度越大，也越容易进入萃取相，表示在一定条件下，萃取剂的萃取能力越强。一般情况下，分配比并不等于分配平衡常数。只有在比较简单的体系中，溶质在两相中的浓度都很低的情况下，才可能出现 $D = K_D$ 的情况。在实际应用中，相较于分配常数，分配比更具有实用价值。

（3）萃取率

萃取率（E）表示在萃取过程中，被萃取溶质进入有机相的量占被萃取溶质在原始料液相中的量的百分比，计算公式为

$$E = \frac{\text{有机相中溶质的量}}{\text{原始料液中溶质的总量}} \times 100\% \tag{4-3}$$

萃取率代表萃取分离的程度，其值大小取决于分配比和相比的大小，根据 D 值可计算出萃取率。

4.3　萃取分类

目前，随着液液萃取技术的发展，液液萃取体系的类型也在不断地增多。按相数可分为两相萃取和多相萃取；按萃取体系溶液性质可分为有机溶剂-水溶液萃取、双水相萃取、有机溶剂-高聚物-盐水萃取、有机相-双水相萃取等等。若按照萃取过程中萃取剂和待分离溶质之间是否发生化学反应来分类，萃取分离可分为物理萃取和化学萃取两大类。物理萃取是利用溶质在两相中的不同分配关系而将其分离开来的一种传质过程。溶质与溶剂之间没有发生化学反应，被萃取物质在料液水相和萃取油相中的形态一致。化学萃取则是伴有化学反应的一种传质过程，溶质与萃取剂之间存在化学作用，被萃取物质在料液相和萃取相中的形态不一致。化学反应可能在水相发生，也可能在有机相内发生。对于化学萃取，在进行相平衡分析和分配比的计算时，必须考虑萃取反应平衡方程式。一般萃取过程都伴有化学反应的传质过程。对于含有化学反应的萃取过程，依据传质速度和反应速度的快慢，又可被分为扩散类型萃取过程、动力学类型萃取过程和混合类型萃取过程。当萃取过程属于扩散类型时，萃取速度仅依赖于传质速度；当萃取过程属于动力学类型时，萃取速度只依赖于化学反应速度；当萃取过程属于混合类型时，反应速度和传质速度比较接近，此时萃取速度则由这两个速度共同决定。

如果从萃取机理入手，液液萃取可以分为简单分子萃取、中性配合萃取、酸性络合萃取、离子缔合萃取和协同萃取 5 个类型。在简单分子萃取过程中，被萃取溶质在料液水相和萃取有机相中均以中性分子的形式存在，溶质与溶剂之间没有化学络合。因此简单分子萃取属于物理萃取。中性配合萃取、酸性络合萃取、离子缔合萃取及协同萃取则均属于化学萃取。在中性配合萃取过程中，中性萃取剂与待萃取物质结合生成中性配合物，随后进入萃取相。该萃取过程多用于强酸和金属离子的萃取，在金属分析化学及湿法冶金中起着不可替代的作用。当采用有机羧酸、有机磷酸等酸性萃取剂与金属离子成键，生成中性配合物的过程被称为酸性络合萃取过程。由于在该类萃取过程中，所采用的萃取剂酸性较弱，为了提高金属离子的净萃取量，在实际过程中需要一边萃取一边用碱中和使得酸性络合萃取过程不断进行。因此，金属离子的萃取率或萃取过程进行的程度是由加碱量决定，而非萃取剂的酸性大小。大多数情况下，在离子缔合萃取过程中，萃取剂阳离子和被萃取金属配阴离子在水相中相互缔合形成离子缔合物，之后进入有机相。该过程中萃取平衡比较复杂，定量处理较困难。当两种萃取剂混合在一起萃取某种金属离子时，若其分配比显著大于相同条件下各单一萃取剂的分配比之和，称作存在协同萃取作用，简称协萃。基于协同萃取进行的分离过程则被称为协同萃取过程。

4.4　萃取剂

萃取剂是影响液液萃取分离效果的关键因素之一。从应用角度出发，萃取剂通常需要满足如下的要求：

① 萃取容量大：萃取剂可以提供相对较高的萃取平衡分配系数，即单位浓度的萃取剂对被萃取物质有较大的萃取能力。

② 选择性高：萃取剂应尽可能只与被萃取溶质形成稳定的萃合物，对分离的有关物质有较大的分离系数。

③ 化学稳定性强：即萃取剂不易水解，加热不易分解，能耐酸、碱、盐、氧化剂或还原剂的作用，对设备腐蚀性小，并具有较高的抗辐射能力。

④ 水溶性小且油溶性大：即在水相中溶解度小，在稀释剂中溶解度要大，易与水相分层，不生成第三相，不发生乳化现象。

⑤ 易于反萃取：即改变萃取条件时，能较易地使被萃取物质从有机相转入到水相。

⑥ 操作安全：即萃取剂无毒性，无刺激性，不易燃（闪点要高），难挥发（沸点要高，蒸气压要小）。

⑦ 经济性高：即容易制备，原料来源丰富，合成制备方法简单，且价格便宜。

应当指出，在选择萃取剂时，以上条件很难同时满足，此时需要从实际应用要求出发进行综合考虑，重点发挥某一萃取体系的特殊优势，设法克服其不足之处。对于工业应用而言，萃取剂的高效性和经济性是选择萃取剂的两个关键因素。

萃取剂的种类十分丰富，没有统一的分类方法。通常根据质子理论按有机化合物酸碱性的划分，可分为中性萃取剂、酸性萃取剂、碱性萃取剂和配合萃取剂。也可以根据萃取过程分类，将所用的萃取剂分为中性配合萃取剂、酸性络合萃取剂、离子缔合萃取剂、协同萃取剂。还可以根据其组成及结构特征，分为中性络合萃取剂、酸性络合萃取剂、胺类萃取剂和螯合萃取剂。表 4-1 列出了一些常用的萃取剂及物性参数。

表 4-1 常用萃取剂及物性参数

类型	萃取剂名称	密度/ (kg/m³)	沸点/℃	闪点/℃	黏度/ (mPa·s)	表面张力/ (N/m)
中性	磷酸三丁酯(TBP)	972.7 (25℃)	289	145	3.32 (25℃)	27.4×10⁻³ (25℃)
	磷酸三辛酯(TOP)	919.8 (25℃)	130	192	14.0 (25℃)	18.0×10⁻³ (25℃)
酸性	二(2-乙基己基) 磷酸 (D2EHPA/P204)	970.0 (25℃)	233	206	34.77 (25℃)	
	2-乙基己基磷酸单 (2-乙基己基酯) (P507)	947.5	235	198	36 (25℃)	
胺类	伯胺(N1923)	815.4	140~202		7.773	
	季铵盐(N263)	895.1 (25℃)		160	12.04 (25℃)	31.1×10⁻³ (25℃)

4.5 萃取液液传质特性

液液两相接触过程中，一个液相为连续相，另一个液相为分散相，分散为液滴与连续相接触。研究发生在分散相液滴与连续相之间的传质特性十分重要，液滴群的行为在很大程度上决定了萃取传质速率的总传质系数。液滴尺寸大小、分布和运动影响着他们的流动与传质，也与液液两相的传质密切相关。分散相液滴的大小与两相的物性，如黏度、密度、界面张力、润湿性能等，以及与萃取设备中分散装置的材质、开孔尺寸、搅拌性能等有关。萃取体系中所涉及的液滴大小，一般其当量直径为 0.2～5mm。液滴当量直径很小时，液滴呈现规则的球形，表面不动，内部的对流很弱，可视为静止，且与连续相的相对运动速度小，可以称作刚性液滴；而当液滴当量直径增大至 1mm 时，虽然形状仍然保持球形，但此时，液滴内部开始出现环流，液滴尾部开始出现尾涡；当液滴当量直径继续增大，液滴将发生明显的形变，直径较大的液滴易产生摆动和振动，液滴内可能会发生循环流动和湍动，液滴尾部甚至会出现凹陷，同时液滴与连续相的相对运动速度会呈现先增大后不变的趋势；当液滴当量直径过大，则会发生破碎现象。

在界面无传质阻力的情况下，运动的液滴与连续相之间的传质过程包括滴内传质和滴外传质。液滴的传质阶段又可分为液滴生成阶段、液滴自由运动阶段和液滴凝并阶段。液滴的传质过程则贯穿这三个阶段[3]。

当液滴直径从小到大，滴内传质系数分别如下：

刚性液滴（固球模型）

$$k_D = \frac{2\pi^2 D_D}{3d_p} \tag{4-4}$$

滴内层流内循环

$$k_D = 17.9\frac{D_D}{d_p} \tag{4-5}$$

滴内湍流内循环

$$k_D = \frac{0.037u_t}{1+\mu_D/\mu_C} \tag{4-6}$$

对于滴外传质系数，可以采用下述方法进行估算。

刚性液滴外

$$Sh_C = 2 + 0.95Re_C^{0.5}Sc_C^{0.5} \tag{4-7}$$

其中，$Sh_C = \dfrac{k_C d_p}{D_C}$，$Re_C = \dfrac{u_t d_p \rho_C}{\mu_C}$，$Sc_C = \dfrac{\mu_C}{\rho_C D_C}$。

循环液滴

$$Sh_C = 1.13Re_C^{0.5}Sc_C^{0.5} \tag{4-8}$$

摆动液滴

$$Sh_C = 2 + 0.084\big[Re_C^{0.484}Sc_C^{0.339}(d_p^{0.333}/D_C^{0.4})^{0.072}\big]^{0.667} \tag{4-9}$$

由于液滴生成阶段、液滴自由运动阶段和液滴凝并阶段的传质机理和传质量均不相同，需要分别加以讨论。工业萃取设备中液滴形成时的传质较为重要，可占到总传质的 40％ 左右。早期的液滴形成阶段传质估算模型几乎都是基于 Higbie 的溶质渗透模型。而液滴自由运动阶段的传质由两部分组成，分别为液滴内传质分和液滴外分传质。对于液滴内传质分系数的计算，当液滴当量直径很小时，液滴可当作刚性球处理，此时液滴内的传质依靠分子扩散。当忽略液滴外传质阻力后，可以建立扩散方程并利用萃取率来计算液滴内传质分系数；随着液滴当量直径的增大，液滴内部出现滞留内循环，此时的液滴内传质则需要考虑分子扩散和流体混合两方面；当液滴呈湍流内循环时，液滴内的传质速率随之增大，可采用合适的湍流内循环液滴的理论模型估算相应的液滴内传质分系数。对于液滴外传质分系数的估算，针对停滞液滴、内循环液滴和摆动液滴外侧的传质均有不同的理论模型。无论在计算液滴内传质分系数或液滴外传质分系数时，选用不同的模型公式通常会得到差别很大的结果。因此，在计算过程中应当根据具体情况，并参考有关萃取设备的实测传质数据和中试设备的传质数据，选择适当的公式。分散相液滴的凝并速度对于萃取设备的设计和处理能力也有很大的影响。一般可采用 Treybal 提出的关联式估算液滴凝并阶段基于分散相的总传质系数。

【例题 4-1】 在一圆筒搅拌槽中，采用甲苯作为溶剂，萃取糠醛水溶液中的糠醛。萃取设备尺寸如下：混合式高度 $H=0.9\text{m}$，直径 $D_T=0.9\text{m}$，涡轮桨的直径 $D_i=0.3\text{m}$，搅拌转速 $N=147\text{r/min}$。水相为连续相（C），萃取相为分散相（D），分散液滴可视为刚性液滴，液滴的平均直径 $d_{32}=0.378\text{mm}$。在 25℃下，水相密度 ρ_C 为 0.999g/cm^3，甲苯密度 ρ_D 为 0.868g/cm^3，水相黏度为 $\mu_C=0.89\text{cP}$，甲苯黏度为 $\mu_D=0.59\text{cP}$。两相界面张力 $\sigma=25\text{dyn/cm}$。糠醛在甲苯中的扩散系数为 $D_D=2.15\times10^{-9}\text{m}^2/\text{s}$，在水中的扩散系数为 $D_C=1.15\times10^{-9}\text{m}^2/\text{s}$。糠醛在两相间的分配系数 $m=10.15$。分散相滞留率 $\phi_D=0.387$。Sherwood 准数可采用下面的经验关系式计算，式中各项均为无量纲项：

$$Sh_C = k_C d_{32}/D_C$$

$$=1.237\times10^{-5}\left(\frac{\mu_C}{\rho_C D_C}\right)^{1/3}\left(\frac{D_i^2 N\rho_C}{\mu_C}\right)^{2/3}$$

$$\phi_D^{-1/2}\left(\frac{D_i N^2}{g}\right)^{5/12}\left(\frac{D_i}{d_{32}}\right)^2\left(\frac{d_{32}}{D_T}\right)^{1/2}\left(\frac{\rho_D d_{32}^2 g}{\sigma}\right)^{5/4}$$

注：$1\text{cP}=0.001\text{Pa}\cdot\text{s}$，$1\text{dyn/cm}=10^{-3}\text{N/m}$。

估算：

（1）分散相传质系数 k_D；

（2）连续相传质系数 k_C。

解：

（1）由于分散液滴可视为刚性液滴，故采用式（4-4）计算分散相传质系数 k_D。

$$k_D = \frac{2\pi^2 D_D}{3 d_{32}} = \frac{2\pi^2\times2.15\times10^{-9}}{3\times0.378\times10^{-3}} = 3.742\times10^{-5}\,(\text{m/s})$$

（2）各物理量均进行单位换算，取标准单位，采用经验关系式求取 Sh_C。

$$Sh_C = 1.237\times10^{-5}\left(\frac{\mu_C}{\rho_C D_C}\right)^{1/3}\left(\frac{D_i^2 N\rho_C}{\mu_C}\right)^{2/3}$$

$$\phi_D^{-1/2}\left(\frac{D_i N^2}{g}\right)^{5/12}\left(\frac{D_i}{d_{32}}\right)^2\left(\frac{d_{32}}{D_T}\right)^{1/2}\left(\frac{\rho_D d_{32}^2 g}{\sigma}\right)^{5/4} = 104.7$$

$$k_C = Sh_C D_C/d_{32} = \frac{104.7\times1.15\times10^{-9}}{0.378\times10^{-3}} = 3.185\times10^{-4}\,(\text{m/s})$$

4.6 萃取设备的传质特性

实现液液萃取的基本条件是液体的分散、两液相的相对流动及聚并分相。液滴的大小、两相的分散以及相对流动、传质效率这些都和萃取设备密切相关。根据分离工艺的需要，发展出了多种多样的萃取设备，其中工业生产中具有代表性的一些萃取设备有：混合澄清槽（图 4-2）、萃取塔（图 4-3）和离心萃取器等。在萃取工艺条件确定的条件下，为其选择适当的萃取设备。萃取设备的种类很多，各有特点和使用范围。在选择萃取设备时，常常需要考虑以下几点：①萃取体系的特点，如稳定性，流体特性和澄清的难易度等；②完成给定分离任务所需的理论级数；③处理量的大小；④对厂房的要求，如面积大小和厂房高度等；⑤设备投资和维修的难易程度；⑥设计和操作萃取设备的经验等。几种主要萃取设备的特点如表 4-2 所示。

表 4-2 几种主要萃取设备的特点

设备	优点	缺点
混合澄清槽	两相接触好，单级效率高，可以提供很多理论级数，放大设计较可靠	溶剂滞留量大，占地面积大，投资较大，能耗偏高
无机械搅拌的连续萃取塔	结构简单，设备费用低，操作维修费用低	传质效率低，设计放大困难，不能处理流量比较高的情况
带机械搅拌的连续萃取塔	分散接触好，可以提供较多的理论级数，设计放大较成熟	不能处理流量比较高的情况，不能处理易乳化的体系
离心萃取器	能处理两相密度差较小的体系，设备体积小，接触时间短，传质效率高	操作维修费用高，设备费用高，单台设备实现的理论级有限

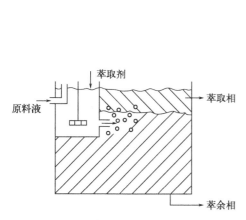

图 4-2 混合澄清槽的结构示意图

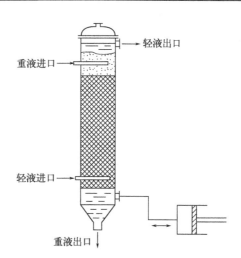

图 4-3 填料萃取塔的结构示意图

在实际萃取设备中，两相流体力学现象及相际传质过程都是较复杂的。因此，在传质操作的工程计算中，采用与对流传热类似的方法，引入水相传质分系数 k_w 和有机相传质分系数 k_o，用下式计算总传质系数 K。

$$\frac{1}{K_w} = \frac{1}{k_w} + \frac{1}{mk_o} \tag{4-10}$$

或

$$\frac{1}{K_o} = \frac{1}{k_o} + \frac{m}{k_w} \tag{4-11}$$

式中，K_w 和 K_o 分别表示用水相溶质浓度和有机相溶质浓度表示传质推动力时的总传质系数，m/s；k_w 和 k_o 分别为水相和有机相的传质分系数，m/s；m 为萃取平衡分配系数。

基于双阻力模型，采用连续相 C 和分散相 D 代替式（4-10）式（4-11）中的水相 w 及有机相 o，可以得到总传质系数和滴内、滴外传质分系数的关系式：

$$\frac{1}{K_C} = \frac{1}{k_C} + \frac{1}{mk_D} \tag{4-12}$$

或

$$\frac{1}{K_D} = \frac{1}{k_D} + \frac{m}{k_C} \tag{4-13}$$

对于填料萃取塔，可以选择适当的模型来分别计算滴内传质分系数 k_D 和滴外传质分系数 k_C。对于乱堆填料的萃取塔，可以采用以下计算公式：

$$k_D = 17.9 \frac{D_D}{d_p} \tag{4-14}$$

$$k_C = 0.725 \left(\frac{d_p U_s \rho_C}{\mu_C} \right)^{-0.43} \left(\frac{\mu_C}{\rho_C D_C} \right)^{-0.58} U_s \ (1-\phi_D) \tag{4-15}$$

式中，D_C 和 D_D 分别代表溶质在连续相中或分散相中的扩散系数，m^2/s；μ_C 为连续相黏度，Pa·s；ρ_C 为连续相密度，kg/m^3；ϕ_D 为分散相存留分数，%；d_p 为分散相液滴平均直径，m；U_s 为滑动速度，m/s。

Seibert 等建议，在计算液滴内传质分系数 k_D 时需要将湍流内循环模型和液滴内循环及分子扩散的模型结合起来。他们引入了一个判据 Ψ，采用式（4-16）计算。

$$\Psi = \frac{Sc_D^{0.5}}{1 + \mu_D/\mu_C} \tag{4-16}$$

当 $\Psi < 6$ 时，应该采用 Handlos 和 Baron 湍流内循环模型计算分散相传质分系数 k_D，模型方程如式（4-17）所示。

$$k_D = \frac{0.00375 U_s}{1 + \mu_D/\mu_C} \tag{4-17}$$

当 $\Psi > 6$ 时，则可以采用 Laddha 模型，利用式（4-18）计算 k_D。

$$k_D = 0.023 U_s Sc_D^{-0.5} \tag{4-18}$$

Seibert 等人还提出了新的滴外连续相传质分系数 k_C 计算公式。

$$Sh_C = 0.698 Sc_C^{0.4} Re_C^{0.5} (1-\phi_D) \tag{4-19}$$

$$k_C = \frac{Sh_C D_C}{d_{23}} \tag{4-20}$$

应当指出，填料萃取塔内的实际传质过程是十分复杂的。例如在一些体系的传质过程中，存在强烈的界面湍动，一般称作 Marangoni 效应，此时传质过程通常会得到强化。而当体系被表面活性剂污染时，液滴内循环会受到抑制，液滴内传质分系数则会大大下降。因此，传质系数的计算往往带有不确定性。相对可靠的办法是，利用真实物料进行填料萃取塔的传质实验，或在小型设备内进行填料层对液滴群运动和传质的实验，以期用小试或中试实验结果来检验所建立的传质模型，使填料萃取塔的传质过程计算建立在更可靠的基础上。

对于转盘萃取柱，通常利用滴内外传质分系数计算关系式求算 k_D 和 k_C，从而获得总传质系数。对于停止液滴，可以采用式（4-21）和式（4-22）分别求算 k_D 和 k_C。

$$k_D = \frac{2\pi^2 D_D}{3d_p} \tag{4-21}$$

$$k_C = 0.001 U_s \tag{4-22}$$

对于内循环液滴，可以采用式（4-23）和式（4-24）求算 k_D 和 k_C。

$$k_D = \frac{0.00375 U_s}{1 + \mu_D/\mu_C} + \frac{2\pi^2 D_D}{3d_p} \tag{4-23}$$

$$k_C = 1.13\sqrt{\frac{D_c U_s}{d_p}} \tag{4-24}$$

在以上众多传质系数计算模型中，可以选择适当的公式来计算萃取设备中两相的传质分系数。计算液滴内、外传质分系数的公式很多，不同的公式计算结果差别很大。因此，计算公式的合理选择非常重要。

总传质系数计算仅仅是萃取柱设计计算中的重要环节之一，除此之外还有液滴平均直径计算、液泛流速计算、柱径计算、柱高计算等等。有关萃取塔的特性速度、液泛流速、传质单元数、理论级数等计算，可参阅有关其他资料。

【例题 4-2】在填料塔中用液液萃取法处理含有机酸的废水，其中溶剂为轻相且为分散相（D），水相为连续相（C）。传质方向为连续相至分散相。有机酸在两相间的分配系数 $m = 0.67$，分散相滞留率 $\phi_D = 0.175$。分散相和连续相的物性参数如下：

分散相密度 $\rho_D = 860.0\text{kg/m}^3$，连续相密度 $\rho_C = 994.0\text{kg/m}^3$，分散相黏度 $\mu_D = 0.54\text{mPa·s}$，连续相黏度 $\mu_C = 0.92\text{mPa·s}$，溶质在分散相中的扩散系数 $D_D = 2.88 \times 10^{-9}\text{m}^2/\text{s}$，溶质在连续相中的扩散系数 $D_C = 1.29 \times 10^{-9}\text{m}^2/\text{s}$，两相界面张力（标准状态）$\sigma = 9.8\text{m/m}$。

假设液滴平均直径和滑动速度已知，$d_{23} = 0.00314\text{m}$，且滑动速度 $U_S = 0.0457\text{m/s}$。

试求：

（1）分散相传质分系数 k_D；

（2）连续相传质分系数 k_C；

（3）总传质系数 K_C。

解：

（1）首先计算 Sc_D

$$Sc_D = \frac{\mu_D}{\rho_D D_D} = \frac{0.54 \times 10^{-3}}{860.0 \times 2.88 \times 10^{-9}} = 218$$

利用 Seibert 等人提出的判据计算公式，计算 Ψ

$$\Psi = \frac{Sc_D^{0.5}}{1 + \mu_D/\mu_C} = \frac{218^{0.5}}{1 + 0.54/0.92} = 9.30 > 6$$

因此分散相传质分系数 k_D 可采用下式计算

$$k_D = 0.023 U_S Sc_D^{-0.5} = 0.023 \times 0.0457 \times 218^{-0.5} = 7.11 \times 10^{-5} \, (\text{m/s})$$

（2）首先计算 Re_C 和 Sc_C

$$Re_C = \frac{d_{23} U_S \rho_C}{\mu_C} = \frac{0.00314 \times 0.0457 \times 994}{0.92 \times 10^{-3}} = 155.0$$

$$Sc_C = \frac{\mu_C}{\rho_C D_C} = \frac{0.92 \times 10^{-3}}{994.0 \times 1.29 \times 10^{-9}} = 717.0$$

因而

$$Sh_C = 0.698 Sc_C^{0.4} Re_C^{0.5} (1 - \phi_D) = 0.698 \times 717^{0.4} \times 155^{0.5} \times (1 - 0.175) = 99.47$$

故有

$$k_C = \frac{Sh_C D_C}{d_{23}} = \frac{99.47 \times 1.29 \times 10^{-9}}{0.00314} = 4.09 \times 10^{-5} \, (\text{m/s})$$

（3）总传质系数 K_C 可以由两相的传质分系数 k_C 和 k_D 计算求得

$$\frac{1}{K_C} = \frac{1}{k_C} + \frac{1}{m k_D} = \frac{1}{4.09 \times 10^{-5}} + \frac{1}{0.67 \times 7.11 \times 10^{-5}}$$

$$K_C = 2.20 \times 10^{-5} \, (\text{m/s})$$

4.7 萃取过程的强化

随着现代工业的发展，人们对分离技术提出了越来越高的要求。面对新的分离要求，萃取也同样面临着新的挑战。实现萃取过程强化，已经成为分离科学与技术领域研究开发的重要方向[4]。

4.7.1 从基本原理出发强化

通过分析萃取过程的特点及弱点，从基本原理出发，可以从三个方面入手，即提高过程的传质推动力，增大萃取过程的总传质系数，增加相间传质面积强化萃取过程。①提高过程的传质推动力：分配比 D 越大，萃取率就越高，因此提高萃取过程的传质推动力，选择分配比 D 较大的萃取剂是十分重要的。对于稀溶液体系的分离，其分配比 D 较小，可以引入化学作用，通过反应提高过程推动力。除此之外，在保持多级逆流萃取的前提下，把萃取级和反萃取交替排列起来，形成萃取反萃取交替过程，可以实现增大传质推动力，强化萃取过程的效果。②增大相际总传质系数：在萃取过程当中，待分离溶质在两相间传递，界面两侧的边界层流动状况对传质会产生明显的影响。当边界层中流体的流动完全处于层流状态时，只能通过分子扩散传质，此时传质速率非常慢；当边界层中流体的流动处于湍流状态时，主要依靠涡流扩散传质，此时传质速率较快，但此时在边界层的层流底层仍通过分子扩散传质。因此，可以通过适当增加流速的方法提高两相的湍动程度，从而降低相际传质阻力并提高两相的传质分系数，最终提高总传质系数。除此之外，还可以增加外界输入能量，通过外场的介入，在液滴内部或液滴周围产生高强度的湍动，从而增大传质分系数。③增加相间传质面积：外场介入不但能提高湍动程度，还能使得分散相液滴进一步破碎，有效增加两相接触面积，从而产生较大的传质比表面积。但是需要注意的是，过细的液滴容易造成夹带，使溶剂流失或影响分离效果。

4.7.2　过程耦合强化

过程耦合技术是将两个或两个以上的单元操作或单元过程有机结合成一个完整的操作单元，进行联合操作的过程。合理设计的耦合过程，可以提高过程的效率和经济性。因此，过程耦合技术的研究成为化工分离工程和化学反应工程最活跃的应用技术研究领域之一[5]。分离过程与分离过程的耦合可以形成新的分离过程，此种新过程可降低分离能耗，提高分离效率，降低生产成本。例如，将萃取过程和反萃取过程耦合之后，就形成了同级萃取反萃取过程，该过程大大增加了过程的传质效率。同级萃取反萃取过程的实现形式主要有：乳状液膜过程、支撑液膜过程和中空纤维封闭液膜过程。分离过程与反应过程的耦合同样可以形成新的过程，其主要特点是：反应产物不断移除可以消除化学反应平衡对转化率的限制，极大程度提高反应的转化率、选择性或目标产物的收率。近年来，膜技术的研究进展推动了耦合技术的发展，将膜过程与传统分离过程耦合，也可以形成新的过程，如膜萃取过程。

4.8　新型萃取技术

4.8.1　超临界流体萃取

超临界流体萃取，简称超临界萃取（supercritical fluid extraction，SFE）技术，是一种迅速发展的新型绿色分离技术。超临界流体萃取利用超临界流体作为萃取溶剂，从液体或者固体中提取出待分离组分，具备反应条件温和、操作简单、分离高效和洁净环保等优点。20世纪 50 年代，美国的 Todd 和 Elgin 率先对超临界流体用于萃取分离的可能性给出了理论分析。1978 年，德国建成世界上第一套超临界萃取工业化装置，用于从咖啡豆中提取咖啡因[6]。1988 年，国际上推出第一台商业化 SFE 仪器，标志着超临界萃取在分析化学全面应用的开始。迄今为止，超临界流体萃取已成功应用于丙烷脱沥青、啤酒花萃取、咖啡脱咖啡因等大规模工业过程，该分离技术在精细化工、医药化工、食品工业与环境等领域也有着广阔的应用前景。

图 4-4 为物质的三相图，从图中可以看出：当温度超过 T_C、压力超过 p_C 时，物质进入超临界状态。在此状态下，物质不会称为液体或气体，而是处于气体和液体之间，此时的物质与气、液、固三相均不同，属于新的单一相，被称为超临界流体。表 4-3 为超临界流体的性质。超临界流体的黏度与气体接近，密度和溶解能力与液体相仿，但扩散系数比液体更大。由于溶解过程包含分子间的相互作用和扩散作用，因此超临界流体有着类似气体的强大穿透力，并且对许多物质有很强的溶解能

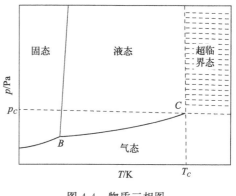

图 4-4　物质三相图

力[7]。超临界萃取则是在高密度（低温、高压）条件下，通过超临界流体萃取待分离的物质，再利用增温或降压的手段改变溶解度，从而实现溶质与萃取剂的分离。

表 4-3　超临界流体性质

状态	密度/(g/cm³)	黏度/(Pa·s)	扩散系数/(cm²/s)
气体	$(0.6\sim2.0)\times10^{-3}$	$0.05\sim0.35$	$0.01\sim10$
液体	$0.8\sim1.0$	$3.00\sim24.00$	$(0.5\sim2.0)\times10^{-5}$
超临界流体	$0.2\sim0.9$	$0.20\sim0.99$	$(0.5\sim3.3)\times10^{-4}$

以二氧化碳（CO_2）为萃取剂的超临界流体萃取工艺流程如图 4-5 所示。整个过程由萃取和分离两个工艺步骤构成。首先，低温 CO_2 储罐中的 CO_2 经输送泵抽入冷凝器，流入 CO_2 储罐中储存。接着，液态的 CO_2 经过加压泵加压到一定压力后，进入萃取加热器升温，处于超临界状态的 CO_2 进入已装好物料的萃取釜中。之后，当超临界状态的 CO_2 在萃取釜内对物料进行萃取并达到设定的工艺参数后，携带萃取物的 CO_2 进入分离釜进行分离，得到所需要的产品。最后，气体 CO_2 则进入循环管路。整个工艺过程可以是连续的、半连续的或间歇的。

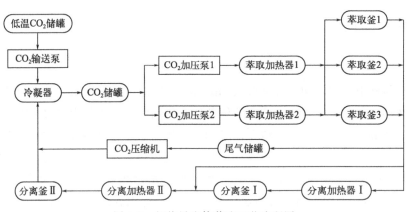

图 4-5　超临界流体萃取工艺流程图

并不是所有的超临界流体都可以作为萃取剂，可作为萃取剂应符合以下条件：①化学性质稳定，在萃取过程中不发生反应；②临界温度 T_C 适宜，使得操作温度能够保证被萃取物不易发生分解；③临界压力不应过高；④具备良好的溶解性；⑤易获取、无毒无害且价格实惠。目前可作为萃取剂的有：氨、乙烷、一氧化氮、丙烯、二氧化碳、二甲醚等。表 4-4 列举了几种常见萃取剂的临界参数。

表 4-4　几种超临界流体的临界参数

流体	临界温度/℃	临界压力/MPa	临界密度/(g/cm³)
CO_2	31.1	7.385	0.460
N_2O	36.5	7.17	0.451
NH_3	132.4	11.28	0.236

流体	临界温度/℃	临界压力/MPa	临界密度/(g/cm³)
$CClF_3$	28.8	3.90	0.578
C_4H_{10}	10.0	3.80	0.228

　　我们可以通过改变环境物理条件（温度、压力）或加入一些其他物质改变物质在超临界流体中的溶解度。当气体压力相对较低时，溶解度大的物质先被萃取，随着压力增加，较难溶的物质也逐渐被溶解。在低温区（临界温度以上），随着温度升高，超临界流体密度降低，溶质的蒸气压增加不多，此时超临界流体的萃取能力降低，溶质可从超临界流体萃取剂中析出；在高温区时，超临界流体密度进一步降低，而温度升高导致蒸气压增大成为主要影响因素，此时萃取率反而增加。不同的流体所需的操作压力与温度不同，通过调节温度与压力，可以实现逐级萃取。在研究过程中发现，除了改变温度压力可以对被萃取物在超临界流体中的溶解度产生影响之外，还可以通过加入一些其他物质来增加萃取物的溶解效果，这类物质被称为夹带剂。到目前为止，已研究过的夹带剂处于亚临界状态，通常是以液体形式加入超临界流体之中。选择合适的夹带剂可以大大提高萃取效率，改善选择性，还能降低操作成本。但是迄今为止，夹带剂的具体运用效果还处于试验探索阶段。

　　超临界流体的溶解能力与种类密切相关。在超临界流体萃取体系中，溶剂和溶质之间的挥发性、蒸气压和临界温度有很大差异。溶剂的主要成分是处于超临界状态的流体，其性质可以通过添加其他的夹带剂加以改进。被溶物可以是纯物质或者混合物。在主要溶剂成分的临界温度下，溶质是低挥发性的。溶质在超临界流体中的溶解度可以比其在气体中的溶解度高出若干数量级。在临界点附近，溶解度和其他性质一样，对温度和压力的变化十分敏感。微小的温度或压力变化都会引起溶解度的很大变化。

　　物质在超临界流体中的溶解度主要受两个方面的影响。一方面，溶剂的溶解能力随超临界流体密度的增大而增强；另一方面，溶质的蒸气压随温度的升高而呈指数上升。在临界温度以上的区域，即相对较高的压力下，密度随温度的变化相对缓和，因此，温度升高导致蒸气压的增大成为了主要影响因素。然而，在相对较低的压力下，温度升高时，溶剂密度随温度上升而迅速减小，由密度降低而引起的溶解能力的下降就成为主要影响因素。对于低挥发性物质，在超临界流体中的溶解度就会出现高压下溶解度随温度升高而增大，低压下溶解度随温度升高而降低。对于一种特定的溶质，不同的超临界流体具有不同的溶解度。在一定条件下，溶质在超临界流体中的溶解度，随溶剂的临界温度与系统温度之差的减小而增加。溶质在非极性超临界流体中的溶解度随其分子量、极性和极性官能团数的增大而减小。另外化学结构也影响其在超临界液体中的溶解度。为了改进溶剂性质，有时在超临界流体中加入改性成分，即夹带剂。夹带剂可改变溶剂的临界温度，从而改变工艺温度，使其最适合于混合物进料，还可以显著增强溶剂的溶解能力，若夹带剂的临界温度远低于超临界溶剂的临界温度，则溶剂的溶解能力会减弱，同时适当选择夹带剂，可调节溶剂的选择性，增强溶剂的溶解能力对温度和压力的敏感性。

　　固体在超临界流体中的溶解度与溶质的蒸气压有关，也与溶质溶剂分子间的相互作用有关，其在数值上要比在低压下同种气体中的溶解度大很多，这种现象称为溶解度增强。并用

增强因子 E 来表示：

$$E = \frac{y_2 p}{p_2^s} \tag{4-25}$$

式中，p 为总压；p_2^s 为固相纯组分 2 的饱和蒸气压；y_2 为纯组分 2 的浓度。

固相纯组分 2 的逸度可由式（4-26）计算。

$$f_2^s = p_2^s \phi_2^s \exp\left(\int_{p_2^s}^{p} \frac{V_2^s \mathrm{d}p}{RT}\right) \tag{4-26}$$

式中，V_2^s 表示固相在温度 T 下的摩尔体积；ϕ_2^s 为固体溶质在饱和蒸气压下的逸度系数。指数项是考虑到总压不同于饱和蒸气压时所加的校正项，通常称作 Poynting 修正因子。

气相逸度则可由式（4-27）计算。

$$f_2^V = p \phi_2^V y_2 \tag{4-27}$$

式中，ϕ_2^V 为溶质在气相的逸度系数。

此时，增强因子 E 可写为式（4-28）的形式。

$$E = \frac{\phi_2^s \exp\left(\int_{p_2^s}^{p} \frac{V_2^s \mathrm{d}p}{RT}\right)}{\phi_2^V} \tag{4-28}$$

假定压力变化时，固体组分 2 的摩尔体积不变，对上式中增强因子 E 的指数项积分可得：

$$E = \frac{\phi_2^s}{\phi_2^V} \exp\left[\frac{V_2^s(p - p_2^s)}{RT}\right] \tag{4-29}$$

由于固体蒸气压很低，在饱和压力下固体溶质的逸度系数接近于 1。而在普通压力到 10MPa 范围内，Poynting 修正因子也不会大于 2。因此，不难看出，溶质在气相中的逸度系数是影响增强因子 E 的主要因素。

Rowlinson 和 Richardson 利用简化的位力（virial）方程

$$\frac{pV}{RT} = 1 + \frac{B}{V} + \frac{C}{V^2} \tag{4-30}$$

得到增强因子 E 的计算式为

$$\ln E = \frac{V_2^s - 2B_{12}}{V} \tag{4-31}$$

式中，B_{12} 为第二位力系数，表示溶质 2 和超临界流体 1 之间的相互作用。溶质和溶剂间相互作用的位能越大，B_{12} 就负得越多。

压力对气相中溶质溶解度的影响较复杂，在低压范围内，溶解度随压力增加而减小，随后又随压力增加而增加；在高压范围内，溶解度随压力增大而略有增加；有中压或低压区有最低点，Hinckley 和 Reid 从位力系数二元逸度系数方程整理并略去固相逸度、Poynting 校正因子和第三位力系数，可得到 $\lg y$-p 曲线中的最低点位置。溶质和溶剂之间具有比较大的相互吸引力，因此 B_{12} 就有很大的负值，增强因子也就很大。在缺少 virial 系数时，气体的临界温度也可以作为其位能近似衡量。因为在温度一定时，具有高临界温度的气体与溶质所组成的体系，其 B_{12} 一般具有较大的负值，因此它比临界温度低的气体，溶解能力可能更大。在普通压力下，由于温度上升，溶质的饱和蒸气压增大，气相中溶质的浓度增加。当压力增高时，随着温度变化则出现了几个相反的作用因素：一方面随着温度上升溶质的饱和蒸气压随之增加，另一方面随着温度上升，第二位力系数的绝对值逐渐减少，甚至变成正数，从而使增强因子 E 变小。随着温度上升，气相溶剂的密度也下降，后两个因素使溶解度随温度上升而下降，这两个相反因素作用的结果，使溶解度、温度关系中出现了极值点。

目前，超临界流体萃取在化学工业、食品工业、医药工业与环境等领域均已有广阔的应用。①在化学工业中，SCF 萃取技术已经应用于煤炭、石油等石油产物的萃取中。目前在三次采油过程中也运用到了此项技术。超临界流体萃取还可应用于精细化学品粒度的调节，高分子材料的合成及其染色、加香、改性等方面。其在化学废水处理及吸附剂的再生方面的作用对环境保护意义重大。②医药工业中将超临界流体萃取用于中草药有效成分（如马钱子碱、青蒿素）与热敏性药物（如叶酸、维生素 B_1）的分离与精制，还可以用于分离脂类混合物及某些天然抗菌成分，此方法还可用于萃取药品中的常见成分丹参酮ⅡA、阿魏酸等。③在食品工业中，SFE 主要应用于从鱼类、啤酒花、橘皮、海藻、调味品等物中提取有效成分。采用 SCF 萃取法对辣椒中的辣椒红素进行提取，产率是传统溶剂法的 1.5 倍，得到的色素色泽鲜艳、品质高、无辣味，产品在感官上也优于溶剂法。此外，超临界流体萃取法还被用于溶剂生物物质的液化，茶叶、烟叶中微量成分的去除及油脂除臭，维生素、色素、咖啡因、脂类、糖类与蛋白质等的提取，以及食品残渣的去除。④在生物化工中，SFE 不仅可应用于酶的精制、酶催化反应，还可以应用于淀粉及纤维素的水解。传统水解工艺转化率低、腐蚀性强、存在难治理的"三废"，也可采用超临界的技术手段克服这些缺点。

超临界流体萃取技术符合时代的发展趋势，得到的萃取产品更加符合人们在生产生活中的需求。不但在农业生产、中医药品、食品加工、化工等工业中展现其优势，还可以与其他分析仪器联合使用。目前，SCF 萃取与多种仪器法联用，包括薄层色谱（TLC）、高效液相色谱（HPLC）、气相色谱（GC）、凝胶渗透色谱（GPC）、四极矩质谱（MS）、傅里叶红外光谱（FTIR）、电感耦合等离子体发射光谱（ICP-OES）等。研究人员在研究联用技术的同时，更侧重于提高 SFE 与各种仪器联用时的检测限。

4.8.2 双水相萃取

双水相萃取（aqueous two-phase extraction，ATPE）是通过溶质在两水相之间分配系数的差异进行萃取的技术。由于双水相萃取分离过程条件温和，可调节因素多，易于放大和操作，且不存在有机溶剂残留问题，特别适用于生物物质的分离和提纯。早在 1896 年，Beijerinck 发现，当明胶与琼脂或明胶与可溶性淀粉溶液相混时，会得到一个浑浊不透明的溶液，随之分为两相，一相含有大部分水，另一相含有大部分琼脂（或淀粉），且两相的主要成分都是水。这种现象被称为聚合物的不相溶性，由此产生了双水相萃取。双水相萃取技术的真正应用是在 20 世纪中叶。1956 年，瑞典隆德大学的 Albertsson[8] 首次成功利用双水相体系分离叶绿素，解决了蛋白质变性和沉淀的问题，并考察了蛋白质、核酸、病毒、细胞及细胞颗粒在双水相系统（ATPS）中的分配行为，为双水相萃取技术的发展奠定了理论基础。1979 年，德国 Kula 等人将双水相萃取技术应用于生物酶的分离，从工艺流程、操作参数、成本分析等方面对双水相萃取技术的工业应用进行尝试。自 20 世纪 80 年代起，双水相萃取技术开始应用于工业生产。目前，双水相萃取技术已被广泛地应用于医药化学、细胞生物学、生物化工和食品工业等领域。

双水相萃取与水-有机相萃取的原理相似，都是依据物质在两相间的选择性分配，但萃取体系的性质不同。当物质进入双水相体系后，由于表面性质、电荷作用和各种力（如憎水键、氢键和离子键等）的存在和环境的影响，使其在上、下相中的浓度不同。对于某一物质，只要选择合适的双水相体系，控制一定的条件就可以得到合适的分配系数，从而达到分离纯化之目的。双水相萃取体系具有如下特点[9]：①含水量高（70%～90%），萃取在接近生物物质生理环境的条件下进行，故而不会引起生物活性物质失活或变性。②单级分离提纯效率高。通过选择适当的双水相体系，一般可获得较大的分配系数，也可调节被分离组分在两相中的分配系数，使目标产物有较高的收率。③传质速率快，分相时间短。双水相体系中两相的含水量一般都在80%左右，界面张力远低于水-有机溶剂两相体系，故传质过程和平衡过程快速。④操作条件温和，所需设备简单。整个操作过程在室温下进行，相分离过程非常温和，分相时间短。大量杂质能与所有固体物质一起去掉，大大简化分离操作过程。⑤过程易于放大和进行连续化操作。双水相萃取易于放大，各种参数可以按比例放大而产物收率并不降低，易于与后续提纯工序直接连接，无需进行特殊处理，这对于工业生产来说尤其有利。⑥不存在有机溶剂残留问题，高聚物一般是不挥发性物质，因而操作环境对人体无害。⑦双水相萃取处理容量大，能耗低。主要成本消耗在聚合物的使用上，而聚合物可以循环使用，因此生产成本较低。

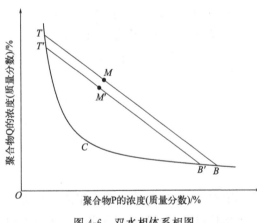

图 4-6　双水相体系相图

双水相形成的条件和定量关系可以用相图来表示，图 4-7 是两种高聚物和水形成的双水相体系的相图。图中以聚合物 Q 的浓度（%，质量分数）为纵坐标，以聚合物 P 的浓度（%，质量分数）为横坐标。当体系的总浓度在图中所示的曲线以下时，体系为单一的均相，只有当达到一定浓度时才会形成两相。图中曲线把均匀区域和两相区域分隔开来，称为双节线，在双节线下面的区域是均匀的，在上面的区域为两相区。例如点 M 代表整个系统的组成，该系统实际上由两相组成，M、T、B 三点在一条直线上，T 和 B 代表平衡的两相，上相和下相分别由点 T 和 B 表示，连接 T 及 B 两点的直线 TMB 称为系线。在同一条线上的各点分成的两相，具有相同的组成，但体积比不同。当体系的总浓度在曲线的上方时，体系分为两相。T 相和 B 相质量之比等于系线上 MB 与 MT 的线段长度之比。当体系的总组成由 M 变为 M'时，两相的组成变为 T'和 B'，体系组成差变小。当系线长度趋向于零时，两相差别消失，任何溶质在两相中的分配系数均为 1，因此 C 点称为临界点，在此浓度下，体系为单一均相。

双水相体系的相图及其系线和临界点均由实验测得。定量称取高聚物 P 的溶液若干克，盛于试管中。另取已知浓度的高聚物 Q，滴加到盛有高聚物 P 浓溶液的试管中，制得 P 和 Q 的单相混合物溶液。继续滴加至混合物开始浑浊，并开始形成两相，此时记下混合物中 P

和 Q 的含量。接着加蒸馏水 1g，使混合物变清，两相消失。继续加高聚物 Q，使溶液再次变混形成两相，再记下 P 和 Q 的含量。如此反复操作，求得一系列高聚物 P 和 Q 在形成两相时的含量组成，将 P 的含量对 Q 的含量作图，这样就得到由高聚物 P 和 Q 组成的双水相体系的双节线。两相形成后，分别分析上下两相中高聚物 P 和 Q 的含量，并在相图上分别找到两个点（节点），连接这两个点就得到系线。实验中，经多次反复可获得这样一个高聚物 P 和 Q 的含量，即稍微多加高聚物 P 和 Q，就使溶液从单相变成两相，且两相的组分和体积相等，这一节点就是临界点。

双水相的工艺流程大致可分为 3 个方面：目标产物的萃取、水溶性高聚物（萃取剂）的循环以及无机盐的循环。以分离细胞中蛋白质为例，其双水相萃取工艺流程如图 4-7。

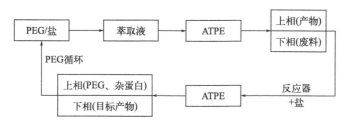

图 4-7　双水相萃取工艺流程图

在双水相体系中，常见的水溶性高聚物有：聚乙二醇（PEG）、聚丙二醇、甲基纤维素、聚丙烯乙二醇、聚氧乙烯类表面活性剂等。表 4-5 列举了几种常见的双水相体系[10]。最常见的双水相萃取体系就是聚乙二醇（PEG）/葡聚糖（dextran）和 PEG/无机盐（硫酸盐、磷酸盐等）体系，其次是聚合物/低分子量组分、离子液体体系和高分子电解质/高分子表面活性剂体系。离子液体（ionic liquid，IL）是指在室温或接近室温下呈现液态的、完全由阴阳离子组成的盐，也称为低温熔融盐。由于离子液体本身所具有的许多传统溶剂所无法比拟的优点，如蒸气压低、热化学稳定性高，且相对于由 PEG 组成的 ATPS，离子液体的ATPS 黏度低、不易乳化、相分离速度快，因此离子液体体系也成为双水相萃取体系研究的热点。IL-盐-水体系不仅常被用来分离大分子物质（如蛋白质、多肽、酶等），还能被用来分离小分子物质，如磺酰胺类化合物、五倍子酸等。而在该体系的基础上，额外加入表面活性剂，还能形成新型离子液体-表面活性剂-盐-水体系。此种新型体系已被用于提取苏丹红、食子酸、香草酸、丁香酸等的研究中。

表 4-5　常见的双水相体系

类型	上相组分	下相组分
非离子型聚合物/非离子型聚合物	聚丙二醇	甲基聚丙二醇、聚乙二醇、聚乙烯醇、聚乙烯吡咯烷酮、羟丙基葡聚糖
	聚乙二醇	聚乙烯醇、聚乙烯吡咯烷酮、葡聚糖、聚蔗糖
	乙基羟乙基纤维素	葡聚糖
	甲基纤维素	葡聚糖、羟丙基葡聚糖
非离子型聚合物/无机盐	聚丙二醇	硫酸钾
	聚乙二醇	硫酸镁、硫酸钾、硫酸铵、硫酸钠、甲酸钠、酒石酸甲钠

续表

类型	上相组分	下相组分
高分子电解质/高分子电解质	硫酸葡聚糖钠盐	羧甲基纤维素钠盐
	羧甲基葡聚糖钠盐	羧甲基纤维素钠盐
非离子型聚合物/低分子量组分	葡聚糖	丙醇
	聚丙烯乙二醇	磷酸钾、葡萄糖
	甲氧基聚乙二醇	磷酸钾

此外，还有被称为智能聚合物的双水相体系，智能聚合物又称刺激-响应型聚合物（stimulus-responsive polymers）或环境敏感聚合物（environmentally-sensitive polymers）。智能聚合物是一种功能高分子材料，当外界环境（如温度、pH 值、离子强度、外加试剂、光、电场或磁场等）发生微小变化时，聚合物分子的微观结构会发生快速、可逆的转变，使其从亲水性变为疏水性。智能聚合物的双水相体系有：温度敏感型双水相体系、酸度敏感型双水相体系、光响应型双水相体系、亲和功能双水相体系。

影响双水相萃取平衡的主要因素有：组成双水相体系的高聚物类型、高聚物的平均分子量和分子量分布、高聚物的浓度、成相盐和非成相盐的种类、盐的离子浓度、pH 值、温度等等。①不同聚合物的水相系统显示出不同的疏水性，聚合物的疏水性按下列次序递增：葡萄糖硫酸盐＜葡萄糖＜羟丙基葡聚糖＜甲基纤维素＜聚乙二醇＜聚丙三醇。这种疏水性的差异对目的产物相互作用是重要的。对于同一聚合物，其疏水性随分子量的增加而增加，这是由于分子链的长度增加，其所包含的羟基减少。两相亲水差距越大，其大小的选择性依赖于萃取过程的目的和方向。对于 PEG 聚合物，若想在上相收率较高，应降低平均分子量，若想在下相收率较高，则增加平均分子量。②pH 值则会影响目标产物的存在状态及解离程度。若被萃取对象以离子状态存在，将加大其在盐水相的分配。因此，在萃取酸性化合物时，一般选用酸性盐或中性盐；反之，若萃取碱性化合物，一般选用碱性或中性盐，以保证被萃取化合物以分子状态存在，被萃取到上相。③无机盐浓度的不同能改变两相间的电位差，从而影响带电生物大分子的配位，进一步对分配系数和纯化因子产生影响。④双水相体系的黏度不仅影响相分离速度和流动特性，而且也影响物质的传递和颗粒，特别是细胞、细胞碎片和生物大分子在两相的分配。一般而言，由双高聚物组成的体系的黏度比由无机盐和高聚物组成的体系的黏度高。在分子量和浓度相同的条件下，支链高聚物溶液的黏度比直链高聚物溶液的黏度低。高聚物的分子量越大，或高聚物浓度越高，体系黏度也越高。但是，如前所述，高聚物的分子量增大，该高聚物形成双水相的浓度可以降低。因此适当调整成相高聚物的分子量和浓度，可以降低相的黏度。⑤双水相萃取是一种受粒子表面特性影响的分离方法。因此，双水相体系中两相之间的界面张力是一个非常重要的体系物性参数。研究表明，界面张力主要取决于体系的组成和两相间组成的差别。温度降低，界面张力会增加。高聚物的分子量增大，界面张力也会增大。在聚乙二醇/葡聚糖体系中，葡聚糖的分子量从40000 增加到 500000，界面张力增加 59%。但是必须指出，双水相体系的界面张力非常小，约 $0.1\sim100\mu N/m$，所以，双水相体系非常容易混合，但相分离则比较困难。

为了提高萃取分配系数和萃取效率，可以将生物亲和技术与双水相萃取法相结合，称为亲和双水相萃取。亲和吸附具有专一性强、分离效率高等特点。利用其特点，将亲和吸附与双水相萃取技术相结合，即对成相聚合物进行化学修饰。该体系不仅具有萃取系统处理量大、放大简单等优点，而且具有亲和吸附专一性强、分离效率高的特点。把一种配基与一种成相高聚物以共价键相结合，这种配基与要提取的目的产物如蛋白质等有很强的亲和力，因而可以使蛋白质等生物大分子的分配系数增大 10～10000 倍。配基可以反复使用，而且传质速度快。根据配基的不同可以分为三类。

① 基团亲和配基型：在聚乙二醇或葡聚糖上接—NH_2，—COOH，—PO_4^{3-}，—SO_4^{2-} 等基团，这类亲和配基主要利用基团的电荷性质和疏水性。

② 染料亲和配基型：在聚乙二醇或葡聚糖上接染料配基，特别是三嗪类染料，利用三嗪类染料与蛋白质之间的特殊亲和力所制备的聚乙二醇与染料的衍生物，易于合成，价格也不高，对几十种生物物质有亲和作用。

③ 生物亲和配基型：常用的有底物、抑制剂、抗体或受体等生物配基。与生物亲和色谱一样，其分离专一性高，但成本也较高。

亲和双水相萃取的发展非常迅速，仅在聚乙二醇上可接配基就有十多种，分离纯化的物质有几十种。如利用染料-聚乙二醇和葡聚糖组成的体系分离葡萄糖-6-磷酸脱氢酶，分配系数由原来的 0.18～0.73 提高到 193，利用磷酸酯-聚乙二醇/磷酸盐双水相体系萃取 β-干扰素，分配系数由原来的 1 提高到 630。除此之外，双水相萃取方法还可以与其他技术如微波辅助、超声波辅助、溶剂浮选等联用，从而缩短 ATPS 的分离时间，并提高其选择性。表 4-6 列举了一些双水相萃取与其他技术联用的研究成果[11-15]。双水相萃取技术的发展趋势现阶段还体现在与其他先进分离技术的耦合上。

① 双水相萃取与生物转化相结合。在生物转化过程中，随着转化的产物量的增加，常会抑制生化过程的进行。因此，及时移走产物是生化反应中的主要问题之一。将双水相系统与生物转化相结合，形成双水相生物转化，解决了生物转化过程中存在的产物抑制以及生物催化剂回收利用两方面的问题，为生物转化赋予了新的内涵。

② 双水相萃取与膜分离相结合。利用中空纤维膜传质面积大的特点，将膜分离与双水相萃取相结合，可以大大加快萃取传质速率。利用膜将双水相体系隔开，可解决双水相萃取的乳化和生物活性物质在界面的吸附问题。因此，将膜分离同双水相萃取技术相结合，是解决双水相体系易乳化问题及加快萃取速率的有力手段。

③ 双水相萃取与细胞破碎过程相结合。利用高速珠磨机，将细胞破碎和双水相萃取同时在珠磨机内进行。由于珠磨机内有良好的混合条件，PEG、无机盐和水得到充分混合，形成均匀的双水相分散体系。经过珠磨机加工的匀浆直接用离心机分相，细胞碎片分配在下相，胞内产物分配在上相。这种方法不仅节省了萃取设备和时间，而且由于双水相对很多蛋白质具有保持活性的特点，可以避免胞内产物的损失。

④ 双水相萃取与电泳技术相结合。双水相电泳技术就是电泳技术与萃取技术交叉耦合形成的一种新型分离技术，该技术是在多液相状态，既可以克服对流（返混）的不利影响，又有利于被分离组分的移出。此外，国内外又相继开展了微重力双水相萃取、高速逆流双水相分配、双水相电萃取、温度诱导相分离双水相萃取等新技术的研究。

表 4-6　双水相技术与其他技术的联用

萃取物	双水相体系	联用技术	结果
生物碱	乙醇-硫酸铵	微波辅助	回收率为 92.09%
酚醛树脂	丙酮-柠檬酸铵	微波辅助	萃取率为 97.10%
多酚	丙酮-硫酸铵	超声辅助	萃取率为 11.56%
茶多酚	乙醇-硫酸铵	超声辅助	萃取率为 17.58%
黄芩苷	PEG4000-硫酸铵	溶剂浮选	回收率大于 90%

　　在将双水相萃取进行工业应用时，需要考虑达到平衡所需的时间、相分离的速度及设备和萃取流程的设计等。如前所述，双水相体系的表面张力很低。例如，对聚乙二醇/盐体系，表面张力为 0.1～1 mN/cm，而对聚乙二醇/葡聚糖体系，则小到 0.0001～0.01 mN/cm。因此，搅拌时很容易分散成微滴，几秒钟即可达到萃取平衡，且能耗也很少。张力小还能使蛋白质一类的生物活性物质的失活减少，提高收率。静态混合器是常用的混合器之一，其主要优点是停留时间均匀，无运动部位。由于双水相体系的两相密度差较小，很多时候仅依靠重力进行相分离将非常慢。这时则可利用离心力，采用离心机进行相分离。此时的效果非常好，处理能力可以很大，且适合于任何双水相体系。混合澄清槽和离心萃取器也可用于双水相萃取。但是，由于混合澄清槽是借助重力进行相分离的，分离能力很低，所以混合澄清槽只适用于高聚物/盐体系，且处理能力也不大。离心萃取器则不同，它是借助离心力进行相分离的，可以用于任何双水相体系，处理能力也很大。大实验室一般采用间歇方式进行双水相萃取的研究，但生产规模的应用多采用连续过程。连续萃取过程包括连续错流萃取和连续逆流萃取两种方式。图 4-8 为一用于延胡素酸酶纯化的连续错流萃取流程。两相的混合与分散均采用静态混合器，相分离则采用了碟片式离心机。

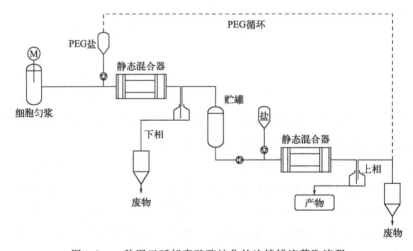

图 4-8　一种用于延胡素酸酶纯化的连续错流萃取流程

　　虽然双水相萃取技术在应用方面取得了很大进展，但是至今还没有一套比较完善的理论来描述物质在体系中的分配机理。自 20 世纪 80 年代中期以来，各国学者开始针对生物物质在双水相系统分配系数的计算模型展开研究，如 Baskir 晶体吸附模型、Hayne 模型、Pitzer

模型、Gross-man 自由体积模型等。1989 年，Diamond 等以 Flory-Huggins 理论为基础，用把相间电势表达为上下相浓度差的二次函数来关联分配系数的方法，提出了能对肽和蛋白质在聚合物/聚合物/水体系的分配系数很好关联的 Diamond-Hsu 模型。此后，针对用该模型计算蛋白质在聚合物/盐两水相系统中的分配系数时精确度不高的缺点，Diamond 等提出了改进的 Diamond-Hsu 模型，进一步提高了 Diamond-Hsu 模型的精确度和普适性。Pessoa 等通过引入对聚合物水溶性和预分离物质（氨基酸、肽、蛋白质）的水化壳进行描述的因子得到了 Flory-Huggins 改进模型，此模型很好地模拟了 73 种由 PEG/Dex 组成的双水相体系的相平衡和分配系数。完善液液平衡理论，用描述分配行为的因子来修正液液平衡理论的热力学模型，建立和完善双水相萃取机理的理论仍是双水相萃取研究的重点和难点。

4.8.3　加速溶剂萃取

萃取除了用于物系分离，还常常被用于样品前处理。近年来，研究者们不断地探索出可替代传统方法的快速高效的萃取方法，如自动索氏萃取法、超临界流体萃取法、微波萃取法。与传统的萃取法相比，这些新型萃取方法虽然在分离速度和效率上有了很大的改善，但仍存在着溶剂用量偏多、萃取时间过长、萃取效率不高等问题。1995 年，Richter 等人[16]提出了一种全新的萃取方法，即加速溶剂萃取（accelerated solvent extraction，ASE）法。加速溶剂萃取法是一种在提高温度和压力的条件下，用有机溶剂萃取的自动化方法[17]。已被美国 EPA（环保署）选定为推荐的标准方法（标准方法编号 3545），广泛应用于食品、环境、药物等行业[18-20]。

加速溶剂萃取仪由溶剂瓶、高压泵、气路、加热炉、不锈钢萃取池和收集瓶等组成，如图 4-9 所示。其工作步骤大致如下：首先，需将样品装入萃取池，并放到圆盘式传送装置上，传送装置稍后会将萃取池送入加热炉腔并与相对编号的收集瓶连接；接着，泵将溶剂输送到萃取池后，在加热炉被加温和加压；之后，在设定的温度和压力下进行静态萃取 5min，多步少量向萃取池加注溶剂；最后用氮气吹洗萃取池和管道，使得萃取液全部进入收集瓶待分析。加速溶剂萃取由美国 Dionex 公司首次实现商品化，第一代加速溶剂萃取系统如图 4-10 所示。目前商品化的加速溶剂萃取仪除了有 Dionex 公司的 ASE 系列，还有美国 Applied Separations（ASI）公司的 ASE 仪、北京吉天仪器有限公司的 APLE-2000 和上海光谱仪器有限公司的 SP-100QSE 等，如表 4-7 所示。

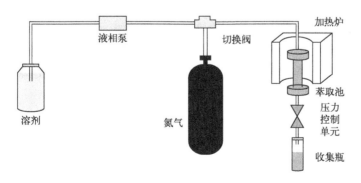

图 4-9　加速溶剂萃取工作流程图

图 4-10   ASE100 萃取系统

表 4-7   常见加速溶剂萃取仪

仪器	萃取位/个	萃取池体积/mL	收集瓶体积/mL	操作压力/MPa
Dionex ASE100	1	10、34、66、100	250	10.3
Dionex ASE200	24	1、5、11、22、33	40、60	3.5~20.7
Dionex ASE300	12	34、66、100	250	10.3
APLE-2000	24	11、22、33	40、60	0~20
SP-100QSE	1	11、22、33	40、50、60	0~15

与传统的萃取法及自动索氏萃取法、超临界流体萃取法、微波萃取法相比，ASE 具有萃取时间短、溶剂用量少、萃取效率高等突出优点。传统的索氏萃取需 4~48 h，自动索氏萃取为 1~4 h，超临界流体萃取、微波萃取也需 0.5~1 h。而加速溶剂萃取则大大缩短了样品前处理的时间，仅需 12~20min，从而有效提高检测效率。就溶剂消耗量而言，传统的索氏萃取为 200~500mL，自动索氏萃取为 50~100mL，超临界流体萃取为 150~200mL，即使是微波萃取也要消耗 25~50mL。ASE 减少了溶剂用量，仅需 15mL。同时，由于所需溶剂量减少，样品前处理中提纯和浓缩的速度也相应加快，从而进一步缩短了分析时间。此外，ASE 通过提高温度和增加压力来进行萃取，减少了基质对被提取物的影响，增加了溶剂对溶质的溶解能力，提高了萃取效率和样品回收率。不同萃取方法处理时间和溶剂用量对比见表 4-8。

表 4-8   不同萃取方法处理时间和溶剂用量对比

方法	萃取时间	溶剂用量
索氏萃取	4~48h	200~500mL
自动索氏萃取	1~4h	50~100mL
超临界流体萃取	0.5~1h	150~200mL

方法	萃取时间	溶剂用量
微波萃取	0.5～1h	25～50mL
加速溶剂萃取	12～20min	约 15mL

由于 ASE 通过提高温度和增加压力来进行萃取，因此加速溶剂萃取又被称为加压萃取、高压溶剂萃取、高压热溶剂萃取、高温高压溶剂萃取。ASE 萃取过程受到多种因素的影响，包括：萃取的温度和压力、溶剂的种类和组成、样品基质组成、分散剂等等。

① 萃取温度。温度是 ASE 提取效果最主要的影响因素之一，它的影响具有双向性。升高温度能够提高被分析物的溶解能力，降低溶剂的黏度和样品基质对被分析物的作用，减弱基质与被分析物间的作用力（范德瓦耳斯力、氢键等），改善样品的表面张力，提高被分析物的扩散能力，从而加快萃取过程。但温度过高，对目标物也可能带来不利的影响。温度的升高可能导致部分目标分析物降解，同时溶剂密度增大，降低了扩散系数，使样品回收率不高。此外，温度升高，提取液中的基质增加，加大了分析的难度。

② 萃取压力。萃取压力是影响萃取效果的一项重要因素，萃取压力升高可以提高溶剂的沸点，使得溶剂在萃取过程中始终保持液态，加强与基质良好的接触，维持较大的溶解度，从而促进 ASE 的萃取效果。除此之外，高压还可以将溶剂推到样品基质的孔洞中，并将常压下被困留于孔洞中的溶质萃取出来。然而当压力超过最佳值后，再增加压力可能会造成回收率的下降。

③ 溶剂的种类和组成。选择合适的溶剂是加速溶剂萃取的关键之一，溶剂的种类对 ASE 提取效果影响较大。选择溶剂时，除了要考虑溶剂理化特性（沸点、极性、扩散系数、黏度等）外，最重要的是要考虑萃取溶剂的极性应与被分析物的极性相匹配。当溶剂的种类相同时，其比例对提取效果也有一定的影响。在选择溶剂时还需要考虑基质中的干扰物。

④ 样品基质的组成。不同样品化合物的组成、理化特性差异较大，采用相同的萃取条件，从不同基质样品中萃取同一组分，提取效果差异也较大。

⑤ 分散剂和吸附剂。采用 ASE 进行提取时，除了提取目标化合物外，样品基质中的其他组分也同时被提取出来，通常在分析前需要进一步净化处理。如果在萃取过程中加入合适的分散剂和吸附剂吸附干扰物质，就能够同时实现提取和净化，提高提取效率。目前，最常用的分散剂是硅藻土。硅藻土与样品充分混合后萃取，可以增大溶剂与样品的接触面积，提高萃取的效果。常用的吸附剂有硅胶、氧化铝、弗罗里硅土、C_{18} 树脂等。在选择吸附剂的种类和用量时不仅要考虑对干扰物质的吸附能力，还要考虑对目标物的吸附性。在应用吸附剂时需要对吸附剂的用量、萃取条件等进行优化。

加速溶剂萃取虽然是近年才发展的新技术，但由于其突出的优点，已受到分析化学界的极大关注。加速溶剂萃取已在环境、药物、食品和聚合物工业等领域得到广泛应用。特别是环境分析中，已广泛用于土壤、污泥、沉积物、大气颗粒物、粉尘、动植物组织、蔬菜和水果等样品中的多氯联苯、多环芳烃、有机磷（或氯）、农药、苯氧基除草剂、三嗪除草剂、柴油、总石油烃、二噁英、呋喃、炸药（TNT、RDX、HMX）等的萃取。

① 有机农药的提取及分析。土壤是农药的集散地和仓储库。农业生产中喷洒的农药都

直接或间接地渗透到土壤中，由于土壤颗粒对药剂的吸附力强，给土壤中农药的提取和净化带来一定的困难，对土壤造成了极大的污染。已有数据显示，对作物起作用的农药只占施用量的 10％～30％，而 20％～30％进入大气和水体，50％～60％则残留在土壤中。由于农药种类多，且以不同途径与土壤结合，因此对土壤中有机农药的提取一直以来是分析检测工作的重点和难点。使用 ASE 萃取技术后，能够取得较满意的结果。与索氏提取法相比，ASE技术可一次性提取土壤中的有机氯农药；与超声提取法相比，采用 ASE 对土壤中速灭磷、久效磷和二嗪磷的提取效果明显好于超声提取。在对有机磷农药的萃取效果上，研究表明：索氏萃取、超临界萃取和 ASE 提取效果相当，但 ASE 更节省时间、溶剂用量更少、成本更低。

② 食品检测中的应用。蔬菜、水果是农药残留检测中最常见的样品，由于蔬菜、水果本身基质比较复杂，生产过程中用药多，不同种类样品使用农药种类不同，一种样品可能使用多种农药，因此，蔬菜、水果样品中农残的检测不仅要快速，而且要多残留同时检测。用 ASE 作为提取方法扩大了从水果、蔬菜中提取农药的种类范围，减少了操作环节并和环境相容性好。由于在动物的饲养过程中，为了防治疾病，促进动物的生长，有时会使用一些兽药，因此，部分兽药会残留在动物组织中，对动物性食品的安全性造成影响。传统兽药残留检测方法在样品的提取、净化方法（如液-液萃取法）所需时间长，容易出现乳化等现象，使用 ASE 技术可有效避免这些现象。目前 ASE 已用于氨基苷类、硝基呋喃类、四环素类、磺胺类、氟喹诺酮类药物的提取。除此之外，在动物组织器官（如肝脏、肾脏）中，由于脂肪含量往往较高，对大多数药物的分析造成干扰，因此兽药残留分析中除去脂肪是一大难题。ASE 在去除脂肪干扰方面则有独特的优势。

③ 真菌毒素提取分析。真菌毒素是真菌产生的有毒的次生代谢产物，严重危害农产品的安全。目前 ASE 在粮谷类食品中真菌毒素的提取应用较多，其中应用最多的是玉米赤霉烯酮（ZON）。ASE 除应用于粮谷类食品中真菌毒素提取外，还可以提取动物组织中的真菌毒素。采用 ASE 技术不仅使提取效率有很大提高，而且避免了毒素对操作人员的伤害。

④ 持久性有机污染物的提取分析。以多氯联苯（PAHs）、多环芳烃（PCBs）为代表的持久性有机污染物在环境中稳定存在，最终对人类健康造成危害。采用 ASE 提取持久性有机污染物时，常使用非极性有机溶剂（如戊烷、己烷）或采用非极性与中等极性溶剂（如二氯甲烷）混合作为提取溶剂。

加速溶剂萃取技术具有自动化程度高、节约时间和溶剂使用量少、对环境的污染和对分析者的危害程度小、适用范围广的特点。利用 ASE 建立快速、批量的多残留检测方法，可以有效提高工作效率。随着研究的不断深入以及技术的不断推广，加速溶剂萃取的应用前景也更加广阔。

本章符号说明

符号	意义	计量单位	符号	意义	计量单位
$[A]$	溶质 A 的平衡浓度	mol/L	d_p	液滴直径	m
C	连续相	m	d_{23}	液滴平均直径	m

符号	意义	计量单位	符号	意义	计量单位
D	分配比		Re	雷诺数	
	扩散系数	m^2/s	Sc	施密特(Schmidt)数	
D	分散相		Sh	舍伍德(Sherwood)数	
E	萃取率		T	温度	K
	增强因子		u_t	液滴终端速度	m/s
H	高度	m	U_S	滑动速度	m/s
k	传质分系数	m/s	w	水相	
K	分配平衡常数		μ	黏度	Pa·s
	总传质系数	m/s	ρ	密度	g/cm^3
m	萃取平衡分配系数		σ	表面张力	N/m
o	有机相		ϕ	滞留率	
p	压力	Pa	Ψ	传质系数判据	
R	理想气体常数	J/(mol·K)			

 思考题

[4-1] 在设计液液萃取流程时，选择适合某体系的萃取剂的原则是什么？

[4-2] 萃取工艺设计中，如何选择合适的萃取剂用量或溶剂比？

[4-3] 选择液液萃取设备的主要依据是什么？

[4-4] 列举出几种有机物络合萃取的特征性参数及相应的测定方法。

[4-5] 为什么说超临界萃取具有精馏和萃取的双重特性？

[4-6] 试分析影响双水相萃取分配的主要因素。

[4-7] 加速溶剂萃取是通过何种途径实现溶剂萃取速度加快的？

[4-8] 除超临界萃取、双水相萃取和加速溶剂萃取技术之外，请再列举出几种新型萃取分离技术。

参考文献

[1] 陈敏恒，丛德滋，方图南，等. 化工原理(下册)[M]. 北京：化学工业出版社，2015.

[2] 丁明玉. 现代分离方法与技术[M]. 北京：化学工业出版社，2020.

[3] 朱家文，吴艳阳. 分离工程[M]. 北京：化学工业出版社，2019.

[4] 戴猷元. 液液萃取化工基础[M]. 北京：化学工业出版社，2015.

[5] 戴猷元，秦炜，张瑾. 耦合技术与萃取过程强化[M]. 北京：化学工业出版社，2009.

[6] Johannsen M, Brunner G. Solubility of the xanthines caffeine, theophylline and theobromine in supercritical carbon dioxide[J]. Fluid Phase Equilibria, 1994, 95：215-226.

[7] 王琳，许大壮，代奇轩，等. 基于超临界流体技术制备药物制剂的研究进展[J]. 科学通报，2021，66(10)：1187-1194.

[8] Albertsson P A. Chromatography and partition of cells and cell fragments[J]. Nature, 1956, 177(4513)：771-774.

[9] 李伟，朱自强，梅乐和. 双水相萃取技术在药物分离和提取中的应用[J]. 化工进展，1998，1：26-29.

[10] 陆九芳，李总成，包铁竹. 分离过程化学[M]. 北京：清华大学出版社，1993.

[11] Zhang W, Zhu D, Fan H J, et al. Simultaneous extraction and purification of alkaloids from Sophora flavescens Ait. by

microwave-assisted aqueous two-phase extraction with ethanol /ammonia sulfate system［J］. Separation and Purification Technology，2015，141：113-123.

［12］ Dang Y Y，Zhang H，Xiu Z L. Microwave-assisted aqueous two-phase extraction of phenolics from grape(*Vitis vinifera*)seed［J］. Journal of Chemical Technology & Biotechnology，2014，89(10)：1576-1581.

［13］ 马艺丹，刘红，廖小伟，等. 神秘果种子多酚超声双水相复合提取工艺及其抗氧化活性［J］. 食品与机械，2015，6：173-178.

［14］ 陈钢，李栋林，史建鑫，等. 响应面实验优化超声耦合双水相体系提取茶多酚工艺［J］. 食品科学，2016，6：95-100.

［15］ Bi P Y，Chang L，Mu Y L. et al. Separation and concentration of baicalin from *Scutellaria Baicalensis Georgi* extract by aqueous two-phase flotation［J］. Separation and Purification Technology，2013，116：454-457.

［16］ Richter B E，Felix D，Roberts K A，et al. An accelerated solvent extraction system for the rapid preparation of environmental organic compounds in soil［J］. American Laboratory，1995，27(4)：24-28.

［17］ 杨运云，黄深惠，冯锋，等. 加速溶剂萃取/HPLC-MS 对毛冬青药材 Ilexgenin A 与 Ilexsaponin A1 含量的测定［J］. 分析测试学报，2009，28(8)：966-969.

［18］ 张晓林，陈溪，刘莹，等. 加速溶剂萃取-凝胶渗透色谱净化用于食品中有机磷的检测［J］. 化学通报，2012，75(6)：552-556.

［19］ Richter B E，Jones B A，Ezzell J L. Accelerated solvent extraction：A technique for sample preparation［J］. Analytical Chemistry，1996，68(6)：1033-1039.

［20］ Sun H，Ge X，Lv Y，et al. Application of accelerated solvent extraction in the analysis of organic contaminants, bioactive and nutritional compounds in food and feed［J］. Journal of Chromatography A，2012，1237：1-23.

第**5**章

浸　取

5.1　概述

5.1.1　浸取过程

浸取（leaching）又称固-液萃取（solid-liquid extraction），是一种利用有机或无机溶剂将固体中的某些可溶组分溶解，使其进入液相，再将溶液与不溶性固体分离的单元操作，其实质是溶质由固相传递至液相的传质过程[1-7]。

浸取操作的原料绝大部分是溶质与不溶性固体所组成的混合物。溶质是浸取所需的可溶组分，而通常在溶剂中不溶解的固体物质称为载体或惰性物质。将固体混合物浸在选定的溶剂中，利用其组分在溶剂中的不同溶解度，使易溶的组分溶解成为溶液，与溶液分离后的不溶性固体称为固体残渣。浸取法分离可溶性组分的步骤一般为：

① 溶剂与固体物料密切接触，使可溶组分转入液相，成为浸出液；

② 浸出液与不溶固体（残渣）的分离；

③ 洗涤残渣，回收附着在残渣上的可溶组分；

④ 浸出液的提纯与浓缩，取得可溶组分的产品；

⑤ 回收残渣中的溶剂。

浸取广泛应用于湿法冶金工业、化学工业、食品工业和制药工业，以获取具有应用价值的组分的浓溶液或者用来除去不溶性固体中所夹杂的可溶性物质。例如利用浸取法可以提取或回收铝、钴、锰、锌、铀等，用温水从甜菜中提取糖，用有机溶剂从大豆、花生、米糠、玉米、棉籽中提取食用油，用水浸取各种树皮提取丹宁，从植物的根叶中用水或有机溶剂提取各种医药物质等。与液-液萃取不同的是，浸取过程中两相的分离较容易。固-液两相间的接触面积主要取决于固体物料的尺寸，当固体尺寸较小时，较大的比表面积可以减小扩散距离。但是并非尺寸越小越有利，因为还需考虑到液体在固体物料间隙内的流动和固体物料本身的机械强度。这些也是浸取设备设计和操作中需要重视的因素。

5.1.2　浸取分类

浸取可分为物理浸取、化学浸取和细菌浸取三大类。

物理浸取是单纯的溶质溶解过程，所用的溶剂有水、醇或其他有机溶剂。化学浸取用于处理矿物，常用酸、碱及一些盐类的水溶液，通过化学反应将某些组分溶出。细菌浸取用于处理某些硫化金属矿，靠细菌的氧化作用将难溶的硫化物转变为易溶的硫酸盐而转入浸出液中。

5.2 浸取过程的基本理论

5.2.1 三角形相图

参照液-液萃取，浸取体系通常可简化为一个三元物系，即溶质 A、溶剂 S 和惰性固体 B。如图 5-1，三角形的三个顶点表示纯组分，每一条边则代表一个二组分的混合物。AS 边上的一点则代表由溶质和溶剂构成的溶液的组成。在三角形内的一点 M 表示三元物系的组成。将 M 点和 B 点相连并延长到与 AS 相交于点 G，此点代表了溶液的组成。因此，三元物系可视作由某溶液和一定量的惰性固体混合而成。

5.2.2 相平衡

溶质分布在固、液两相中，在固相中的溶质浓度和在液相中的溶质浓度间必然存在一定的平衡关系。浸取系统的平衡关系甚为复杂，其机理尚未搞清，按溶质 A 和溶剂 S 之间的溶解情况，可分成三类：

将固体物料与溶剂混合，经过一定时间后分离出溶液相（溢流）和分离后固体里含有的液相（底流）。如图 5-2 所示，点 M 表示为固液混合相，点 E 与 R 分别表示为溢流与底流，直线 ER 通过 M 点。如果溢流是澄清液，则 E 在斜边 SA 上，如果溶剂量很大，达不到饱和溶解度，在溶质没有吸附和接触时间充分的情况下，溢流液中的溶质浓度与底流液中的溶质浓度相等，因此直线 ER 一定通过原点 B，底流可认为是与溢流具有相同组成的溶液。固体浸取过程大多数是这种情况，这种情况称为处于平衡状态，在平衡状态时的级数称为平衡级或理论级。

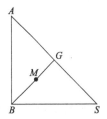

图 5-1 浸取三元体系的表示方法

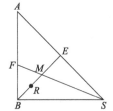

图 5-2 溢流与底流平衡关系

在浸取操作中可以假定固体 B 与溶质 A 之间无物理和化学作用，而且溶质 A 的量相对于溶剂 S 量而言未达饱和溶解度。这样，当固体与溶剂经过充分长时间的接触后，溶质完全溶解，固体空隙中液体的浓度将等于固体周围液体的浓度，液体的组成将不再随接触时间延长而改变，即达到了平衡。这样的接触级称为理论级或称理想级。由此可见，在理论级中，液体并未达到饱和，这一点与液-液萃取不同。

5.3 浸取过程的计算

5.3.1 浸取速率方程

固体内的气体、液体和固体的扩散速率一般比在液体和气体中慢，然而，固体内的质量传递在化学和生物加工过程中是相当重要的。食品（如大豆）、金属矿石的浸取，木材、食盐及食品的干燥，固体催化剂中的扩散及催化反应，薄膜分离流体，通过包装用高聚物薄膜的气体扩散，以及高温下用气体处理金属等，均涉及通过固体的扩散。

固体内的传递过程通常可概括为两种类型：一种是服从菲克定律的扩散，基本上与固体结构无关；另一种是在多孔固体中的扩散。因此固体的实际结构及其通道对扩散有很大的影响。下面就这两种不同类型的扩散分别进行讨论。

菲克定律可表示为分子扩散与涡流扩散共同的结果，即

$$J_A = -(D + D_{AB})\frac{dc_A}{dz} \tag{5-1}$$

式中，J_A 为物质的扩散量，$kmol/(m^2 \cdot s)$；$\frac{dc_A}{dz}$ 为物质 A 在 z 方向上的浓度梯度，$kmol/m^4$；D 为分子扩散系数，m^2/s；D_{AB} 为涡流扩散系数，m^2/s。

式（5-1）右端加一负号是因为扩散方向为沿浓度梯度降低的方向。

式（5-1）的菲克定律只适用于稳态的分子扩散即液体中物质的浓度梯度不随时间改变的情况。但在许多情况下分子扩散常为不稳态的，即浓度和浓度梯度是时间和位置的函数。此时，应采用菲克第二定律描述分子扩散过程。菲克第二定律的数学表达式为

$$\frac{\partial c_A}{\partial \theta} = D_{AB}\left(\frac{\partial^2 c_A}{\partial x^2} + \frac{\partial^2 c_A}{\partial y^2} + \frac{\partial^2 c_A}{\partial z^2}\right) \tag{5-2}$$

对于静止介质中一维不稳态扩散过程，上式可简化为

$$\frac{\partial c_A}{\partial \theta} = D_{AB}\left(\frac{\partial^2 c_A}{\partial x^2}\right) \tag{5-3}$$

服从菲克定律的扩散类型是与固体结构无关的。扩散的流体或溶质实际上溶解在固体中形成均匀的溶液时，可近似认为是分子扩散。涡流扩散系数可忽略不计。例如中药提取操作时，由于固体药材内含有大量的水，溶质通过这些水溶液进行扩散。又如锌通过铜的扩散，这时形成固体溶液。根据式（5-1），可使用简化方程

$$J_A = -D\frac{dc}{dz} \tag{5-4}$$

如图 5-3 所示，当传递是在液相内扩散距离 Z 进行，有效成分浓度自 c_2 变化到 c_3 时，由积分式（5-4）得到

$$J\int_0^Z d_z = -D\int_{c_2}^{c_3} d_c$$

$$J = -\frac{D}{Z}(c_3 - c_2) = -k(c_3 - c_2) \tag{5-5}$$

式中，k 为传质系数。

如果传递是在多孔固体物质中进行，有效成分浓度自 c_1 变化到 c_2 时，同理可得

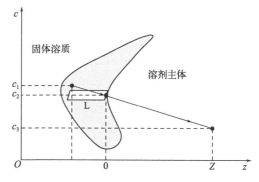

图 5-3　固液浸取示意图

$$J = -\frac{D}{L}(c_2 - c_1) \tag{5-6}$$

式中，L 为多孔固体物质的扩散距离。

比较式 (5-5) 和式 (5-6)，得

$$c_1 - c_3 = J\left(\frac{1}{k} + \frac{L}{D}\right)$$

于是得到速率方程

$$J = \frac{1}{\left(\frac{1}{k} + \frac{L}{D}\right)}(c_1 - c_3) = K\Delta c \tag{5-7}$$

式中，K 为浸出时总传质系数，Δc 为固体与液相主体有效物质的浓度差。

5.3.2 扩散系数

求解上述药材浸出过程中的速率方程，必须先知道溶质在扩散过程中的扩散系数和传质系数。

扩散系数是物质的特性常数之一，其数值数会随温度、压力及浓度的改变而不同。一些物质的扩散系数可从有关物性手册查到，某些也可根据半经验公式作大致估计，但对于医药物质，此类数据缺乏。

5.3.2.1 溶质在液相中的扩散系数

溶质在液相中的扩散系数，其量值通常在 $10^{-9} \sim 10^{-10}\,\mathrm{m}^2/\mathrm{s}$。由于液相中扩散理论至今不成熟，目前对于溶质在液体中扩散系数多采用半经验法。但对稀溶液，当大分子溶质 A 扩散到小分子溶剂 B 中时，假定将溶质分子视为球形颗粒，在连续介质为层流时做缓慢运动，则可理论上用斯托克斯-爱因斯坦 (Stockes-Einstein) 方法计算。

$$D_{\mathrm{AB}} = \frac{BT}{6\pi\mu_{\mathrm{B}}r_{\mathrm{A}}} \tag{5-8}$$

式中，D_{AB} 为扩散系数，m^2/s；r_{A} 为球形溶质 A 的分子半径，m；μ_{B} 为溶剂 B 的黏度，$\mathrm{Pa \cdot s}$；B 为玻尔兹曼常数，$B = 1.38 \times 10^{-23}\,\mathrm{J/K}$；$T$ 为绝对温度，K。

当分子半径 r_{A} 用分子体积表示时，即 $r_{\mathrm{A}} = \left(\dfrac{3V_{\mathrm{A}}}{4\pi n}\right)^{1/3}$ 代入式 (5-8) 得

$$D_{\mathrm{AB}} = \frac{9.96 \times 10^{-17}\,T}{\mu_{\mathrm{B}}V_{\mathrm{A}}^{1/3}} \tag{5-9}$$

式中，V_{A} 为正常沸点下溶质的摩尔体积，$\mathrm{m}^3/\mathrm{kmol}$；$\mu_{\mathrm{B}}$ 为溶剂 B 的黏度，$\mathrm{Pa \cdot s}$；n 为阿伏加德罗常数，$n = 6.023 \times 10^{23}$。式 (5-9) 适用于分子量大于 1000、非水合的大分子溶质，水溶液中 V_{A} 大于 $0.5\mathrm{m}^3/\mathrm{kmol}$。对溶质为较小分子的稀溶液，可用威尔盖 (Wike) 公式计算。

$$D_{\mathrm{AB}} = 7.4 \times 10^{-12}(\varphi M_{\mathrm{B}})^{1/2}\frac{T}{\mu_{\mathrm{B}}V_{\mathrm{A}}^{0.6}} \tag{5-10}$$

式中，M_{B} 为溶剂的摩尔质量，$\mathrm{kg/kmol}$；μ_{B} 为溶剂的黏度，$\mathrm{Pa \cdot s}$；V_{A} 为正常沸点下溶质的摩尔体积，$\mathrm{m}^3/\mathrm{kmol}$；$\varphi$ 为溶剂的缔合参数，对于水为 2.6，甲醇为 1.9，乙醇为 1.5，苯、乙醚、庚烷以及其他不缔合溶剂均为 1.0。

5.3.2.2　溶质在固体中的扩散系数

（1）遵从菲克定律的固体中的扩散

该类扩散过程与固体的结构无关，也与扩散过程中物质的压强无关。当扩散的流体或溶质溶解在固体中形成均匀的溶液时，便发生这种典型的扩散。如浸取过程中，溶质在大量溶剂中的扩散。此种扩散方式与在流体内的扩散极为相似，仍可用菲克定律。在稳定状态下，忽略流体的主体流动时，可得

$$N_A = -D_{AB} \frac{dc_A}{dz} \tag{5-11}$$

式中，D_{AB} 是 A 通过固体 B 的扩散系数，m^2/s，对一个体系通常为常数，对固体来说，它与压强无关。

（2）多孔介质中的扩散

固体具有的孔道或连通的空间对扩散都会产生影响。溶质通过孔道中的溶剂进行扩散，其路径是一个曲折的孔道。对于稀溶液，溶质的稳态扩散可用下式计算。

$$N_A = -\frac{\varepsilon D_{AB}}{\tau} \times \frac{dc_A}{dz} \tag{5-12}$$

式中，D_{AB} 是 A 通过固体 B 的扩散系数，m^2/s；ε 为多孔介质的自由截面积或孔隙率，m^2/m^2；τ 为曲折因子，由实验测定，惰性固体的 τ 值大约在 $1.5 \sim 5$。

令

$$D_{AB,P} = \frac{\varepsilon D_{AB}}{\tau}$$

式中，$D_{AB,P}$ 为有效扩散系数，相当于采用单位固体总表面积计的扩散通量与垂直于表面的单位浓度梯度计的扩散系数，m^2/s。

5.3.2.3　总传质系数

以植物药材浸取过程为例子，在浸出过程中，总传质系数应由以下几个扩散系数组成。

内扩散系数 $D_内$：表示药材颗粒内部有效成分的传递速率。

自由扩散系数 $D_自$：在药物细胞内有效成分的传递速率。

对流扩散系数 $D_对$：在流动的萃取剂中有效成分的传递速率。

总传质系数 H 为

$$H = \frac{1}{\dfrac{h}{D_内} + \dfrac{S}{D_自} + \dfrac{L}{D_对}} \tag{5-13}$$

式中，L 为颗粒尺寸；S 为边界层厚度，其值与溶解过程液体流速有关；h 为药材颗粒内扩散距离。

$D_自$ 就是式（5-8）和式（5-19）中的 D_{AB}，自由扩散系数与温度有关，还与液体的浓度有关，温度值取操作时温度，浓度取算术平均值。由于物质结构中存在孔隙和毛细管及其作用，使分子在毛细管中运动速度很缓慢，所以 $D_内$ 值比 $D_自$ 值小得多。内扩散系数 $D_内$ 与被浸泡药材类型有关，叶类药材 $D_内 = 10^{-8}$ 左右；根茎类 $D_内 = 10^{-7}$ 左右；树皮类 $D_内 = 10^{-6}$ 左右。内扩散系数与有效成分含量、温度及流体力学条件等有关，故不是固定常数。此外，$D_内$ 还和浸泡时药材的膨胀、药物细胞组织的变化和扩散物质的浓度的变化等有关。

$D_{对}$值大于$D_{内}$值，而且$D_{对}$值随溶剂的对流程度的增加而增加，在湍流时$D_{对}$值最大。在带有搅拌的浸取过程中，$D_{对}$值很大，计算时可忽略其作用，在此情况下，浸取全过程的决定因素就是内扩散系数。

5.3.3　浸取的平衡及理论级

与其他物质的传递操作一样，浸取过程的设计计算也是基于"平衡级"或"理论级"的概念。所谓一个理论级，就是离开该级的浸取液浓度与底流液的浓度相等。在实际的浸取操作中，通常没有足够的接触时间使溶质完全溶解，所以溶质与溶液之间很少能达到真正的平衡。同时要使固体与溶液完全分离也是不现实的，所以离开浸取器的固体中总夹带有一定量的液体及溶解在液体中的溶质。当溶质被固体吸附，溶液和固体之间虽可建立平衡，但常因沉降和排出的不完全而导致级效率的降低。因此，除了理论级数外，还需要考虑有实际意义的总的级效率，以求得已知的浸取操作中实际所需的级数，或通过实验来取得实际的平衡数据。

一般，固体浸取操作系统可由三个部分组成：①载体或不溶性固体；②溶质，可为单一的组分或多组分的混合物；③溶剂，可选择性地溶解溶质。如果载体在溶剂中的溶解度和载体所吸附的溶质可用溶液浓度的函数来表示，就可以进行平衡级和理论级方面的计算。可根据物料衡算、已知的载体所吸附着的溶液量表示为溶液中溶质浓度的函数和理论级数的定义，算出所需的理论级数。

5.3.4　物料衡算及操作线方程

在浸取设备中，有三种形式的基本操作方法，即单级浸取、多级错流浸取和多级逆流浸取。单级浸取为固体物料与新鲜溶剂接触，完成传质后进行液固的机械分离，这种方法溶质的回收率比较低，而且所得的浸取液浓度也比较小，在工业操作中是经济的。在多级错流浸取操作中，新鲜溶剂和固体物料先在第一级内接触，拟完成传质平衡后，从第一级出来的底流至第二级，再与新鲜溶剂接触，其后各级均按此步骤进行操作。在多级逆流浸取的操作中，底流液与溢流液在各级中相对流动，即在某级中液固两相进行接触，拟完成传质平衡后，底流液向下一级流动，而溢流液则向上一级流动，各级均按此步骤进行操作。由于固体在最后一级与新鲜溶剂接触，固体离开设备后，弃溶质含量可降到最低，因此可获得较高的溶质回收率。溶剂则在第一级与新的固体物料接触后离开浸取设备，因此也获得较高浓度的浸取液。

图 5-4 表示多级逆流浸取的操作过程，也表示了物流量及其浓度。

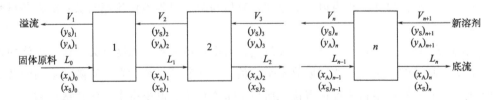

图 5-4　多级逆流浸取示意图

在稳定操作时，整个系统的物料衡算由如下表达：

对总的溶液

$$L_0 + V_{n+1} = L_n + V_1 \tag{5-14}$$

对溶质

$$L_0 (x_A)_0 + V_{n+1} (y_A)_{n+1} = L_n (x_A)_n + V_1 (y_A)_1 \tag{5-15}$$

图 5-4 和上两式中，L_n 为离开 n 级的底流总量；V_n 为离开 n 级的溢流总量；x_A 为底流中溶质分率；y_A 为溢流中溶质分率；x_S 为底流中溶剂分率；y_S 为溢流中溶剂分率；n 为液流离开浸取级的级数。式（5-15）消去 V_{n+1} 解出 $(y_A)_{n+1}$，得到操作线方程式如下：

$$(y_A)_{n+1} = \frac{L_n}{V_1 + L_n - L_0} (x_A)_n + \frac{V_1 (y_A)_1 - L_0 (x_A)_0}{V_1 + L_n - L_0} \tag{5-16}$$

如果从各级流出的底流液恒定，式（5-16）所示的操作线是直线。如果 L_n 不恒定，操作线的斜率将逐级变化。对于已知的各种浸取问题，可应用代数法、图解法和解析法，利用上述的操作线方程式计算所需的平衡级数。

5.3.5 图解法

（1）单级浸取

单级浸取过程的示意流程如图 5-5 所示，固体物料 L_0 与溶剂 V_S 在浸取设备中进行混合接触，然后将混合物分离得到提取液 V_1，和底流（物料）L_1。

图 5-5 中 V_S 为进入系统的新鲜溶剂质量流量，kg/h；V_1 为离开系统的提取液的质量流量，kg/h；L_0 为进入系统的固体物料的质量流量，kg/h；L_1 为离开系统的固体物料的质量流量，kg/h。

设 x 表示离开系统的固体物料中的组分质量分数，y 表示提取液中的组分质量分数，对系统进行物料衡算：

$$L_0 + V_S = L_1 + V_1 = M \tag{5-17}$$

$$L_0 x_{A0} + V_S y_{AS} = L_1 x_{A1} + V_1 y_{A1} = M x_{AM} \tag{5-18}$$

式中，M 为 L_0 与 V_S 混合物的质量流量，kg/h；x_{AM} 为混合物的组分 A 的质量分数。由此得：

$$x_{AM} = \frac{L_0 x_{A0} + V_S y_{AS}}{L_0 + V_S} = \frac{L_1 x_{A1} + V_1 y_{A1}}{L_1 + V_1} \tag{5-19}$$

不溶固体的物料量：

$$B = L_0 (1 - x_{A0}) \tag{5-20}$$

单级浸取在平衡图上的表示如图 5-6 所示。点 L_0、V_S 分别表示为固体物料与溶剂的质量流量，表示混合物的点 M 为 L_0、V_S 的内分点，其组成可由式（5-19）计算。因 $y_{A0} = 0$，式（5-19）可改写成为：

$$\frac{x_{AM} - y_{AS}}{x_{A0} - x_{AM}} = \frac{L_0}{V_0} = \frac{\overline{V_S M}}{\overline{L_0 M}} \tag{5-21}$$

由此说明由 L_0 与 V_S 的比值，可以从图上求出内分点 M。则 V_1、L_1 为通过 M 点的结线，由此可从图上读出溢流（提取液）和底流（提取后的物料）的组成，若接触时间充分而能达到平衡状态时，$\overline{L_1 V_1}$ 将通过原点 B。

图 5-5 单级逆流浸取示意图

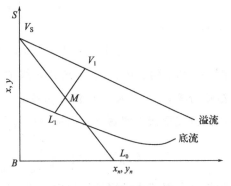

图 5-6 单级浸取图解法

（2）多级错流浸取

多级错流浸取如图 5-7 所示。经过一次提取后的底流（物料）又与新鲜溶剂接触，进行第二次浸取，这样重复进行的操作为多级错流浸取，在平衡图上表示如图 5-8。与单级浸取的情况一样，由原物料 L_0 与溶剂 V_S 求出混合物的组成点 M_1，通过 M_1 的结线与溢流组成线及底流组成线的交点分别为 V_1、L_1。由于在多级错流浸取中，每级均用新鲜溶剂处理，因此连接 L_1 与 V_S，由 L_1 与 V_S 的比值求出 $L_1 V_S$ 的内分点 M_2，同样得到通过 M_2 的结线与溢流组成线的交点 V_2、L_2。由此重复图解，即可得到所需的理论级数和最终的提取液的浓度。

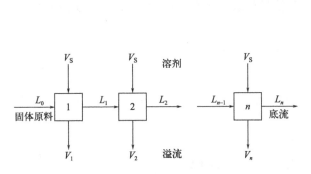

图 5-7 多级错流浸取

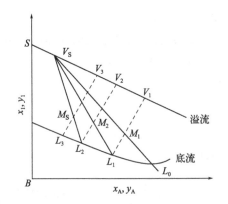

图 5-8 多级错流浸取图解法

（3）多级逆流浸取

连续多级逆流浸取是固液浸取中最重要的操作之一，其流程如图 5-4 所示。图中 L_0、V_{n+1} 分别表示固体物料和溶剂的质量流量，L_i、V_i 分别表示第 i 级的底流与溢流，在连续多级逆流操作中，底流液（固体物料）与溢流液（溶剂）在各级中以相对方向流动，即由第一级流出的底流在第二级与由第三级流出的溢流接触，溶剂经过几级逆向与固体物料接触后，可获得较高浓度的浸取液，即可得到较高的浸取率。

在稳定操作时，由第 1 级到第 n 级作总的物料衡算和溶质 A 的物料衡算：

$$L_0 + V_{n+1} = L_n + V_1 = M \tag{5-22}$$

$$L_0 x_0 + V_{n+1} y_{n+1} = L_n x_n + V_1 y_1 = M x_M \tag{5-23}$$

解出 y_{n+1} 并消去 V_{n+1} 可得到如下的操作线方程：

$$y_{n+1} = \frac{L_n}{V_1 + L_n - L_0} x_n + \frac{V_1 y_1 - L_0 x_0}{V_1 + L_n - L_0} \tag{5-24}$$

如果从各级流出的底流液能够恒定，则式（5-24）在 XY 坐标图上是直线，如果 L_n（底流液）不恒定，操作线的斜率逐渐变化。在实际生产中，底流液一般是不恒定的。

M 是根据 L_0 与 V_{n+1} 的比值求出的 $\overline{V_{n+1}L_0}$ 线的内分点，M 点又是表示 V_1 和 L_n 混合物的点，所以 M、V_1 和 L_n 也应在同一直线上。因此，由底流组成线上的点 L_n 通过 M 引一条直线，与溢流组成线相交，其交点即为 V_1。一般如果决定了 L_0、V_{n+1}、L_n、V_1 四个量，则 V_{n+1} 与 L_0 的比值可确定溶剂比。上面四个量与溶剂比确定后，另一个量也能确定。由各级的物料衡算，可得

$$L_0 - V_1 = L_1 - V_2 = \cdots = L_n - V_{n+1} = \Delta \tag{5-25}$$

$$V_0 x_0 - V_1 y_1 = L_1 x_1 - V_2 y_2 = \cdots = L_n x_n - V_{n+1} y_{n+1} = \Delta x_\Delta \tag{5-26}$$

式（5-25）中 Δ 是图 5-9 中直线 $\overline{L_0 V_1}$ 和直线 $\overline{L_n V_{n+1}}$ 的交点，而表示操作线的各直线 $L_1 V_2$，$L_2 V_3$ 等均通过 Δ 点。当 $L_0 > V_1$ 时，Δ 为正，在溢流线之上；当 $L_0 < V_1$ 时，Δ 为负，在溢流线之下；而 x_Δ 可取正负值。M、Δ 是两个假想的量值。M 是将多级提取过程视为单级提取时 L_0 与 V_{n+1} 的混合物，将这一混合物分离即得 L_0 和 V_1，而 Δ 表示从第 1 级至 n 级方向流动的净流率。

在图上求级数时，可以从第 1 级或 n 级开始，图 5-9 中为从第 1 级开始进行。由式（5-25）和式（5-26）先定出 V_1，通过点 V_1 结线和底流组成线相交得 L_1；将 L_1 与 Δ 连接起来，其接线与溢流组成线相交的交点 V_2，如此重复作图，直至 i 级底流中溶质浓度 $(x_A)_i < (x_A)_n$ 为止，其级数即等于结线的数目。如果平衡数值是在实际生产中得到的，则所得的级数经圆整即为实际所需的级数。

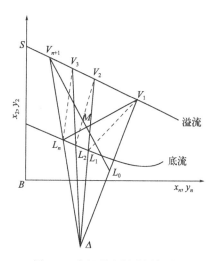

图 5-9　多级逆流提取图解法

5.3.6　解析法

解析法的原理与图解法一样，应用物料衡算和平衡关系逐级进行计算，然后根据简单的假定导出计算浸取率和所需理论级数的关系式。

（1）单级和多级错流浸取（图 5-10、图 5-11）

（2）多级逆流浸取（图 5-12）

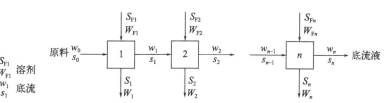

图 5-10　单级错流浸取解析法

图 5-11　多级错流浸取解析法

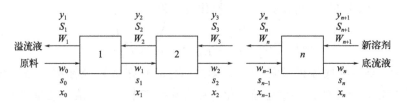

图 5-12　多级逆流浸取解析法

5.4　浸取过程的工艺条件选择

浸取操作通常有三种基本方式：单级接触式、多级接触式和连续接触式。多级接触式操作可视作若干个单级的串联，从而实现连续操作。连续接触式操作一般指原料和溶剂作连续逆流流动或移动，而如何实现固体物料的移动，则为关键。就物料和溶剂间的接触情况而言，又有浸泡式、渗滤式和两者结合的接触方式之分。

5.4.1　固体物料的预处理

在固体浸取过程中，为了使固体原料中的溶质能够很快地接触到溶剂，对固体原料进行预处理是非常重要的。预处理包括粉碎、研磨、切片及造型等。

固体原料有不同的结构特性，溶质可能在不溶性固体的表面上，也可能完全被不溶性固体所包围。溶质可能为化学结合，也可能像在动植物中那样是存在于细胞中。在不溶性固体表面上的溶质是容易被溶剂浸取的，而当溶质存在于不溶的惰性物质包围的空穴中时，溶剂必须首先扩散到固体内部，将溶质溶解，然后再扩散出来。在这种情况下，将固体原料粉碎、磨细或切成碎片，增加与溶剂接触的表面积，可使浸出的速度有显著的提高。但考虑到浸取过程中和粉碎后续的液固分离费用，需选择一个经济合理的颗粒大小。对于溶质在不溶性固体均匀分布、溶剂容易渗透的情况，过细的粉碎是不经济的。对浸取后不溶性固体易于破碎的情况，处理上就比较简单。而对于一般块状的原料，由于粉碎后浸取速率增加，因此粉碎的程度除考虑粉碎的成本以外，还需考虑固液分离和液体渗滤通过的难易程度。通常用搅拌等方法，能保持固体粒子较好地悬浮在溶剂中。在动植物原料中，由于溶质存在于细胞中，如果细胞壁没有受到破裂，浸取作用是靠溶质通过细胞壁的渗透行为来进行的。因此细胞壁产生的阻力致使浸取速率变慢，但如果为了将溶质浸取出来，而将原料磨碎，破坏全部细胞壁，这也是不实际和不可取的，因为这样将会使一些分子量比较大的组分也被浸取出来，造成溶质精制的困难。因此工业上是将这类原料加工成一定的形状，如在甜菜提取中将其加工成甜菜丝，在植物籽的提取中将其压制加工成薄片，在中药制药过程中往往是将一些中药材加工成饮片后进行提取。这样既增加了表面积，又有比较少量的细胞壁破裂，溶剂可以在不溶性固体中自由流动，从而达到浸取的目的。

5.4.2　浸取溶剂的选择

浸取所用的溶剂与液液萃取中的溶剂选择一样，所选溶剂必须能选择性地溶解溶质，这样可以减少浸取液的精制成本；其次，溶剂对溶质的饱和溶解度要大，这样可以得到高浓度的浸取液。如果溶质的溶解度小，就要消耗过多的溶剂，而且所得到的浸取液中溶质浓度也很小，这样在进行溶剂回收时就需要消耗较多的能量。第三溶剂的物性，从溶剂回收角度来看，溶剂的沸点应该低一些，如果在常压下进行操作，则沸点成为浸取温度的上限。黏度和密度对扩散系数、固液分离、搅拌的动力消耗等均有影响。有时还必须考虑溶剂的价格、毒性、燃烧、爆炸、腐蚀性等有关问题。在矿物浸取（湿法冶金）中，常用一些强酸（盐酸、硫酸、硝酸等）、强碱（氢氧化钠等）作为溶剂。溶剂的用量由浸取过程所需条件及溶剂回收要求、被处理固体和液体量的比值来决定。

5.4.3　浸取温度的选择

浸取温度是影响浸取的重要因素之一，由于溶质在溶剂中的溶解度一般随着温度升高而增大，浸取液的溶质浓度也会增高，同时黏度减少、扩散系数增大，促使浸取速率增快。但为了避免杂质过多浸出，或者当固体在高温时会引起化学反应时，浸取温度就不能太高。如果在沸点温度操作，浸取设备必须耐压，因而设备费用就会提高，一般浸取温度选择都在所选用溶剂的沸点以下或接近于沸点温度。

5.4.4　浸取时间

通常浸取时间与浸取量成正比，也就是说浸取时间越长，扩散值越大，越有利于浸取。但当扩散达到平衡后，浸取过程即完成，延长时间对浸取已无作用。相反，长时间的浸取往往会导致大量的杂质溶出，影响浸取液的质量。在中药提取中，长时间的提取还会使一些有效成分如苷类等易被在一起的酶所分解。

5.5　浸取设备

浸取设备按其操作方式可分为间歇式、半连续式和连续式；按固体物料的处理方法可分为固定床、移动床和分散接触式；按溶剂和固体物料的接触方式可分为单级接触、多级接触和微分接触式；按固体物料与溶剂间的接触情况可分为浸泡式、渗透式和两种结合方式。在选择设备时，要根据所处理固体原料的形状、颗粒大小、物理性质、处理难易以及所需费用大小决定，处理量大时一般选用连续浸取设备。在浸取过程中，为了避免固体原料的移动，又采用固定床串联，使浸取液通过固定床后连续取出，也可采用半连续或间歇式的固定床。

（1）浸取罐

浸取罐又称固定床浸取器，早年曾用于甜菜的浸取，现多用于从树皮中浸取单宁酸，从树皮和种子中浸取药物，以及咖啡豆、油料种子和茶叶的浸取等。这种设备一般是间歇操作的。图 5-13 为典型浸取罐的结构。罐主体为一圆筒形容器，底部装有假底以支撑固体物料，溶剂则均匀地淋于固体物料床层上，整个浸取罐的结构类似于填料塔。下部装有可开启的封盖。当浸取结束以后，打开封盖，可将物料排出。有时为增强浸取效果，还将下部排出的浸取液循环到上部。有的浸取罐下部装有加热系统，用以将挥发性溶剂蒸发，等于同时实现了溶剂回收。

（2）搅拌槽

浸取槽又分卧式搅拌桨浸取槽、立式搅拌桨浸取槽与回转圆筒式浸取槽等类型，见图 5-14。在卧式搅拌桨浸取槽中，待装入原料后密封，一面搅拌原料，一面将新溶剂通过喷嘴喷入，此后再由同一个喷嘴在不搅拌时将溶解了溶质的溶剂排出。这样经过三次或三次以上的重复，操作后，用蒸汽夹套加热，使附着在残渣上的溶剂蒸发，或从槽的底部喷嘴直接吹入蒸汽将溶剂蒸出。蒸汽冷凝回收，脱去溶剂后的残渣由排出口经螺旋输送器排出。

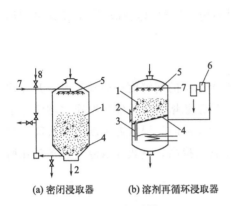

(a) 密闭浸取器　　(b) 溶剂再循环浸取器

图 5-13　浸取罐

1—物料；2—固体卸出口；3—溶液下降管；
4—假底；5—溶剂再分配器；6—冷凝器；
7—新鲜溶剂进口；8—洗液进口

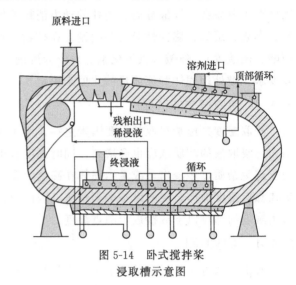

图 5-14　卧式搅拌桨
浸取槽示意图

立式搅拌桨浸取槽可用于植物籽的浸取，在这种浸取器的底部装有蒸汽盘管，可直接喷蒸汽进行加热，这种形式的设备广泛应用于间歇浸取或半连续的浸取中。回转式浸取槽与回转式干燥器类似，主要用于提取浸出比较困难的鱼渣、漂白土、羊毛、压榨过的残渣、胶体粉末及泥状物料。工业中广泛采用的是具有外夹套蒸汽加热的水平圆筒形，便于浸取器的旋转和均匀加热。

在浸取槽中，用搅拌使细粒原料悬浮在溶剂中，当经过一定时间浸取抽提后，在同一槽中或在另一槽中使固体粒子沉降，或用过滤方式使固液分离，搅拌形式有机械与空气搅拌两种。

图 5-15 为空气搅拌的 Pachuca 槽，用于从金银矿中的氧化法提取或氯化锌的浸取。槽用木材、金属、水泥或铅制造，设备费低廉，适宜长期操作。在槽的中部，从锥形底至液面附近有一根垂直管，下部吹入空气，悬浮液与空气在管内急剧上升，悬浮液在垂直管外侧向槽底部流动，形成循环。

（3）平转式浸取器

平转式浸取器又称旋转隔室式浸取器，也是渗滤式浸取器的一种，如图 5-16 所示。它是在密封的圆筒形容器内，沿中心轴四周装置若干块隔板，形成若干个隔室。圆筒形容器本身绕中心轴缓慢旋转。隔室内有筛网，网上放物料。隔室底部可开启。实际上每一隔室相当于固定床浸取器，当空隔室转至加料管下方时，即将原料加入筛网上，当旋转将近一周时，隔室底自动开启，残渣下落至器底，由螺旋输送器排出。在残渣快排出前加入新鲜溶剂，喷淋于床层上至筛网下方。用泵送至前一个隔室的上方再作喷淋，这样形成逆流接触。在刚加入原料的隔室下方排出的即为浸取液。这种设备广泛应用于植物油的浸取，也用于甘蔗糖厂的取汁。

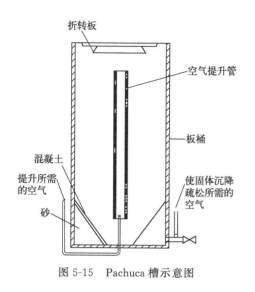

图 5-15　Pachuca 槽示意图

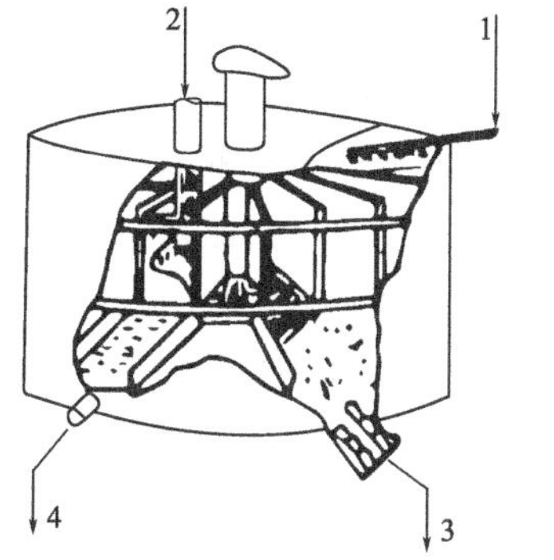

图 5-16　平转式浸取器
1—溶剂；2—原料；3—残渣；4—浸取液

（4）螺旋输送浸取器

在一个 U 形组合的浸取器中，分装三组螺旋输送固体，在螺旋线表面上开孔，溶剂可以通过孔进入另一螺旋中与固体逆流接触。螺旋转速以固体排出口达到紧密程度为好。但是，由于受到溶剂损失和料液液流的限制，螺旋输送器［图 5-17（a）］主要用于处理轻质的、具有渗透性的固体。也有其他形式的螺旋输送器，如双螺旋浸取器［图 5-17（b）］，其水平部分的螺旋用于浸取，倾斜部分的螺旋用于洗涤、脱水和排出浸取过的固体。

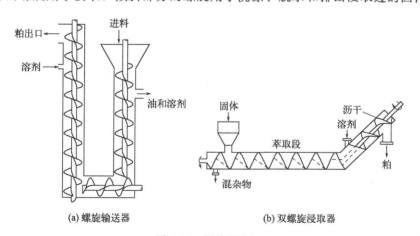

(a) 螺旋输送器　　　　　　　(b) 双螺旋浸取器

图 5-17　螺旋浸取器

5.6　应用举例

5.6.1　天然药物及中药制药过程中的新型浸取技术

5.6.1.1　超声波辅助浸取

（1）基本作用原理

超声波和声波一样，是物质介质中的一种弹性机械波，只是频率不同。超声波热学机理、超声波机械机理和空化作用是超声波辅助浸取的三大理论依据。超声波的空化效应产生极大的压力造成被粉碎物细胞壁及整个生物体的破碎，而且整个破碎过程在瞬间完成；同时，超声波产生的振动作用增加了溶剂的湍动强度及相接触面积，加快了胞内物质的释放、扩散及溶解，从而强化传质，有利于胞内有效成分的浸出[8-9]。

（2）超声波辅助浸取的特点

超声波浸取有以下特点：①药材成分浸出完全，浸出率高；②浸取过程所需时间短；③浸取过程温度低；④能量、物料消耗少；⑤浸出产品质量高。

（3）超声波辅助浸取的应用案例

下面列举一些文献报道的采用超声协助浸取技术从植物药材中提取药用有效成分的应用。

① 提取生物碱类成分。从中草药中用常规方法提取生物碱一般提取时间长、收率低，而经超声波处理后可以获得很好的效果。如从黄柏中提取小檗碱，以饱和石灰水浸泡24h为对照，用20kHz超声波提取30min，提取率比对照组高18.26％，且小檗碱结构未发生变化。当从黄连根中提取黄连素时，实验证明超声法也优于浸泡法。

② 提取黄酮类成分。黄酮类成分常用加水煎煮法、碱提酸沉法或乙醇、甲醇浸泡提取，费时又费工，提取率也低。有文献报道对比了超声波与传统的加热回流和索氏提取方法、新型的亚临界水萃取方法、正交试验方法和其他辅助的提取法，总结和归纳了超声波法提取异黄酮的技术。结果表明：超声波能快速、高效地从各种原料中提取异黄酮，并对设备要求较低。

③ 提取蒽醌类成分。蒽醌衍生物在植物体内存在形式复杂，游离态与化合态经常共存于同一种中药中，一般提取都采用乙醇或稀碱性水溶液提取，因长时间受热易破坏其中的有效成分，影响提出率。当从大黄中提取大黄蒽醌类成分时，用超声提取10min比煎煮法提取3h的蒽醌成分高，同时以频率为20kHz的超声波提取的提出率最高。在复方首乌口服液的提取工艺中，对含有大量蒽醌苷类衍生物的何首乌、大黄、番泻叶采用超声提取，可避免蒽醌类物质因久煎破坏有效成分。

④ 提取多糖类成分。从茯苓提取水溶性多糖，以冷浸12h和热浸1h作对照，超声提取1h，其提取率比对照的两种方法高30％。由此看出，超声提取多糖类成分省时，提取率也高。

⑤ 提取皂苷类成分。从丹参中提取丹参皂苷，以常规浸渍法为对照，丹参细粉经超声处理40min后，丹参皂苷的提出率高于常规法一倍多，时间缩短了98.6％，而且经超声提取的丹参皂苷得到的粗品量是常规法的近两倍，纯度也高。在从穿龙薯蓣根茎中提取有效成分薯蓣皂苷时，以70％乙醇浸泡48h为对照，用20kHz的超声波提取30min，其提取率是对照组的12倍，并用1MHz的超声波提取30min，其提取率是对照组的1.34倍，可节约药材23.4％。

目前超声技术在提取植物性药材中有效成分的应用研究还处于小试或中试范围，使超声技术向有利于工业化大生产的方向发展还有许多工程与技术问题。但随着对超声波的理论与实际应用研究的深入，其在中药提取工艺中将会有广阔的应用前景。

5.6.1.2　微波辅助浸取

（1）基本作用原理

微波是指波长在 1mm～1 m（相对频率在 $300～30000MHz$）的电磁波，介于红外与无线电波之间。微波以直线方式传播，并具有反射、折射、衍射等光学特征；大多数导体能够反射微波不吸收，绝缘体可穿透并部分反射微波，通常对微波吸收较少，而介质如水、极性溶剂等则具有吸收、穿透和反射微波的性质。

微波辅助萃取植物药材时，一方面是利用微波透过萃取剂到达物料内部，由于物料腺细胞系统含水量高，水分子吸收微波能产生大量的热量，所以能快速被加热，使胞内温度迅速升高，液态水汽化产生的压力将细胞膜和细胞壁冲破，形成微小的孔洞，进一步加热，导致细胞内部和细胞壁水分减少，细胞收缩，表面出现裂纹。孔洞或裂纹的存在使胞外溶剂容易进入细胞内，溶解并释放出细胞内有效成分，再扩散到萃取剂中。另一方面，在固-液浸取过程中，固体表面的液膜通常是由极性强的萃取剂组成，在微波辐射作用下，强极性分子将瞬间极化，并以 2.45×10^9 次/s 的速度做极性变换运动，这就可能对液膜层产生一定的微观"扰动"影响，使附在固相周围的液膜变薄，溶剂与溶质之间的结合力受到一定程度的削弱，从而使固-液浸取的扩散过程所受的阻力减小，促进扩散过程的进行。

（2）微波辅助浸取的特点

与传统浸取方法相比，微波辅助浸取具有以下几个特点：①萃取速度快，可以节约萃取时间；②溶剂消耗少，利于环境改善并减少投资；③对萃取物具有较高的选择性，利于产品质量的改善；④可避免长时间高温引起的热不稳定物质的降解；⑤操作简单。

（3）微波辅助浸取的应用案例

国内近年来开始将微波辅助浸取技术应用于多糖类、黄酮类、蒽醌类、有机酸类、生物碱类等中药有效成分的浸出中，使微波辅助浸取成为研究的热点之一。以微波辅助从新鲜薄荷叶中浸取薄荷油为例，将剪碎的薄荷叶放入盛有正己烷的玻璃烧杯中，经微波短时间处理后，薄荷油释放到正己烷中，显微镜观察表明叶面上的脉管和腺体破碎，说明微波处理有一定的选择性，因为新鲜薄荷叶的脉管和腺体中饱含水分，因此富含水的部位优先破壁，而含水少的细胞则比较滞后，甚至变化不大。与传统的乙醇浸提相比，微波处理得到的薄荷油几乎不含叶绿素和薄荷酮。但是，如果所需的有效成分不在富含水的部位，那么用微波处理就难以奏效。例如用同样的方式处理银杏叶，溶剂中银杏黄酮的量并不多，而叶绿素则大量释放出来，说明银杏黄酮可能处于较难破壁的叶肉细胞中。这里非极性的有机溶剂正己烷几乎不吸收微波，它可以起到冷却和溶解双重作用。另有报道用微波辅助浸取丹参酮已经取得了较为理想的结果，但水溶性成分，尤其是丹参素和原儿茶醛的提取或分析则不宜采用此法。

微波技术应用于浸出中药有效成分或生物细胞内耐热物质具有穿透能力强、选择性高、加热效率高等显著特点。但是这种方法也有一定的局限性：一是只适用于热稳定的产物，如寡糖、多糖、核糖、生物碱、黄酮、苷类等中药成分的提取，对热敏性物质，如蛋白质、多肽、酶等，微波加热容易导致它们变性失活；二是要求被处理的物料具有良好的吸水性，或是说待分离的产物所处的部位容易吸水，否则细胞难以吸收足够的微波能将自己击破，产物也就难以释放出来。微波用于中药提取才刚刚开始，还有许多问题亟待解决。

5.6.1.3 加酶辅助浸取

（1）基本作用原理

研究发现特定种类的酶对一些植物药材细胞壁的破壁作用使在常温下浸出时，浸出物的产量、收率、浸出速度等都有提高。植物药材的大部分化学成分存在于细胞壁内，少量存在于细胞间隙中。存在于细胞壁内的成分在新鲜植物或干燥药材经充分浸泡复水后，通过水等溶剂渗入细胞壁将成分溶解、成分扩散至细胞壁外、由植物组织内扩散至溶剂、由固-液边界扩散至溶液主体等子过程完成溶质的浸出。但有时成分通过细胞壁的迁移阻力很大，影响成分的总浸出速度，使得浸出过程难以完成。酶可使细胞壁、细胞间质中的纤维素、半纤维素、果胶质等物质降解，减少细胞壁、细胞间质等传质屏障对中药活性物质的传质阻力，有助于成分的溶出，此外也能阻止非目标物质的溶出。

（2）加酶辅助浸取的应用案例

① 浸取胡萝卜可溶性固形物。通过温度、时间、果胶酶用量、溶剂流量为因素的正交试验，研究果胶酶对胡萝卜可溶性固形物连续逆流浸取浸汁的影响，以浸汁浓度与浸取率为参数优选最佳浸提工艺。结果表明：不加果胶酶时，80℃下，浸取 55min，溶剂流量为 8L/h，其浸取率为 86.8%；而添加 $300\mu L/L$ 的果胶酶后，50℃下，浸取 55min，溶剂流量为 10L/h，其浸取率为 88.3%。

② 浸取野木瓜汁。采用两种或两种以上的酶按一定比例进行组合，进行中药浸取，可以较大地加快浸出速率，提高浸出率。吴国卿等研究了复合酶法浸取野木瓜汁的工艺。以野木瓜为原料，采用复合酶法浸取野木瓜汁。确定了果胶酶与纤维素酶的最佳添加比例为 1：6。复合酶浸取野木瓜汁的最佳酶解工艺条件为：复合酶添加量 1.0%，酶解温度 45℃，pH 4.0，酶解时间 2.5h，在此最佳条件下，野木瓜出汁率可达 56.7%，比传统的出汁率（13.7%）高出 43 个百分点。

③ 浸取黄芪多糖。黄芪药用部位是根，细胞壁多由纤维素构成，结构多糖中的纤维素可能是制约黄芪多糖最大限度溶出的主要因素。加纤维素酶量 60U/g（U 为酶活力单位，$1U=1\mu mol/min$），酶处理时间 90min，酶解温度 50℃，每次用生药 800g，第一次加 10 倍量水，浸取 2h，第二次加 8 倍量水，浸取 1.5h。实验结果表明，加酶法多糖的收率能高达 30.3%。

5.6.1.4 其他新型浸取技术

（1）电磁场强化浸取技术

该方法是在浸出器外壳上绕上层线圈，并通入交流电或直流电，使浸取过程在磁场振荡作用下进行。试验证明，在交流磁场强度为 $25\times10^4 A/m$ 作用下，静态浸渍浸出缬草根茎 10h 达平衡状态，浸出率为 93%，未加电磁场时的静态浸出需 52h 才能达到平衡状态，浸出率只有 67.5%。在电磁场作用下，经过 5h 便可达到同样的浸出率，浸出过程加快了 10 倍。缬草酸的最高浸出率增加约 25%。研究表明，交流电磁场对静态浸渍有良好的作用，而直流电磁场对动态连续流动浸取有良好作用。

（2）电磁场振动强化浸取技术

它是将特殊设计的电磁振动器头插入浸出器振动浸取，溶剂或浸出液经电磁振动后，极易穿透药材组织细胞，扩散边界层更新加快，因而加强了有效成分的浸出。试验表明，电磁振动用于颠茄叶等质地柔软药材（如花、叶、全草）的浸出，在其他条件相同的情况下，其浸出时间可从原来的 48h 缩短至 1.5～2h。

（3）流化床强化浸取技术

流化床浸取系使同液两相形成流态化进行浸出。这是根据流化床（或叫沸腾床）比固定床的传质系数大，因为固-液两相的接触面大，扩散边界层厚度薄或边界层更新快等。例如，将马铃薯干芽碎成一定粒度的粉粒，添加溶剂湿润，装入流化床内，并按规定的速度自下而上地送入浸取溶剂时，由于床内固-液两相相对运动速度很大，故对其中的龙葵碱和茶可宁的浸出速度，比固定床浸出速度大 3～4 倍。

（4）超临界流体浸取技术

与传统浸取方法相比，利用超临界流体萃取技术浸取中药有效成分具有许多独特的优点，如浸出效率高、分离工艺流程简单等，特别适用于热敏性天然产物的浸取。近年来，有关超临界流体萃取技术浸取中药的报道很多。葛发欢等利用超临界 CO_2 萃取技术浸取益母草中的总生物碱，浸出率可达常规法的 10 倍。

（5）双水相浸取技术

双水相浸取技术是近年来出现的极有前途的新型浸取技术，其特点是能够保留产物的活性，整个操作可以连续化进行，并且选择性很高。与传统的浸取方法相比，双水相浸取特别适用于小分子生物活性药物的浸取，如青霉素、头孢菌素、氨基酸等。此外，使用双水相浸取可以同其他分离技术结合，可大大提高浸出效率。

（6）离子液体浸取技术

由于离子液体具有其独特的理化性能，非常适合于用作提纯天然药物的溶剂。约克大学的 Bioniqs 公司研究了离子液体萃取青蒿素。采用离子液体（N，N-二甲基乙醇胺辛酸盐，DMEA 辛酸盐）对青蒿素萃取 30min 后青蒿素的浓度可以达到 0.79g/L，而且青蒿素没有发生降解。浸取后经过纯化可得到浓度在 95％以上的青蒿素，溶剂经过闪蒸可以实现离子液体的循环使用。

5.6.2　离子吸附型稀土矿的浸取技术

离子吸附型稀土矿中稀土离子以水合或羟基水合离子的形式吸附在黏土矿物上，故采用常规的浮选、重选和磁选等物理选矿方法，无法分选出稀土精矿，而采用离子交换的化学浸出工艺可富集稀土。离子吸附型稀土矿的浸出工艺，先后发展了池浸、堆浸和原地浸出这三代稀土浸出工艺[10]。

5.6.2.1　浸出机制

离子吸附型稀土矿主要由黏土矿物 $[Al_2Si_2O_5(OH)_4]_m \cdot nRE^{3+}$ 组成，离子相稀土就吸附于该黏土矿物上，因此黏土矿物可被当作固定相，用电解质作交换剂把已富集负载在黏土矿物上的稀土交换下来，这就是离子吸附型稀土矿化学提取稀土的理论基础。

（1）稀土浸取剂的筛选

单一 $(NH_4)_2SO_4$、NH_4Cl 和 NH_4NO_3 作浸取剂，前人已做了大量的工作。比如 $(NH_4)_2SO_4$ 代替 NaCl 工艺是一个里程碑，时至今日仍然是最主要的浸取剂。NH_4NO_3 也是一种很好且更加环保的浸取剂，原因是 NH_4NO_3 生物降解后多可转变成能被植物吸收的氮源，然而 NH_4NO_3 比 $(NH_4)_2SO_4$ 和 NH_4Cl 贵，同时 NH_4NO_3 可作为生产炸药的原料，受到储存、运输及持有的管控，因此不便用作浸取剂。NH_4Cl 也是很好的浸取剂，它是氯碱工业大量产出的副产品，因此价格很低，不仅稀土浸出率比前两种铵盐高，而且在矿体中的渗透速率快，但缺点是浸出液杂质铝含量很高，加大了后续回收稀土时除杂质铝的难度。$(NH_4)_2SO_4$ 作为浸取剂时浸出液杂质少，NH_4Cl 作为浸取剂时浸出率高但杂质含量高，采用复合铵盐浸出效果更佳。而 $MgSO_4$ 可以从源头上消除氨氮废水的污染，浸出液中镁离子含量较高，可采取萃取法或沉淀法回收稀土，萃余液或母液补充一定量镁离子后返回浸矿，已在广西崇左、福建龙岩矿山推广使用。

（2）稀土浸出动力学

若把离子吸附型稀土矿看成是一个球型粒子，模拟得出稀土的浸出反应过程符合"收缩未反应芯模型"，受内扩散的控制。同样，NH_4Cl 和 NH_4NO_3 组成的复合浸取剂浸取离子吸附型稀土矿，其稀土和杂质铝的浸出动力学均符合收缩未反应芯模型，且浸出速率受内扩散控制。对于低浓度 $(NH_4)_2SO_4$ 溶液以柱上淋洗方式浸取离子吸附型稀土矿的过程包含两个阶段：第一阶段的浸取速率较快，第二阶段的浸出速率较慢。结合不同粒径颗粒样品和再吸附稀土样品浸出动力学认为，两阶段浸出的稀土分别对应于黏土矿物表面与内层的稀土离子，其比例随矿样粒度、形成历史和 $(NH_4)_2SO_4$ 浓度而变化。

（3）稀土浸出的传质过程

若将稀土和杂质的浸出过程作为一个化工过程，运用色层塔板理论探索 $(NH_4)_2SO_4$、NH_4Cl 和 NH_4NO_3 分别作浸取剂时，稀土和铝浸出的传质机制，得出的结论是浸取流速与理论塔板高度（HETP）存在的数学模型与 Van Deemter 方程相符，铝的浸出传质效率要稍低于稀土，且其浸出也稍滞后于稀土，这为稀土和铝的浸取分离提供了可能。同样，Lattice Boltzmann 方法也模拟了离子吸附型稀土矿的浸出过程。实际稀土元素浸出生产中，矿石初始含水率、装矿高度及压差都对该矿渗透过程产生影响。随着矿石初始含水率的增大，渗透速度越快，形成稳定流场的时间越短；随着装矿高度的增加，渗透速度越来越慢，形成稳定流场的时间越长；压差越大，渗透速度越快，形成稳定流场的时间越短。部分科研人员探讨了铵浓度、温度、粒度和孔隙度对浸出液渗透性的影响。发现随着水力梯度的增大，铵盐的渗透速度呈线性增长；随着铵浓度的降低和温度的升高，稀土矿溶液黏度降低，渗透系数增大，且温度对黏度和渗透率的影响大于铵浓度；随着粒度和孔隙度的减小，稀土矿的渗透性变差，粒度对稀土矿的渗透性的影响比孔隙度大。其他科研工作者也研究了不同孔隙比下离子吸附型稀土矿强度特性变化，随着孔隙比的增大，结合水膜效应逐渐弱化，粒间接触点数目也随之减少，使矿体抗剪强度减小。

（4）浸出液的净化

在浸取过程中，除了浸出稀土外，还有可交换的铝和铁等杂质进入浸出液。用 NH_4OH 或 NH_4HCO_3 等碱性物质为中和剂，加到稀土浸出液中进行中和，使溶液的 pH＝4～5，这样使得有些杂质离子水解形成氢氧化物沉淀，而在此 pH 条件下，稀土离子不沉淀，从而达到与溶液中稀土离子分离的目的。

中和水解沉淀除杂法净化稀土浸出液时，形成絮状的胶体沉淀，主要是 Al (OH)$_3$ 等氢氧化物沉淀，沉降速度很慢，过滤十分困难。只有添加质量比为 3×10^{-6} 聚丙烯酰胺絮凝剂才可以加速沉降，有效地提高除杂过程的固液分离效率。除杂后的稀土溶液，通常用 $H_2C_2O_4$ 或 NH_4HCO_3 沉淀回收稀土。利用离心萃取器，萃取浓缩富集 200 倍，使稀土浓度达到 200g/L，直接送分离厂使用，是一个很有推广前途的短流程工艺。而从稀土盐溶液中沉淀回收稀土的方法，采用廉价易得的钙和/或镁碱性化合物沉淀剂并大幅度减少铵类物质用量，降低了氨氮污染。部分科研工作者利用 NH_4HCO_3 和 Na_2S 的化合物进行一步净化稀土的方法，结果表明：当 NH_4HCO_3 和 Na_2S 的体积比为 9：1，NH_4HCO_3 和 Na_2S 复合/滤液体积比为 0.05：1，沉淀时间为 30min 时，可除去 89% 的铜、92% 的铅和 74% 的铝杂质，稀土母液得到了很好的净化。有研究表明，在静态磁场作用下，草酸沉淀剂的用量减少了 5%，稀土的纯度仍然保持稳定。

5.6.2.2 浸出工艺

第一代浸出工艺采用 NaCl 作为浸矿剂，浓度为 6%～8%。一是由于 NaCl 浓度很高，导致浸取渣中残留 NaCl 也很高，造成土壤盐化，影响矿区的生态修复和植被恢复；二是从含钠离子很高的稀土溶液中回收稀土、草酸沉淀稀土时，钠离子会和草酸稀土形成复盐，产生大量共沉淀，使灼烧产品的稀土总量偏低，一般在 70% 左右，洗涤除去 Na_2CO_3 后再烘干，才能达到 $RE_2O_3 > 92\%$ 的商品级要求；三是需挖矿作业，工人劳动强度大，破坏山体和毁坏植被，且日处理量小，浸矿效率不高。该工艺已完全被淘汰。

第二代浸出工艺采用了 $(NH_4)_2SO_4$ 代替 NaCl 作为浸取剂回收稀土，浸出过程由池浸改为池浸和堆浸共存，但很快池浸工艺就被淘汰了。从浸取剂看，$(NH_4)_2SO_4$ 很快就代替了 NaCl，实现了 $(NH_4)_2SO_4$ 浓度为 1%～4% 的低浓度浸出，减少了浸矿试剂消耗，避免了土壤盐化，有利于植被恢复。生产的稀土混合氧化物一步灼烧，RE_2O_3 产品纯度 $> 92\%$，符合商品级的要求，该工艺极大推动了离子吸附型稀土矿的开发，$(NH_4)_2SO_4$ 代替 NaCl 成为该工艺发展的一个里程碑。

堆浸工艺也有明显的优势，特别是对于离子吸附型稀土矿矿体复杂、风化壳发育良好、风化壳低于潜水面和无假地板的稀土矿，结合土地平整仍然是很好的工艺，时至今日仍然在一些矿山继续使用，并对弱渗透性离子型稀土矿堆浸工艺进行了优化。但堆浸工艺仍需进行挖矿筑堆、山体破坏和植被毁坏，还易造成水土流失，而原地浸出工艺避免了这些问题，逐步得到了发展。

第三代为原地浸出工艺，对于有假底板的稀土矿，矿体内部结构风化壳矿石均匀，不存在节理沟和节理面的矿体，原地浸出工艺是最好的选择。它的主要优点如下：①不破坏山体的地形和地貌；②不毁坏植被，生态恢复快；③大大减轻采矿工人的重体力劳动；④可经济合理地开采贫矿，能充分利用资源；⑤可节省基建投资，降低生产成本。

离子吸附型稀土矿原地浸取工艺的核心是注液系统、收液系统、除杂工艺和沉淀工艺。原地浸取注液系统决定着稀土浸矿率、浸出液浓度、矿土母液残留和浸矿剂单耗，同时还能解决浸矿盲区、注液过程边坡稳定性差的问题，实现了浸矿剂流向、流速及注液强度的可控性，注液井的间隔和深度需根据矿体空间分布、腐殖层与矿体厚度变化和矿土渗透性能等设置；收液则需根据矿体有无假底板和矿土的渗透性能来布置；除杂工艺的好坏决定了沉淀产品的纯度和稀土回收率；而沉淀工艺决定了稀土的回收率及稀土矿的开采成本。原地浸出工艺优化的主要方向为开发高效、经济、环保的浸取剂，研发助浸、抑杂、防膨、促渗等助浸剂，改善注液和收液方式。部分科研团队提出了抑杂选择性浸出稀土的新工艺。相关研究表明原地浸出尾矿中残留铵和稀土的分布特征可以用来研究矿层结构和各部分区域的渗透性，可进一步利用分阶段浸取稀土并增加石灰水护尾工序来保证稀土浸取率和尾矿安全稳定性的原则流程。

然而原地浸出工艺仍然存在四大难题亟待解决：一是浸取速率慢，浸出过程拖长；二是浸出液的泄漏，污染地下水源；三是浸取盲区多，稀土回收率不高；四是注液不当，容易引起矿体滑坡和毁坏农田。亟须提出一些实现资源和环境保护性开采的环境工程模式，并进一步探讨开发的模式和技术内涵，提出可以进一步提高稀土收率、解决环境问题的思路和方法，以支持可持续发展。

5.6.3 废催化剂中金属元素的浸取回收

废催化剂上的金属来源于两部分：一部分是制备过程中为提高催化剂性能所添加的金属，如稀土；另一部分为催化剂在工业装置的运行过程中，原料中的各种杂质重金属（Ni、V）等会在催化剂上富集，从而使催化剂变成各种重金属的承载者。近年来，随着有色金属用量的大幅增加，价格增长较快，因此，废催化剂上金属（稀土、Ni、V 等）回收不但有经济效益，也是节约宝贵的有色金属资源的有效途径之一[11-13]。

稀土为催化剂中的重要组成部分，其在催化剂使用的全过程中所占的比例基本不变，维持在 $2\%\sim8\%$ 这个范围内。由于稀土在废催化剂中以 Re^{3+} 或 Re_2O_3 的形式存在，这种存在形式易于与相关化合物发生反应，所以回收技术相对简单，且因稀土本身资源有限、价格较高的特性，同时也具有较高的回收应用价值。迄今为止，国内外各大高校、院所以及相关专家针对不同废料（荧光粉、尾矿、灯管等）中稀土元素进行了大量的工作和实验来研究其回收的方法和工艺。科研工作者发现废催化剂中稀土元素的浸出过程是一个典型的液固渗透反应，往往是一个内扩散控制过程，根据扩散的原理及物质的能量运动，温度升高可增加浸取剂的动能，增强其运动效果，加速其向固体内部的扩散运动，从而加速整个提取反应的速度，提高浸取率。

对重金属以及其他组分的实际回收，可以通过以下方式来实现：酸浸取、碱浸取、酸碱两阶段同时浸取、生物浸取以及氯化等形式。以酸浸取为例，酸浸取包括直接用酸浸取和焙烧后用酸浸取两种形式，酸的取材可以为无机酸如硫酸、盐酸等，还可以为有机酸如草酸、酒石酸等，两种酸在实际的金属提取中，有机酸更加容易实现金属的回收，且比较环保。但是从实际的浸取工艺上分析，会更加复杂。相关研究者将 CoMo 和 $NiMo/Al_2O_3$ 废催化剂预氧化后，以无机酸硫酸溶液浸取其中的重金属 Mo、Ni 等，其金属的回收率在 98%。

5.6.4 废旧磷酸铁锂电池正极材料的浸取回收

废旧磷酸铁锂电池正极材料的浸取回收由湿法冶金发展而来，其一般流程为：通过浸泡正极片使正极粉料脱落并收集；利用无机酸如 HCl、H_2SO_4、HNO_3 等或有机酸如 CH_3COOH、$C_6H_8O_7$ 等对粉料进行酸浸，使回收元素以离子的形式分散于溶液中；调节溶液 pH 值并加入沉淀剂,通过选择性沉淀得到回收产物。进一步地,有学者对废旧磷酸铁锂电池正极材料的浸取回收进行优化,设计了无酸浸取工艺[14-15]。

5.6.4.1 酸浸工艺

有学者先以 NaOH 溶液处理正极材料以去除铝杂质,固液分离后向滤渣中加入盐酸和双氧水将 Fe^{2+} 转化为 Fe^{3+},再用 Na_2CO_3 调节溶液 pH 值,使磷元素和部分铁元素以磷酸铁的形式沉淀;将滤液加热并加入 NaOH 溶液,分离出 $Fe(OH)_3$ 沉淀,回收剩余的铁元素;再向除去磷和铁的滤液中加入 Na_2CO_3,得到碳酸锂,由此锂元素得以回收。该法探究了温度、pH 值、酸用量以及酸浓度等参数对回收效果的影响并总结了回收过程的投入与产出。利用该法可以实现元素的全面回收,回收的产品达到了工业级应用要求。

与上述方法类似,也有学者以回收锂为目标,以硫酸和双氧水混合液为浸取液、磷酸钠为沉淀剂进行回收处理。实现了 95.75% 的锂回收率,且磷酸锂纯度达到 95.56%,满足工业品要求,但该法需要关注磷酸铁锂中杂质含量的问题。

也有研究人员将废旧正极材料与不同比例螯合剂(EDTA-2Na)进行球磨,再选择磷酸浸取回收锂和铁。机械力作用可减小物料尺寸并破坏晶体结构,而螯合剂则可有效去除碱金属杂质。通过 ICP-OES 等测试可知,锂和铁的浸出效率分别为 92.04% 和 94.29%,这表明粒度和结构改变可影响元素的回收效率。在废旧电池回收行业中,除回收单一的废旧磷酸铁锂外,对混合材料如磷酸铁锂与钴酸锂、锰酸锂以及三元正极材料的混合体系进行回收也具有较高的经济效益。可通过浮选沉淀的方式回收磷酸铁锂、锰酸锂中的锂、铁、锰,而该法需要选择合适的浸取剂、浮选剂以及沉淀剂。有学者对从市面上回收的 $LiCoO_3$、$LiMn_2O_4$、$LiFePO_4$、$LiNi_{1/3}Co_{1/3}Mn_{1/3}O_2$ 混合料进行锂回收,以硝酸和双氧水作为浸取剂,建立"缩核模型"对浸取过程动力学进行研究。过程中不同材料的反应速率常数有所不同,其中 Mn^{2+}、Ni^{2+} 浸出效果略差。通过氧化剂(草酸)调节混合液 pH 值可有效除去杂质离子,回收产物磷酸锂的纯度可达 98.4%。

5.6.4.2 无酸浸取工艺

有学者发明一种回收废旧磷酸铁锂中锂的方法,其以氯酸钠、次氯酸钠、过硫酸铵、过磷酸铵中的若干种作为浸出剂,以三乙醇胺为助剂,Fe^{2+} 经氧化后生成沉淀,滤液富锂,再经过处理后可得到纯度较高的碳酸锂。该法流程短、助剂添加量少,对于生产具有重要的指导意义。科研工作者采用多种测试手段对磷酸铁锂的浸取过程进行分析,根据热力学参数,研究选择性沉淀的机理。通过调节氧化剂的用量,锂浸出率最高达到 99.8%。最终锂以碳酸锂的形式回收,其纯度大于 99.0%。同样,其将磷酸铁锂废料加水制浆,利用三价可溶性铁盐与氧化剂,循环操作得到富锂溶液,最终溶液的锂含量高达 12.83g/L。该方法没有酸碱溶液的消耗,可在低温下进行,相对较环保。但上述方法均只针对价值较高的锂元素的回收,不涉及铁和磷元素的再生利用,而要从磷酸铁渣得到再生磷酸铁材料还面临杂质不易去除、处理成本高等问题。

最近,有学者利用水热法对回收废料进行直接再生。其以 Li_2SO_4 水溶液为溶剂、$N_2H_4 \cdot H_2O$ 为还原剂与磷酸铁锂粉料混合进行水热反应得到再生磷酸铁锂。其中 Li_2SO_4 可补充磷酸铁锂在循环后损失的锂。再生材料在 1C 下循环 200 圈后的容量保持率为

98.6％。同时，由于水热反应温度低（小于200℃），导电炭和黏结剂得以保留再利用，但对材料的比容量略有影响。

对于废旧磷酸铁锂电池正极材料的浸取回收，常规工艺中大多采用酸浸取来回收有用元素，但酸碱溶液的使用必然会产生大量废水，增加了处理成本并降低经济效益，而利用无酸浸取工艺可规避酸碱使用，更加环保、便捷、有效，为生产者提供了新的思路。此外部分方案以回收锂元素为主，故多元素的综合回收以及如何提高元素的回收率还有待深入研究。

本章符号说明

符号	意义	计量单位	符号	意义	计量单位
D	分子扩散系数	m^2/s	τ	曲折因子	
D_{AB}	A通过B的扩散系数	m^2/s	μ	溶剂的黏度	$Pa \cdot s$
D_E	涡流扩散系数	m^2/s	φ	溶剂的缔合参数	
J_A	物质的扩散量	$kmol/(m^2 \cdot s)$			
T	绝对温度	K			
ε	多孔介质的自由截面积或孔隙率量	m^2/m^2			

 思考题

[5-1] 简述浸取原理。

[5-2] 影响浸取过程的因素有哪些？

[5-3] 简述植物药材浸取过程的几个阶段？

[5-4] 试结合固液提取速率公式说明提高固液提取速率的措施包括哪些。

[5-5] 试根据浸出的总传质系数公式说明各项的物理意义。

[5-6] 植物性药材总传质系数都与哪些因素有关？

[5-7] 选择浸取溶剂的基本原则有哪些？试对常用的水与乙醇溶剂的适用范围进行说明。

[5-8] 单级浸取和多级逆流浸取计算程序有何不同？如何计算各自的浸出量和浸出率？

[5-9] 固-液浸取工艺方法都有哪些？各用什么设备？

[5-10] 简述超声协助浸取的作用原理及影响因素。

[5-11] 简述微波协助浸取的作用原理及影响因素。

[5-12] 试根据索氏提取法工艺流程图写出应用该法进行中药提取的操作步骤。

 计算题

[5-1] 含浸出物质25％的药材50kg，第一级溶剂加入量与药材量之比为3∶1，其他各级溶剂的新加入量与药材量之比为4∶1，求第一次浸取和浸取4次后药材中所剩余的可浸

出物质的量，设药材中所剩余的溶剂量等于其本身的质量。

[5-2] 某药材含 30％无效成分及 10％有效成分，浸出溶剂用量为药材的 10 倍，药材对溶剂的吸收量为药材自身质量的 2 倍，求 50kg 药材单次浸取所得无效成分及有效成分量。

[5-3] 某药材共 100kg，将有效成分浸出 95％需要三次，试求浸出溶剂的消耗量。已知药材对溶剂的吸收量为药材自身质量的 2 倍，设药材中剩余的溶剂量等于本身的质量。

参考文献

[1] 宋航，李华. 制药分离工程(案例版)[M]. 北京：科学出版社，2020.

[2] 李淑芬，姜忠义. 高等制药分离工程[M]. 北京：化学工业出版社，2006.

[3] 李淑芬，白鹏. 制药分离工程[M]. 北京：化学工业出版社，2009.

[4] 陈平. 中药制药工艺与设计[M]. 北京：化学工业出版社，2009.

[5] 曹光明. 中药浸取物生产工艺学[M]. 北京：科学出版社，2009.

[6] 刘小平，李湘南，徐海星. 中药分离工程[M]. 北京：化学工业出版社，2005.

[7] 朱卫丰. 中药制药分离工程[M]. 北京：中国中医药出版社，2021.

[8] 张代佳，刘传斌，修志龙，昌增益. 微波技术在植物胞内有效成分提取中的应用[J]. 中草药，2000，31(9)：附 5-6.

[9] 庞兆信. 我国林产化学工业通用固液萃取设备的分析与选择[J]. 林产化工通讯，1998，3：24-28.

[10] 池汝安，刘雪梅. 风化壳淋积型稀土矿开发的现状及展望[J]. 中国稀土学报，2019，37(2)：129-140.

[11] 陈钰. 炼油废催化剂的处理和利用[J]. 化工管理，2016(11)：1.

[12] 左泽军. FCC 废催化剂的资源化利用[D]. 青岛：中国石油大学(华东)，2016.

[13] 竹斌耀，吴刘曦，周骏，柳建设. 含钼废催化剂中钼的回收技术现状[J]. 广州化工，2014，42(13)：39-41.

[14] 赵红伟，施志聪. 废旧磷酸铁锂电池正极材料回收技术进展[J]. 电池工业，2021，25(5)：271-278.

[15] 王韵珂，延卫，万邦隆，等. 废旧锂电池磷酸铁锂正极材料回收工艺研究进展[J]. 云南化工，2022，49(06)：1-6.

第6章
吸附分离

6.1 概述

6.1.1 吸附的定义及重要性

吸附是一种界面现象，当固体表面暴露于气体或液体中时就会发生吸附现象，是主体相中的某种或几种成分在界面上富集或贫化的一种最为基础的界面现象。当它们在界面层中富集，界面层中的浓度大于在体相中的浓度时称作吸附，反之，称为脱附。

在固体表面被吸附而富集的组分称为被吸附物或吸附质（adsorbate），能有效地从气相或液相中吸附某些组分的固体物质称为吸附剂（adsorbent），在液体表面虽也可发生吸附作用，但不将其称为吸附剂，吸附现象一般称作固相吸附。在一定条件下，吸附随着某一特定组分浓度的明显增多，整体效果依赖于界面面积的范围。因此，所有的工业吸附剂都具有大的比表面积（一般不低于 $100m^2/g$）和适宜的孔结构，并且绝大部分是多孔物质，一定的表面结构对吸附质有强选择性吸附能力，不与介质发生化学反应，制备工艺方便，易再生并且具有良好的力学强度等。

吸附作用在工农业生产和日常生活中有许多应用。在石油化工、化学工业、气体工业和环境保护领域，吸附是从气体和液体介质中除去杂质或污染物，使组分分离的一种方法。研究吸附作用有助于了解在界面上进行的各种物理化学过程的机理。这些过程包括分离与净化、物质的精制、脱色与染色、防湿与除臭、缓蚀与阻垢、润滑与摩擦、絮凝与聚集等。一些吸附剂被大量地用作干燥剂、催化剂或催化剂载体；另一些则被用作分离或储存气体、净化液体、控制药物的缓释、污染物控制以及呼吸防护。此外，吸附技术还在许多固态反应和生物机理中发挥重要作用。应用吸附原理发展而成的各种色谱技术是重要的现代分析手段；多相催化中反应物的吸附与产物的脱附是催化反应的基本步骤；基于胶体化学原理发展起来的纳米粒子大小、形状的控制和自组装与表面活性剂特性吸附有关；固体支撑体上生物膜半膜和固定化酶的模拟、混合物在多孔物质上的扩散过程模拟与吸附作用有关；近年来在国家倡导的"双碳减排"目标方面，吸附法碳捕集技术的应用赋予其更加旺盛的生命力。

6.1.2 吸附研究的发展

吸附现象早在远古时期就已被人类发现，古人用草木灰、木炭除去空气中的异味和湿气，这种应用延续至今。木炭的脱色性质最早是在 1785 年由一名俄国化学家 Lowitz 研究的[1-2]。1814 年，瑞士学者 de Saussure 第一个系统地研究了多种气体在几种吸附剂上的吸附，发现了气体吸附的放热性质[3]。1879~1881 年间，Chappuis 和 Kayser 第一次试图把气体的吸附量与气压联系起来，之后，Kayser 引入了"吸附"（adsorption）这一术语，指出吸附是气体在空白表面上的凝聚，与吸收完全不同。随后的几年，"等温"和"等温曲线"也开始应用在常温下的吸附测量的结果中。18 世纪末至 19 世纪初，吸附法被应用于食品工业中净化糖汁、酿酒工业中除去酒精中的杂醇油，所用的吸附剂多是木炭或骨炭。直至 20 世纪初，出现了用气体活化和化学活化法制备活性炭的专利，活性炭工厂建立。

1914 年，匈牙利外科医生 M. Polanyi 最早提出了一种假设的吸附理论——吸附势理论（adsorption potential theory），但没有给出吸附等温线公式，而是提供一种制作"特征曲线"的方法，将吸附势能与吸附量相关联[2]。1916 年，表面科学的重大转折点，美国物理化学家 I. Langmuir 提出了单层吸附理论，这一理论有明确的假设条件，得出了简明的吸附等温式——Langmuir 方程[4]。他指出，发生在固体和液体表面的吸附通常都包含单分子层的形成，单分子层吸附理论是后续发展的 BET 多层吸附理在论的基础。在此之前，经验的 Freundlich 吸附等温式在 1907 年问世。气体吸附历史上的另一个重要阶段是出现了 Brunauera 和 Emmett 的工作，他们在 1938 年发表了关于 Brunauer-Emmett-Teller（BET）的论文，开启了多层吸附的研究新阶段。

在吸附机理的研究方面作出重要贡献的先驱还有莫斯科科学家 Dubinin 和俄罗斯科学家 A. V. Kiselev。Dubinin 提出微孔是经过体积填充过程在相对较低的压力下填充的，他与 Langmuir 一致认为窄孔径中的物理吸附与宽孔径或开放界面上的吸附机理不相同，根据不同的宽度将孔分为微孔、过渡孔（现在称中孔）和大孔三类。Kiselev 证明了极性分子吸附在极性或离子型表面时，存在特殊的相互作用。这些理论现在仍有效指导着我们与吸附相关的科研工作。

在过去的几十年间，人们主要关注表面科学分形分析的应用，分形分析在不需已知绝对表面积的情况下，将单层容量和分子面积连接起来。在物理吸附中，分形分析的成功将取决于它在精细非孔吸附剂和具有统一孔径大小和形状的多孔固体中的应用。现在各种先进的光谱、显微技术和散射技术也被应用于研究吸附质的状态和吸附剂的微观结构。而且，对等温线和吸附能量数据的实验测量、对模型物理吸附的计算模拟以及对密度泛函理论（DFT）的应用方面，也都获得了巨大进步[5]。

6.1.3　吸附剂的发展及前景

广泛应用的普通商业吸附剂主要有四种：活性炭、沸石、硅胶和活性氧化铝。活性炭是一种应用广泛的吸附剂，它是憎水性的，用于食品脱色、除去空气中的化学物质。硅胶和活性氧化铝主要用作干燥剂。1959 年，Milton 发明的合成沸石是四种典型吸附剂中最晚发明的，今天我们所使用的商业沸石如 A 型、X 型和 Y 型沸石就是他发明的，沸石特有的表面活性和晶体空间结构使其成为特殊的吸附载体。在过去的 50 年间，许多新型吸附剂被发展完善。较老的工业吸附剂（如活性炭、氧化铝和硅胶）仍在大量生产，但是它们通常为非晶结构，它们的表面和孔结构并不精细，难以表征。20 世纪 90 年代初，有序介孔材料的诞生对于微孔沸石是一个重要补充，不仅将分子筛由微孔范围扩展至介孔范围，而且使得大分子吸附、催化反应、药物存储等工业应用得以实现，并且带来了沸石和溶胶-凝胶两大科学的融合。有序介孔材料虽然目前尚未获得大规模的工业化应用，但它所具有的孔道大小均匀、排列有序、孔径可在 2～50nm 范围内连续调节等特性，使其在分离提纯、生物材料、催化等方面有着巨大的应用潜力。

近几十年间，具有晶体内孔结构的模型吸附剂，比如新的人造沸石（zeotype）、磷铝分子筛和金属有机骨架化合物（MOFs），具有精细大小和形状的孔的新型有序结构吸引了越来越多的关注。其中 MOFs 材料的快速发展和兴起是过去二十年化学和材料科学领域最重要的事件之一。20 世纪 90 年代末，MOF 材料稳定的多孔性被 Yaghi 和 Kitagawa 等科学团队发现和建立，它兼有无机材料的刚性和有机材料的柔性特征，同时具有高孔隙率、低密度、大比表面积、孔道规则、孔道可调以及拓扑结构多样性等优势，使其在气体存储、分离和催化等领域有着广泛的应用。其基础研究已经发展到了一定程度，将科学研究成果从实验室转向市场也已成为现实，这也预示着这一领域已经迈入了新的时代。NuMat Technologies是首家将 MOF 材料投入商业化生产的公司，其产品 ION-X 主要是用于存储电子工业中使用的有毒气体。对于甲烷存储，目前最好的 MOF 材料无论在体积存储量还是质量存储量都要优于传统的沸石和活性炭材料以及其他新兴的多孔材料，杰出的存储性能也表明了这类材料应用于汽车上的巨大前景。在巴斯夫公司和福特汽车合作生产的天然气动力汽车上，汽车的"油箱"塞满了 MOF 材料，这些材料具有 1nm 的孔结构，孔内部储存着整齐堆叠的甲烷分子，为汽车的内燃机提供燃料（如图 6-1）。随着不同领域的科学家逐渐加入到 MOF 的研究领域，越来越多新颖的性能被开发，一些多功能的 MOF 材料也逐渐出现。

图 6-1　储存有甲烷气的 MOF 材料应用在新能源汽车上

随着新的能源技术如燃料电池、储氢、甲烷存储的发展，吸附扮演着越来越重要的角色。将来的清洁环境对大气和水污染控制的标准也会越来越高，这一切都需要更好的目前市场上不能得到的吸附剂。吸附材料的设计和改性需要在基本原理的指导下研制，理论工具，如分子轨道理论和蒙特卡洛（Monte Carlo）模型的使用能够有利于吸附剂的快速设计，但还需要进一步深入地创新以满足未来更多的挑战。

6.2　吸附理论

6.2.1　吸附作用力

6.2.1.1　范德瓦耳斯力

物理吸附具有吸附热小、吸附速度快、选择性小、吸附可以是多层的等特点，引起物理吸附的作用力是范德瓦耳斯（van der Waals，范德华，范德瓦尔斯）力，只有这种作用力存在于各种原子和分子之间。van der Waals 力包括原子和分子间的色散、诱导力和静电力三种，这种作用力无方向性和饱和性。在非极性和极性不大的分子间主要是色散力的作用。

当原子或分子中的电子在轨道上运动时产生瞬间偶极矩，它又引起邻近原子或分子的极化，这种极化作用反过来又使瞬间偶极矩变化幅度增大，在这样的反复作用下产生色散力。色散力是一种吸引力，引起吸附的力中总包含有色散力，色散力是一种同时伴有排斥力的吸引力。若固体或气体具有极性，还会有静电力。色散能与互斥能的和，主要决定非共价作用的形状和大小。色散力这一名称的提出与光色散的起因有密切关系。London 首次描述了色散力的特征，认为它是由每个原子内电子密度的迅速升降产生的，这样的原子诱导邻近原子产生电矩，从而导致两原子间的相互吸引。在吸附质分子中，表面电负性（电子亲和性）不同的原子在形成化学键时，电荷偏向电负性大的原子。若偏移的电荷量为 $+e$、$-e$，两种电荷的中心距离为 r，则在两个结合原子之间产生的电矩为 $\mu = er$，称为键矩。这种表面偶极子或具有表面极性官能团的键矩与偶极性吸附分子发生相互作用，这种作用称为偶极子相互作用，比色散力小。诱导能是指永久偶极子与诱导偶极子之间的相互作用，一般较弱，有时忽略。

6.2.1.2　弱化学键吸附作用

弱化学吸附过程的吸附热介于物理吸附和化学吸附之间，一般为可逆吸附过程，目前研究较多的弱化学键吸附机理主要有氢键作用、电子供体-受体作用和 π 配位键吸附。固体表面往往存在含氢原子的极性官能团，如羟基（—OH）、巯基（—SH）、羧基（—COOH）、磺酸基（—SO$_3$H）、磷杂醇基（—POH）、氨基（—NH$_2$）和亚氨基（—NH）。这些表面官能团上的氢原子同吸附分子中电负性大的原子如氧、硫、氮、氟、氯的孤对电子作用，形成链角 ∠O—H…X 约为 $180°$ 的氢键。同样，结合在表面官能团中氢原子上的氧、氮、氟等原子的孤对电子也可与吸附分子中的氢原子作用形成氢键。地球生物圈内到处都存在大量的水，吸附质内有时也含有水，水与固体表面形成氢键吸附是极其重要的现象。氢键的强度是范德瓦耳斯力的 $5\sim10$ 倍，通过氢键吸附的分子在室温很难脱附，需要在 $100\sim150℃$ 真空除气才能脱附，对含微孔的多孔体，脱附温度更高。氢键作用力的特性属于化学作用一类，在许多吸附现象中氢键起着重要作用。纯粹的物理吸附或化学吸附都是极端的情况，一般的吸附作用是综合的，很难分辨。在吸附表面上凸出部分及边缘处、棱角处易于产生化学键力的吸附作用，而在表面平坦处或凹下处的范德瓦耳斯力作用更强些。通常，在极性介质（如水和乙醇）中，吸附剂与吸附质间的氢键作用会受到抑制，而在非极性介质（如正己烷）中，氢键吸附可以被充分体现。水的存在会影响氢键吸附。因为水既是氢键的受体又是形成氢键的供体，所以它既会与吸附质形成氢键，又会与吸附剂上的吸附位点形成氢键，而这些都将会降低氢键吸附的效果。一般多孔固体吸附材料在使用前都会进行深度脱水。

供体-受体（donor-acceptor）作用机制是由 Mattson[6] 等最先提出的，他们利用内反射红外，研究了硝基酚类物质在活性炭上吸附作用力。他们认为酚和基面含氧官能团之间的氢键作用较弱，主导的吸附力是含氧官能团作为电子供体、溶质芳环作为电子受体的供体-受体作用。电子供体-受体理论，即活性炭表面一些碱性羰基官能团（提供电子）与目标物苯酚上的芳环（接受电子）成键，这种理论意味着在炭表面需要存在大量的碱性含氧基团以便与酚类物质中的芳环结合，Boehm 认为这种碱性基团主要是羰基，特别是定位于多环吡喃酮类结构中的羰基。此外，也有研究认为表面羧基官能团能与苯酚上的羟基官能团形成氢键故羧基也是一种可能的吸附位。图 6-2 是以双酚 A 作为目标物，推测电子供体-受体吸附机理。

另一种弱化学键吸附是 π 配位键吸附，它能在吸附剂和吸附物之间形成化学络合键，其键能普遍强于范德瓦耳斯力，因而可以提高吸附选择性，化学配位吸附在分离和净化过程中的作用已经被广泛研究和应用，部分 π 络合吸附剂已在商业上得到应用。King 课题组提出了很多重要的分离过程，他们将吸附剂官能团化，在吸附质和吸附剂分子之间形成可逆的化学络合键[7]。π 络合属于化学配位键中特殊的一种，π 络合吸附剂含有过渡金属元素主族元素（d 族），当这些金属的离子与吸附质分子相互作用时，会与 s 轨道形成 σ 键，另外，它们的 d 轨道能反馈电子云给被束缚分子的 π 轨道。Yang 和 Padin 等研究者开发了大量可以有效分离的 π 络合固体吸附剂，如 Ag^+ 交换树脂、单分子层 CuCl 的柱撑黏土分离提纯 CO、$AgNO_3/SiO_2$ 用于吸附烯烃[8-12]。然而过强的结合力会导致化学反应或者不可逆吸附，从经验值上看，当键能在 $60 \sim 80 kJ/mol$ 以下时，吸附是"可逆的"，也就是说，通过压力或温度的变化这种简单的工业操作，就能起到解吸作用。分子轨道理论用在了 π 络合吸附剂的研究中[9,12]，分子轨道理论是对指定的吸附分子设计络合吸附剂的理想工具，通过计算可以指导吸附剂的设计与合成。如图 6-3 所示为吸附乙烯后的 Ag 的 5s 轨道，轨道的电子占有量增加，而 4d 轨道（$4d_{xy}$、$4d_{xz}$、$4d_{yz}$、$4d_{x^2-y^2}$ 和 $4d_{z^2}$）的电子占有量在减少。这个结果来自吸附质分子与 Ag 的 5s 轨道形成 π 键的 σ 给予键的贡献，以及从吸附质分子与 Ag 的 4d 轨道的 d-π^*（$2p_x^*$、$2p_y^*$ 和 $2p_z^*$）反馈作用。

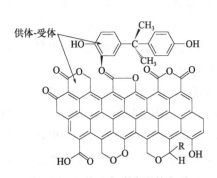

图 6-2 双酚 A 与炭表面的电子
供体-受体理论形成氢键

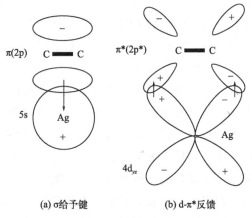

(a) σ给予键　　(b) d-π*反馈

图 6-3 C_2H_4-Agπ 络合相互作用结构示意

6.2.2　平衡分离和动力学分离

（1）尺寸筛分

尺寸筛分是只有分子尺寸小于吸附剂的孔径且形状适宜的分子可以扩散到吸附剂内，其他分子则被阻挡在外，从而实现混合物分离的一种方法。尺寸筛分效应也被称为位阻效应或分子筛分效应，是吸附分离中最常见且最容易理解的机制。在分离烃类同分异构体和二氧化碳吸附分离中多用到尺寸筛分效应。研究者们通过精确地调控和优化吸附剂孔隙大小和形状，已经解决了一些具有挑战性的气体混合物体系的分离，如烷烃/烯烃的分离[13-14]、烯烃/炔烃分离[15]等。

（2）动力学筛分

动力学筛分是利用不同分子在吸附剂孔道内的扩散速率不同来实现分离目的的一种方法，即使两种分子的尺寸差异很小，但这两种气体通过某个吸附剂孔道时的能量势垒可能相差非常大，此时这个吸附剂就具有分离这两种物质的潜力。通过评估不同吸附质在吸附剂中扩散系数和一定条件下达到吸附平衡的时间，可以预测此种吸附剂对于混合物动力学分离的可能性。

（3）基于物理或化学吸附的相互作用

物理吸附是由吸附剂和吸附质分子间的范德瓦耳斯力和静电作用力所引起的吸附（上节已述），物理吸附的优势是可以发生在任何固体表面上，吸附活化能较低，吸附剂的再生方法简单，但当目标分子的浓度较低时，物理吸附剂与吸附质的作用力较弱。化学吸附作用指的是吸附质分子与固体表面原子（或分子）发生电子的转移、交换或共用。由于这种相互作用通常是不可逆的，因此不符合吸附分离的要求。与传统的不可逆化学吸附作用不同，π 络合作用的弱化学键性质使得整个过程是可逆的（本章 6.2.1.2 节已述），并且容易实现脱附和吸附剂再生过程，此类化学选择性吸附剂与吸附过程得到了广泛的关注与研究[16]。

（4）开门效应（呼吸效应）

当特定吸附质分压或压力较低时，吸附剂几乎不吸附吸附质或吸附量很低；当压力增大到一定程度后，特定客体分子可以打开材料的孔道进入内部，吸附量随之快速上升。这种现象一般是由骨架结构的柔韧性引起的，多见于金属有机骨架材料。图 6-4 是一个典型的具有

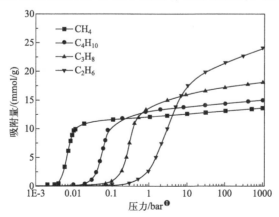

图 6-4　理论测定的直链烷烃在 MOF-5 中在下的吸附等温线（300K）[17]

---

❶ 1bar＝10^5Pa。

开门效应的 MOF-5 对烃类的吸附等温线，吸附质分子的压力达到一定数值后，诱导吸附剂的开孔效应，因此吸附等温线呈现了在突破某一个压力值后的迅速上升[17]。

在实际的吸附分离过程中，以上几种机理往往并不是单独存在的，在一类吸附材料中兼容多种机理可以使吸附剂有更好的吸附容量和选择性，但同时也为吸附分离机制的研究增加了难度。

6.2.3 吸附等温线的类型

6.2.3.1 气固物理吸附等温线类型

对于气-固体系，单位质量固体的吸附量与平衡压（或相对压力）之间的关系曲线叫作吸附等温线，实验测定的吸附等温线具有各种形状，这些形状为研究吸附材料的孔结构提供了初步有用的信息。1940 年，S. Brunauer，L. S. Deming，W. E. Deming 和 E. Teller 等人对各种吸附等温线进行分类，将吸附等温线分为 5 类，称为 BDDT 分类[18]。随着对吸附现象研究的深入，BDDT 的五类吸附等温线已不能描述和解释一些新的吸附现象，因此人们又通过总结和归纳，于 1985 年，国际纯理论与应用化学协会（International Union of Pure and Applied Chemistry，IUPAC）提出建议物理吸附等温线分为 Ⅰ～Ⅵ 六种类型（如图 6-5)[19]。经过 30 年的发展，各种新的特征类型等温线已经出现，并证明了与其密切相关的特定孔结构。2015 年，IUPAC 更新了原有的分类，主要对 Ⅰ 类、Ⅳ 类吸附等温线增加了亚分类（如图 6-5）。

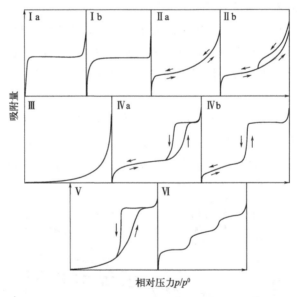

图 6-5　IUPAC 建议的气体吸附等温线分类

Ⅰ 型等温线为可逆等温线，在较低的相对压力下吸附量迅速陡峭上升并达到平台，当 p/p^0 趋近于 1 时，单位质量吸附剂的吸附量达到极限值，类似于 Langmuir 型吸附等温线。在 p/p^0 非常低时吸附量急剧上升，这是因为在狭窄的微孔（分子尺寸的微孔）中，吸附剂-吸附质的相互作用增强，从而导致在极低相对压力下的微孔填充。但当达到饱和压力时（$p/p^0 > 0.99$），可能会出现吸附质凝聚，导致曲线上扬。微孔材料表现为 Ⅰ 类吸附等温线。

对于在 77K 的氮气和 87K 的氩气吸附而言，Ⅰa 型对应具有狭窄微孔材料的吸附等温线，一般孔宽小于 1nm；Ⅰb 型对应微孔的孔径分布范围比较宽，可能还具有较窄介孔，这类材料的孔径一般小于 2.5nm，具有相对较小外表面的微孔固体（例如，某些活性炭、沸石分子筛和某些多孔氧化物）。

Ⅱ型等温线先表现为凸形，然后呈现接近线性的形状，最后表现为凹形，这种等温线表现为无孔或大孔材料的吸附情形，其线形反映了不受限制的多分子层吸附。如果等温线的"台阶"非常陡峭，应该能看到拐点 B，它是中间几乎线性部分的起点，该点通常对应于单层吸附的完成和多分子层形成的开始，从 B 点处的纵坐标可以估计出完成单层吸附时吸附物的量（即单层吸附容量）；如果这部分曲线是更渐进的弯曲（即缺少鲜明的拐点 B），表明单分子层的覆盖量和多层吸附的起始量叠加。由于吸附质与表面存在较强的相互作用，在较低的相对压力下吸附量迅速上升，曲线上凸。等温线拐点通常出现于单层吸附附近，随相对压力的继续增加，多层吸附逐步形成，达到饱和蒸气压时，吸附层无穷多，吸附还没有达到饱和，多层吸附的厚度似乎可以无限制地增加。

Ⅲ型等温线也属于无孔或大孔固体吸附情况，等温线下凹，不存在 B 点，因此没有可识别的单分子层形成，吸附剂-吸附物之间的相互作用相对薄弱，吸附分子在表面引力较强的部位周边聚集，吸附出现自加速现象，吸附层数也不受限制。真正的Ⅲ型等温线并不常见。

Ⅳ型等温线起始部分与Ⅱ型很像，在较高的 p/p^0 相对压力下会出现典型的饱和特征，可能很短甚至只剩一个拐点，这来自介孔类吸附材料的吸附特征（如氧化物胶体、介孔分子筛等）。介孔的吸附特性是由吸附剂-吸附质的相互作用，以及在凝聚状态下分子之间的相互作用决定的。在介孔中，介孔壁上最初发生的单层吸附与Ⅱ型等温线的相应部分路径相同，但是随后在孔道中发生了凝聚。孔凝聚指一种气体在压力 p 小于其液体的饱和压力 p^0 时，在一个孔道中冷凝成类似液态。一个典型的Ⅳ型等温线特征是形成最终吸附饱和的平台，但其平台长度可长可短（有时短到只有拐点）。Ⅳa 型等温线的特点是在毛细管凝聚后伴随迟滞回环，当孔径超过一定的临界宽度后，开始发生回滞。孔宽取决于吸附系统和温度，例如，在筒形孔中的 77K 氮气和 87K 氩气吸附，临界孔宽大于 4nm。Ⅳb 型等温线吸脱附曲线完全可逆，具有较小孔径宽度的介孔吸附材料符合这一规律（如 MCM-41 介孔分子筛）。理论上，在锥形端封闭的圆锥孔和圆柱孔（盲孔）也具有Ⅳb 型等温线。

在 p/p^0 较低时，Ⅴ型等温线形状与Ⅲ型非常相似，这是由于吸附材料与吸附气体之间的相互作用相对较弱。在更高的相对压力下，存在一个拐点，这表明成簇的分子填充了孔道。例如，具有疏水表面的微/介孔材料的水吸附行为呈现Ⅴ型等温线。

Ⅵ型等温线以其台阶状的可逆吸附过程而著称。这些台阶来自高度均匀的无孔表面的依次多层吸附，即材料的一层吸附结束后再吸附下一层。台阶高度表示各吸附层的容量，而台阶的锐度取决于系统和温度。在液氮温度下的氮吸附，无法获得这种等温线的完整形式。Ⅵ型等温线中最好的例子是石墨化炭黑在低温下的氩吸附或氪吸附。

6.2.3.2 Langmuir 单分子层吸附模型及吸附等温式

Langmuir 于 1916～1918 年间从动力学模型出发推导了单层吸附模型[20]，其基本假定为：①吸附热与表面覆盖率无关，即吸附热为常数。这一假设暗示吸附剂表面是均匀的，吸附分子间无相互作用；②吸附是单分子层的定位吸附，只有一种吸附位点，也就是说，平坦表面上的吸附仅具有一种类型元素空间，且每个空间只容纳一种吸附分子。显然，Langmuir 的原始模型既不允许孔隙率也没有物理吸附。

若以 q_m 表示铺满 $1cm^2$ 固体表面单分子层的最大分子数，q 表示单位表面上吸附的气体分子数，$\dfrac{q}{q_m}$ 即为吸附量为 q 时的表面覆盖度，常以 θ 表示，吸附表面被认为是一个具有局部吸附独立位点的阵列（每个位点一个分子）。在理想情况下，吸附分子从表面解吸的概率与表面吸附率无关（即在吸附分子之间没有横向相互作用），对于特定吸附体系的活化能恒定，基于此得到熟悉的 Langmuir 等温方程：

$$\theta = \frac{Kp}{1+Kp} \tag{6-1}$$

式中，K 是吸附常数，与吸附能活化能 E 的正值呈指数关系：

$$K = A\exp\left(\frac{E}{1+RT}\right) \tag{6-2}$$

式中，A 为指前因子，等于吸附和解吸系数的比率。

方程式（6-1）是一种非线性的数学表达形式（如双曲线函数）。在低 θ 下，它就成了亨利定律；在高表面覆盖率时，可得到一个 $\theta \to 1$ 的平台，这对应于单层吸附的完成。Langmuir 等温方程的线性表达式为：

$$p/q = 1/(q_m K) + p/q_m \tag{6-3}$$

式中，q 是在平衡压力 p 下气体的吸附量；q_m 是单层最大吸附容量（如前所述，$\theta = \dfrac{q}{q_m}$）。以上方程形式针对的是气-固吸附体系，若为液-固吸附，则平衡压力 p 改为吸附溶液的平衡浓度 c_e（下述吸附等温式同理）。

6.2.3.3　BET 多分子层吸附模型

在 6 种基本类型的气体吸附等温线中，只有Ⅰ型等温线可用 Langmuir 公式拟合。其他 5 种类型等温线在中等相对压力后，吸附量都有明显增大的部分，表明有多层吸附发生。从物理吸附力的本质是范德瓦耳斯力来说，在固体表面吸附的第一层气体分子上进行第二层，乃至多层吸附是完全合理的。如果相对压力 p/p^0 增加到一定水平，气体的物理吸附不会局限于单分子表面覆盖吸附。1937 年，Emmett 和 Brunauer 给出了经验式结论，说明Ⅱ型等温线中间区域线性范围的开始点很可能对应于单层吸附。1938 年 Brunauer、Emmett 和 Teller 基于 Langmuir 单分子层吸附模型提出了一种多分子层吸附模型，并导出了相应的吸附等温式[21]。

BET 多层吸附模型实质上是对 Langmuir 单层吸附模型的扩充。Langmuir 模型认为吸附的气体分子的蒸发速率与在空白表面上气体的吸附（凝聚）速率相等，认为从每一连续层上（如第三层）的蒸发速率等于在前一层（如第二层）上的凝聚速率。BET 模型保留了 Langmuir 模型中吸附热是常数的假设，补充了三条假设：

① 吸附可以是多分子层的，并且不一定完全铺满单层后再铺第二层；

② 第一层的吸附热为一定值，但与以后各层的吸附热不同，第二层以上的吸附热为定值，即为吸附质的液化热；

③ 吸附质的吸附与脱附（凝聚与蒸发）只发生在直接暴露于气相的表面上。

如果在饱和蒸气压 p^0 下，吸附层被认为有无限大的厚度，得到我们所熟悉的 BET 二常数公式如下（推导过程略）：

$$\frac{q}{q_m} = \frac{C(p/p^0)}{(1-p/p^0)[1-p/p^0+C(p/p^0)]} \tag{6-4}$$

式中，C 为常数，$C \approx \exp\left(\dfrac{E_1-E_L}{RT}\right)$（$E_1$ 是第一层的吸附能，E_L 为吸附物的液化能）。

在某一常数 C 下以 p/p^0 对 n/n_m 作图，当 C 值由大变小，等温线逐渐由 Ⅱ 型过渡到 Ⅲ 型。当 $C>2$ 时，即 $E_1>E_L$ 时，也就是固体表面对被吸附分子的作用大于被吸附分子之间的作用力，即第一层吸附比以后各层的吸附强很多，这时第一层接近饱和后第二层才开始，等温线在 p/p^0 较低区出现一个比较明显的拐点（B 点，如图 6-6 线段 d）。然后随着 p/p^0 的增加，开始发生多分子层吸附，随着吸附层数的增加，吸附量逐渐增加，直到吸附的压力达到气体的饱和蒸气压发生液化，这时吸附量在压力不变的情况下垂直上升，这就是 Ⅱ 型等温线。当 C 较小时，$E_L>E_1$，固体表面与被吸附分子之间的作用力较弱，而被吸附的分子之间作用力较强，公式（6-4）没有拐点且符合 Ⅲ 型吸附等温线的形状（如图 6-6 线段 a）。

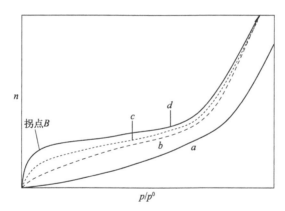

图 6-6　不同 C 值下气体吸附等温线示意图

a—$C=1$；b—$C=10$；c—$C=100$；d—$C=10000$

BET 方程的线性形式为：

$$\frac{p}{q(p^0-p)} = \frac{1}{q_m C} + \frac{C-1}{q_m C} \times \frac{p}{p^0} \tag{6-5}$$

如果以 $\dfrac{p}{q(p^0-p)} \sim \dfrac{p}{p^0}$ 作图，即可求得 q_m，如果已知吸附分子的大小，即可求出比表面积。

6.2.3.4　D-R 方程

Dubinin 首次提出了微孔填充的概念。他的方法是基于早期的 Polanyi 吸附势能理论模型，认为固体表面存在吸附势能场，气体分子在此势能场中被吸附，其本质为多分子层吸附；吸附势理论中的势能不是一般的势能或范德瓦耳斯力中的相互作用能，还含有吸附熵、吸附焓的吸附自由能，属于热力学理论，不涉及吸附的微观机理。在 Polanyi 之后，Dubinin 给出了物理吸附等温线数据采用温度不变的"特征曲线"形式：

$$E = RT\ln(p^0/p) \tag{6-6}$$

式中，E 为吸附势，J/mol。

1947 年，Dubinin 和 Radushkevich 提出了一个填充比率 v/v_p 对微孔体积 v_p 的特征曲线方程。基于微孔尺寸分布符合高斯定律的假设，可用以下方程描述：

$$\frac{v}{v_p} = \exp(-kE^2) \tag{6-7}$$

式中，v 为吸附势是 E 时的吸附体积；v_p 为微孔体积；k 为特征参数。

将式（6-6）和式（6-7）组合并引入缩放因子 β，等温方程变成：

$$\frac{v}{v_0} = \exp\left[-\left(RT\ln\frac{p^0}{p}\right)^2/(\beta E)^2\right] \tag{6-8}$$

6.2.3.5 其他经验等温式

在工业混合气的分离等应用中需要借助计算机辅助技术拟合曲线来分析吸附实验数据，借助插值或外推实验平衡数据，以简洁的方程形式来设置每个组分的等温线。Langmuir 方程或 D-R 方程都在压力和温度的极限范围内采用了经验式，本节将简要讲述其他常用的经验等温线方程[5]。

（1）Freundlich 方程

众所周知，Freundlich 在 1926 年提出一个应用相当广泛的经验方程，对于气-固吸附方程如下：

$$q = kp^{1/n} \tag{6-9}$$

式中，q 为吸附量；p 为吸附平衡时气体的分压；k 和 n 是常数（$n>1$），没有明确的物理意义，不能说明吸附作用的机理。该方程可较好地用于单分子层吸附，特别适用于吸附极限很大的吸附剂在中压范围内的吸附过程。对方程取对数，$\ln q$ 对 $\ln p$ 应该为线性，根据线性方程的斜率和截距可求出吸附常数。一般情况下，活性炭的等温线在中等压力范围内遵从 Freundlich 方程，但在高压和低温条件下通常并不遵从。这一缺陷的部分原因在于 Freundlich 等温线方程并没有给出当压力 p 趋向无穷大时吸附量 q 的极限值。

（2）Langmuir-Freundlich 方程

将 Freundlich 方程和 Langmuir 方程结合，就有可能得到较高蒸气压下的拟合方程：

$$q/q_L = (kp)^{1/n}/[1+(kp)^{1/n}] \tag{6-10}$$

式中，q_L 是极限吸附容量。

方程式（6-10）应用至长链碳氢化合物的多位点吸附，得到一个"广义的 Freundlich"等温线。就 Freundlich 等温线本身而言，当 $p \to 0$ 时，该方程并不符合亨利定律。

（3）Toth 方程

另一个经验方程式是 1971 年提出的 Toth 方程：

$$q/q_L = p/(b+p^n)^{1/n} \tag{6-11}$$

此方程包含三个可调参数（q_L、b 和 n），优点是它给出了 $p \rightarrow 0$ 和 $p \rightarrow \infty$ 两个极限。虽然该方程最初是为单层吸附而提出的，但实际上 Toth 方程能够在 I 型等温线的相当大的范围内使用。

6.2.3.6　混合气体吸附等温式

工业应用中常涉及混合气体，因此会存在复杂的共吸附现象。混合物中的各种成分和浓度使得实验筛选极其耗时。需要新的共吸附模型解决这一问题，下面介绍一种最常用的模型：扩展的 Langmuir 模型[5]。在这个模型中，Langmuir 理论的基本假设适用于每种组分：一组相同吸附点上的局部吸附，对于同一种给定气体的所有分子具有相同的吸附能量，并且吸附分子之间没有相互作用。

在 Langmuir 方程的推导中，特定组分 i 的吸附速率 $R_{a,i}$，可认为与气相中的分压和空位比率成正比：

$$R_{a,i} = K_{a,i} p_i \left(1 - \sum_{j-1}^{N} \theta_j\right) \tag{6-12}$$

其中，θ_j 是每个组分 j 的吸附比率；p_i 是气相中组分 i 的分压；$K_{a,i}$ 是吸附速率常数。

一种简化是假定组分 i 的解吸附速率仅与其本身的负荷率成比例，也就是说此解吸速率与其他组分的负荷率无关（Langmuir 模型认为，吸附分子之间没有相互作用）：

$$R_{d,i} = K_{d,i} \theta_i \tag{6-13}$$

将每一组分的吸附和解吸速率相平衡，并对所有组分进行加和，得到总吸附率 θ_r 的方程，并以所有组分的分压给出：

$$\theta_r = \frac{\sum\limits_{j=1}^{N} b_j p_j}{1 + \sum\limits_{j=1}^{N} b_j p_j} \tag{6-14}$$

其中，b_j 是吸附和解吸速率常数之比，如同在单一气体模型中一样（$b_j = K_{a,j}/K_{d,j}$），并且它也是吸附剂组分亲和力的一种量度。它不受混合物中其他组分存在的影响，因此以纯气体模型给出。

一旦确定总吸附率，每个单一组分的吸附率分量就可通过下式计算出：

$$\theta_i = \frac{b_i p_i}{1 + \sum\limits_{j=1}^{N} b_j p_j} \tag{6-15}$$

或者以单位质量吸附剂的吸附量表示：

$$q_i^a = q_{m,i}^a \frac{b_i p_i}{1 + \sum\limits_{j=1}^{N} b_j p_j} \tag{6-16}$$

这就是扩展的 Langmuir 方程（EL 方程），它是多组分吸附的最简单的模型，因为它只需要知道纯组分的亲和常数 b_i 和单层容量 $q_{m,i}^a$。为了保持热力学的一致性，还需要所有组分具有相同的单层容量 $q_{m,i}^a$（即 $q_{m,i}^a = q_{m,j}^a$）。不过，如果能够容忍些许的非完美拟合，也可以从下式给出一个平均单层容量：

$$\frac{1}{q_m^a} = \sum_{i=1}^{N} \frac{x_i}{q_{m,i}^a} \tag{6-17}$$

其中，x_i 是吸附组分 i 的摩尔分数：

$$x_i = \frac{q_i^a}{\sum\limits_{j=1}^{N} q_j^a} \tag{6-18}$$

反之，如果所有组分的单层容量相同，为了改善相应单组分的拟合，则可估算每个亲和常数。

EL 方程的优点是容易获得且非常实用，仅需要纯组分吸附的一些数据；其局限性在于实验等温线拟合度较高的部分只出现在有限的压力范围内，并且只有所有吸附组分具有相同的饱和吸附量时才能给出很好的拟合。

【例题 6-1】 纯邻二甲苯有机蒸气在吸附温度为 298K 时在某一吸附材料上的吸附平衡实验数据如下：

p/mbar	0.498	1.499	2.498	3.498	4.494	5.496	6.005	7.998
q/(mg/g)	1.72	15.54	28.19	40.30	56.08	72.33	78.09	97.21

拟合数据为：（a）Freundlich 方程；（b）Langmuir 方程。哪个方程拟合更好些？

解： 将等温方程线性化，使用线性方程回归方法得到常数。

（a）根据 Langmuir 方程的线性表达式拟合方程式（6-3），得到 $q_m = 457.18$，$K = 0.03$，故 Langmuir 方程为

$$q = \frac{13.72p}{1 + 0.03p}$$

（b）拟合方程式（6-9）得到 $k = 10.89$，$n = 0.93$，故 Freundlich 方程为

$$q = 10.89p^{1.08}$$

两个等温线预测的 q 值如下，可以看出 Freundlich 方程的拟合度高于 Langmuir 方程。

p/mbar	q/(mg/g)		
	实验值	Freundlich （拟合度 $R = 0.994$）	Langmuir （拟合度 $R = 0.992$）
0.498	1.72	5.13	6.73
1.499	15.54	16.86	19.68
2.498	28.19	29.27	31.88
3.498	40.30	42.11	43.43
4.494	56.08	55.19	54.33
5.496	72.33	68.59	64.73
6.005	78.09	75.48	69.81
7.998	97.21	102.86	88.50

6.2.4　吸附热力学

在吸附过程中的热效应称为吸附热。物理吸附过程的热效应很小，相当于气体凝聚；化学吸附过程的热效应比较大，相当于化学键能。吸附热力学的研究可以了解吸附过程进行的程度和驱动力，也可以深入分析各种因素对吸附影响的原因，有助于了解吸附机理。吸附热力学参数的计算主要包括吉布斯自由能 ΔG、焓变 ΔH 和熵变 ΔS。固体在等温、等压下吸附气体是一个自发过程（$\Delta G < 0$），气体从三维运动变成吸附态的二维运动，熵减少（$\Delta S < 0$），$\Delta H = \Delta G + T\Delta S$，$\Delta H < 0$，所以吸附是放热过程。

（1）吉布斯自由能

吉布斯自由能参数可以判断吸附进行的方向，在一定的温度和压力条件下，非体积功为0，若该系统的吉布斯自由能减小，则吸附过程自发进行；若该系统的吉布斯自由能不变，则过程处于平衡；不存在吉布斯自由能增大的过程。吉布斯自由能的计算方程式如下：

$$\Delta G = -RT\ln K_c^0 \tag{6-19}$$

式中，ΔG 是吉布斯自由能，kJ/mol；R 为气体摩尔常数，$R = 8.314\text{J}/(\text{mol} \cdot \text{K})$；$K_c^0$ 是标准热力学平衡常数，是温度的函数。若为液相吸附，可以从 q/c_e（吸附量与平衡浓度之比）对 c_e 的图中 c_e 无限小时，即溶液无限稀释时的截距中计算得到；若为气相吸附，则从 q/p_e（吸附量与平衡压力之比）对 p_e 的图中的截距计算得到。

（2）焓

焓是状态函数，没有实际的物理意义，但具有操作意义，焓变化量给热力学过程的研究带来了很大便利。焓变是指物体焓的变化量。通过计算焓变化量可以得到吸附过程是吸热过程还是放热过程。当焓变为负值时，吸附过程为放热过程，当焓变为正值时，吸附过程为吸热过程。焓变还可以用来判断吸附过程为化学吸附还是物理吸附。通常情况下，焓变值小于60kJ/mol，吸附过程为物理吸附，焓变值大于 60kJ/mol 时，吸附过程为化学吸附。焓变的计算方程式如下：

$$\ln c_e = \ln K_0 + \frac{\Delta H^0}{RT} \tag{6-20}$$

式中，c_e 为液相吸附时吸附质的平衡浓度，mol/L；K_0 是常数；T 是开尔文温度，K；ΔH^0 是吸附过程焓变，kJ/mol。

（3）熵

熵指体系的混乱程度。熵的计算方程式如下：

$$\ln K_c^0 = \frac{\Delta S^0}{R} - \frac{\Delta H^0}{RT} \tag{6-21}$$

式中，R 为气体摩尔常数；T 是开尔文温度，K；ΔH^0 是吸附过程焓变，kJ/mol；ΔS^0 是吸附过程熵变，J/(mol·K)。采用方程式（6-19）和方程式（6-21）计算吉布斯自由能、吸附过程焓变和吸附过程熵变。其中，依据公式（6-21），以 $\ln K_c^0$ 对 $1/T$ 作图，焓变和熵变的数值来源于该线性关系的截距和斜率。

6.2.5　多孔固体物理吸附过程的分子模拟

随着高速运算设备的普及，以计算机技术为依托的计算机模拟技术被誉为除实验与理论研究之外，了解和认识微观世界的"第三种手段"，它是以量子力学、牛顿力学、统计力学为理论基础的一门新兴学科。分子模拟被广泛地运用在大量的实验中，既能从微观上阐述微量热曲线和吸附机理，又能预测大量固体的吸附性能。该技术在新材料的结构预测和功能设计、结构与功能关系分析、分子设计等过程中得到了广泛深入的开发与应用。常用的计算机模拟方法有四种，即量子力学方法（quantum mechanics，QM）、分子力学方法（molecular mechanics，MM）、分子动力学方法（molecular dynamics，MD）和蒙特卡罗方法（Monte Carlo，MC）。其中以蒙特卡罗法和分子动力学法应用最为广泛。这两种方法被广泛用于解决分子筛、金属-有机骨架结构中微孔过程的吸附和扩散，研究者可以观察和确定流体在可以到达的吸附剂孔道和穴中的吸附和扩散行为。以前由于缺乏进行预测的理论根据，每一个有研究价值的体系的扩散系数必须通过实验测定。分子模拟方法的发展及应用，为研究多孔固体吸附和扩散性质、温度对扩散系数的影响提供了优良的工具。

6.2.5.1　巨正则系综蒙特卡罗模拟（GCMC）及应用

以力场为基础的 MC 模拟主要在巨正则系综下进行，其中化学势 μ、体积 V 和温度 T 是固定的。这样的热动力学系综类似于实验上将吸附物置于一个平衡的给定化学势和温度的吸附剂容器中。这个系综的优点是，允许粒子数量的上下浮动，通过模拟过程中的平均化来估计恒定温度和化学势下吸附分子的数量。这些计算可以直接与重量/体积/测压法测得的实验数据进行比较，而这些实验平衡条件下吸附剂内部和外部气体的 T 和 μ，则完全模仿巨正则系综。这时的化学势通常由气相温度和压力下的理想或非理想气体的状态方程计算，或者使用 Gibbs 系综公式计算。

从随机生成的初始构型开始，MC 模拟所包含的几百万随机的移动能够使所选系综进行有效采样。在 GCMC 模拟中，移动包括分子的平移和旋转位移，甚至还考虑了分子数量的增减带来的变化。这些随机移动在适当的标准下被允许或拒绝平移或旋转位移的概率以符合式（6-22）的概率被允许：

$$P = \min\{1, \exp(-\beta \Delta U)\} \tag{6-22}$$

其中，ΔU 是总势能的变化，且 $\beta = 1/kT$。当 ΔU 为负，或者在 0 和 1 之间的随机数范围内，势能变化的幅度较小，此时该尝试是可允许的。这一标准基于 Metropolis 算法[22]，是所有 MC 模拟的核心。将吸附质分子置于随机的位置和取向时，这一新构型可被允许的概率可用式（6-23）给出：

$$P = \min\left\{1, \frac{\beta f V}{N+1} \exp(-\beta \Delta U)\right\} \tag{6-23}$$

其中，f 是气相吸附物的逸度；V 是体积；N 是分子数。

类似地，在某分子被随机移除的步骤中，新构型被允许的概率符合方程式（6-24）：

$$P = \min\left\{1, \frac{N}{\beta f V} \exp(-\beta \Delta U)\right\} \tag{6-24}$$

对于混合气体的情况，会有改变气体的过程，通常称为"swap"的步骤，需要测试以获得更快的运算。这个操作包括从随机选择 A 型分子变换到 B 型分子，其中 A 和 B 是混合物两个不同种类的组分，那么就要用到方程式（6-25）作为筛选的标准：

$$P = \min\left\{1, \frac{f_B N_A}{f_A (N_B + 1)} \exp(-\beta \Delta U)\right\} \tag{6-25}$$

其中，f_A 和 f_B 分别是气相吸附物中组分 A 和 B 的逸度；而 N_A 和 N_B 是分子数。

模拟中从初始随机点达到平衡通常需要数百万步。为了控制平衡的条件，通常可对一定 MC 步数下的总能量变化进行作图。每一个可能测试的通过率需要谨慎调整，以使平衡最有效地达成。通常，接受率会固定在约 $0.4 \sim 0.5$ 之间。对于准确的统计结果，分析时会减除掉平衡前的操作步骤，而由几百万构型计算出平均值。这些程序对于处理简单分子的吸附如多孔固体中的 CO_2、CH_4、N_2、H_2、He 等是有效的，因为模拟过程中吸附剂是固定的，吸附并不引起它构型的任何显著变化。对于更复杂的具有高柔性或/和大尺寸的吸附质（长链烷烃、二甲苯等），有各种已开发的统计偏差技术，通过更有效的构型空间采样，来提高测试的通过率，以提高 MC 模拟速度。

GCMC 模拟最常用于给定多孔固体中一系列气体吸附等温线的初步模拟，但计算前需确定吸附剂和吸附质的微观模型，以及吸附质/吸附剂的力场参数。进一步比较吸附分子的模拟值与相应的实验数据时需要谨慎。事实上，模拟中假设的理想多孔活化材料，从实验的角度考虑并不合适。首先，模型化为六边形和三角形孔道共存的对苯二甲酸酯 MIL-68（Al）MOF 材料中 CH_4 的吸附（图 6-7），观察值与实验值之间较大的差异被认为是模拟的失败[23]。通过红外光谱对实验样品的表征证明窄三角形孔道中仍然含有残留的有机物，导致未活化的吸附剂不能吸附吸附质。因此，通过阻塞三角形孔道并再次模拟吸附等温线，可得到与实验较吻合的吸附值。

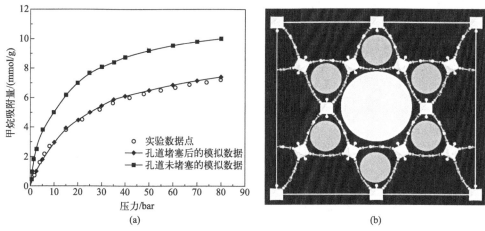

图 6-7　303K 下，三角形孔道阻塞/未阻塞情况下 CH_4 的
模拟吸附等温线和实验测量数据之间的比较（a）和
MIL-68（Al）的晶体结构视图，圆圈代表三角形和六边形孔道（b）[23]

除了不同气体的吸附等温线和吸附焓可以计算出来，并与相应的实验数据进行比较之外，还有一个重要的热力学性质，可以衡量多孔固体的选择性，预测给定气体混合物不同分子的吸附状态差异和分离能力。典型的例子为研究者对 CO_2、CH_4 和 N_2 在 $Cu(INA)_2$ 材料上的吸附状态、吸附热和吸附选择性进行了模拟计算，并且与实验数据比对[23]。$Cu(INA)_2$ 是一种具有一维菱形孔道的微孔 MOFs 材料，由金属 Cu 和短链有机配体 4-羧酸吡啶连接而

成，均一的菱形孔大小为 $0.6nm \times 0.8nm$，说明小分子气体 CO_2、CH_4 和 N_2 是可以被吸附并穿过材料的一维孔道的[24-25]。研究者通过 GCMC 模拟程序，研究了 $Cu(INA)_2$ 对气体的吸附行为。模拟盒子选择 $6 \times 2 \times 3$ 个单元晶胞。采用周期性边界条件，L-J 势能截断半径为 $1.28nm$，长程静电作用力采用 Ewald 加和技术，模拟步数为 1.20×10^8 步，其中前 6.00×10^7 步用于使体系达到平衡，后 6.00×10^7 步用于抽样统计，用 Peng-Robinson 方程计算气体的逸度。吸附热是判断吸附剂对气体吸附能力的判据之一，因此通过 GCMC 分子模拟计算气体吸附的等温吸附热[26-27]。计算结果显示 $Cu(INA)_2$ 对 CO_2 吸附热最高为 $33.7kJ/mol$，但相比其他 MOFs 材料，如 Mg-MOF-74 和 Ni-MOF-74 的 CO_2 吸附热要高很多，分别达到 $47.2kJ/mol$ 和 $37.8kJ/mol$[28]，说明 $Cu(INA)_2$ 对 CO_2 的吸附能力不强，因此推断相对的选择吸附性也不会高。CH_4 的吸附热是一个相对比较高的数据，达到 $29.6kJ/mol$，比 M-MOF-74 高（Mg-MOF-74，$26.3kJ/mol$；Ni-MOF-74，$26.0kJ/mol$）[29]。N_2 的吸附量最低，其所对应的吸附热也最低为 $22.5kJ/mol$。根据 3 种气体的吸附热差异发现 CH_4 和 N_2 的差值为 $7.1kJ/mol$，大于 CO_2 和 CH_4 的差值 $4.1kJ/mol$，因此推断 $Cu(INA)_2$ 更有利于 CH_4/N_2 的吸附分离。从图 6-8 的 GCMC 模拟的示意图可以得到，当 CO_2、CH_4 和 N_2 在被吸附时，分子基本全部停留于 $Cu(INA)_2$ 的一维菱形孔道的中心位置，说明材料缺少吸附位点，完全靠气体自身性能停留于一维的直孔道中。这同时也是基本依靠吸附位点的 CO_2 吸附所表现的吸附热相对较低，而依靠小孔吸附势能的 CH_4 吸附的吸附热相对较高。

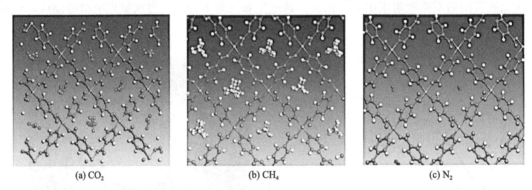

(a) CO_2 (b) CH_4 (c) N_2

图 6-8 GCMC 模拟结果显示的 CO_2、CH_4 和 N_2 在 Cu (INA)$_2$ 一维孔道内的吸附状态[26]

基于纯气体的吸附曲线和等温吸附热，推测该材料更有利于 CH_4/N_2 的吸附分离，吸附选择性系数 $S_{i/j}$ 是判断气体吸附分离的重要参数。利用理想吸附溶液理论（IAST）计算混合物 CH_4/N_2（50%/50%）和 CO_2/CH_4（50%/50%）的吸附选择性 $S_{i/j}$。图 6-9 列出了不同温度下 S_{CO_2/CH_4} 和 S_{CH_4/N_2} 随着压力增加的数据，计算结果印证了之前的推测，$Cu(INA)_2$ 对 CH_4/N_2 的选择性系数要高于 CO_2/CH_4。

6.2.5.2 量子化学计算

量子化学计算旨在用数学形式描述体系所有电子行为，通过对薛定谔（Schrödinger）方程进行解析，但任何体系，除了 H 原子外，都还不能准确获得。它考虑电子之间的相互作用力，因而计算速度慢，只能处理一百个原子左右的小分子体系，但可以准确预测体系的结构及化学键、分子轨道和化学反应机理，全面认识和理解吸附作用的本质和微观机理。量

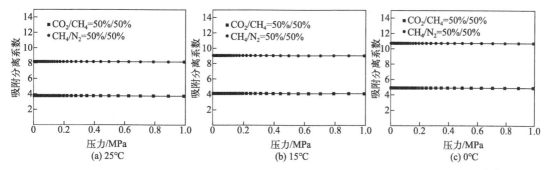

图 6-9 不同温度下（0～25℃）的 Cu(INA)$_2$ 对 CH$_4$/N$_2$ 和 CO$_2$/CH$_4$ 的吸附选择性[26]

子化学领域依赖于近似方法，已经能够较准确地进行模拟并与实验数据比对。这种计算方法要求首先建立固体的微观模型，可以选择结晶固体的周期性结构或团簇结构来模拟发生吸附现象的局域环境。

常见的量子力学方法包括有：①从头算法（first principle initio method/ab），不借助任何实验所得的经验参数，在非相对论近似、Born-Oppenheimer 近似及轨道近似的基础上近似求解 Schrödinger 方程。从头计算得到各类体系的电子运动状态及其有关的微观信息，能合理地解释与预测原子之间的化学键和分子结构、化学反应过程、物质的性质以及有关的实验观测结果。②半经验算法（semi-empirical method），用少量的实验数据简化计算过程，计算量小，速度比从头算法快，对于有合适参数的体系，能够给出较准确的计算结果。③密度泛函理论（density functional theory，DFT）是一种颇为有效的处理多电子体系的理论方法。由于能量中包含了电子相关能校正，DFT 法的计算结果往往比从头计算法更精确，尤其在处理含过渡金属的体系时，DFT 法的出现使周期性结构模型的计算成为了可能。

采取团簇或周期性模拟的量子化学计算，从几何和能量两个角度出发，被广泛应用于研究整个吸附的微观过程，特别是对新型 MOFs 材料的设计和吸附性能预测，这也得益于高性能计算的开发和高效量子化学软件（Crystal、Gaussian、Molpro、VASP）的普及。对 MOF 材料吸附特性的预测，传统的方法是通过计算机模拟。例如，Farha 等[30] 采用 Monte Carlo（MC）模拟预测了甲烷在 137000 种模型 MOFs 材料中的吸附特性，并根据预测结果合成了著名的储能 MOF 材料 Nu-1000。Ma 等[31] 采用分子动力学（MD）模拟预测出 MIL-47 材料具有呼吸相变现象，随后被实验所证实。Zhang 等[32] 采用 MD 模拟预测认为吸附过程中 ZIF-8 材料的结构可以发生转变、骨架具有柔韧性等。计算机模拟是目前预测 MOFs 材料吸附最为准确的方法，但由于其计算工作量巨大，效率不高，在实际应用中受到一定的限制。例如，Snurr 等对 137000 种 MOF 材料的大规模预测即建立在消耗大量计算资源的基础上。开发更高效的计算方法是预测 MOF 材料吸附特性的当务之急。经典密度泛函理论（CDFT）是一种较好的选择，是一种基于统计力学的理论方法，被广泛应用于预测非均匀流体的微介观性质。

CDFT 自从在 20 世纪 70 年代被提出以来，长期被应用于具有高对称几何结构的体系，如狭缝形孔道、圆柱形孔道，以及具有三维复杂空间结构的体系。典型举例如 2009 年，Siderius 等[33] 将 CDFT 应用于 MOF 材料的吸附研究，他们对硬球贡献项采用加权密度近似法（WDA）和平均场近似法（MFA）研究了高温下 H_2 在 MOF-5 中的吸附现象，并得到了与实验和模拟相吻合的结果。但 Liu 等[34] 的计算结果表明该方法对于低温系统的计算效果并不令人满意。为此，Liu 等采用双 WDA 近似改进了该方法，使得 CDFT 能够在全温度区间内准确预测 MOF 材料的吸附特性（图 6-10）。求解 CDFT 可以得到的是流体密度分布，因而可以很方便地得到 MOF 材料的吸附位点等微观结构信息。Siderius 和 Liu 等的工作均预测出 H_2 在 MOF-5 中的最佳吸附位点位于金属离子附近。Liu 等进一步将 CDFT 推广到混合气体在 MOF 材料中吸附的研究，考察了 CO_2/CH_4 和 CO_2/N_2 两类混合气体在 MOF 材料中的吸附及分离特征，并得到了与 MC 模拟一致的结果。

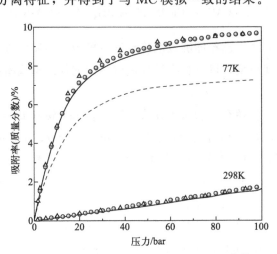

图 6-10　H_2 在 MOF-5 中的吸附等温线[34]

实线—双 WDA 近似法；虚线—WDA＋MFA；▲—MC 模拟结果；●○—实验数据

6.3　固定床吸附过程分析

6.3.1　固定床吸附器

固定床吸附器是最常用的一种间歇操作的吸附分离设备，吸附剂颗粒作为填充层均匀地堆放在多孔支撑板上，流体自下而上或自上而下地通过颗粒层。固定床吸附器结构简单，操作方便，是吸附分离中应用最为广泛的一种。

通过固定床吸附实验，可以评价吸附剂的活性和分离能力。单位质量（或体积）吸附剂所吸附的吸附质的量以及分离系数是重要的特性参数。在一定温度下，当吸附器出口流体中吸附质浓度与吸附器进口流体中吸附质浓度相等时，此时吸附达到平衡，吸附剂完全吸附饱和，吸附剂达到最大饱和吸附量；当吸附器出口流体中开始出现吸附质时，床层内单位吸附剂所吸附的吸附质的量称作动态吸附量，此时吸附床层认为已失效，但吸附未达到完全饱和，将吸附质中不同组分的动态吸附量之比与其出口浓度的反比相乘得到分离系数。

6.3.2　穿透曲线及吸附特性参数的计算

固定床吸附器中流出的吸附质的浓度与时间的关系曲线称为穿透曲线（也称作透过曲线），通过固定床穿透曲线的绘制可以得到一系列吸附剂的特性参数。

如图 6-11 所示为固定床吸附器，含吸附质初始浓度为 c_0 的进料自下而上连续流过装填吸附剂的床层，吸附剂原来不含吸附质。流体进入后，开始最下层吸附剂对吸附质进行吸附，最初从床层顶部流出的流体中吸附质浓度基本为 0，经过一段时间，部分床层的吸附剂被吸附质饱和，部分床层形成了浓度分布即传质区，随后吸附主要发生在一个不是很厚的传质区内，随着时间的推移传质区不断向床层出口方向移动。在图中 t_1 时刻，流出液开始出现极少量的吸附质；时间到达 t_b 时对应穿透点，传质区的上部刚到达床层顶部，流出液中吸附质浓度突然升高到一定值 c_b，此时系统达到了"破点"，t_b 称为透过时间，c_b 为破点浓度，一般选择流出浓度为进料浓度的 $0.05 \sim 0.1$ 的点为穿透点。随着传质区逐步通过床层顶部，流出液中吸附质浓度将迅速上升，基本达到初始值 c_0，在 t_e 时，床层中全部吸附剂与进料中吸附质的浓度达到平衡状态，吸附剂失去吸附能力，必须再生。若流体继续流出，流出物浓度不再变化，整个床层的吸附剂达到饱和。

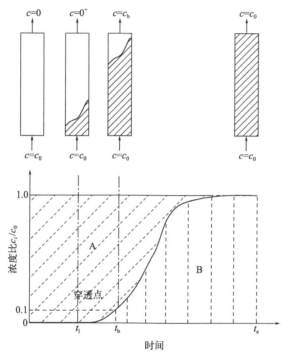

图 6-11　恒温固定床吸附器穿透曲线

从 t_1 到 t_e 的时间周期对应于床层中吸附区或传质区的长度，与吸附过程的机理有关。如果穿透曲线比较陡，说明吸附速度较快。穿透曲线形状的影响因素除了吸附剂与吸附质的性质外，其他参数如温度、压力、浓度、流速、设备和吸附剂颗粒尺寸等都会产生不同程度的影响。

从图 6-11 中可以看出穿透曲线上方的面积（图中斜线阴影 A 部分）表示了保留在床层中吸附剂孔道内的吸附质的量，穿透曲线下方的面积（图中竖线阴影 B 部分）表示了流出吸附床层的吸附质的量，根据物料衡算，流入床层流体的总量扣除流出的量可以计算出吸附剂的动态吸附量，以液相吸附为例，具体计算公式如下：

$$q_i = \frac{1}{m}\left(c_0 u \rho t_i - c_0 V' \rho - u\rho \int_0^{t_i} c_i \, dt\right) \tag{6-26}$$

式中，q_i 为吸附达到某一时刻 t_i 时的动态吸附量，mg/g；u 为流动相的体积流量，mL/min；m 为吸附剂用量，g；V' 为吸附床层空隙及前后管路死空间体积，mL；ρ 为流动相密度，g/cm^3；c_i 为任一时刻的床层的出口质量浓度；c_0 为进料初始质量浓度，公式的积分部分 $\int_0^{t_i} c_i \, dt$ 可通过软件 origin 进行数值积分计算（吸附达到平衡时，此积分面积对应图 6-11 中 B 部分的面积）。当吸附质为多组分时，以 A、B 两组分为例，分离系数计算公式如下：

$$n = \frac{q_{iA}}{q_{iB}} \times \frac{c_{iB}}{c_{iA}} \tag{6-27}$$

式中，q_{iA}、q_{iB} 分别指 A、B 组分的动态吸附量，mg/g；c_{iA}、c_{iB} 分别指 i 时刻 A 和 B 的出口浓度。

6.4 吸附分离工艺及应用

一个完整的吸附分离过程通常由吸附与解吸（脱附）循环操作构成，由于实现吸附和解吸操作的工程手段不同，过程分变压吸附和变温吸附，变压吸附是通过调节操作压力（加压吸附、减压解吸）完成吸附与脱附的循环操作，变温吸附则是通过调节温度（降温吸附、升温解吸）完成循环操作。

6.4.1 变压吸附

变压吸附（pressure swing adsorption，PSA）是近五六十年间发展起来的一种新型的气体分离技术，具有气体净化的功能，在工业生产中使用变压吸附技术可以减少污染气体的排放，达到保护环境和回收产品的目的。

国外很早就有关于气体分离和净化的技术出现，二十世纪四五十年代，人们通过变压吸附技术研究了空气中的氧气和氮气的分离，所使用的吸附剂主要是硅胶、活性炭，由于当时经济发展萧条，变压吸附分离技术不够成熟，导致在进行气体分离的时候吸附性弱，分离效果差，并没有当今的效果好。在 1950 年后变压吸附分离技术开始被工业领域重视，美国和德国均成功利用该技术将含氢废气中的氢气进行提取，该技术一般可在室温和不太高的压力下进行，床层的再生不用加热，具备产品纯度高、投入资金少、操作维护简便、可完全达到自动化且对环境污染小等优点。目前各个国家已经开始关注到变压吸附技术给人们带来的益处，开始大量进行变压吸附技术的研究，现在变压吸附技术基本商品化，得到各行业的运用及认可，创造出的价值也非常高，在各国的化工行业、煤化工行业、环保等领域，都使用了变压吸附技术。

变压吸附技术在我国的工业应用已有几十年的历史，我国第一套 PSA 工业装置由西南化工研究院设计，于 1982 年建于上海吴淞化肥厂，用于从合成氨弛放气中回收氢气。在我国研究人员的不懈努力下，变压吸附技术的发展也越来越成熟，变压吸附技术被运用到除工业外的其他行业中，其中包括电子、化工、医疗、环保。变压吸附技术在我国不断的发展起来，其中西南化工研究设计院为我国的"变压吸附技术推广中心"，与 Linda 公司、UOP

公司并列为全球变压吸附三大专业研究设计院。目前研究人员将新技术融入变压吸附技术，不断地进行创新，在节约成本的基础上，还简化了操作流程，在一定程度上促进了气体分离技术的发展。

6.4.1.1　变压吸附分离基本原理

变压吸附的基本原理与压力变化有很大的关系，主要是采用气体组分在固体材料上的吸附特性的差异进行的，同时还利用吸附过程中气体的吸附量随压力的升高而增加、随压力的减小而降低的特性，进行气体的分离。

传统变压吸附工艺最早是由 Skarstrom 于 1960 年提出，应用于空分制氧的双塔四步循环过程[35]，如图 6-12 所示，每张床在两个等时间间隔的半循环中交替操作：分充压、吸附、逆向放空（放压）、吹扫（充洗）床层四步进行。以 5A 沸石分子筛为吸附剂，由于 5A 对氮的平衡吸附量大于氧，当图中 1 床进行吸附时，空气中的 N_2、H_2O、CO_2 等组分被大量吸附，而未被吸附的 O_2 在出口得到富集成为产品气；分子筛吸附达到一定量后，对 1 床进行减压再生，减压解吸出 N_2、H_2O、CO_2 等，并将解吸气用于 2 床充压，1 床再生时 2 床进行吸附，两塔交替进行吸附、再生，连续产出 O_2。该过程经过改进，于 20 世纪 60 年代投入了工业生产。

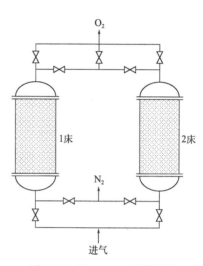

图 6-12　Skarstrom 双塔循环

基于 Skarstrom 循环模式的不断改进，发展了 4～12 塔的多塔循环变压吸附工艺。以四塔变压吸附工艺为例阐述其技术原理：变压吸附装置由四台可切换操作的吸附床层（A、B、C、D）构成，各床层装填一定量的吸附剂。可用于回收工业尾气中的有用组分（如 H_2、CO_2、CO、CH_4、C_2H_4 等），产品气在吸附床层中得到富集，通过抽真空的方法回收。每个吸附塔分为九个操作步骤，分别为吸附、一均降、顺放、二均降、逆放、抽真空、二均升、一均升、终冲压，各步骤通过周期性的切换程控阀实现。单一吸附塔的操作，是间歇式的，四个吸附床的吸附和再生交替进行，整个吸附过程是连续的。实验装置流程图及各吸附塔工作顺序见图 6-13 和表 6-1。

表 6-1　吸附器 A/B/C/D 工作顺序

塔名	1	2	3	4	5	6	7	8	9	10	11	12
A	吸附			一均降	顺放	二均降	逆放	抽真空	二均升	一均升	终升压	
B	一均升	终升压		吸附			一均降	顺放	二均降	逆放	抽真空	二均升
C	逆放	抽真空	二均升	一均升	终升压		吸附			一均降	顺放	二均降
D	一均降	顺放	二均降	逆放	抽真空	二均升	一均升	终升压		吸附		

注：每个步骤 1.5min，共 12 个步骤。

6.4.1.2　变压吸附气体分离技术特点

① 变压吸附技术使用过程中消耗能源比较低，对环境没有污染，在压力方面适应比较广，对于部分有压力的气体可以很好地展示变压吸附技术的优点，省去二次加压的能耗，在

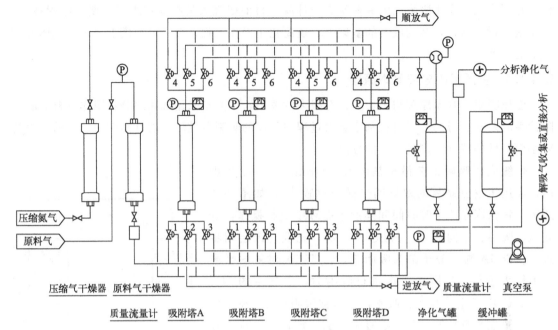

图 6-13　四塔变压吸附装置流程图

一定程度上变压吸附技术满足低能耗的特点，而且变压吸附技术还可以在常温下使用，这样就节约了加热和冷却过程，同时节约能耗。所以变压吸附技术能耗低是其最重要的优点。

② 变压吸附技术在使用过程中其操作也非常简单，不需要太复杂的步骤，在一定程度上可以方便人们的使用。由于变压吸附技术对水、硫化物、烃类等有较强的承受能力，在进行变压吸附操作时减少传统技术中预处理工序，使操作流程简单。

③ 变压吸附技术自动化程度高，在如今机器高智能发展时代，机器的自动化功能是非常重要的，变压吸附技术也不例外。变压吸附技术装置是由计算机控制，在进行气体制取的时候，操作过程全自动化，只需要有工人稍加巡视即可，变压吸附技术这个过程全自动进行。一般在 30min 就能得到合格的产品。

④ 变压吸附技术的资金投入比较小，在我国小型的企业就可以使用变压吸附技术，维护简单，检修时间少，开工率高。

⑤ 变压吸附技术的吸附剂与传统的吸附剂不同，变压吸附技术的使用时间变长，一般一台变压吸附机器能用上 10 年左右，而且吸附效果也好。

6.4.1.3　变压吸附气体分离技术的应用

(1) 在氮氧分离中的应用

氮氧分离技术的发展是把高品质的吸附材料碳分子筛与变压吸附技术结合，将空气中的 N_2 和 O_2 加以分离，从而获得氮气。在一定的压力下，氧在碳分子筛微孔中扩散速率远大于氮，在吸附未达到平衡时，氮在气相中被富集起来，形成成品氮气。然后减压至常压，吸附剂脱附所吸附的氧等其他杂质，实现再生。随着分子筛性能改进和质量提高，以及变压吸附工艺的不断改进，产品纯度和回收率不断提高，与深冷空分装置相比，PSA 过程具有启动时间短和开停车方便、能耗较小和运行成本低的特点。变压吸附式制氮机可提供产量（标准状况）3～3000m³/h，纯度 95％～99.999％ 的氮气，被广泛应用于化工、电子、纺织、煤炭、石油、医药、食品等行业。图 6-14 所示为小型变压吸附制氮机。

（2）在二氧化碳分离中的应用

变压吸附分离技术可以得到二氧化碳气体，主要是在合成氨变换气中脱除二氧化碳，这个过程所得的产物能够让小型的合成氨厂的液氨产量得到相应的提高，能够节约一定的成本，如今合成氨工艺中一般都是选择变压吸附法进行脱碳。先将烃类转化为变换气，再将变换气中的二氧化碳提纯至99.4％，再将氢气提纯至 99.999％，99.999％ 的高纯氢气与来自空分的高纯氮气按体积比 3：1 混合，经压缩后去生产氨。PSA 技术减少了这个过程中合

图 6-14　变压吸附制氮机

成氨的步骤，简化操作流程，在变压吸附气体分离技术合成氨的过程中省去铜洗与甲烷化工段，在一定程度上节约整个操作的成本，与原工艺相比日增加收入 10 万多元，经济效益可观。变压吸附气体分离技术吸附尿素脱碳的整个过程中，氢气回收率可达 95％，二氧化碳回收率可达 94％，同时能够制取食品级二氧化碳[36]。

（3）在氢气回收提纯中的应用

氢的提取在工业中是比较常见的，也是不可缺少的，氢也是现在倡导的清洁能源。PSA 技术在 20 世纪实现工业规模的制氢，变压吸附分离技术制氢的效果得到人们的重视，于是不断有研究人员开始关注变压吸附分离技术，因此变压吸附分离技术获得了迅速的发展。该技术在我国的工业中得到不断的发展，在进行氢气的分离提纯操作中，我国基本都是采用 PSA 分离技术。传统的低温法、电解法等，由于使用耗能、操作过程复杂、投入资金大等缺点，已经很少使用。

电解水得到氢气和氧气时，每有 1m³（标准状况）氢气产生，就会耗电 6～7kW·h，能耗较高。目前的工业化生产中有大部分的含氢气源，如钢厂焦炉煤气、炼油厂含氢尾气等，如果可以在不损耗电能的前提下，又能提炼出所需要的氢气，这就需要变压吸附气体分离技术的运用，降低生产成本。采用变压吸附法提纯氢气耗电（标准状况）不足 0.5kW·h/m³。我国在 1990 年武汉钢铁公司首次建成提炼氢气的变压吸附装置，变压吸附气体分离装置的使用让生产氢气的能力提高到 1000m³/h（标准状况），而且该装置在焦炉中所提炼出的氢气纯度在 99.999％。武汉钢铁公司运用变压吸附气体分离装置提取氢气后，我国其他钢铁企业也开始运用该技术对氢气进行提炼。变压吸附制氢操作过程中，其吸附压力一般在 0.8～2.5MPa 内，初期由于变压吸附气体分离技术不够成熟，在操作过程中由于吸附床内死空间的气体无法收集，造成浪费。这个难题现在终于得到解决，部分工业现在会采用多床变压吸附技术进行操作，经过均压和顺向放压这两种不同的方式对吸附床死空间中的气体进行回收。在多床变压吸附技术中四床流程所得到的产物其纯度在 99％ 以上，纯度是非常之高的，而且四床变压吸附技术所得的氢回收率在 75％～80％ 之间。在多床变压吸附技术

中，除了四床流程以外，还有五床、八床流程等。世界最大的变压吸附气体分离制氢装置已经在我国神华集团煤制油项目中出现，试车成功，在一定程度上也代表我国变压吸附气体分离技术已经达世界先进水平。该装置是采用 4 分组流程进行的。其中该装置的处理气量（标准状况）约为每小时 $34 \times 10^4 \, m^3$，产氢能力（标准状况）约是每小时 $28 \times 10^4 \, m^3$，氢纯度可达 99.9%，氢的回收率也是大于 90%[37]。

（4）在甲烷提纯中的应用

天然气最重要的成分是甲烷，但含有部分甲烷同系物，包括各类烃类杂质。对于部分工业而言想要得到以天然气为原料的化工产品，其主要需要解决的是减少天然气中各类烃类杂质，才能得到纯度较高的天然气产物。PSA 技术可以进行天然气净化，让天然气中的甲烷同系物杂质减少到 0.0001 的范围内，从而提高天然气的纯度。到目前为止我国现存变压吸附气体分离技术天然气净化装置逐渐得到运用，在各大行业中投入使用。

我国是煤炭生产大国，在采煤的过程中所排放出的瓦斯多达 $1.2 \times 10^{10} \, m^3$，煤矿开采向大气排放甲烷总量排名靠前，利用率仅占总排放量的 5%~7%，采煤过程中产生的甲烷大部分跑到空气中，造成甲烷的浪费及一定程度的空气污染。在采煤的过程中，把排在大气中的瓦斯中甲烷含量提升到 80% 以上，就可以作为高能燃料和化工原料；达到 95% 就并入天然气管道输送，在各大工业中得到再次利用，同时一定程度上减少大气环境污染，解决我国能源短缺。瓦斯不仅仅只是含甲烷，而且还包括部分二氧化碳、氮气、氧气。想要分离这些气体需要变压吸附气体分离技术的参与，根据二氧化碳和甲烷的各自性质可以知道两者之间的物理性质差异是非常大的，这就表明二氧化碳和甲烷比较易于分离，目前瓦斯提纯含氮煤层气提纯是分离气体的重点。目前，甲烷以及氮气的分离在变压吸附气体分离技术中基本实现，并且气体净化也已经基本上实现工业化生产，UOP 公司就有关于氮天然气净化的技术，采用五床变压吸附净化技术，实现将含天然气中 30% 氮提纯后，可以得到纯度 98% 以上的甲烷，烃类回收率 70% 以上，甲烷利用率 80% 以上。

除上述应用以外，PSA 分离技术还能够进行气体中氮氧化物 NO_x 的脱除、硫化物的脱除等，对于保护环境方面有很大的应用价值。

6.4.2　变温吸附

变温吸附（temperature swing adsorption，TSA）是利用吸附剂的平衡吸附量随温度升高而降低的特性，采用常温吸附、升温脱附的操作方法。除吸附和脱附外，整个变温吸附操作中还包括对脱附后的吸附剂进行干燥、冷却等辅助环节。变温吸附用于常压气体及空气的减湿，空气中溶剂蒸气的回收等。如果吸附质是水，可用热气体加热吸附剂进行脱附；如果吸附质是有机溶剂，吸附量高时可用水蒸气加热脱附后冷凝回收；吸附量低时则用热空气脱附后烧去，或经二次吸附后回收[38]。变温吸附是最早实现工业化的循环吸附工艺，循环操作在两个平行的固定床吸附器中进行。其中一个在环境温度附近吸附溶质，而另一个在较高温度下解吸溶质，使吸附剂床层再生。吸附剂在常温或低温下吸附被吸附物，通过提高温度使被吸附质从吸附剂解吸出来，吸附剂自己则同时被再生，然后再降温到吸附温度，进入下一个吸附循环。由于吸附床层加热和冷却过程比较缓慢，所以变温吸附的循环时间较长，从数小时到数天不等。

随着对环保的日益重视，对废气、废液的处理也进一步得到重视。变温吸附法可以处理很多种工业废气和废液。目前比较成熟的变温吸附处理废气或废液工艺有以下几种：

① 变温吸附法用于脱除 SO_2。该工艺常用活性炭吸附废气中 SO_2，然后用惰性气体为介质加热再生吸附剂，使物理吸附的 SO_2 或化学吸附产生的 H_2SO_4 还原为 SO_2 解吸下来。

② 变温吸附法用于脱除 H_2S。含 H_2S 气体通过活性炭吸附器，H_2S 被吸附，在活性炭上可以被催化还原为游离硫，300～400℃下用热蒸汽或热惰性气体（氮气等）加热吹扫床层，可使硫转变为硫蒸气随惰性气体一并流出，经冷凝后得到固体硫而惰性气体可循环使用。

③ 用变温吸附法脱除氮氧化物。该工艺可用于硝酸尾气回收，含 NO_x 废气放空前的脱硝处理等，是目前比较经济的一种处理含 NO_x 废气方法，有工业应用的报道，但不十分成熟，需进一步完善。该工艺常用分子筛、活性炭为吸附剂，净化气中 NO_x 含量控制在 200mg/L 以下，可达到排放标准。根据工艺需要，还可将净化深度控制在 10mg/L 或 1mg/L。

④ 变温吸附处理含氯废气。活性炭或硅胶可以优先吸附含氯废气中的光气和氯气，在100℃左右就可解吸。解吸的氯气可以制取液氯。此法氯气回收率可达 95％，适用于氯含量不太高的场合。

⑤ 变温吸附还可以处理氯乙烯尾气、四氯化碳尾气、二氯乙烷尾气、三氯乙烯尾气、含汞废气等。

⑥ 在废液处理方面，变温吸附也有很多应用。如用于污水处理，生活污水或工程排出废水中常有一些有机物或无机金属离子，有时由于硫化物或厌氧菌的繁殖，产生恶臭。污水经一级处理后，可进一步深度吸附脱除这些微量有机物如单宁类、油脂、染料、杀虫剂、酚类以及含硫、磷、氮等物质，对分子量在 400 以下的物质，用活性炭吸附十分有效。活性炭可用水蒸气吹扫或高温灼烧再生[39]。

6.4.3　模拟移动床技术

在吸附分离技术发展的早期主要采用的是固定床，以穿透-再生这样比较简单的间歇操作的方式进行，这种方式对吸附剂容量的利用率低，处理量少，并且难于获得高纯度的产品。连续移动床吸附分离过程中固体吸附剂在重力作用下自上而下移动与流动相逆流接触，提高了过程的效率，但这种操作方式对吸附剂耐磨性要求高，降低了吸附剂的寿命，并且固相的移动增加了返混，很难实现轴向活塞流动，使流动难以保持理想的平推流。模拟移动床（simulated moving bed，SMB）工艺由多个单体柱组合，通过"模拟移动"，周期性地改变流动相各股物流的进出口位置造成固定相和流动相的相对逆流运动，巧妙地解决了移动床工艺所遇到的困难。模拟移动床过程通称 Sorbex 工艺，兼有固定床良好的装填性能和移动床可连续操作的优点，在 20 世纪 60 年代由美国环球油品公司（UOP INC.）首先提出并开发[40]，该技术将吸附分离推向了一个广阔的发展空间，能对沸点相近或分子量较大及热敏性的有机混合液进行有效分离，在工业中得到广泛应用，模拟移动床工艺在石油化工领域的应用主要集中在从烷烃中分离正构烷烃以及对二甲苯的分离。具体的应用情况见表 6-2。

表 6-2 Sorbex 系列工艺

名称	分离体系	吸附剂	解吸剂
Parex	对二甲苯/碳八芳烃	K-Bax 分子筛	对二乙苯或甲苯
Molex	正构烷烃/支链及环烷烃	5A 分子筛	轻石脑油
Olex	烯烃/烷烃	CaX 分子筛	重石脑油
Sarex	果糖/葡萄糖及多聚糖	CaY 分子筛	水

模拟移动床工作示意图见图 6-15。图中模拟移动床包含 4 个区，分别为：Ⅰ脱附区、Ⅱ吸附区、Ⅲ提纯区和Ⅳ隔离区。各区的塔段数可根据需要选择。以逆流连续操作方式，通过变换固定床吸附模块的物料进出口位置，产生相当于吸附剂连续逆向移动而物料连续正向移动的效果。

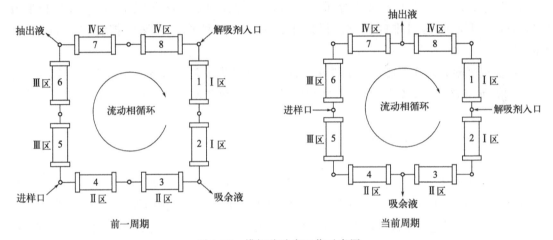

图 6-15   模拟移动床工作示意图

UOP 是老牌的连续重整、芳烃抽提及对二甲苯专利商，UOP 公司的 Sorbex 工艺的应用主要集中在石油化工领域。Sorbex 工艺是一种大规模的液相吸附分离工艺，全球大约 70% 的对二甲苯装置采用其技术，国内多数对二甲苯生产装置，都是采用 UOP 的技术。以其中的 Parex 为例，至 1996 年全世界有 69 套设备在运转，年总产量 13000kt，单套最大年产量达 1200kt 对二甲苯。近几十年来模拟移动床技术受到工业界和研究者更多的关注，向更广阔的领域扩展，研究也更加深入。20 世纪 90 年代开始模拟移动床引起了各医药公司的关注，将其用于对映体分离，至 2000 年已建立了多个年产几十吨规模的单元设备，模拟移动床将成为对映体生产的标准技术。将模拟移动床与反应器结合，是反应器设计的重要的发展方向之一。UOP Molex 工艺从支链烷烃和芳烃中分离正构烷烃，制取高纯度正构烷烃（液体石蜡），回收率可达 91.9%，正构烷烃纯度可达 98.9%。1972 年，UOP 公司首次在工业生产中利用这种设备由碳八芳烃中分离对二甲苯（Parex 工艺），截至 2020 年世界上以此技术所建装置已超过 100 套，最大规模 40 万吨/年，产品纯度高达 99.9%，单程收率 96% 以上。采用立式吸附床及 24 孔旋转阀匀速转动（如图 6-16 所示）以控制床内各物料口进出物料的转换。24 孔旋转阀具有灵便、占地省等优点。在程序控制下，通过旋转阀的步进，定期启闭切换吸附塔各塔节进出料和解吸剂阀门，使各液流进入口位置不断变化，模拟了固体吸附剂在相反方向上的移动。阀门未切换前，对每个塔节而言是固定床间歇操作，当塔节较多和各阀门不断切换，或采用多通道旋转阀不停转动时，吸附塔是"连续操作的移动床"。吸附塔一般由 24 个塔节组成，第 3、6、15 和 23 塔节分别是脱附剂、抽余液、原料和抽出液进出口。该技术关键之一便是转换物流方向的旋转阀门，旋转阀转动一格，各液体进入口位置相应改变一塔节，固体吸附剂和循环液流成"相反"方向移动。旋转阀转动一周所需时间，根据各溶液流速、床底温度、吸附剂的特性等条件而定。

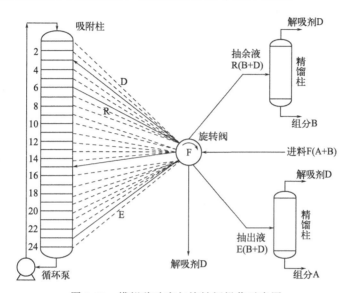

图 6-16　模拟移动床与旋转阀操作示意图

随着法国石油研究院（IFP）与国内炼油企业的合作，国内的主营炼油厂逐渐采用自主研发的全套芳烃生产技术。江阴新和桥化工有限公司在 1999 年采用中国石化总公司石油化工科学研究院开发的异构-吸附分离法结合 SMB 技术从混合二甲苯中分离间二甲苯，产品纯度也能达 99.5％以上，已形成 5000t/a 规模化生产。我国的 SMB 吸附分离设备多为国外引进，但自主开发的吸附剂分离对二甲苯的各项分离性能和指标均已到达国外同类产品[41]。中国石化石油化工科学研究院（简称"石科院"）于 2004 年开发出的 RAX-2000A 型和 RAX-3000 型对二甲苯吸附剂在工业化装置中成功使用，生产出合格的对二甲苯产品。同时，石科院自主开发的分立冲洗式模拟移动床吸附分离工艺，每一床层都设置程序控制的开关阀组，可灵活调整床层数量，不设置物料共用管线，增加了对二甲苯的收率，30kt/a 的示范装置可生产纯度为 99.7％以上的对二甲苯[42]。

6.5　多孔固体吸附剂的分类与应用

6.5.1　多孔固体吸附剂材料简介

工业上常用的商业吸附剂有沸石分子筛、活性炭、硅胶、活性氧化铝等，另外还有针对某种组分选择性吸附而研制的吸附材料。近二十年来，新兴的高效分离用金属有机骨架吸附材料也是吸附材料的研究热点。吸附分离成功与否，极大程度上依赖于吸附剂的性能，因此选择吸附剂是确定吸附操作的首要问题。以下介绍几种类型的吸附剂。

（1）沸石分子筛

从 18 世纪后半叶人类发现天然硅铝酸盐，到 20 世纪 40 年代首次人工合成沸石也称分子筛，分子筛的工业化道路越走越宽，在筛分分子、吸附、离子交换、催化等领域为人类作出巨大贡献，产生了庞大的经济效益和产业链。广义上讲，分子筛指的是孔径大小与分子尺寸相当从而具有分子筛分能力的一类多孔物质；狭义上讲，分子筛指的是结晶态的硅酸盐或硅铝酸盐，其是由硅氧、铝氧四面体通过氧桥键相连形成初级结构单元，以硅或铝为中心原子形成三维四连接的骨架结构，后来的研究相继出现以 P、B、Ga、Ge、Be 等为中心原子的四面体。主流分子筛是以结构来分类的，初级基本结构组成二级结构，二级结构再组成笼，形成多面体笼形分子筛材料（例如 CHA 构型图、MFI 构型图，如图 6-17、图 6-18）。根据笼型结构的不同，可以将分子筛分为不同构型的分子筛，现今已被合成出来的构型已达200 多种。多数分子筛为微孔结构，随着工业生产要求的提高，近些年，研究者们合成出了介孔分子筛，例如，SBA-15 和 MCM-41。从孔径类型分类的话，分子筛可以分为微孔分子筛和介孔分子筛两种。诸多构型的分子筛中，应用最为广泛的当属 MFI 构型分子筛，典型代表为 ZSM-5 分子筛，其晶胞中有两种类型的十元环孔道，孔径分别为 0.53nm×0.56nm和 0.51nm×0.55nm。因其孔径与多种常用化工原料的分子动力学直径相近，具有优越的择型催化性能，广泛地应用在化工生产中[43]。

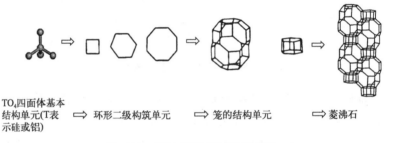

TO₄四面体基本结构单元(T表示硅或铝) ⟹ 环形二级构筑单元 ⟹ 笼的结构单元 ⟹ 菱沸石

图 6-17　CHA 型沸石结构示意图

图 6-18　MFI 构型沸石结构

（2）碳材料

固态含有碳的物质（如煤、木材、果壳、椰壳、树脂、泥炭等）在隔绝空气的条件下，经 400~500℃ 高温炭化，发生脱水、脱酸等分解反应，并除去大部分挥发物质；然后在400~900℃条件下用空气、二氧化碳、水蒸气或三者的混合气体进行氧化活化，通过开孔、扩孔和创造新孔扩大孔隙率和比表面，从而形成了内部具有丰富微孔的碳材料。碳材料由于具有高比表面积（一般在 $100\sim3000m^2/g$）、丰富的孔结构和可调的表面化学性质，因而作为吸附剂被广泛使用。

热解所得活性炭为无定形碳，没有宏观晶体结构，随着炭化温度升高，基本微晶增大，碳的乱层结构向石墨结构转化，形成均匀的表面结构［如图 6-19（a）、（b）所示］。除了无序活性炭以外，还有一些明确结构的碳，如活性炭纤维（ACF）、碳纳米管（CNT）、富勒烯和碳分子筛（CMS）等［如图 6-18（c）、（d）、（e）所示］。这些碳材料的长程有序排列和独特的孔隙结构为吸附剂的开发和应用提供了新的方向。

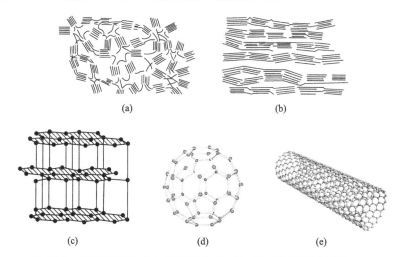

图 6-19 非石墨化碳（a）和石墨化碳（b）的结构模型及石墨（c）、
富勒烯（d）和碳纳米管（e）的晶体结构

（3）金属有机骨架材料

金属有机骨架材料（MOFs）作为新兴的高效分离用吸附材料，其孔道可调、孔隙率高、比表面远高于分子筛等特点受到了国内外学者的广泛关注[44]。MOFs 由无机金属离子和有机配体构筑而形成多孔配位聚合物，其金属离子的选择主要集中在过渡系金属、碱金属和稀土金属等，有机配体则主要在含氮杂环类和含氧类中选择。金属节点和有机构件选择的多样性使得配位聚合物种类丰富多彩，目前已报道的 MOFs 结构已超过 20000 种，主要分为羧酸类和含氮杂环类。

系列羧酸类有机配位聚合物以锌盐和羧酸有机配体构筑形成，也称作网格状金属有机骨架材料（IRMOFs），典型代表是 MOF-5，结构为 $Zn_4O(BDC)_3$（如图 6-20），其比表面达到 $3362m^2/g$，孔体积 $1.19cm^3/g$，孔径 $0.78nm$[45-46]。IRMOFs 被提出并应用于小分子气体（H_2、CO_2、CH_4 等）的吸附与储存，通过比较不同的吸附剂（IRMOF-1、IRMOF-6、IRMOF-14、硅沸石、八面沸石、MCM-41 和碳纳米管）得出 IRMOF-6 在吸附方面上具有较佳性能。

MIL 系列是由 Ferey[47] 小组最初提出，并以其所在的拉瓦锡研究所（Materials Institute Lavoisier）的首字母命名。其中 MIL-101 凭借大孔隙率（90%）和高比表面积（$6000m^2/g$）等优

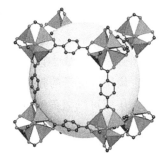

图 6-20 MOF-5 分子结构图

势在吸附分离中被广泛研究。此类材料在节点上突破了第一过渡系的二价金属离子，选择 Fe^{3+}、Cr^{3+}、Al^{3+} 等金属离子作为金属中心。Chui 等[48] 制备的 HKUST-1，以香港科技大学（Hong Kong University of Science and Technology）首字母命名为 HKUST-n，其金属中心可经过去除水分子后产生配位不饱和金属中心，在吸附和催化领域受到广泛关注与应用研究。MOFs 家族中经典的类沸石材料 ZIFs 系列由 Yaghi 小组 Park 等[49] 提出，与 IRMOFs 相比，金属中心由 Zn^{2+} 扩展到 Co^{2+} 和 Ln^{3+} 等金属离子，有机配体也由羧酸盐改为咪唑盐。这一系列材料因为结构与沸石类似，具有分子筛拓扑网络结构且热稳定性高，通常用 SOD（方钠石）进行标记，所以将其称为类沸石咪唑骨架材料（zeolitic imidazolate frameworks，ZIFs）。早期 Yaghi 报道的 ZIFs 的原型构件 ZIF-8（图 6-21）热稳定性高达 550 ℃，比表面积达 $1810m^2/g$。此外，这类配合物不仅易于合成（在水相中即能生成），且具有显著的化学稳定性和特殊的分子筛分效果。ZIF-8 的耐碱性和热稳定性等出色的性能使其在 CO_2、CH_4 等物质的吸附分离上应用极其广泛。

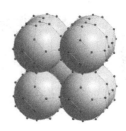

图 6-21　ZIF-8 的单晶 X 射线结构示意图

6.5.2　多孔固体吸附剂的吸附分离应用

（1）烷烃异构体的分离

从轻质（$C_6 \sim C_{14}$）到重质（$C_{14} \sim C_{20}$）的正异构烷烃主要存在于液体石蜡等石油产品中，烷烃异构体的定向分离可以大幅度提高石油资源的优化配置水平，在石油化工中有重要的意义。

利用微孔分子筛的尺寸筛分效应从体积较大的支链烷烃中筛分出直链烷烃是分子筛分离烷烃异构体的主要方法。20 世纪 50 年代末开发的分子筛脱蜡技术，对直馏煤油中的液蜡（正构烷烃 $C_{10} \sim C_{15}$）进行选择性吸附和脱附，该技术主要采用 UOP 公司的 Molex 工艺[50]，全世界 80％正构烷烃生产是采用 UOP 公司的 Molex 工艺从直馏煤油中分离得到的。Molex 工艺特点是液相模拟移动床吸附分离，对吸附剂性能要求非常苛刻，绝大多数 Molex 分子筛脱蜡装置使用 UOP 公司提供的 ADS 型 5A 分子筛吸附剂[51]。5A 分子筛的实际有效孔径为 0.51nm，由于正构烷烃分子的最大临界直径大约是 0.49nm，并且异构烷烃、环烷烃和芳香烃的最小直径都在 0.55nm 以上，因此 5A 分子筛的有效孔径处于正构烷烃分子和非正构烷烃分子的临界直径之间，所以 5A 分子筛可以吸附正构烷烃，而不能吸附异构烷烃，从而可以把正构-异构烷烃分离。开发国产的性能优良的 5A 分子筛脱蜡吸附剂显得尤为重要。目前中国石油化工南京催化剂公司开发的国产 5A 小球分子筛吸附剂已经达到世界先进水平，为世界第二 5A 吸附剂生产商，生产的轻质液蜡的纯度以及回收率均达到 98％以上。吸附剂对正构烷烃扩散阻力小，吸/脱附速率快，使用寿命长，居国际领先水平。

通过一系列不同孔径大小的分子筛原粉及碱金属改性后的分子筛的烷烃吸附性能的研究，考察了它们对己烷同分异构体 3-甲基戊烷和 2,3-二甲基丁烷的分离能力。其中，H-β、Ba-β 分子筛的孔径和孔隙结构比较适中，是分离这两种异构体有效的吸附剂[52]。用固定床装填批量的 β 分子筛，测定了其对己烷同分异构体的吸附平衡等温线和穿透曲线，结果表明此类分子筛可以有效分离己烷异构体[53]。己烷同分异构体穿透时间的顺序为正己烷＞3-甲基戊烷＞2,3-二甲基丁烷＞2,2-二甲基丁烷，表明 β 分子筛对己烷同分异构体的吸附能力随分支度增加而降低，这种分离能力是由尺寸筛分效应主导的，β 沸石骨架结构包括孔口尺寸为 $0.66nm \times 0.67nm$ 的直形孔道和孔口为 $0.56nm \times 0.56nm$ 的 Z 形孔道，基于己烷同分异构体的动力学直径和 β 沸石孔道的孔径，2,3-二甲基丁烷和 2,2-二甲基丁烷只能通过 Z 形孔道，而正己烷和 3-甲基戊烷两种孔道都可以通过，从而实现了筛分作用，这种分离单支链和双支链烷烃的能力有助于生产高辛烷值的汽油。

（2）烯烃-烷烃分离

低碳烯烃，如乙烯（C_2H_4）、C_3H_6（丙烯）、1,3-丁二烯（C_4H_6）、正丁烯（n-C_4H_8）和异丁烯（i-C_4H_8），是生产塑料的重要原料，全球乙烯产量在 $2 \times 10^8 t/a$ 左右。在化学工业中，烯烃通常是通过烃类裂解和相应的烷烃脱氢而产生的，因此不可避免地会产生一些烷烃副产物。

Cu^+、Ag^+ 等过渡金属与烯烃间形成有机过渡金属络合物，可以将烯烃选择性地分离出来。将过渡金属负载到各种载体（如活性炭、分子筛、氧化铝、氧化硅、树脂等）上，可以制备出很多性能优良的 π 络合吸附剂（本书 6.2.1 节已述）。高硅分子筛（如 ITQ 类、ZSM-58 和 DD3R）利用它们本身的八元环结构，对丙烯的扩散系数远大于丙烷。该类吸附剂的热稳定性和对酸的稳定性较好，工业中用变压吸附法分离烯烃时，可避免 π 络合吸附剂应用时过渡金属离子失活情况的发生。

MOF 材料表现出分离烷烃/烯烃的潜力，一般通过以下一种或几种方式实现的：①择形分离；②动力学分离；③开门效应（open-gating effect）。带有开放金属阳离子位点的有序结构的 MOFs 材料，与不饱和烃分子有很强的相互作用，已被研究证实是分离 C_2H_4/C_2H_6 的有效吸附剂。结构相同的具有高密度有序结构的材料 MMOF-74（M＝Co、Mn、Ni、Mg、Fe、Zn 等）对 C_2H_4/C_2H_6 混合物的分离性能较好[54-55]。Mg-MOF-74 是第一个用于 C_2H_4/C_2H_6 分离的 MMOF-74[56]，该材料在一定温度下对 C_2H_4 和 C_2H_6 的饱和吸附容量大小相近，但对 C_2H_4 的亨利常数和吸附热远高于 C_2H_6，研究揭示了 C_2H_4 分子与骨架中的特定位置发生了较强 π 络合相互作用。在所有 MMOF-74 材料中，Fe-MOF-74 对 C_2H_4/C_2H_6 混合物的吸附分离性能表现得更为优异，这是由于其表面暴露的具有柔韧性和高自旋的 Fe^{2+} 配位中心。在 318K、$0.005 \sim 1.00bar$ 下等摩尔的 C_2H_4/C_2H_6 混合物的分离中，Fe-MOF-74 吸附选择性达到 13～18，明显高于同结构的 Fe-MOF-74（选择性 4～7）和 NaX 分子筛（选择性 9～14）。在典型的穿透实验中，Fe-MOF-74 在 1bar、318K 下可以将等摩尔的 C_2H_4/C_2H_6 混合物分别分离出浓度达到 99％和 99.5％的纯组分。

功能化后的 Fe-MOF-74 材料表现出对 C_2H_4/C_2H_6 更为优秀的吸附分离性能，利用氧分子与 Fe-MoF-74 中的不饱和空位结合形成 Fe-Peroxo 位，有效地阻止了不饱和金属空位

与 C_2H_4 之间的 π 键相互作用，从而显著减少了 C_2H_4 的吸附[57]。同时，新构建的材料 $[Fe_2(O_2)(dobdc)]$ 对 C_2H_4 的吸附亲和力比 C_2H_6 更强 [图 6-22（a）、（b）]，因此可以高选择性分离 C_2H_6/C_2H_4 [图 6-22（c）、（d）]。这种材料可以在第一个吸附循环周期内从 C_2H_4/C_2H_6 混合物中直接生产聚合级 C_2H_4（纯度≥99.99%），具有高效和低能耗的特点。这项工作不仅巧妙地实现了"C_2H_6/C_2H_4 反向吸附"，而且提供了一种可以广泛适用的方法，将不同位点固定在多孔 MOF 中，以实现 C_2H_6 优先于 C_2H_4 与吸附材料结合。

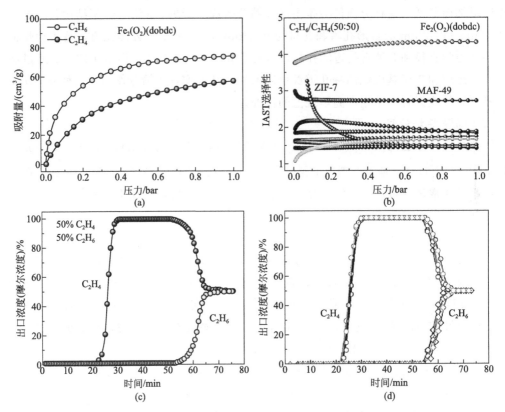

图 6-22 （a）C_2H_6 和 C_2H_4 在 $Fe_2(O_2)(dobdc)$ 上的吸附脱附曲线图（298K）；
（b）$Fe_2(O_2)(dobdc)$、ZIF-7、MAF-49 等材料的 C_2H_6/C_2H_4（10/90）混合物分离的 IAST
选择性比较图；（c）C_2H_6/C_2H_4（50/50）混合物的固定床动态穿透曲线图；
（d）5 次动态穿透重复性实验

（3）二甲苯异构体的分离

二甲苯异构体作为重要的化工基础原料，主要来源于石油催化重整，石脑油重整后经过重整分离可以得到苯、甲苯、C_8 异构体和 C_9。在二甲苯异构体中，对二甲苯（p-xylene，PX）是最有价值的中间体，在化学反应中具有很高的转化率。在反应过程中，PX 先生成对苯二甲酸（TPA），然后再转化为对苯二甲酸二甲酯（DMT）。然后将 DMT 与乙二醇反应生成聚对苯二甲酸乙二酯（PET）。PET 是大多数用于生产纤维、包装材料和容器的聚酯的原料。邻二甲苯（o-xylene，OX）的沸点比其他 C_8 异构体的沸点高 5℃，主要用于生产邻苯二甲酸酐，邻苯二甲酸酐主要用于油漆生产、药物合成及增塑剂的制造等。间二甲苯（m-xylene，MX）主要用于生产间苯二甲酸并且可以异构化为其他 C_8 异构体。

目前传统能耗高的精馏工艺已不能满足二甲苯异构体逐年快速增长的需求量以及当下的低碳趋势，吸附分离法是目前主要的二甲苯分离方法，由于其较高的分离效率和更低的能耗而占世界二甲苯分离工艺的 75％。工业上，选择性吸附是 UOP 公司在 20 世纪 60 年代开发的模拟移动床（SMB）上进行的。分离混合二甲苯的工业级模拟移动床主要有三种：UOP 的 Parex，Toray 的 Aromax 和 IFP 的 Eluxyl[58-59]。在吸附剂的孔隙饱和条件下，工业 SMB 工艺在约 180℃的温度和约 9bar 的压力下操作，PX 回收率为 97％～99％，纯度为 99.7％～99.9％[60]。工业 SMB 工艺中应用的典型吸附剂是阳离子交换的八面沸石（FAU）型沸石 X 和 Y。其中使用 K^+ 进行离子交换的 Y 型沸石分子筛吸附剂对 PX/MX 的分离系数为 5.25，PX/EB 的分离系数为 1.94，PX/OX 的分离系数为 4.63，MX/OX 的分离系数为 1.0，在 293K 的正辛烷中进行批量实验，对二甲苯吸附量为 1.75mmol/g[61]。在二元竞争吸附穿透实验中，Ba^{2+} 交换的 X 沸石在 175℃和 130℃下对 PX/MX 的选择性为 3.2～4.2[62]。Na^+ 交换的 NaY 分子筛的选择性最大，对 MX、PX、OX 的吸附量分别为 99.6、51.3 和 41.5mg/g[63]。

目前工业生产中吸附分离 C_8 异构体的吸附剂为八面沸石型分子筛（NaY 分子筛），用沸石材料提高异构体的分离系数比较有限。与沸石相比，MOFs 密度低，同等质量下 MOFs 吸附量更高[64]。而 MOF 材料具有更高的可修饰性，金属-配体间可以有无限的组合，有提高分离系数的潜力。第一类成功应用于二甲苯异构体分离的 MOFs 材料是 MIL-47，MIL-53（Al）和 HKUST-1[65]。HKUST-1 能选择性分离 MX 和 OX，分离系数 2.4。MIL-53（Al）和 MIL-47 对 PX/EB 的分离性能更强，MIL-47 优先吸附 PX。固定床动态吸附穿透实验结果显示，MIL-47 对 PX/MX 的平均分离系数为 2.5，对 PX/EB 的平均分离系数为 7.6。MIL-53（Al）对 PX/MX 的分离效果较弱。研究还显示 PX 分子在 MIL-47 孔道内的填充是通过 π-π 键的相互作用堆叠，而不是异构体分子与材料骨架间的相互作用。虽然 MIL-47 对 PX 和 MX 有吸附选择性，但不能分离 PX 和 OX。

具有柔韧骨架的 MIL-53（Al），在以己烷为溶剂的吸附穿透实验中，对邻位的 OX 有较强的吸附选择性，OX/EB 分离系数高达 11.0，OX/MX 为 2.2[66-68]。MIL-53（Al）的结构对邻位 C_8 异构体有明显的分离效果，研究者通过模拟计算认为 MIL-53（Al）吸附间/对异构体时，孔道有了较大的变形，对邻位的异构体有明显的分离效果是因为 OX 的两个甲基与骨架的羧酸基同时发生了相互作用，而 MX 和 PX 分子只能通过一个甲基与羧酸基发生相互作用，如图 6-23 所示。类似的结构还有材料 MIL-53（Fe），也是优先吸附邻二甲苯[69]。

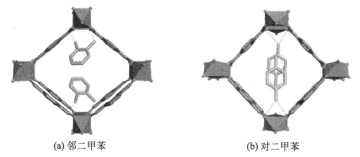

(a) 邻二甲苯　　　　　　　　　　　(b) 对二甲苯

图 6-23　邻二甲苯和对二甲苯分别在柔性 MIL-53（Al）上的吸附图[67]

（4）二氧化碳/甲烷（CO_2/CH_4）的吸附分离

随着全球工业化的快速发展，化石燃料的使用呈爆炸式增长，化石燃料的燃烧占全球能源消耗的 85％，导致向大气中排放大量 CO_2，这被认为是全球变暖的罪魁祸首。如何经济有效地降低大气中二氧化碳的水平是一个至关重要的环境问题，CO_2 的分离与捕集已引起科学界的广泛关注。吸附分离技术因其能耗和操作成本低，是一种有应用前景的 CO_2 捕获技术。目前主要从燃烧后工业尾气中去除 CO_2 以及大气中 CO_2 的直接捕获两种途径减排。除了降低温室效应，高效选择性捕获 CO_2 也是重要的工业过程，CO_2/N_2、CO_2/CH_4 等混合体系的分离和选择性二氧化碳捕获在化工和环境领域都有重要作用。

很多研究集中于碱金属交换的分子筛和商业分子筛原粉对于二氧化碳的选择性吸附，FAU、CHA、MFI 和 LTA 等拓扑结构的分子筛比表面积和孔道大小适中，稳定性较好，制备方法简单，成为二氧化碳吸附领域的研究热点。几种常见商业沸石 Na-X、Ca-X、Na-A、Ca-A 和 ZSM-5 中，对 CO_2/CH_4 的分离能力较强的是 Ca-A 和 Na-X[70]，但水分的存在会降低分子筛吸附二氧化碳的能力。用碱金属交换后的 SSZ-13 分子筛表现出对 CO_2 更强的亲和力，其中 Li-SSZ-13 的吸附容量和选择性更高，这是由于 Li^+ 的电场强度更高[71]。如何提高水蒸气存在下 CO_2 的吸附容量已成为研究的热点，利用中子衍射确定了 Cu^{2+} 交换的 SSZ-13 分子筛中 Cu^{2+} 的位置，并提出水会优先吸附于 Cu^{2+} 位点，而且 Cu^{2+} 位点对分子筛整体的二氧化碳吸附能力的影响很小，因此 Cu-SSZ-13 成为有水分存在时 CO_2 分离的理想材料。除了基于物理吸附作用的未改性分子筛对 CO_2 的吸附外，氨基改性的方法可以解决高温烟气中二氧化碳捕获等特定情况下分子筛吸附选择性不够强的问题，氨基改性的方法主要包括嫁接法和浸渍法，改性所用的胺包括直链脂肪族多胺、醇胺和聚乙烯亚胺等。高温下，氨基改性的分子筛材料的 CO_2 吸附性能得到了显著提升，原因是吸附剂表面的氨基对 CO_2 产生了化学吸附作用。将 MCM-41 介孔分子筛浸渍于四乙烯五胺（TEPA）溶液中可获得氨功能化的吸附材料[72]，分子筛的碱性氨基可以提高 CO_2 的选择性化学吸附，CO_2 吸附量受温度及负载量影响，TEPA 负载量提高至 50％时，在 75℃获得最大吸附量 70.41mg/g，而未改性 MCM-41 的吸附量仅为 27.78mg/g。但随着氨基支链的增多，MCM-41 对 CO_2 空间位阻影响增大，会限制 CO_2 与氨吸附位点的作用，导致 CO_2 吸附量降低，因此氨基的负载量需要加以控制。

与传统的多孔材料（如沸石和活性炭）相比，MOFs 凭借吸附容量大、选择性高和稳定性好等优势在固相吸附捕获 CO_2 领域具有很大的应用潜力。MOFs 材料有望成为 CO_2 捕获的理想吸附材料。通过合理选择用于 MOF 构建的有机配体和无机构建单元，可以实现高 CO_2 吸附量和选择性。Burd 等[73] 研究了 [$Cu(bpy-1)_2(SiF_6)$] 上的 CO_2 和 CH_4 吸附，并报告了在 298K 和 1atm 条件下，CO_2 吸收率（质量分数）为 23.1％，CO_2/CH_4 选择性为 10.5。Yaghi 研究小组 Furukawa 等[74] 报告了 MOF-200 和 MOF-210 的超高 CO_2 吸收量，在 50bar 和 298K 条件下高达 2400mg/g，超过了许多其他传统多孔材料（如 NaX 分子筛和 MAXSORB 活性炭）。作者将如此大的 CO_2 吸附量归因为 MOFs 有极大的孔容和比表面积。

然而，虽然 MOFs 材料在吸附分离方面的应用研究可以看到此类材料的优越性能和广阔应用价值已经逐步凸显，虽然其潜力巨大但仍然存在诸多阻碍，若要推进 MOFs 材料在化工分离领域的工业应用，还面临着以下问题：具有更高分离选择性的材料还有待开发；合成比较困难且成本较高；MOFs 的结构容易坍塌，稳定性差；吸附机理与极限性能仍有待研究探索。针对目前存在的问题，今后的发展方向为开发更高效的新材料设计与筛选体系；研究有机配体的合成机理研究，以及如何降低成本；提高材料的稳定性与使用寿命。相信随着研究的深入和科技的发展，MOFs 作为新型多功能性材料会在不久的将来实现技术和应用的新突破。

本章符号说明

符号	意义	计量单位	符号	意义	计量单位
A	指前因子		p	吸附质总压	Pa
c	溶质摩尔浓度或质量分数	mol/L	p^0	吸附温度下吸附质的饱和蒸气压	Pa
E	吸附势	J/mol	q	吸附剂的吸附容量	kg/kg 或 mL/g
G	吉布斯自由能	kJ/mol	q_m	吸附剂单分子层最大吸附量	kg/kg 或 mL/g
H	吸附焓	kJ/mol	S	吸附熵	kJ/mol
K	Langmuir 吸附常数		u	吸附质流速	mL/min
m	吸附剂用量	kg 或 g	ρ	吸附质密度	g/cm^3
n	吸附分离系数		v	吸附体积	cm^3/g

 思考题

[6-1] 举例说明吸附分离的作用机理有哪些类型？

[6-2] 吸附平衡是如何定义的？吸附等温线有哪些常见类型？

[6-3] 常用的吸附分离设备和操作方式有哪些？举例说明在化工生产中的应用。

[6-4] 简述固定床吸附从开始到完全失去吸附能力的变化过程，穿透时间如何确定？动态吸附量和静态吸附量的差别是什么？

[6-5] 工业常用吸附剂有哪些？吸附剂的主要特性是什么？

 计算题

[6-1] 固定床是在进行多相过程的设备中，若有固相参与，且处于静止状态，设备内的固体颗粒物料床层。吸附器是装有吸附剂实现气-固吸附和解吸的设备。固定床吸附器则是二者的有机整合，请回答在固定床吸附器中，如何利用透过曲线，判断吸附剂的吸附性能？

[6-2] 学生通过一组树脂吸附的批量实验，完成从水溶液中去除农药的初步研究。在 10 个 500mL 的三角烧瓶中，各注入 250mL 浓度为 515mg/L 的农药溶液。其中 8 个烧瓶各加入不同质量的粉末活性炭，另外两个为不加活性炭的空白样，每个烧瓶在密闭的情况下，在

25℃下振荡 8h，然后分离上清液并分析农药残留浓度，结果如下表，试确定吸附等温线。

瓶号	1	2	3	4	5	6	7	8
农药浓度/(mg/L)	58.2	87.3	116.4	300	407	786	902	2940
碳剂量/mg	1005	835	641	491	391	298	290	253

[6-3] 吸附净化技术是一种成熟的化工单元过程，早已应用于各种有机溶剂的回收，尤其是活性炭吸附法已经在印刷、电子、喷漆、胶黏剂等行业，用于对甲烷、苯、二甲苯、四氯化碳等有机溶剂的回收。于 296K 下纯甲烷气体被活性炭吸附，实验室数据如下表，试确定 Freundlich 和 Langmuir 型等温线。

p/MPa	0.276	1.138	2.413	3.758	5.240	6.274	6.688
q/(cm^3/g)	45.5	91.5	113	121	125	126	126

[6-4] 水中少量挥发性有机物（VOCs）可以用吸附法脱除。通常含有两种或两种以上的 VOCs。现有含少量丙酮（1）和丙腈（2）的水溶液用活性炭处理。Radke 和 Prausnitz 已利用单个溶质的平衡数据拟合出 Freundlich 和 Langmuir 方程常数。对小于 50mmol/L 的溶质浓度范围，给出公式的绝对平均偏差见下表。

丙酮水溶液（25℃）	q 的绝对平均偏差/%	丙腈水溶液（25℃）	q 的绝对平均偏差/%
$q_1 = 0.141c_1^{0.597}$	14.2	$q_2 = 0.138c_2^{0.658}$	10.2
$q_1 = \dfrac{0.190c_1}{1+0.146c_1}$	27.3	$q_2 = \dfrac{0.173c_2}{1+0.0961c_2}$	26.2

表中，q_1 为溶质吸附量，mmol/g；c_1 为水溶液中溶质浓度，mmol/L。

已知水溶液中含丙酮 40mmol/L，含丙腈 34.4mmol/L，操作温度为 25℃，使用上述方程预测平衡吸附量，并与 Radke 和 Prausnitz 的实验值进行比较。实验值：$q_1 = 0.715$mmol/g，$q_2 = 0.822$mmol/g，$q_总 = 1.537$mmol/g。

[6-5] 用大孔分子筛从发酵滤液中吸附某抗生素。假定该抗生素的吸附属于 Langmuir 等温吸附，即符合 $q = \dfrac{q_m KC}{1+KC}$。饱和吸附量 q_m 为 0.06kg（抗生素）/kg（干树脂）；当液相中该抗生素的平衡浓度为 0.02kg/m^3 时，树脂的平衡吸附量 q 为 0.04kg/kg。试求：料液中抗生素平衡浓度为 0.2kg/m^3 时的吸附量。

参考文献

[1] Brunauer S. The physical adsorption of gases and vapors[M]. London：Oxford Univ. Press，1973.

[2] Gregg S J，Sing K S W. Adsorption，surface area and porosity[M]. 2nd ed. London：Academic Press，1982.

[3] Kelitsev N V. Osnovi adsorbtsionnoi tekhniki[M]. Moskva：Khimiya，1976.

[4] Langmuir I. The constitution and fundamental properties of solids and liquids. Part Ⅰ. Solids[J]. Journal of the American Chemical Society，1916，38(11)：2221.

[5] Rouquerol F，Rouquerol J，Sing K S W，et al. 粉体与多孔固体材料的吸附原理、方法及应用[M]. 陈建，周力，王奋英，等译. 北京：化学工业出版社，2020：4-5.

［6］Mattson J S, Mark H B Jr, Malbin M D, et al. Surface chemistry of active carbon: Specific adsorption of phenol[J]. J Colloid Interface Sci, 1969, 31(1): 116-130.

［7］King C J. Separation processes based on reversible chemical complexation[M]//Ronald W Rosseau. Handbook of Separation process Technology[M]. New York: Wiley, 1987.

［8］Yang R T, Kikkinides E S. New sorbents for olefin/paraffin separations by adsorption via π-complexation [J]. AIChE Journal, 1995, 41(3): 509.

［9］Chen N, Yang R T. *Ab initio* molecular orbital study of adsorption of oxygen, nitrogen, and ethylene on silver-zeolite and silver halides [J]. Industrial & Engineering Chemistry Research, 1996, 35(11): 4020.

［10］Rege S U, Padin J, Yang R T. Olefin/paraffin separations by adsorption: pi-complexation vs. kinetic separation[J]. Aiche J, 1998, 44(4): 799-809.

［11］Padin J, Yang R T. New sorbents for olefin/paraffin separations by adsorption via pi-complexation: Synthesis and effects of substrates[J]. Chem Eng Sci, 2000, 55(14): 2607-2616.

［12］Yang R T, Takahashi A, Yang F H. New sorbents for desulfurization of liquid fuels by, pi-complexation[J]. Ind Eng Chem Res, 2001, 40(26): 6236-6239.

［13］Bao Z B, Wang J W, Zhang Z G, et al. Molecular sieving of ethane from ethylene through the molecular cross-section size differentiation in gallate-based metal-organic frameworks[J]. Angew Chem Int Edit, 2018, 57(49): 16020-16025.

［14］Aguado S, Bergeret G, Daniel C, et al. Absolute molecular sieve separation of ethylene/ethane mixtures with silver zeolite A[J]. Journal of the American Chemical Society, 2012, 134(36): 14635-14637.

［15］Li B, Cui X L, O'Nolan D, et al. An ideal molecular sieve for acetylene removal from ethylene with record selectivity and productivity[J]. Advanced Materials, 2017, 29(47): 1704210.

［16］Li B Y, Zhang Y M, Krishna R, et al. Introduction of pi-complexation into porous aromatic framework for highly selective adsorption of ethylene over ethane[J]. Journal of the American Chemical Society, 2014, 136(24): 8654-8660.

［17］Jiang J W, Sandler S I. Monte Carlo simulation for the adsorption and separation of linear and branched alkanes in IRMOF-1[J]. Langmuir, 2006, 22(13): 5702-5707.

［18］Brunauer S, Deming L, Deming W, Teller E. On a theory of the van der waals adsorption of gases [J]. Journal of the American Chemical Society, 1940, 62(7): 1723.

［19］Sing K S W, Everett D H, Haul R A W, et al. Reporting physisorption data for gas/solid systems with special reference to the determination surface area and porosity[J]. Pure & Appl. Chem. , 1985, 57(4): 603-619.

［20］Langmuir I. The adsorption of gases on plane surfaces of glass, mica and platinum [J]. Journal of the American Chemical Society, 1918, 40(9): 1361.

［21］Brunauer S, Emmett P H, Teller E. Adsorption of gases in multimolecular layers[J]. Journal of the American Chemical Society, 1938, 60(2): 309.

［22］Metropolis N, Rosenbluth A, Rosenbluth M, et al. Equation of state calculations by fast computing machines [J]. Journal of chemical physics, 1953, 21(6): 1087.

［23］Yang Q Y, Vaesen S, Vishnuvarthan M, et al. Probing the adsorption performance of the hybrid porous MIL-68(Al): A synergic combination of experimental and modelling tools[J]. J Mater Chem, 2012, 22(20): 10210-10220.

［24］Lu J Y, Babb A M. An extremely stable open-framework metal-organic polymer with expandable structure and selective adsorption capability[J]. Chem Commun, 2002, 13: 1340-1341.

［25］Wang P P, Li G J, Chen Y P, et al. Mechanochemical interconversion between discrete complexes and coordination networks - formal hydration/dehydration by LAG[J]. Crystengcomm, 2012, 14(6): 1994-1997.

［26］张倬铭, 杨江峰, 陈杨, 等. 一维直孔道 MOFs 对 CH_4/N_2 和 CO_2/CH_4 的分离[J]. 化工学报, 2015, 66(9): 3549-3555.

［27］Tong M M, Yang Q Y, Xiao Y L, et al. Revealing the structure-property relationship of covalent organic frameworks for CO_2 capture from postcombustion gas: A multi-scale computational study［J］. Physical Chemistry Chemical

Physics，2014，16(29)：15189-15198.

[28] Rana M K，Koh H S，Hwang J，et al. Comparing van der Waals density functionals for CO_2 adsorption in metal organic frameworks[J]. J Phys Chem C，2012，116(32)：16957-16968.

[29] Rana M K，Koh H S，Zuberi H，et al. Methane storage in metal-substituted metal-organic frameworks：Thermodynamics，usable capacity，and the impact of enhanced binding sites[J]. J Phys Chem C，2014，118(6)：2929-2942.

[30] Farha O K，Yazaydin A Ö，Eryazici I，et al. *De novo* synthesis of a metal-organic framework material featuring ultrahigh surface area and gas storage capacities[J]. Nature Chemistry，2010，2(11)：944-948.

[31] Ma Q T，Yang Q Y，Ghoufi A，et al. Guest-modulation of the mechanical properties flexible porous metal-organic frameworks [J]. Journal of Material Chemistry A，2014，2(25)：9691.

[32] Zhang L L，Wu G，Jiang J W. Adsorption and diffusion of CO_2 and CH_4 in zeolitic imidazolate framework-8：Effect of structural flexibility[J]. J Phys Chem C，2014，118(17)：8788-8794.

[33] Siderius D W，Gelb L D. Predicting gas adsorption in complex microporous and mesoporous materials using a new density functional theory of finely discretized lattice fluids[J]. Langmuir，2009，25(3)：1296-1299.

[34] Liu Y，Liu H L，Hu Y，et al. Development of a density functional theory in three-dimensional nanoconfined space：H-2 storage in metal-organic frameworks[J]. Journal of Physical Chemistry B，2009，113(36)：12326-12331.

[35] Liu Y J，Ritter J A，Kaul B K. Simulation of gasoline vapor recovery by pressure swing adsorption[J]. Sep Purif Technol，2000，20(1)：111-127.

[36] 张义亭. 浅谈变压吸附技术的应用[J]. 内蒙古石油化工，2015，(04)：107-108.

[37] 许楠，肖凤良. 制氢装置变压吸附现状分析及改造措施[J]. 石油炼制与化工，2018，49(10)：20-24.

[38] 赵振国. 吸附作用应用原理[M]. 北京：化学工业出版社，2005.

[39] 王松汉. 石油化工设计手册 第3卷 化工单元过程[M]. 北京：化学工业出版社，2002.

[40] Broughton D B. Continuous sorption process employing fixed bed of sorbent and moving inlets and outlets [J]. Separation Science and Technology，1985，19(11&12)：723.

[41] 朱振兴，王德华，王少兵，等. 模拟移动床物料进出管线优化的 CFD 模拟[J]. 石油学报(石油加工)，2016，32(03)：531-538.

[42] 王德华，郁灼，戴厚良. 分立冲洗式模拟移动床吸附分离对二甲苯[J]. 石油化工，2017，46(08)：1072-1079.

[43] Baerlocher C，McCusker L B，Olson D H. 分子筛与多孔材料化学[M]. 徐如人，庞文琴，于吉红，等译. 北京：科学出版社，2004：1-50.

[44] 陈小明. 金属有机框架材料[M]. 北京：北京工业出版社，2017.

[45] Li H，Eddaoudi M，O'Keeffe M，et al. Design and synthesis of an exceptionally stable and highly porous metal-organic framework[J]. Nature，1999，402(6759)：276-279.

[46] Duren T，Sarkisov L，Yaghi O M，et al. Design of new materials for methane storage[J]. Langmuir，2004，20(7)：2683-2689.

[47] Ferey G，Mellot-Draznieks C，Serre C，et al. A chromium terephthalate-based solid with unusually large pore volumes and surface area[J]. Science，2005，309(5743)：2040-2042.

[48] Chui S S，Lo S M，Charmant J P，et al. A chemically functionalizable nanoporous material[J]. Science，1999，283(5405)：1148-1150.

[49] Park K S，Ni Z，Cote A P，et al. Exceptional chemical and thermal stability of zeolitic imidazolate frameworks[J]. Proc Natl Acad Sci USA，2006，103(27)：10186-10191.

[50] UOP. Adsorrptive separation process for the purification of heavy normal paraffins with non-normal hydrocarbon pre-pulse stream：US，4992618[P]. 1991-02-12.

[51] UOP. Process for preparing molecular sieve bodies：US，4818508[P]. 1989-04-04.

[52] Huddersman K. ，Klimczyk M. ，AIChE J. ，1996，42(2)，405-408.

[53] Barcia P S，Silva J A C，Rodrigues A E. Separation by fixed-bed adsorption of hexane isomers in zeolite BETA pellets

［J］. Ind Eng Chem Res, 2006, 45(12): 4316-4328.

［54］ Bao Z B, Chang G G, Xing H B, et al. Potential of microporous metal-organic frameworks for separation of hydrocarbon mixtures［J］. Energ Environ Sci, 2016, 9(12): 3612-3641.

［55］Adil K, Belmabkhout Y, Pillai R S, et al. Gas/vapour separation using ultra-microporous metal-organic frameworks: Insights into the structure/separation relationship［J］. Chem Soc Rev, 2017, 46(11): 3402-3430.

［56］ Bao Z B, Alnemrat S, Yu L, et al. Adsorption of ethane, ethylene, propane, and propylene on a magnesium-based metal-organic framework［J］. Langmuir, 2011,27(22): 13554-13562.

［57］ Li L B, Lin R B, Krishna R, et al. Ethane/ethylene separation in a metal-organic framework with iron-peroxo sites ［J］. Science, 2018, 362(6413): 443-446.

［58］ Minceva M, Rodrigues A E. Modeling and simulation of a simulated moving bed for the separation of p-xylene［J］. Ind Eng Chem Res, 2002, 41(14): 3454-3461.

［59］ Minceva M, Rodrigues A E. Understanding and revamping of industrial scale SMB units for p-xylene separation［J］. Aiche J, 2007, 53(1): 138-149.

［60］ Sholl D S, Lively R P. Seven chemical separations to change the world［J］. Nature, 2016, 532(7600): 435-437.

［61］ Santacesaria E, Morbidelli M, Danise P, et al. Separation of xylenes on Y zeolites. 1. Determination of the adsorption equilibrium parameters, selectivities, and mass transfer coefficients through finite bath experiments［J］. Industrial & Engineering Chemistry Process Design and Development, 1982, 21(3): 440-445.

［62］ Tournier H, Barreau A, Tavitian B, et al. Adsorption equilibrium of xylene isomers and p-diethylbenzene on a prehydrated bax zeolite［J］. Industrial & Engineering Chemistry Research, 2001, 40(25): 5983-5990.

［63］ Rasouli M, Yaghobi N, Chitsazan S, et al. Adsorptive separation of meta-xylene from C_8 aromatics［J］. Chem. Eng. Res. Des, 2012, 90: 1407-1415.

［64］ Sawai T, Yonehara T, Sano M, et al. Kinetic separation of alkylbenzenes with metal-organic framework compounds ［J］. J Jpn Petrol Inst, 2016, 59(1): 1-8.

［65］ Alaerts L, Kirschhock C E A, Maes M, et al. Selective adsorption and separation of xylene isomers and ethylbenzene with the microporous vanadium(Ⅳ)terephthalate MIL-47［J］. Angew Chem Int Edit, 2007, 46(23): 4293-4297.

［66］ Alaerts L, Maes M, Giebeler L, et al. Selective adsorption and separation of ortho-substituted alkylaromatics with the microporous aluminum terephthalate MIL-53［J］. J. Am. Chem. Soc, 2008, 130(43): 14170-14178.

［67］ Moreira M A, Santos J C, Ferreira A F P, et al. Influence of the eluent in the MIL-53(Al)selectivity for xylene isomers separation［J］. Industrial & Engineering Chemistry Research, 2011, 50(12): 7688-7695.

［68］ Moreira M A, Santos J C, Ferreira A F P, et al. Selective liquid phase adsorption and separation of ortho-xylene with the microporous MIL-53(Al)［J］. Separation Science and Technology, 2011, 46(13): 1995-2003.

［69］ El Osta R, Carlin-Sinclair A, Guillou N, et al. Liquid-phase adsorption and separation of xylene isomers by the flexible porous metal-organic framework MIL-53(Fe)［J］. Chemistry of Materials, 2012, 24(14): 2781-2791.

［70］ Chen S J, Fu Y, Huang Y X, et al. Experimental investigation of CO_2 separation by adsorption methods in natural gas purification［J］. Appl Energ, 2016, 17(9): 329-337.

［71］ Pham T D, Liu Q L, Lobo R F. Carbon dioxide and nitrogen adsorption on cation-exchanged SSZ-13 zeolites［J］. Langmuir, 2013, 29(2): 832-839.

［72］ Ahmed S, Ramli A, Yusup S ,et al. Adsorption behavior of tetraethylenepentamine-functionalized Si-MCM-41 for CO_2 adsorption［J］. Chemical Enginering Research & Design, 2017, 12(2): 33-42.

［73］ Burd S D, Ma S Q, Perman J A, et al. Highly selective carbon dioxide uptake by［Cu(bpy-n)$_2$(SiF$_6$)］(bpy-1＝4,4′-Bipyridine;bpy-2＝1,2-Bis(4-pyridyl)ethene)［J］. Journal of the American Chemical Society, 2012, 134(8): 3663-3666.

［74］ Furukawa H, Ko N, Go Y B, et al. Ultrahigh porosity in metal-organic frameworks［J］. Science, 2010, 329(5990): 424-428.

第 **7** 章
膜分离

7.1　概述

借助于具有分离性能的膜而实现分离的过程称为膜分离过程。膜从广义上可定义为是一种具有一定物理或化学特性的屏障物，它可与一种或两种相邻的流体相之间构成不连续区间并影响流体中各组分的透过速度。广义的膜可以定义为两相之间的一个不连续区间。但是工业上应用最多的是固相膜，所以本章仅限于讨论固相膜。

早在 1748 年，Nollet 就揭示了膜分离现象。但是直到 1854 年 Graham 发现了透析现象，人们才开始重视对膜的研究。1864 年，Traube 成功地合成人类历史上第一张人造膜-亚铁氰化铜膜。20 世纪 50 年代初，W.Juda 等成功制成第一张具有实用价值的离子交换膜，电渗析过程得到迅速发展。20 世纪 60 年代初，以 Loeb 和 Sourirajan 为首的研究人员在反渗透膜的理论和应用上取得了重大突破，膜分离技术从此走向大规模工业应用。超滤技术在 70 年代进入工业化应用并快速发展，已成为当时应用最广的技术。进入 80 年代，主要研究和发展无机膜。1984 年，Burggraaf 采用 Sol-Gel 技术制备出多层不对称微孔陶瓷膜，1987 年，Hiroshi 首次发表了在无机载体上合成分子筛膜的相关报道。在 80 年代后期渗透汽化技术进入工业应用，以能耗仅为恒沸精馏的 $1/3 \sim 1/2$ 的经济优势而顺势发展。从 20 世纪 90 年代开始，离子交换膜和电渗析技术才高速发展。到了 21 世纪，在国家战略要求下，膜材料和膜过程得到空前的发展，在 2006 年到 2010 年期间，我国自主开发的陶瓷膜反应器率先实现了膜反应器技术在化工与石油化工等大规模工业中的应用。2009 年，Lai 等首次制备了用于气体分离的新型金属有机骨架（MOFs）膜材料。2012 年，Nair 等采用新型的二维碳材料制备了透水不透气的氧化石墨烯膜。新型膜分离的材料和过程的开发是膜技术发展的重要推动力[1]。

由于膜分离过程一般没有相变，既节约能耗，又适用于热敏性物料的处理，因而在生物、食品、医药、化工、水处理过程中备受欢迎。本章主要讨论以下几种膜分离过程：

① 微滤（microfiltration，MF）。微滤过程与超滤类似，但所使用的膜孔径更大些，大致为 $0.1 \sim 10 m$，可以分离淀粉粒子、细菌等。主要应用于医药、电子、饮料、石化、环保等领域。

② 超滤（ultrafiltration，UF）。超滤是用孔径为 $10^{-1} \sim 10^{-3} m$ 的微孔膜过滤含大分子溶质的溶液，将大分子或细微粒子与溶液分离。主要应用于电泳漆、酶制剂、饮料、食品、

超净化、生物医药废水处理。

③ 纳滤（nanofiltration，NF）。纳滤是介于反渗透和超滤之间的一种压力推动的膜分离技术，主要用于截留分子大小约为 1nm 的溶解组分。主要应用于水处理、溶剂回收、物料提纯、脱盐、酸碱回收等。

④ 反渗透（reverse osmosis，RO）。反渗透是对溶液施加超过渗透压的压强，使溶剂分子（主要是水）通过半透膜而与溶液分离。典型的应用是海水和苦咸水的淡化。

⑤ 正渗透（forward osmosis，FO）。正渗透是指水从较高水化学势（或较低渗透压）侧区域通过选择透过性膜流向较低水化学势（或较高渗透压）侧区域的过程。主要应用于水处理和海水淡化等。

⑥ 渗透汽化（pervaporation，PV）。当溶液与某种特殊的膜接触后，溶液中各组分扩散通过膜，并在膜后侧汽化，即为渗透汽化。由于各组分的溶解度和扩散系数不同，导致透过速率不同。目前主要用于有机溶剂脱水、恒沸物或沸点十分接近的体系的分离。主要应用有机溶剂脱水、有机混合物分离、有机物回收。

⑦ 离子交换（ion exchange，IE）。借助于固体离子交换剂中的离子与稀溶液中的离子进行交换，以达到提取或去除溶液中某些离子的目的，是一种属于传质分离过程的单元操作。离子交换是可逆的等当量交换反应。目前离子交换主要用于水处理（软化和纯化）、溶液（如糖液）的精制和脱色、从矿物浸出液中提取铀和稀有金属、从发酵液中提取抗生素以及从工业废水中回收贵金属等[2-3]。

7.2　微滤和超滤

7.2.1　简介

7.2.1.1　微滤简介

微滤又称微孔过滤，是以压力作为驱动力，在 0.1～0.3MPa 的压力推动下，截留溶液中的砂砾、淤泥、黏土等颗粒和贾第虫、隐孢子虫、藻类和一些细菌等，而大量溶剂、小分子及少量大分子溶质都能透过膜的分离过程。微滤以多孔膜（微孔滤膜）为过滤介质，其核心组件是采用高分子有机材料（如聚醚砜、聚四氟乙烯、聚偏二氟乙烯等）或无机材料（陶瓷、玻璃纤维、金属等）制备的微孔滤膜。在过滤上下游压差力的作用下，经过微孔滤膜的过滤，流体（液体和气体）中粒径大于膜孔径的微粒会被微孔滤膜截留或吸附，下游则得到了较纯净的流体，从而达到了固液分离和固气分离的效果。微滤能截留 0.1～1μm 之间的颗粒，微滤膜允许大分子有机物和无机盐等通过，但能阻挡住悬浮物、细菌、部分病毒及大尺度的胶体的透过，微滤膜两侧的运行压差（有效推动力）一般为 0.7bar。以目前主流的四种膜分离技术（微滤、超滤、纳滤和反渗透）应用情况而言，微孔膜过滤微滤的应用面最广。从家庭生活到尖端空间工业，都在不同程度上应用这一技术。该技术是现代化大工业，尤其是高尖端技术工业中确保产品质量的必要手段，也是进行精密技术科学和生命生物医学科学研究的重要方法。

微滤的过滤原理有三种：筛分、滤饼层过滤、深层过滤。一般认为微滤的分离机理为筛分机理，膜的物理结构起决定作用。此外，吸附和电性能等因素对截留率也有影响。其有效

分离范围为 $0.1\sim10\mu m$ 的粒子，操作静压差为 $0.01\sim0.2MPa$。

根据微粒在微滤过程中的截留位置，可分为 3 种截留机制：筛分、吸附及架桥。它们的微滤原理如下：

① 筛分：微孔滤膜拦截比膜孔径大或与膜孔径相当的微粒，又称机械截留。

② 吸附：微粒通过物理化学吸附而被滤膜吸附。微粒尺寸小于膜孔也可被截留。

③ 架桥：微粒相互堆积推挤，导致许多微粒无法进入膜孔或卡在孔中，以此完成截留。

7.2.1.2　超滤简介

超滤是一种利用多孔超滤膜对溶液进行净化、分离或者浓缩的膜过滤技术，其应用面越来越广泛，小到家用净水器，大到工业化大规模生产，从普通民用到高新技术领域都有不同规模不同数量的应用，近些年，在环境保护方面也显现其巨大的应用潜力。

超滤技术是膜分离技术的一种，是以 $0.1\sim0.5MPa$ 的压力差为推动力，利用多孔膜的拦截能力，以物理截留的方式，将溶液中的大小不同的物质颗粒分开，从而达到纯化和浓缩、筛分溶液中不同组分的目的。

7.2.2　国内外发展概况

7.2.2.1　微滤技术国内外发展概况

微滤技术的研究是从 19 世纪初开始的，它是膜分离技术中最早产业化的一种，以天然或人工合成的聚合物制成的微孔过滤膜最早出现于 19 世纪中叶。

1907 年 Bechhold 发表了第一篇系统研究微孔滤膜性质的报告。1918 年 Zsigmondy 等首先提出了商品规模生产硝化纤维素微孔过滤膜的方法，并于 1921 年获得专利，1925 年在德国的哥廷根大学（University of Göttingen）成立了世界上第一个微孔滤膜公司 "Sartorius GmbH"，专门生产和销售微孔滤膜。第二次世界大战后，美国和英国也对微孔滤膜的制造技术和应用进行了广泛的研究，这些研究对微滤技术的迅速发展起到了推动作用，全世界微孔滤膜的销售量，在所有合成膜中居第一位。据新思界产业研究中心发布的《2021—2025年微滤膜行业深度市场调研及投资策略建议报告》显示，我国微滤膜市场需求呈增长趋势。2012 年，我国微滤膜市场规模约为 42 亿元，到 2019 年增长到 191 亿元，年均复合增长率为 24.2%，呈快速上升趋势。

微滤技术在我国的研究开发则较晚，基本上是 20 世纪 80 年代初期才起步，但其发展速度非常快。截至 2005 年，中国微滤技术已形成 7000 万元的年产值，占中国膜工业年产值的1/5，经济、社会效益也非常显著。通过国家"十五"和"十一五"的科技攻关，中国的微滤技术改变了仅有醋酸-硝酸混合纤维素（CA-CN）膜片的局面，相继开发了醋酸纤维素（CA）、聚苯乙烯（PS）、聚四氟乙烯（PTFE）、尼龙等膜片和筒式滤芯，聚丙烯（PP）、聚乙烯（PE）、聚四氟乙烯（PTFE）等控制拉伸致孔的微孔膜和聚酯，聚碳酸酯等的核径迹微孔膜，无机微孔膜也有了自己的产品[4-5]。近十几年来，中国在微滤膜、组件及相应的配套设备方面有了较大的进步，并在医药、饮料、饮用水、食品、电子、石油化工、分析检测和环保等领域有较广泛的应用。

与国外水平相比，中国的常规微滤膜的性能和国外同类产品的性能基本一致，折叠式滤芯在许多场合替代了进口产品，但在错流式微滤膜和组器技术及其在工程中的应用等方面，仍落后于国外，这就抑制了微滤技术在较高浊度水质深度处理中的应用。

7.2.2.2　超滤技术国内外发展概况

最早使用的超滤膜是天然的动物脏器薄膜。1861 年，Schmidt 首次公开了用牛心胞膜截留可溶性阿拉伯胶的实验结果。1867 年，第一张人工膜是 Traube 在多孔瓷板上胶凝沉淀铁氰化铜而成的。1907 年，Bechold 比较系统地研究了超滤膜，并首次采用了"超滤"这一术语。随后 Asheshor、Elford 等科学家进行了更为深入的研究，而且初步探索出了不同性能超滤膜的制备技术，为超滤的发展作出了积极贡献，但终因膜的透水能力低而影响其大规模推广应用[6]。1960 年 Loeb 和 Souiirajan 研制成功具有较高水通量的不对称醋酸纤维素反渗透膜，使超滤技术获得了突破性的进展。1963 年 Michaels 创建了 Amicon 公司，专门生产和销售各种截留分子量的超滤膜。在这之后短短的几年时间内，各种结构形式的超滤装置也相继出现。1965 年以后，又有多家公司和生产厂家推出了各种聚合物超滤膜，使超滤技术步入快速发展阶段[7]。

我国对超滤技术的开发迟于国外约 10 余年的时间，20 世纪 70 年代起步，80 年代是快速发展阶段，先后研制成功了中空纤维、管式、卷式和板式超滤膜及装置。90 年代这些不同结构形式的超滤装置开始获得广泛应用。进入 21 世纪以来，我国超滤膜及装置取得了长足的进步，进入了世界先进水平。得益于超滤技术的发展，我国在食品、医药、化工、环境保护和海水淡化等诸多领域取得了骄人的成绩，以及巨大的社会、经济和环境效益。

我国对膜分离技术的发展非常重视，将包括超滤在内的膜分离技术连续列入国家"七五""八五"一直到"十三五"重点科技攻关项目，投入了大量的资金和人力，开展专项科技攻关，使我国的超滤技术水平迅速提高。目前，超滤膜已有 PS、PAN、PSA、PP、PE和 PVDF 等十余个品种，截留分子量形成了从 500 到 100000 的系列化产品，一批耐高温、耐腐蚀和抗污染能力强的膜也相继问世[8-9]。超滤装置有板框式、管式、卷式和中空纤维式四种结构类型，门类齐全。在荷电膜、成膜机理、膜污染机理及对策等研究方面也取得了可喜的进展。今后，继续研制兼具高渗透性与选择性和开发抗污染能力更强的超滤膜及相应的组器仍是超滤研究者面临的主要课题，也是超滤技术向更高水平发展的关键所在[10]。

7.2.3　微孔滤膜和超滤膜的特点

7.2.3.1　微孔滤膜的特点

对于过滤应用，微孔滤膜主要特点如下：

① 分离效率：微孔膜最重要的性能特性是分离效率；分离效率受膜的孔径和孔径分布控制。孔径和孔径分布越集中、均匀，膜的过滤精度更准确。

② 孔隙率：微孔膜表面的孔数高达 $10^7 \sim 10^{11}$ 个/cm^2，用相转法制备的有机高聚物类的微孔膜，孔隙率高达 70% 以上。

③ 膜厚度：高分子微孔膜的厚度在 $90 \sim 150 \mu m$，比一般深层过滤介质的厚度小得多；不仅有利于提高过滤速度，而且损耗较少。

④ 稳定性：高分子聚合物类微孔膜的稳定性很好，不会出现介质脱落污染过滤流体的情况。

7.2.3.2　超滤分离的特性

超滤膜的孔径大小介于纳滤膜与微滤膜之间，超滤膜的截留分子量很大，为 $500\sim$ 500000 左右，分离孔径在 $0.002\sim0.1\mu m$ 之间，能够截留大分子物质、细菌、病毒等。超滤主要是筛分机理，即在一定的压力下（$0.1\sim0.6MPa$）下，溶剂和小于膜孔径的溶质可以透过膜，分子尺寸大于膜孔径的溶质则不能透过膜，从而实现溶液的净化、分离与浓缩。

超滤过程的特点：

① 无相变的筛分分离过程，可以在常温及低压力下进行分离，能耗低；

② 膜装置体积小，结构简单，投资费用低，便于工程放大；

③ 超滤分离过程只是简单的加压输送流体，工艺流程简单，易于操作管理；

④ 物质在浓缩分离过程中不发生质的变化，因而适合于保温和热敏性物质的处理；

⑤ 适合稀溶液中微量贵重大分子物质的回收和低浓度大分子物质的浓缩；

⑥ 能将不同分子量的物质分级分离，无二次污染。

超滤膜可由高分子聚合物、无机陶瓷材料或金属材料制成。超滤的应用领域很广，主要是应用于溶液的净化、分离和浓缩，已成为应用最广泛的膜分离技术之一，特别是在水处理、废水深度处理及水资源回收利用、化工分离、果汁浓缩、生物制药等工业领域有着广泛的应用，在家用净水器领域也获得市场化应用。

7.2.4　微孔滤膜和超滤膜的材质

7.2.4.1　微孔滤膜的材质

适合制备微孔滤膜的材质有很多，主要列出以下几种。

① 纤维素酯类：如二醋酸纤维素（CA）、三醋酸纤维素（CTA）、硝化纤维素（CN）、混合纤维素（CN-CA）、乙基纤维素（EC）等。由混合纤维素（CN-CA）制成的滤膜是标准的常用滤膜，该膜成孔性能良好、亲水性好、材料成本较低，且该膜的孔径规格从 $0.05\sim8\mu m$，可以分十多个孔径型号；该膜使用温度范围较广，可耐稀酸，但不适合过滤酮类、酯类、强酸和碱类等液体[11]。

② 聚酰胺类：如尼龙 6（NY-6）和尼龙 66（NY-66）微孔膜。该种滤膜也具亲水性能，较耐碱而不耐酸，在酮、酚、醚及高分子量醇类中不易被浸蚀，孔径型号也较多；主要适用于电子工业光刻胶、显影液等的净化。

③ 聚砜类：如聚砜（PS）[12] 和聚醚砜（PES）微孔膜[13]，该类膜具有良好的化学稳定性和热稳定性，耐辐射，机械强度高，应用面也较广。

④ 含氟材料类：如聚偏氟乙烯膜（PVDF）[14]、聚四氟乙烯膜（PTFE）和乙烯-三氟氯乙烯共聚物（ECTFE）。这类微孔膜的化学稳定性极好，耐高温；特别是 PTFE 膜的使用温度是 $-40\sim260℃$；可耐强酸、强碱和各种有机溶剂；疏水性较好，可用于过滤蒸气及各种腐蚀性液体。

⑤ 聚碳酸酯和聚酯类：主要用于制作核孔微孔膜，核孔膜孔径均匀，一般厚度为 $5\sim 15\mu m$；虽然该膜的孔隙率只有百分之十几，但是其过滤速度较快；但是由于制作工艺复杂和膜的价格较高，所以应用受到限制。随着技术的发展，目前该类膜已经能够制成多种规格的孔径。

⑥ 聚烯烃类：如聚丙烯（PP）、聚乙烯（PE）拉伸式微孔膜和聚丙烯（PP）、聚乙烯（PE）纤维式深层过滤膜。聚丙烯（PP）拉伸式微孔膜和聚丙烯（PP）纤维式深层过滤膜具有良好的化学稳定性，价格便宜，也可以很好地耐酸和碱以及各种有机溶剂；但该类膜孔径分布较宽，孔径规格在 $0.1\sim70\mu m$。

⑦ 无机材料类：如陶瓷微滤材料、玻璃纤维微滤材料、各类金属微滤材料等。像陶瓷微孔膜、玻璃微孔膜以及各类金属微孔膜等是近几年来备受重视的新型微孔膜；然而无机微孔膜具有耐高温、耐有机溶剂、耐生物降解等优点；特别是在分离高温气体和膜催化反应器及食品加工等行业中，具有良好的应用前景。

7.2.4.2　超滤膜的材质

可用来制造超滤膜[15]的材料有很多，分为有机高分子、无机陶瓷和金属材料。

（1）有机高分子材料

用于制备超滤膜的有机高分子材料主要来自两个方面：

其一，由天然高分子材料改性而得，例如纤维素类衍生物类、壳聚糖等；纤维素是资源最为丰富的天然高分子，目前研究最早、应用最多的膜材料就是纤维素衍生物。主要有再生纤维素（RCE）、二醋酸纤维素（CA）、三醋酸纤维素（CTA）等，该类物质超滤膜材料成孔性好，亲水性好，材料来源方便、易得，成本费也低；但这些材料耐酸碱性较差（适合 pH 为 $4\sim6$），也不适用于酮类、脂类和有机溶剂。

其二，由有机单体经过高分子聚合反应而制备的高分子材料，这类材料种类品种多、应用广，主要有聚烯烃类、聚砜类、含氟类材料等。

① 主要是聚乙烯（PE）、聚丙烯（PP）、聚氯乙烯（PVC）、聚丙烯腈（PAN）等。同聚砜相似，它的力学性能好，化学稳定性也较好，是目前应用较广泛的膜材料。

② 聚砜类膜材料包括：聚砜（PS）、聚醚砜（PES）、聚砜酰胺（PSA）、磺化聚砜（SPS）、双酚 A 型聚砜（PSF）、聚芳醚砜类（PAES）等。用这种材料制成的超滤膜力学性能和化学稳定性良好，是目前应用较广泛的材料。

③ 含氟类材料目前用于膜材料的主要是聚偏氟乙烯（PVDF）[16]，耐辐照性能优异，具有良好的化学稳定性，具有很好的抗紫外线和耐气候老化特点，在室温下不被酸、强氧化剂所腐蚀，脂肪烃、芳香烃、醛等有机溶剂对它也无影响，只有发烟硫酸、强碱、醚等少数化学药品能使其溶胀或部分溶解，可溶于二甲基甲酰胺（DMF）、二甲基乙酰胺（DMAC）和二甲基亚砜（DMSO）等强极性有机溶剂，缺点是膜的耐碱性较差。

（2）无机陶瓷材料

最近几年开发的新型膜材料有陶瓷、分子筛、玻璃、沸石及炭素等。这种材质的超滤膜最突出的优点是耐高温、耐有机溶剂性能好，可再生性强，不易老化，适合特种物料分离。

多孔陶瓷膜是当前最具有应用前景一种无机膜。目前陶瓷超滤膜大多用粒子烧结法制备基膜，并用溶胶凝胶法制备两层反应层。制备所用材料有差别，制备基膜材料可以是高岭土、工业氧化铝等为主要成分的混合材料；而根据其反应层主要成分可将陶瓷膜分为 Al_2O_3、ZrO_2 和 TiO_2 膜。陶瓷膜具有两大优点：一是耐高温，除玻璃膜外，大多数陶瓷膜可在 $1000\sim1300℃$ 高温下使用；二是耐腐蚀（包括化学的及生物的），多孔陶瓷膜可以根据孔径的不同，制备多层、超薄表层的不对称复合结构。

（3）多孔金属材料

由多孔金属膜材料制成的多孔金属膜有 Ag 膜、Ni 膜、Ti 膜和不锈钢膜等，目前已经可以商业化，其孔径一般在 $200\sim500nm$，厚度 $50\sim70\mu m$，孔隙率高达 60%；多孔金属膜孔径较大，在工业上主要用作动态膜和微孔过滤膜的载体。工业上大规模使用会受到价格较高限制，作为膜反应器材料，其催化和分离的双重性能应该受到重视。

7.2.5 浓差极化和膜污染（微滤和超滤）

对于超滤和微滤过程，通量下降非常严重，实际通量通常低于纯水通量的 5%。造成通量衰减的原因主要是浓差极化和吸附、阻塞等造成的膜污染。

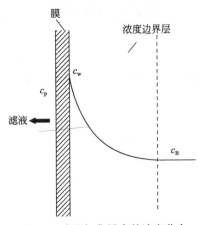

图 7-1 浓差极化层内的浓度分布
c_B—主体溶液溶质浓度；
c_p—渗透侧溶质浓度；
c_w—膜表面溶质浓度

（1）浓差极化现象

当溶液流动到达膜表面后，溶剂分子可以通过膜，溶质分子被截留。从而使溶质分子在膜表面积累，形成高浓度区。在浓度差推动下，溶质分子必然向溶液主体作反向扩散。同时，如果膜的截留率未达到 100%，也会有少量溶质分子通过膜进入渗透液。达到稳定状态时，在膜表面附近的薄层中存在着一定的浓度梯度，由主体流动带到界面上的溶质质量等于反向扩散的溶质量与通过膜的溶质量之和，此时在边界层形成浓度分布。这一现象称为浓差极化，膜表面附近的浓度边界层称作浓差极化层（如图 7-1）。

浓差极化是不可避免的。它的直接后果是使渗透通量降低。浓差极化又是可逆的，当膜两侧压差撤除后，浓差极化层将消失。如果再度施加压差，则浓度极化层将重新建立。

（2）膜的污染与清洗

除浓差极化外，引起渗透通量低于纯水通量的原因是：

① 料液的物性（密度、黏度、扩散系数等）不同于纯水；

② 膜的压密效应；

③ 膜的堵塞。

膜的压密效应是指在长时间的压差作用下，膜的密度增加、孔隙度减小。其直接结果是料液渗透通量下降。某些膜，例如醋酸纤维素膜，有比较显著的压密效应。

在许多情况下，膜的堵塞是影响微滤和超滤操作经济性的主要因素。膜堵塞的机理是一些小粒子在膜内积累，或在膜表面沉积，增大了传质阻力。由堵塞引起的通量减少通常是不可逆的。因此，当堵塞发展到一定程度时，必须停止过滤，对膜进行清洗。

导致膜堵塞的因素很多，最主要的是溶质的强亲水性、易沉淀离子特别是钙离子的存在以及操作压差过高等。实际上，膜的堵塞是不可避免的，而且多数情况下是不可逆的。很难建立堵塞的数学模型或总结出普遍适用的规律或理论。一般是在实践中尽量减缓、减轻膜的堵塞，判断何时进行清洗。下面是一些从实践中总结出的规律：

① 蛋白质是造成堵塞的常见原因之一。它可以在膜表面达到很高的浓度，形成胶质层。堵塞的速率受空间构型、电荷、pH、离子强度等因素的影响。

② 无机盐会与膜表面作用，造成堵塞。一些无机盐离子会在浓缩过程中因达到饱和而沉淀，造成堵塞。钙离子一方面容易沉淀，另一方面是强桥联剂，因而起重要作用。

③ 一些两性物质在一定的 pH 下，因达到等电点而形成沉淀。

④ 多糖类物质的亲水性很强，容易形成胶层。在长时间的压差作用下，胶层成为不可逆的，这也是造成堵塞的常见原因。

⑤ 操作不当也会造成堵塞。当堵塞发展到一定程度时，必须进行清洗。如何进行清洗常常成为膜分离操作的关键因素。常用的清洗方法有：反向冲洗、酸碱化学清洗、加酶清洗和物理清洗等。一般而言，清洗后应能恢复 90％以上的初始纯水通量，膜才能继续使用。

7.2.6 预测渗透通量的数学模型

在讲述预测渗透通量的数学模型前，必须先明确超滤和微滤过程渗透通量曲线的一般形式。

固定温度、料液浓度、料液流速（流量）等参数，测定在不同操作压差下的渗透通量，将测定结果绘成曲线，其形状如图 7-2。

图中的直线为以纯水做试验时测得的纯水通量，曲线为过滤实际物料时测得。料液流速越高，温度越高，或料液浓度越低，曲线的位置就越高。

图中的虚线把曲线分成两部分。压差较低时，料液渗透通量随压差的增加而显著增加，初始时成正比例关系，这个区域称为压差控制

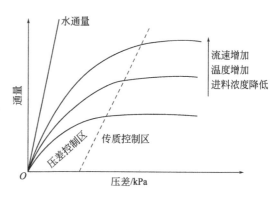

图 7-2　渗透通量-操作压差曲线

区。随后，当压差增加时，渗透通量增加的速度逐渐减慢，直至趋于某常数值，这个区域称为传质控制区。在传质控制区，通量稳定在某一数值，此数值与物系性质、料液流速、温度等操作参数有关。

（1）压差控制区的渗透通量——层流模型

1984 年，Kleinstreuer 和 Chin 以描述管内层流的 Hagen-Poiseuiile 方程为基础提出该模型。其将滤液的流动分为通过浓差极化层的流动和通过膜的流动两个步骤，总流动阻力为两项阻力之和。在压差控制区，浓差极化的影响较小，通过膜的流动阻力为主要阻力。

将膜视作均匀分布了许多孔道的一层介质，滤液通过膜孔的流动即为流过孔道的流动。由于孔径很小，流动只能是层流。假设液体为牛顿型流体，可直接应用 Hagen-Poiseuiile 方程。此时管长近似等于膜厚，通过一个孔的流速（u）为：

$$u = \frac{d_p^2 \Delta p}{32 \delta \mu} \tag{7-1}$$

式中，Δp 为膜两侧的压差；d_p 为孔径；μ 为液体的黏度。

设膜面积为 A，在膜面积上共有 n 个孔，则孔隙率（ε）为：

$$\varepsilon = \frac{n\pi d_p^2}{4A} \tag{7-2}$$

体积流量（Q_v）为：

$$Q_v = \frac{nu\pi d_p^2}{4} \tag{7-3}$$

于是，单位面积上的体积流量即滤液通量（J）为：

$$J = \frac{Q_v}{A} = \frac{nu\pi d_p^2/4}{n\pi d_p^2/4\varepsilon} = u\varepsilon \tag{7-4}$$

亦即：

$$J = \frac{\varepsilon d_p^2 \Delta p}{32\delta\mu} \tag{7-5}$$

式（7-5）中 d_p、ε、δ 均由膜本身的结构决定，可合并成一个常数 K_1，于是得到：

$$J = \frac{K_1 \Delta p}{\mu} \tag{7-6}$$

上式表示通量与压差成正比，这正是压差控制区的特征，而且符合化工作单元操作中常用的速率=推动力÷阻力的关系。应注意的是对于非对称膜或复合膜，应为皮层的厚度而非膜的总厚度。

由于微滤膜和超滤膜的孔径很小，流动总是层流。在以上推导中没有考虑膜上沉积的粒子层。虽然错流过滤时沉积的粒子层较薄，但仍有一定的流动阻力。

（2）传质控制区的渗透通量——扩散模型

在传质控制区，滤液通过浓差极化层的流动阻力成为主要阻力，此时应从浓差极化现象着手计算滤液通量。

如图 7-1 所示，在膜表面附近存在着浓差极化层，即浓度边界层。从浓差极化层内，划出从膜表面开始到任意距离 x 处的平行面之间的空间为衡算范围，作物料衡算：

设 x 处平行面上溶质浓度为 c，浓度梯度为 $\mathrm{d}c/\mathrm{d}x$，渗透通量为 J，则由主体溶液扩散进入此控制体的溶质流量为：$J_s' = J_c$。

随渗透液排出的溶质流量为：$J_s = Jc_p$。

由浓度差引起的溶质反向扩散流量为（不考虑方向）：$J_s'' = D\mathrm{d}c/\mathrm{d}x$。

后两项均为离开此控制体的流量。体系稳定时有：

$$J_c = Jc_p + D\mathrm{d}c/\mathrm{d}x \tag{7-7}$$

当 $x=0$ 时，$c=c_w$；$x=\delta_c$ 时，$c=c_B$，积分得：

$$J = \left(\frac{D}{\delta_c}\right)\ln\left(\frac{c_w - c_p}{c_B - c_p}\right) = k\ln[(c_w - c_p)/(c_B - c_p)] \tag{7-8}$$

如果溶质被完全截留，则 $c_p = 0$，上式简化成：

$$J = \left(\frac{D}{\delta_c}\right)\ln\left(\frac{c_w}{c_B}\right) = k\ln\left(\frac{c_w}{c_B}\right) \tag{7-9}$$

式（7-8）与式（7-9）中的 k 即传质系数。它不仅与扩散系数有关，也与浓度边界厚度

δ_c 有关。由此可知，流动形态对 J 有显著影响。

当流动充分发展后，D 和 δ_c 均不随时间而变，故 J 与 Δp 无关。欲使滤液通量增加，必须设法增大传质系数 k。而要使 k 增加，应改善流体力学条件，减少边界层厚度。

当溶质的亲水性很强时，常常在膜上形成一层覆盖层，又称胶层。胶层的浓度只取决于被过滤的物料的性质。胶层的存在大大增加了传质阻力。由于浓差极化是可逆的，故理论上胶层的存在也是可逆的。实际上它常常不能完全去除，甚至在清洗时也很难将其完全去除。

式（7-9）将渗透通量的计算归结为传质系数 k 的求取。而要从理论上计算 k，目前仍有困难。最常用的方法是采用特征数方程。微滤和超滤中的传质属于强制对流传质，故特征数方程的形式为：

$$Sh = A_1 Re^{B1} Sc^{B2} \tag{7-10}$$

式中，$Sh = kd_h/D$，称为舍伍德（Sherwood）数，其作用相当于传热中的 Nu 数。

$Sc = \mu/\rho D$ 称为施密特（Schmidt）数，它反映了物性的影响，其作用相当于传热中的 Pr 数。其中 ρ 为流体密度。

$Re = ud_h\rho/\mu$ 为雷诺（Renolds）数，其中 d_h 为特征尺寸。

关于式（7-10）中各参数的值，文献中有许多报道。下面两式是最常用的：

当 $Re > 4000$ 时为湍流，此时可用

$$Sh = 0.023 Re^{0.8} Sc^{0.33} \tag{7-11}$$

当 $Re < 1800$ 时为层流，最常见的情形是速度边界层已充分发展，浓度边界层尚未充分发展，此时可用

$$Sh = 1.86 (ReScd_h/l)^{0.33} \tag{7-12}$$

l 为流道长，定性尺寸 d_h 不是孔径，而是由设备决定的一个特征尺寸。

（3）覆盖层模型或阻力模型

直接应用"过程速率＝推动力÷阻力"这一方程，那么推动力应是 Δp，阻力有边界层的阻力、覆盖层阻力、膜阻力和膜上沉积层阻力。故有：

$$J = \frac{\Delta p}{\sum R} = \Delta p/(R_m + R_f + R_{BL} + R_g) \tag{7-13}$$

在四项阻力中，膜阻力 R_m 和膜上沉积层阻力 R_f 为膜的特性，可合并为 R'_m，边界层阻力 R_{BL} 和覆盖层阻力 R_g 取决于物系和操作条件，如压差、流速、温度等，可合并为 R_p。R_p 的值与 Δp 有关，用一经验方程关联：

$$R_p = \varphi\Delta p \tag{7-14}$$

$$J = \Delta p/(R'_m + \varphi\Delta p) \tag{7-15}$$

从而得：

$$J = p/(R'_m + p) \tag{7-16}$$

这个模型不再区分压差控制区和传质控制区，用一个统一的方程来关联 J 和 Δp，而且可以定性地观察：

当 Δp 较小时：$\varphi\Delta p \ll R'_m$，$J \propto p$；

当 Δp 较大时：$\varphi\Delta p \gg R'_m$，$J \approx$ 常数。

这个模型的缺点是 R'_m 和 φ 都较难确定。

从以上讨论可知，尽管微滤和超滤的推动力是膜两侧的压差，但提高压差并不一定能使滤液通量显著增加。如果过滤已在传质控制区，增加压差不仅不能使滤液通量增加，反而增加了膜堵塞的机会，此时只能设法减少浓度边界层厚度来增加滤液通量。而减少浓度边界层厚度，则可借助提高料液流速、在料液侧安装搅拌装置等方法。

无论是在压差控制区还是在传质控制区，提高操作温度都可以使液体黏度降低，扩散系数增大，从而使滤液通量增加。当然，必须以膜的耐温能力为限。

膜的长度较短时，在料液入口段，由于速度和浓度边界层均未充分建立，边界层的厚度较薄，从而滤液通量有所增加。可见短的膜组件较为有利。根据同样的道理，有时采取在膜的两侧施加周期性反向脉冲的方法，搅乱边界层，可以起到增加通量的效果。

进料浓度对滤液通量有显著影响。当进料浓度等于胶层浓度时，通量将降为零。实用中根据这一原理来测量胶层浓度。在某些情况下，采用将料液稀释的方法来增大滤液通量，称为稀释过滤。当然，稀释会增加浓缩的费用，是否稀释和如何稀释应由经济核算决定。

7.2.7 微滤和超滤的组件和工艺

一个完整的微滤和超滤过程应包括料液槽、膜组件、泵、换热器和测量、控制部件等，其中关键部件是膜组件。本节着重介绍微滤和超滤过程中常见的膜组件和操作方式。

（1）几种膜组件的结构

① 管式膜组件：用一根多孔材料管，在其表面涂膜（内、外表面均可），就成为管式膜。将许多根管并联在一起，就成为管式膜组件，其结构类似于列管式换热器。如图 7-3 为其示意图。

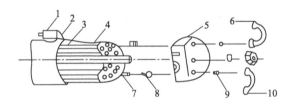

图 7-3　管式膜组件的结构

1—透过液出口；2—外罩；3—膜支撑管；4—管子端面板；5—可拆端面板；
6—浓缩液出口；7—管膜；8—薄膜密封；9—O 形垫圈；10—料液进口

管式膜的优点是 Re 可大于 10^4，流速 $2\sim6m/s$，流动为湍流；料液常不需预处理，甚至可处理含少量小粒子的物料；对堵塞不敏感；清洗容易，可以方便地更换管子。但装填密度不高，约为 $80m^2/m^3$，因此设备体积较大，能耗较高；设备的死体积也较高，不利于提高浓缩比。

② 毛细管膜组件：在管式膜组件中，膜本身需要一多孔管支撑。而毛细管膜是自承式的。膜本身可以是非对称膜，直径 $0.5\sim6mm$，内压式和外压式均有。也有人将毛细管膜组件归于中空纤维膜。

毛细管膜组件的优点是装填密度高，可达到 $600\sim1200m^2/m^3$。制造费用低。但抗压强度较小；多数情况管内的流动为层流，对传质不利。

③ 中空纤维膜组件：中空纤维是很细的管子，直径 0.19～1.25mm。中空纤维一般是非对称膜，由于管径很小，料液流动一般为层流。中空纤维膜组件的结构紧凑，死体积小；装填密度可高达 10000m² /m³；制造费用低；能耗也低，这些是最大的优点。但由于管径小，易堵塞，不适于处理带粒子的料液。料液一般要先经预处理，以除去小粒子。

④ 板框式膜组件：将平板状的膜覆盖在支撑层上或支撑盘上，再将支撑层或支撑盘叠装在一起，形成类似于板框压滤机的结构，就成为板框式膜组件，见图 7-4。板框式膜是开发研究和工业应用较早的一类膜，相邻两膜间距离很小，因此在层流下操作。文献中可以找到专用于板框式膜组件的传质系数关联式。

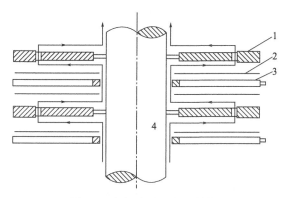

图 7-4　板框式膜组件的结构
1—隔离板；2—半透膜；3—膜支撑板；4—中央螺栓

板框式膜的更换和清洗均较容易，对堵塞不很敏感；装填密度高于管式膜组件，但低于 400m² /m³；能耗要比管式膜低。由于在层流下操作，传质系数不很高。

⑤ 螺旋式（卷式）膜组件：设想将两片膜叠合，中间夹一层多孔网状织品，形成一个膜袋。然后将袋子卷成螺旋，加入中心收集管，就形成了螺旋式膜组件，类似于螺旋换热器。原料液从端面进入，沿轴向流过组件。滤液则按螺旋形流入收集管。它是结构最紧凑的一种膜组件（图 7-5）。

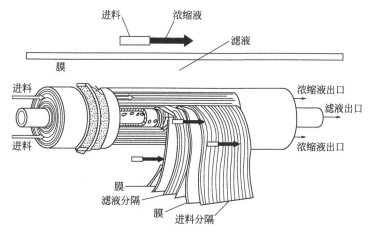

图 7-5　螺旋式膜组件的结构

螺旋式膜组件最大特点是料液在其间沿螺旋路径流动。由于离心力的作用，即使 Re 数不太大也可呈湍流，应采用湍流下的传质系数关联式计算滤液通量。其装填密度也较高，与中空纤维膜相似；能耗较低。它的主要缺点是清洗较难，也不能部分更换膜。只要膜有微小局部损坏，整个膜组件就必须更换，这一点和中空纤维膜组件相同。

（2）微滤和超滤的操作方式

工业上常用的微滤、超滤操作方式有以下几种。

① 单级间歇操作：料液一次性加入到料液槽中，滤液排出，浓缩液则全部循环。为了减轻浓差极化的影响，在膜组件内必须保持较高的料液流速。因此，料液在组件内的停留时间变短，一次通过达不到要求的滤液量，必须让料液循环。当处理量不大时，多采用这种间歇操作。泵既提供料液流动的能量，又提供透过液流动的压差。

这是一种非稳态操作，随着过滤的进行，料液浓度逐渐增高，膜的渗透通量逐渐减少。对给定的料液量，这是浓缩最快的操作方式，所需的膜面积也最小。

单级间歇操作时的平均通量 J_{av} 可用下式计算：

$$J_{av} = J_f + 0.33(J_i - J_f) \tag{7-17}$$

式中，J_i、J_f 分别为初始和终了时膜的渗透通量。

② 单级连续操作：单级连续操作是在单级间歇操作基础上引申出来的。

将一部分浓缩排出作为产品，同时连续进料与回流液混合，进行循环。一般配备 2 台泵。1 台为循环泵，用于提供浓缩液循环流动所需的能量，其流量较大，常用离心泵。一台泵提供压差，其流量较小，与滤液通量相对应，一般采用正位移泵。由于料液流速高，摩擦损失也大，常常导致温度升高。为维持恒温，可在循环回路中加一换热器。

单级连续操作方式的特点是过滤始终在高浓度下进行，因而滤液通量较低，所需的膜面积也较大。适用于处理量较大而膜堵塞又不严重的场合。

③ 多级连续操作：为了克服单级连续操作的弱点，可以采用多级连续操作，将若干个单级串联起来。这样，只有最后一级在高浓度下进行，故平均滤液通量较高，适用于大批量工业生产。根据目的产物是渗透物还是截留物，多级连续操作的流程稍有差别。

7.2.8 工业应用

微滤和超滤在工业中的应用十分广泛，这主要是由于其操作条件温和，所能分离的物质范围很广。以下是一些比较成熟的工业应用实例。

（1）电泳漆的回收

电泳法是 20 世纪 60 年代中期汽车工业开始采用的上漆工艺。将待漆部件浸没于用油漆和水配成的池中，油漆粒子沉积在部件表面，并与表面紧密结合。然后将部件取出，用水冲洗，洗去结合得不牢固的漆粒子[17]。最后将部件放入炉子中固化。在清洗过程中产生大量含油漆粒子的洗水。

用 UF 处理洗水是比较理想的。其渗透液为水，可以循环使用，浓缩液则回流到乳状液池中。回收的油漆可以弥补操作费用。水和水处理方面的节约就是净收益了。有了 UF 装置以后，补充的新鲜水量不到 10%。

据报道，目前全世界已有数百套装置在运行，膜的渗透通量可以达到 $13 \sim 60 L/(m^2 \cdot$

h）的通量。上海汽车制造厂的 SH130 两吨货车驾驶室就使用了这一技术，从 1975 年试车后，运转情况良好。

（2）水处理和纯水制备

水处理是 MF 和 UF 应用最广的领域。下面是一些实例。

① 纺织工业废水：纺织工业的废水主要是含浆料的废水。浆料是一些高分子化合物，如羧甲基纤维素（CMC）、聚乙烯醇（PVA）、聚氯化铝（PAC）、聚丙烯酸酯、胶乳等。物料上浆后洗涤，产生含上浆剂的洗水。不少工厂用 UF 过程处理洗水，取得了较好的效果。如一家纺织厂用 100m^2 螺旋式膜在 75℃ 下将含 10～13g/L PVA 的废水浓缩到 66～75g/L，浓度约浓缩为原来的 6 倍，截留率达 97%，截留下的上浆剂可重复使用。又如德国一家工厂用 UF 处理含胶乳的废水，浓缩比为 10，膜的寿命为 1 年，1.3 年可收回投资[18]。

② 造纸厂的废水：造纸厂产生的碱性废水是严重的污染源。用截留分子量（MWCO）为 3000～5000 的膜处理，可回收 70% 的色素和大部分的 BOD 和 COD。渗透液符合排放标准。废水体积减小到 1/25 甚至 1/99。但必须先进行预处理，除去悬浮粒子[19]。

造纸厂的漂白废水含亚硫酸盐，分子量为 10000～50000。用螺旋式膜可以将废水分成两部分，一部分为高纯度木质素，另一部分为低木质素糖。可得到 90% 的得率和 97% 的木质素纯度。

③ 含油废水：许多工厂产生大量的含油废水，其中的乳状液不能用机械方法分离，用化学方法处理则会产生大量的残渣。用 UF 处理，其滤液可直接排出，不需再作处理。浓缩液可直接燃烧，其体积也仅占废水体积的 3%～5%，要进一步处理也较经济。

一般的含油废水中油含量在 0.1%～10%。可以用 UF 浓缩到含油 40%～70%。多数膜生产商推荐使用 MWCO 为 20000～50000 的膜。渗透液含油 0.001%～0.01%，膜寿命可达 3～6 年。

④ 纯水制备：纯水的制备传统上用二次蒸馏法，不仅耗能高，对水中易挥发有机杂质的去除效果也不好。从常规过滤、UF、蒸馏、吸附、反渗透、离子交换这几种操作对各种杂质的去除效果看，最理想的组合是离子交换加 UF 或离子交换加反渗透。UF 的能耗低于反渗透，但生产的水质还是反渗透好。现在已有系列化的设备生产纯水，参见反渗透部分的介绍。

（3）食品工业

食品卫生中的物料大多不耐高温、高压和酸碱，故用膜技术是理想的分离方法。食品工业中应用膜分离的例子很多，主要的障碍因素是经济性，而后者又与膜堵塞和清洗密切相关。下面举几个实例。

① 乳清的分离：用牛奶制干酪，分离后得到乳清，其中含不少可溶蛋白质、矿物质等营养物质，但也含大量的难消化的乳糖。乳清的含量占牛奶含量的 84%～91%，传统的处理方法是真空浓缩，然后喷雾干燥，得到乳清粉。这种处理方法的缺点是耗能太高，且乳清粉含的乳糖较多，营养价值不高。

近年来用超滤法处理乳清的工艺日趋成熟。UF 处理后，蛋白质可以回流到干酪生产流程中，小分子物质则通过膜。膜的 MWCO 约在 10000～25000，操作温度应避开 20～45℃ 这一微生物生长快的区域。常见的通量值为 13～40L/(m^2·h)，浓缩比很高，可使乳清中蛋白质含量从 3% 增加到 5% 以上，甚至更高。

浓缩以后，仍可以制造乳清粉，但干燥的能耗明显降低，而且乳清粉的营养价值大为提高。这一工艺的缺点是渗透液的 BOD 值仍很高，必须再作处理。处理的方法是用反渗透进一步浓缩，最后得到一种含乳糖很高的产品，可以用作饲料。

② 干酪的制造：直接将脱脂牛奶 UF 浓缩，去除水分和一些小分子物质后再进行凝乳，制得干酪。这种工艺的蛋白质回收率较高，整个流程能耗较低，且可节约多达 50% 的凝乳酶，因为凝乳酶在较浓的溶液中的活力较高。

含水量高于 45% 的干酪称为软干酪，低于 45% 的干酪为硬干酪。目前这两种干酪的制造都有报道，但以软干酪的制造为多，工艺上也较成熟。丹麦 95% 的干酪是用 UF 法制造的。典型的产品有：Ymer、Quark、Feta、Mozzarella 等。一般可以浓缩到含蛋白质 50% 甚至更高。不过，蛋白质对膜的堵塞作用比较显著，在生产中应特别注意浓缩比。太高的浓缩比会使膜渗透通量下降太多，影响工艺的经济性。

③ 糖厂废蜜中糖的回收：甘蔗糖厂的废蜜中含 30% 左右的糖，甜菜糖厂的废蜜中含 60% 左右的糖（均为干基），传统的回收法只能回收一小部分糖，因此多采用将废蜜作为发酵原料或直接做饲料的处理方法。近年来有人尝试用 MF 回收糖的工艺。先将废蜜稀释到含固形物 60% 左右，再用孔径为 0.01～0.02m 的 MF 膜过滤，得到的滤液纯度大为提高，可再用于结晶或直接制成液体糖浆。这一工艺使糖的回收率大为提高。还可以推广到糖厂煮炼车间的前段，将第二次结晶后的糖蜜处理，制备液体糖浆。更进一步地，可以直接过滤糖汁，从而对传统的制糖工艺进行根本的革新。

④ 果汁的澄清：用 MF 膜过滤果汁，能得到清澈透明的果汁。由于果汁中含较多果胶，增加了黏度，且易使膜堵塞，故最好先用果胶酶处理，将果胶分子水解后再进行 MF。果汁经 MF 后还减少了发生浑浊的机会；并由于细菌的脱除，能延长果汁的保质期。

⑤ 啤酒的澄清：将啤酒在装瓶前 MF 处理，可去除啤酒中的浑浊粒子和细菌，使啤酒的品质更佳。一般的有机膜对酒精的耐受能力不强，但啤酒的酒精含量不高，对膜的影响不大。而且啤酒的黏度不高，过滤的通量较高。有的工厂用无机膜过滤啤酒，效果更佳。

7.3 纳滤、反渗透、正渗透

7.3.1 纳滤

纳滤技术又称低压 RO 或疏松 RO[20]，是反渗透过程为适应工业软化水的需求和降低成本的需求发展起来的新膜品种，以适应在较低压力下运行，从而降低操作成本。其独特的分离特性及优良的应用性能，使其在料液软化、脱色领域得到广泛应用。

7.3.1.1 纳滤发展概况

纳滤（nanofiltration，NF）研究始于 20 世纪 70 年代中期，到 80 年代中期实现了商品化，主要是芳香族聚酰胺复合纳滤膜和醋酸纤维素不对称纳滤膜等[2-3]。其孔径介于反渗透和超滤之间。与反渗透不同，反渗透膜几乎对所有的溶质都有很好的去除率，而纳滤膜只对特定的溶质具有高截留率，在混合溶液的浓缩与分离方面比反渗透与正渗透更优秀。因此纳滤膜可以使溶液中低价离子透过而截留高价离子和数百分子量的物质，主要应用于海水软化，浓缩和分离许多化工产品、食品、生化和药物等物料。目前市场上大多数纳滤膜均为荷负电的纳滤膜，荷负电的纳滤膜在各类阴离子以及带负电的溶质去除等方面得到了广泛的利用；纳滤膜在工业废水中的应用也有所涉及。随着对纳滤膜研究的深入，目前已经形成了比较完备的理论知识体系。对纳滤膜的研究也已经不仅仅局限于水溶液体系，在有机溶剂中的应用越来越引起研究人员的兴趣。近年来，随着耐有机溶剂纳滤膜的开发，纳滤膜正在被逐渐应用于含有有机废水的石油化工、生物制药、食品化工等工业领域。

7.3.1.2 纳滤过程

纳滤是介于反渗透和超滤之间的一种压力推动的膜分离技术，其操作压差为 $0.5 \sim 2.0MPa$，截留分子量界限为 $200 \sim 1000$（或 500），截留分子大小约为 1nm 的溶解组分。NF 过程有两个特性：①对水中分子量为数百的有机小分子具有分离性能；②对于不同价态的阴离子存在 Donnan 效应。物料的荷电性、离子价数和浓度对膜的分离效应有较大的影响。

（1）纳滤的应用

纳滤主要用于饮用水和工业用水的纯化、废水净化处理、工艺流体中有价值成分的浓缩等。RO 膜几乎可以完全将摩尔质量 $M = 150kg/mol$ 的有机组分截留，而 NF 膜只有对摩尔质量 $M = 200kg/mol$ 以上的组分才达到 90% 的截留；NF 膜对 NaCl 的截留率较低（相对RO 膜 99% ～99.5% 的截留率），但对二价离子，特别是阴离子仍表现出 99% 的截留率，从而确定了它在水软化处理中的地位。

（2）我国纳滤技术的发展趋势

我国于 20 世纪 90 年代初期开始研制 NF 膜，在实验室中相继开发了 CA-CTA 纳滤膜，S-PES 涂层纳滤膜和芳香聚酰胺复合纳滤膜，并将其用于软化水、染料和药物脱盐，同时开展了膜性能的表征及特种分离等方面的性能研究，取得了一些初步成果。与国外相比，我国的纳滤膜技术还处于起步阶段，膜的研制、组件技术和应用开发还不多（目前的研究热点是开发具有荷电性能的 NF 膜）。

7.3.1.3 纳滤分离机理和分离规律

（1）分离机理

NF 膜与 RO 膜均为无孔膜，通常认为其传质机理为溶解-扩散方式。但 NF 膜大多为荷电膜，其对无机盐的分离行为不仅由化学势梯度控制，同时也受电势梯度的影响。即 NF 膜的行为与其荷电性能，以及溶质荷电状态及相互作用都有关系。

（2）分离规律

截留分子量在 200～1000 之间，分子大小为 1nm 的溶解组分的分离。

① 1 价离子渗透，多价阴离子滞留。

② 对于阴离子，截留率按下列顺序递增：NO_3^-，Cl^-，OH^-，SO_4^{2-}，CO_3^{2-}。

③ 对于阳离子，截留率按下列顺序递增：H^+，Na^+，K^+，Ca^{2+}，Mg^{2+}，Cu^{2+}。

④ NF 膜由于通量较大，易污染，所以在实际应用中要严格控制膜通量。

7.3.1.4 纳滤过程的数学描述

（1）电中性溶液

可借用 RO 过程的数学模型来描述 NF 膜的通量和选择性。

① 不可逆热力学模型。根据模型方程和实验测定的膜截留率（R）、透过流速数据（J）关联得到膜参数（膜的反射系数 σ 和溶质透过系数 ω）；膜参数也可根据一定的膜构造建立数学模型得到，其与膜的结构特征和溶质透过系数有关。

② 空间位阻-孔道模型。以不可逆热力学模型为基础。

③ 溶解-扩散模型。该模型假设溶质和溶剂溶解在无孔均质的膜表面层内，然后各自在浓度或压力造成的化学位作用下透过膜。

（2）电解质溶液

① Donnan 平衡模型。将荷电基团的膜置于盐溶液时，溶液中的反离子（所带电荷与膜中固定电荷相反的离子）在膜内浓度大于其在主体溶液中的浓度，而同名离子在膜内的浓度低于其在主体溶液中的浓度。由此形成的 Donnan 位差阻止了同名离子从主体溶液向膜内的扩散，为了保持电中性，反离子也被膜截留。

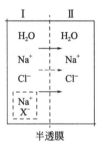

图 7-6　Donnan
平衡示意图

假设 NaCl 溶液被透析膜（只允许低分子溶质透过，而不允许胶体或高分子溶质透过）所隔开。平衡时，两相中的 NaCl 浓度分别为 c_1 和 c_2，则 $c_1 = c_2 = c$。

现在在Ⅰ相中加入大分子电解质，如蛋白质的钠盐 NaX，尽管 X^- 不能透过膜（大分子），但Ⅰ相中 Na^+ 浓度的升高必导致钠离子向Ⅱ相中的渗透。同时，为保持电中性，Cl^- 也跟着渗透，但它是逆浓度梯度从Ⅰ相扩散到Ⅱ相。加入 NaX，使得Ⅰ相中氯离子浓度下降，这称为 Donnan 效应或泵效应。可见，在实际研究中，可通过加入廉价的盐 NaX（其中 X^- 不能透过膜，但不一定是大分子），造成膜两侧的浓度差，从而可以达到从稀溶液侧"挤出"贵重组分的目的（假设 NaCl 的 Cl^- 换成另一种贵重离子）。但要注意半透膜两侧的电解质分配是不均匀的，此时除了要考虑大分子化合物本身的渗透压外，还要考虑由于电解质分配不均匀所产生的额外压力[21]。

若采用与荷电膜相同孔径的非荷电膜，溶液中离子通过的情况就不同。有可能正反离子都同时透过，荷电膜的存在在孔径筛分的分离机理上增加了电位差和离子平衡（Donnan 平衡）的影响，可将非荷电膜不能截留的离子变成相同孔径的荷电膜可以截留的或将低截留变成高截留。

② 扩展的 Nernst-Plank 方程。尽管扩展的 Nernst-Plank 方程是纳滤处理含盐溶液过程的传质基础，但因在实际过程中方程的十几个参数（其中之一是固定离子浓度）无法得到准确定量值（即使对于最简单的二元体系也含有 7 个参数），方程难于求解而应用很少。但根据方程可定性了解传质过程的特点和分离趋势。

除了以上叙述的两类模型外，用来描述纳滤过程的模型还有：空间电荷模型、固定电荷模型、静电排斥和立体位阻模型。但受到模型参数的限制，适用性不强。

③ 细孔模型。细孔模型是基于非平衡热力学模型和摩擦模型。应用纳滤膜进行不同溶质的选择性分离时，中性溶质的主要特征参数是分子尺寸参数。考虑溶质的空间位阻效应和溶质与孔壁之间的相互作用，只要知道膜的结构和溶质大小，就可以运用细孔模型计算出纳滤膜的特征参数，从而得知膜的截留率与膜透过体积流速的关系。反之，如果已知溶质大小，并由其透过实验得到膜的截留率与膜透过体积流速的关系，借助模型也可确定膜的结构

参数。一般应用细孔模型确定膜性能参数，广泛用于纳滤膜结构尺寸的表征和中性溶质分离性能预测。

④ 固定电荷模型。Teorell、Meyer 和 Sisvers 共同提出固定电荷模型（TMS 模型）。该模型在离子交换膜、荷电反渗透膜和超滤膜中得到应用。模型建立在以下假设基础上，假设膜是均质的无孔膜，膜中的固定电荷是均匀分布的，同时也不考虑膜孔径等结构参数，认为离子浓度和电势能在传质方向有一定梯度。该模型与广义 Nernst-Planck 方程结合可以预测纳滤膜的离子截留率。

⑤ 空间电荷模型。空间电荷模型（space-charge pore model，SC 模型）。假设膜为贯穿性毛细管通道组成的有孔膜，电荷分布在毛细管通道的表面，离子浓度和电势能除在传质方向不均匀分布外，在孔的径向也存在电势和离子浓度的分布，这种分布符合 Poisson-Boltzmann 方程。孔径、毛细管表面电荷密度和离子浓度是空间电荷模型的三个重要参数。为了能够预测膜的截留性能，必须要有方法解开 Poisson-Boltzmann 方程，同时与 Nernst-Planck 方程相结合。

⑥ 静电位阻模型。静电位阻模型（electrostatic and steric-hindrance model）。在前人的研究基础上，Wang 等将 TMS 模型和细孔模型结合起来，建立了静电排斥和立体阻碍模型，简称为静电位阻模型。这种模型假定膜分离层由孔径均一、表面电荷分布均匀的微孔构成。根据孔径、开孔率、孔道长度（即膜分离层厚度）等结构参数和电荷特性参数，对于已知的分离体系，就可以运用静电位阻模型预测各种溶质（中性分子、离子）通过膜的传递分离特性。由于道南离子效应的影响，物料的荷电性、离子价数、离子浓度、溶液 pH 值等对纳滤膜的分离效率有一定的影响，静电位阻模型考虑了膜的结构参数对膜分离过程的影响，截留率由道南效应与筛分效应共同决定，与空间电荷相比，可以较好地描述纳滤膜的分离机理。但是因为静电位阻模型参考了固定电荷模型的结论，所以只有膜的微孔壁面电荷密度小于 1.0 时，静电位阻模型才能比较合理地反映膜与电解质间的静电作用。

7.3.1.5　NF 膜的种类

自 20 世纪 80 年代以来，国际上相继开发了各种牌号的纳滤膜和组件，其中绝大多数为薄层复合膜，荷电或不荷电。主要的生产厂家有：日本的日东电工和东丽纺织公司；美国的 Film Tec 公司（已归入 DOW），Desalination，CM-Celfa，Membrane/Products 等公司[22]。从材质讲，可分为以下几类：

（1）芳香聚酰胺类复合纳滤膜

该类复合膜主要有美国 Film Tec 公司的 NF50 和 NF70 两种［聚邻苯二甲酰胺（PPA）/PS/聚酯］。

（2）聚哌嗪酰胺类复合纳滤膜

该类复合膜主要有美国 Film Tec 公司的 NF40 和 NF40-HF、日本东丽公司的 UTC-20HF 和 UTC-60、美国 ATM 公司的 ATF-30 和 ATF-50 膜。

（3）磺化聚（醚）砜类复合纳滤膜

该类复合膜主要有日东电工开发的 NTR-7400 系列。

（4）混合型复合纳滤膜

该类复合膜主要有日东电工开发的 NTR-7250 膜，由聚乙烯醇和聚哌嗪酰胺组成。美国

Desalination 公司开发的 Desal-5 膜也属于此类。

7.3.2 反渗透

7.3.2.1 反渗透的原理

如图 7-7 所示，用半透膜将纯溶质（通常是水）与溶液隔开，溶剂分子会从纯溶剂侧经半透膜渗透到溶液侧，这种现象称为渗透。由于溶质分子不能通过半透膜向溶剂侧渗透，故溶液侧的压强上升。渗透一直进行到溶液侧的压强高到足以使溶剂分子不再渗透为止，此时即达平衡。平衡时膜两侧的压差称为渗透压。

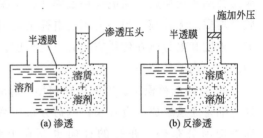

图 7-7 反渗透原理

如果溶液侧的压强大于渗透压，则溶剂分子将从溶液侧向溶剂侧渗透，这一过程就是反渗透。由此可知，反渗透的推动力为膜两侧的压差减去两侧溶液的渗透压差，即 $\Delta p - \Delta \pi$。

渗透压 π 与溶剂活度 a_w 间关系为：

$$\pi = -RT \ln a_w / V_w \tag{7-18}$$

式中，V_w 为溶剂的偏摩尔体积。溶剂的活度 a_w 可用下式计算：

$$a_w = \gamma_w x_w \tag{7-19}$$

式中，γ_w 为溶剂的活度系数；x_w 为溶剂的摩尔分数。

若溶液为理想溶液，则 $\gamma_w = 1$。对稀溶液有：

$$\ln x_w = \ln(1 - \sum x_{si}) \approx -\sum x_{si} \tag{7-20}$$

式中，x_{si} 为溶质 i 的摩尔分数。

代入式 (7-18)，得：

$$\pi = RT \sum x_{si} / V_w \tag{7-21}$$

式中，$x_{si} = n_{si} / (\sum n_{si} + n_w)$。对于稀溶液 $x_{si} \approx n_{si} / n_w$，而 $n_w V_w \approx V$，则 $x_{si} / V_w = n_{si} / V = c_{si} / M_{si}$

式中，n_{si} 为溶质 i 的摩尔数；n_w 为溶剂的摩尔数；V 为溶液的摩尔体积；c_{si} 为溶质 i 的质量分数；M_{si} 为溶质 i 的摩尔质量。

代入式 (7-21)，得：

$$\pi = RT \sum c_{si} / M_{si} \tag{7-22}$$

此式称为范特霍夫（Van't Hoff）方程，它只适用于理想溶液。对实际溶液，可引入一校正因子：

$$\pi = \varphi RT \sum c_{si} \tag{7-23}$$

实际上，在等温条件下，许多物质的水溶液的渗透压近似地与其摩尔分数成正比：

$$\pi = B x_{si} \tag{7-24}$$

7.3.2.2 反渗透过程的数学模型

（1）优先吸附毛细管流动模型

优先吸附毛细管流动模型是 Sourirajan 等人在 60 年初提出的，当时用于描述反渗透法海水脱盐，主要适用于多孔膜。当水溶液与亲水的膜接触时，膜优先吸附水分子，而排斥溶质——盐分子。

这样，在膜表面存在一层纯水层，纯水层中的水在压差作用下从膜表面经毛细管流出，成为渗透液。

根据这一理论，膜表面必须优先吸附水，才能在表面形成纯水层，纯水层厚度约为两个分子的厚度。同时膜还必须有适宜的孔径，当孔径为吸附水层厚度的 2 倍时，能获得最大的分离效果和最高的渗透通量。这一孔径称为临界孔径。

至于膜表面是优先吸附水还是优先吸附溶质，取决于溶液中的离子和膜之间相对排斥或相对吸引所需的自由能。这为膜材料的选择提供了物理化学和热力学上的依据。

水经过毛细管的流动可认为是黏滞流动，

$$J_w = K_w(\Delta p - \Delta \pi) \tag{7-25}$$

式中　J_w——水的渗透通量，$kmol/(m^2 \cdot s)$；

K_w——水的渗透系数，$kmol/(m^2 \cdot s \cdot Pa)$。

这里用摩尔通量为单位，是为了与下面的溶解-扩散模型比较。实践中也常有用体积通量的。

（2）溶解-扩散模型

溶解-扩散模型是另一个描述膜内传递的模型。它把膜看作是均质的，溶剂和溶质均可在此均质膜内传递，整个传递过程分为三步：

① 溶质和水与膜相互作用，溶解在膜中；

② 溶质和水在膜内扩散，其推动力是化学位差；

③ 溶质和水从膜的下游侧解吸。尽管水和溶质都能溶于膜中，但溶解度不同，它们在膜内的扩散速率也不同，这就是分离机理。溶解-扩散模型认为在以上三步中扩散为控制步骤。根据 Fick 定律：

$$J_w = -D_w dc_w/dx \tag{7-26}$$

设水在膜中的溶解服从亨利（Henry）定律，则其化学势的微分为

$$d\mu_w = -RT d(\ln c_w) = -RT dc_w/c_w \tag{7-27}$$

代入式（7-26），得

$$J_w = [D_w c_w/(RT)] d\mu_w/dx \tag{7-28}$$

等温条件下有：

$$d\mu_w = RT d(\ln x_w) + V_w dp \tag{7-29}$$

且由范特霍夫公式可得：

$$V_w d\pi = -RT d(\ln x_w) \tag{7-30}$$

将式（7-29）和式（7-30）代入式（7-28），并积分得：

$$J_w = \left(\frac{D_w c_w}{RT\delta}\right)(\Delta p - \Delta \pi) = K_w(\Delta p - \Delta \pi) \tag{7-31}$$

与式（7-25）完全相同，式中符号的意思同前，下标 w 代表溶剂水。

图 7-8 为用醋酸纤维素膜对橙汁进行反渗透浓缩时的渗透通量与压差间的关系，它与式（7-31）较符合。

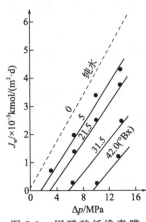

图 7-8 用醋酸纤维素膜
对橙汁进行反渗透浓缩时
渗透通量与压差间的关系
[白利糖度（degrees brix，
符号°Bx）是测量糖度的
单位，代表在 20℃ 情况
下，每 100 克水溶液中溶
解的蔗糖质量]

对溶质在膜内的扩散类似地有：

$$J_s = K_s(c_s - c_s')\qquad(7\text{-}32)$$

式中　c_s——溶质在膜上游侧的浓度，$kmol/m^3$；

　　　c_s'——溶质在膜下游侧的浓度，$kmol/m^3$。

实践中对于反渗透膜常用脱盐率表征膜的分离性能。

$$脱盐率 = \frac{浓缩液中盐浓度}{料液中盐浓度} \times 100\%\qquad(7\text{-}33)$$

一般地，性能较好的反渗透膜的脱盐率在 97% 以上，较差的也有 90% 左右。不过，这些数据大多是用 NaCl 溶液做试验测得的，在应用于实际物料时会有一定的差别。溶解-扩散模型比较适用于均质膜中的扩散过程，是目前最流行的模型之一。它不仅可用于反渗透，也可用于其他均质膜分离过程，如渗透汽化等。其缺点是未考虑膜材料和膜结构对扩散的影响[23]。

7.3.2.3　反渗透工艺

（1）反渗透膜

反渗透膜用的材料与超滤膜相似，几乎全为有机高分子物质。但超滤膜常用的聚砜和无机材料则较少用于反渗透。

醋酸纤维素是开发最早的膜材料。用它制成的反渗透膜在分离性能上有以下规律：

① 离子电荷愈大，脱除就愈容易。

② 对碱金属卤化物，元素位置愈在周期表下方，脱除愈不容易。无机酸则相反。

③ 硝酸盐、高氯酸盐、氰化物、硫氰酸盐与氯化物、铵盐、钠盐均不易脱除。

④ 许多低分子质量非电解质，包括某些气体溶液、弱酸和有机分子不易脱除。

⑤ 对有机物的脱除作用次序为：醛＞醇＞胺＞酸。同系物的脱除率随其分子量的增加而增大，异构体的次序为：叔＞异＞仲＞伯。

⑥ 对分子量大于 130 的组分一般均能很好地脱除。

⑦ 温度的升高可使渗透通量增加，25℃ 时每升高 1℃，渗透通量增加 3%，但醋酸纤维素膜能耐受的温度不高。

除醋酸纤维素外，聚酰胺、芳香酰胺等也是常用的制造反渗透膜的材料。

（2）反渗透工艺

反渗透膜组件的结构与超滤膜组件相同，也有管式、板框式、中空纤维式和螺旋式四种。研制最早的膜是平板膜，目前应用最广的则是中空纤维式和螺旋式膜，因为这两种膜组件的装填面积较大，而反渗透的渗透通量一般较低，常常需要较大的膜面积，所以采用这两种膜组件可使设备的体积不致过分庞大。

反渗透的设备和操作方式也和超滤设备大体相同。不过，由于反渗透所用的压差比超滤大得多，故反渗透设备中高压泵的配置十分重要。

反渗透操作对原料有一定的要求。为了保护反渗透膜，料液中的微小粒子必须预先除去。因此，反渗透工艺前一般有预处理工序。常用的预处理方法是微滤或超滤。

7.3.2.4　反渗透的应用

反渗透过程是从溶液（一般为水溶液）中分离出溶剂（水）的过程，这一基本特点决定了它的应用范围主要有脱盐和浓缩两个方面。

（1）海水和苦咸水的淡化

目前缺水的问题在许多国家十分严重。实际上地球上并不缺水，只是缺乏淡水和饮用水[24]。苦咸水是内陆地区的一种水资源，其中的盐系岩盐溶解而来。若能将海水和苦咸水淡化，可以解决许多地区的缺水问题。

目前，海水淡化方法中用得最多的是蒸发法，其次为反渗透法，其产水量已占总产水量的 20% 以上。与蒸发法相比，反渗透法的最大优点是耗能低。实际上它是唯一可能取代蒸发法的操作。以前多用不对称的醋酸纤维素膜，现在已开发出一些新的材料，且越来越多地使用复合膜。

在海水淡化前，必须对海水进行预处理。预处理包括氯化杀菌、预过滤等操作，目的是保护反渗透膜。在某些情况下，预处理费用是很高的；除了预处理以外，原水中的含盐量也是决定反渗透操作经济性的一项重要因素。含盐量越高，淡化成本就越高。而苦咸水的含盐量低于海水，因此苦咸水淡化的经济性一般优于海水淡化。

世界上最大的海水淡化工厂——Yuma 工厂的生产能力为每天 $4 \times 10^5 m^3$，操作压强 2.8MPa，水利用率达 70%，脱盐率在 99% 以上，水的渗透量达 $37.5 \sim 41.7 L/(m^2 \cdot h)$。

（2）纯水制备

在各种纯水制备方法中，离子交换与反渗透的组合被认为是最佳选择。理论上这两种操作已可去除水中几乎所有的杂质，但在实践中仍需其他处理以保护反渗透膜。常用的流程是先将水进行超滤，然后反渗透。反渗透可将大部分离子去除，最后用离子交换法去除残余的离子。这样，离子交换的负荷较轻，树脂的使用周期长。

用这一方法制造的纯水品质很好，可用作生物实验室用水以及作为纯水饮料。若用作注射用水，则需经有关部门认可。

（3）低分子溶液的浓缩

反渗透也用于食品工业中水溶液的浓缩。反渗透浓缩的最大优点是风味和营养成分不受影响。

国外用反渗透处理干酪制造中产生的乳清。可以直接用反渗透处理，浓缩后再干燥成乳清粉。也可先超滤，超滤浓缩物富含蛋白质，可制奶粉。渗透液再用反渗透浓缩，这样制得的乳清粉中乳糖含量很高，也可将反渗透浓缩液用作发酵原料[25]。

7.3.3　正渗透

近些年来，海水淡化技术已经成为解决水资源短缺问题的重要手段，其中基于膜分离的水处理技术具有举足轻重的地位；而如何低成本地实现净水的生产，受到了越来越多的关注。传统的压力驱动膜技术过程，很难再进一步降低能耗，在此背景下，正渗透（forward osmosis，FO）技术应运而生。与其他膜过程相比，正渗透是一种自发低能耗的过程，它利用膜两侧溶液的渗透压差为驱动力驱使水分子从高化学势一侧向低化学势一侧自发迁移。由于其操作过程无需提供外压或者操作过程中只存在很低的液压，相比较于其他压力驱动膜过程，有着能耗较低、产水率高、低污染的优点，它被广泛应用于各个领域，包括污水处理与淡水净化、海水淡化、食品、医药、压力阻尼渗透发电等[26]。

能够让溶液中一种或几种组分通过而其他组分不能通过的这种选择性膜叫半透膜。当用半透膜隔开纯溶剂和溶液（或不同浓度的溶液）的时候，纯溶剂通过膜向溶液相（或从低浓度溶液向高浓度溶液）有一个自发的流动，这一现象叫渗透（正向渗透）。若在溶液一侧（或浓溶液一侧）加一外压力来阻碍溶剂流动，则渗透速度将下降，当压力增加到使渗透完全停止，渗透的趋向被所加的压力平衡，这一平衡压力称为渗透压。渗透压是溶液的一个性质，与膜无关。若在溶液一侧进一步增加压力，引起溶剂反向渗透流动，这一现象习惯上称为"反（逆）渗透"[27-28]。

7.3.3.1　正渗透过程特点和应用

正渗透过程以半透膜两侧的溶液渗透压差为驱动力，无需提供外加压力，因此相比较于传统分离技术具有更低的能耗。另外，由于操作过程中无外压或者只有很低的液压，因此膜污染倾向相比较于压力驱动膜过程明显降低。正渗透过程中也存在着浓差极化的现象，由于净渗透压差的降低，使 FO 模式下的水通量大幅度降低。

正渗透技术可应用于污水处理、淡水净化、海水淡化、食品、医药、压力阻尼渗透发电等领域[29]。

7.3.3.2　正渗透分离机理

正渗透过程依靠选择性半透膜两侧溶液的渗透压差作为驱动力，驱使水分子自发地从渗透压高侧向渗透压低侧迁移，从而实现水的回收，其分离机理如图 7-9 所示。水和盐水两种渗透压不同的溶液被半透膜隔开，那么水会自发地从水侧通过半透膜扩散到盐水侧，使盐水侧液位提高，直到膜两侧的液位压差与膜两侧的渗透压差相等（$\Delta p = \Delta \pi$）时停止。

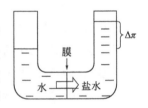

图 7-9　正渗透工作原理

该过程的推动力是溶剂在两种溶液中的化学位差或者是溶液的渗透压差[3]。在理想溶液体系中，渗透压可以通过范特霍夫（van't Hoff）公式计算：

$$\pi V = iRT \tag{7-34}$$

式中，i 是校正系数，$i>1$；与溶质分子电离成的离子数量相关；π 是溶液的渗透压；V 是其体积；R 是理想气体常数；T 是溶液的绝对温度。由渗透压公式得到盐水侧的渗透压高（例如 0.5mol/L 的盐水渗透压约为 25atm），则在渗透压的作用下，水会从低渗透压侧扩散到高渗透压侧。

在盐水侧施加一定的水力压力 Δp，当 $\Delta p > \Delta \pi$ 时，纯水就在压力推动下透过膜从盐水侧扩散到淡水侧，此过程称为反渗透。反渗透过程水通量表达式见式（7-25）。

当 $\Delta p = 0$ 时，水在渗透压的推动下透过膜从淡水侧扩散到盐水侧，此过程称为正渗透（FO）。在正渗透海水淡化过程中，需要高通量和高截留率的正渗透膜（注意不是反渗透膜）；同时需要高渗透压的汲取溶液，使得纯水在膜两侧的渗透压差（$\Delta \pi$）的推动下，从海水一侧渗透到汲取溶液一侧；而要得到纯净的水还需要对汲取溶液进行分离。作为正渗透的特殊应用，减压渗透则是部分利用渗透压做功或者转化成电能的过程。

7.3.3.3　正渗透膜及制备

理想的正渗透膜材料应具备的基本特征包括：拥有对溶质有高截留率的致密皮层；较好的亲水性，水通量高且耐污染；支撑层尽量薄；机械强度高；耐酸、碱、盐等腐蚀的能力。

FO 过程的膜材料主要分为浸没沉淀膜、相转化法膜、界面聚合复合膜等，将在下面进行详细叙述。

（1）浸没沉淀膜

浸没沉淀法是将聚合物溶液延涂在一种合适的基底上，然后浸入非溶剂凝固浴中；经过非溶剂和溶剂的交换，聚合物快速析出，形成一种具有致密皮层和多孔底层的不对称膜。控制相转化法成膜的两个主要因素是热力学和动力学。除此之外，聚合物溶液浓度、溶剂、添加剂等都会影响膜的性质和结构[30]。

铸膜液的浓度对形成的膜性能的影响比较大，铸膜液浓度太低，溶液中单位体积内高分子量少，所制得的膜机械强度就会很差；如果铸膜液浓度太高，聚合物的黏度将会变得很大，最终的结果是性能变差及溶液的流动性下降，从而出现刮膜困难、膜的均匀性变差、膜的孔隙率和孔径也会变小等问题。有机/无机添加剂，如聚乙二醇（PEG）、聚乙烯吡咯烷酮（PVP）、氯化锂等可使膜更疏松多孔或亲水性更好。

（2）相转化法膜

相转化法不对称 FO 膜主要有乙酸纤维素、三醋酸纤维素、聚苯并咪唑和聚酰胺-酰亚胺等。

聚苯并咪唑（PBI）材料制得的非对称 FO 膜表面带正电荷（pH＝7.0），具有较好的亲水和抗污染性。对正价离子和较大尺寸的二价离子有较大的截留率（如 Mg^{2+} 和 SO_4^{2-} 的截留率可达到 99.99％），而对 NaCl 的截留率在 97％左右。还可以进一步用化学改性的方法使用对二氯苄（p-xylylene dichloride）对 PBI 进行交联，调节膜的孔径，得到高通量和高截留率的正渗透膜。经过 2h 的化学改性后，NaCl 截留率提高到了 99.5％以上，渗透率为 32.4L/（m^2 · h · bar）（操作条件活性分离层对汲取液，5mol/L 的 $MgCl_2$，23℃），可用于废水的处理和脱盐[31]。

与 PBI 类似，用聚酰胺-聚酰亚胺（PAI）材料制得的 FO 膜也可以进行化学交联提高膜性能。如用聚乙烯酰亚胺（PEI）对 PAI 中空纤维进行了化学交联，交联后的 PAI 膜表面由荷负电变成荷正电，对阳离子截留率高。用 $MgCl_2$ 作为汲取液时，获得的水通量高于大部分同期的其他 FO 膜[32]。

（3）界面聚合复合膜

界面聚合复合膜具备较高的水通量、高截盐率、较好的力学性能与较长的使用寿命，是如今比较主流的正渗透膜材料。薄膜复合膜主要由两部分构成，即多孔的支撑层和在支撑层上通过界面聚合方式制备的超薄聚酰胺选择层。一般所选用的支撑层材料多为使用相转化法、静电纺丝法制备的微滤/超滤膜，基膜表面较为均匀致密，无明显孔洞，起到支撑选择层的作用。超薄聚酰胺选择层一般使用间苯二胺（MPD）作为水相单体，均苯三甲酰氯（TMC）作为油相单体，在基膜表面通过界面聚合方式，制备出均匀的聚酰胺选择层。选择层为典型的"峰谷"结构，表面粗糙度较大，厚度在几十至几百纳米。

正渗透薄膜复合膜（TFC FO 膜）应具有如下的特点：

① 致密的活性层，以保证高的溶质截留率；

② 尽量减小支撑层厚度，以减缓内浓差极化（ICP），提高水通量；

③ 机械强度高，以适于高压操作的压力延缓渗透工艺；

④ 膜的亲水性强，以提高通量和降低膜污染。

在 TFC FO 膜的制备中，常用的基膜材料包括聚砜（PSF）、聚醚砜（PES）、聚偏氟乙烯（PVDF）等，均较为疏水，造成了严重的内浓差极化，极大地限制了 TFC 膜在 FO 应用中的效率。此外，MPD 和 TMC 形成聚酰胺层的疏水性和粗糙度使得 TFC 膜有较大的污染倾向。因此，为了推进 TFC 膜在 FO 中的实际应用，还需要对聚酰胺 TFC 膜进行优化。一方面对基膜材料和结构进行优化，减小内浓差极化，提高膜的水通量；另一方面，对聚酰胺选择层进行改性，减小 TFC 膜的污染倾向，提升膜性能。

7.4 渗透汽化

7.4.1 渗透汽化过程

7.4.1.1 概述

渗透汽化（pervaporation）又称渗透蒸发，是利用膜对液体混合物中各组分的溶解与扩散性能不同而实现分离的过程。当液体混合物与渗透汽化膜接触时，混合物中的组分通过膜并汽化。在膜下游侧排出的气相的组成与液体混合物的组成不同，也就是说某一个或几个组分优先通过膜。这就是渗透汽化现象。渗透汽化（pervaporation）是随着 20 世纪 70 年代的石油危机、促使人们寻找能耗少的分离操作而迅速发展起来的。在 20 世纪 80 年代已有在工业上应用的实例，但总的来说，渗透汽化尚属一种发展中的技术。

渗透汽化的推动力为化学势差。由于组分在膜下游侧的分压低于它同温下的饱和蒸气压，从而便发生相变。这个分压差可以用两个方法实现：一是在下游侧加一惰性挟带剂；二是抽真空。两者相比，一般采用抽真空的办法，以避免将挟带剂分离的麻烦。

渗透汽化分离的最大优点是能耗低。此外，渗透汽化分离效率高，无污染，易于放大。因此渗透汽化适用于以下过程：

① 具有一定挥发性的物质的分离；

② 从混合液中分离出含量少的物质；

③ 恒沸物的分离；

④ 精馏难以分离的近沸物的分离；

⑤ 与反应过程结合。选择性地移走反应产物，促进化学反应的进行。

7.4.1.2 渗透汽化膜

渗透汽化膜材料主要有有机与无机膜材料两种类型[33]，对于水与有机物的分离一般选用有机膜，目前研究的膜材料主要有由有机聚合物制备而成的均质膜、均质膜与具有孔结构的膜材料组合制备成的复合膜以及通过加入交联剂对膜材料进行交联改性以及将沸石[34]、碳纳米管（CNTs）[35] 和氧化石墨烯 GO 等[36] 无机颗粒填充入聚合物膜材料中制备成的混合基质膜（MMM）等[37-38]。

①　亲水膜。优先渗透组分为水或甲醇。其典型代表是德国 GFT 公司研制成工业用膜——聚乙烯醇（PVA）/聚丙烯腈（PAN）复合膜，建立了第一套渗透汽化乙醇脱水工业装置，这标志着渗透汽化技术走向工业化道路。此后，随着渗透汽化技术的逐渐发展，高性能渗透汽化膜材料的开发成为了研究重点，芳族聚合物聚苯并噁唑（PBO）、聚苯并噁嗪酮（PBOZ）和聚苯并咪唑（PBI）由于优异的耐化学性和耐热性在乙醇脱水方面得到广泛应用。同时，含氟聚合物由于其出色的热稳定性以及化学稳定性在有机物脱水方面也被广泛研究，其主要应用有丁醇、异丙醇、乙醇、N,N-二甲基甲酰胺（DMF）、二甲基亚砜（DMSO），N,N-二甲基乙酰胺（DMAC）等有机溶剂中的脱水[38]。

②　疏水膜。优先渗透组分为有机组分。渗透汽化技术对于有机物的回收是使有机物优先透过膜材料，从而达到有机物与水的分离，关于有机物回收的研究还处于初级阶段，因此，探索适合的疏水性膜材料是此过程的关键。目前，聚二甲基硅氧烷（PDMS）、聚偏二氟乙烯（PVDF）、聚醚嵌段聚酰胺（PEBA）等聚合物以及具有高自由体积的疏水性聚合物聚三甲基硅-1-丙炔（PTMSP）和具有固有微孔结构（PIM）等疏水性材料可以在此过程应用。同时，可以对膜材料进行改性，如将活性层与具有孔结构的膜材料制备成复合膜以加大渗透通量，掺杂分子筛、MOF、CNTs、二氧化硅等疏水性的无机颗粒制备成混合基质膜以加大膜材料的选择性，但是在混合基质膜的制备过程中无机颗粒的团聚作用将导致膜产生缺陷从而影响选择性，这些复合与改性技术的出现可以使膜材料更好地应用于渗透汽化回收有机物的过程[38]。

7.4.1.3　分离选择性和渗透通量的表示

渗透汽化过程的主要技术指标是膜的选择性和渗透通量。

（1）选择性

可以用分离系数和增浓系数来表示选择性。

①分离系数 α。它的定义如下：

$$\alpha=(y_i/y_j)/(x_i/x_j) \tag{7-35}$$

式中，x_i、x_j 分别是原料液中组分 i 和组分 j 的摩尔分数或者质量分数；y_i、y_j 分别是渗透物中组分 i 和组分 j 的摩尔分数或者质量分数。

通常 i 表示渗透速率快的组分。因此 α 的数值大于 1。α 越大，膜的选择性越好。

②　增浓系数 β。它的定义如下：

$$\beta=y_i/x_i \tag{7-36}$$

一般 i 表示透过速率快的组分，β 大表示选择性好。

上述两种表示选择性的系数中，分离系数用得比较普遍。

（2）渗透通量

单位时间内通过单位膜面积的组分的质量称为该组分的渗透通量，其定义式如下：

$$J_i=M_i/(At) \tag{7-37}$$

式中，M_i 为组分 i 的透过量，g；A 为膜面积，m^2；t 为操作时间，h；J_i 为组分 i 的渗透通量，$g/(m^2 \cdot h)$。

影响膜的渗透通量的因素有混合物组分和膜材料的性质、膜的结构、混合物的组成、操作温度、压力和料液在膜面的流动状况等。

对膜的要求是选择性好、渗透通量大。实际上这两个性能指标常常很难同时达到。选择性好的膜的通量往往较小，而渗透通量大的膜的选择性又比较差。所以，在选膜和制膜时需要根据具体情况对这两项指标进行优化。

为了综合表示渗透汽化分离性能，可以用渗透汽化的分离指数（PSI）来表示：

$$PSI=(\alpha-1)J \tag{7-38}$$

7.4.2 渗透汽化中的传质

7.4.2.1 渗透汽化原理

图 7-10 是渗透汽化的简单示意图，其中用到的膜是致密膜，或者是有致密皮层的复合膜或者非对称膜。原料液进入膜组件，流过膜面，在膜后侧保持低压（绝压几百到几千帕）。由于原料液和膜后侧组分的化学位（直观表现为组分的蒸气压）不同，所以原料液中的各组分都倾向于通过膜向膜后侧渗

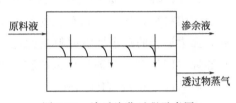

图 7-10　渗透汽化过程示意图

透。原料液中各组分通过膜的速率不同，透过膜的渗透物的组成便与原料液组成不同，从而实现分离。

在渗透汽化过程中，渗透物是通过致密膜进行扩散的，所以目前公认的描述渗透汽化的传质机理是溶解-扩散模型。它认为整个传质过程由三步组成：

① 膜的选择性吸附。

② 组分在膜内扩散。

③ 组分在膜的下游侧解吸并汽化。

该模型一般认为吸附和脱附的阻力很小，膜的料液侧表面与料液呈平衡，膜后侧汽化面与气相呈平衡，所以，渗透物在膜中的溶解特性对分离性能影响重大。

7.4.2.2 纯组分的渗透

以纯组分作为进料进行渗透汽化试验时，可以用 Fick 定律描述组分在膜内的扩散：

$$J=-D\,\mathrm{d}c/\mathrm{d}x \tag{7-39}$$

式中　c——组分在膜体系中的浓度，扩散系数 D 为 c 的函数。

研究气体在膜上吸附和解吸情况可以确定此函数关系。当气体离汽化点愈近时，膜的溶胀程度愈高，扩散系数迅速增大。据此可用指数型的经验方程来表达此函数关系：

$$D=D^{*}\exp(rc) \tag{7-40}$$

式中　D^{*}，r——两个参数，它们代表了组分-膜体系的特性。

将式（7-40）代入式（7-39），利用

边界条件 $x=0$ 时，$c=c_1$；$x=x_1$ 时，$c=c_2$，积分得到：

$$J=(D^{*}/r)\left[\exp(rc_1)-\exp(rc_2)\right] \tag{7-41}$$

式中　c_1，c_2——膜两侧的浓度。

设渗出相一侧为真空，那么可认为 $c_2\approx0$，从而有：

$$J = (D^*/r)\left[\exp(rc_1) - 1\right] \tag{7-42}$$

式中　D^*——极限扩散系数，它表征了膜对组分的渗透能力；

　　　r——溶胀效应的强度，r 越大，D 增加越快。

可以由溶胀实验测得 c_1，由吸附动力学实验测 D^* 和 r 值。例如，用 PVA 膜分别对水和乙醇做实验，在 25℃下得到：

$$水 \qquad D_w^* = 10^{-12}\ cm^2/s \qquad r_w = 13$$

$$乙醇 \qquad D_{Et}^* = 10^{-14}\ cm^2/s \qquad r_{Et} = 9$$

同温下水的扩散系数为 $2.5 \times 10^{-9}\ m^2/s$。由此可见：

a. 膜对渗透是有阻力的，D_w^* 比同温下的扩散系数小得多。

b. r_w 和 r_{Et} 值为同一数量级。从而可推定，膜的溶胀对两组分产生的效应差不多。

c. D_w^* 比 D_{Et}^* 大得多。如果用聚乙烯醇膜处理水-乙醇体系，则在渗出相中水的浓度将比乙醇高，即水优先通过膜。

这样，可以初步得出结论：是 D^* 决定了膜的分离选择性，即是扩散速率的不同决定了渗透汽化的选择性。但这一结论只能是部分的，因为以上分析只是对纯组分的渗透而言，没有考虑两组分之间的作用；而且经许多实验发现，r 值可以在 $1 \sim 90$ 之间变化，说明溶胀还是起一定作用的。

进一步研究表明，假如 r 值较大，即溶胀程度较高，可以认为膜与溶液接触后形成两层，一层为溶胀了的膜，其行为像一层黏度很高的凝胶，渗透物的扩散系数只是由于黏度增高而降低。另一层为未溶胀、实际上是干的膜，在此层中由于膜下游侧抽真空，组分的扩散系数趋于 D^*，其值只取决于高分子-组分体系的特性。在用聚乙烯膜处理水-乙醇体系的例子中，正是这层干层决定了膜的选择性，而溶胀层起的作用则较小。

单一组分在聚合物中的溶解度可以用溶解度参数理论来描述。

该理论用溶剂与聚合物的溶解度参数差来表示其相互亲和力的大小。溶解度参数值越接近，两物质亲和力越强，溶剂就越容易与聚合物相溶。

在溶解度参数的几种表示方式中，Hansen 提出的三元溶解度参数法的应用较为广泛，把物质的溶解度参数 δ 表示为三个分量的矢量和：

$$\delta = \left[\delta_d^2 + \delta_p^2 + \delta_h^2\right]^{1/2} \tag{7-43}$$

式中　δ_d——溶解度参数的色散分量；

　　　δ_p——极性分量；

　　　δ_h——氢键分量。

分别反映这三种力对于分子内聚能的贡献。

Mulder 等用溶剂和聚合物的溶解度参数的矢量差 Δ 来表示溶剂和聚合物间相互作用的度量：

$$\Delta = \left[(\delta_{d,s} - \delta_{d,m})^2 + (\delta_{p,s} - \delta_{p,m})^2 + (\delta_{h,s} - \delta_{h,m})^2\right]^{1/2} \tag{7-44}$$

7.4.2.3　二元组分的渗透

两组分同时通过膜时，组分间会发生相互作用，情况相当复杂，至今尚未有令人满意的模型。常用的方法之一是在单组分渗透的基础上建立数学模型：

$$D_A = D_{Ao}(r_{AA}c_A + r_{AB}c_B) \tag{7-45}$$

$$D_B = D_{Bo}(r_{BB}c_B + r_{BA}c_A) \tag{7-46}$$

式中　r_{AA}、r_{BB}——表示了组分本身的溶胀效应；

　　　r_{AB}、r_{BA}——反映了一组分对另一组分的影响；

　　　D_{Ao}、D_{Bo}——两组分各自的极限扩散系数。

对于二组分混合液在聚合物中的溶解度，由于伴生效应，二组分液体混合物在聚合物中的溶解比单组分在聚合物中的溶解要复杂得多。此时，组分在聚合物中的溶解不仅取决于它自身分子与聚合物的相互作用，还强烈地受另外一组分与聚合物间以及二组分间的相互作用的影响。

7.4.2.4 影响渗透汽化的因素

① 膜材料与结构。膜材料与结构是影响渗透汽化过程的最关键因素，目前已有许多热力学和物理化学模型可用于预测渗透通量。

② 温度。温度升高时，扩散系数增大。组分在膜中的溶解度也随温度而变，其间关系都符合 Arrhenius 方程。一般情况下，渗透通量随温度的升高而增加，如正己烷-苯在聚乙烯膜中的渗透。而苯-异丙烯醇在聚乙烯膜中的渗透则存在一最大流率值。温度越高，此趋势越明显。温度对选择性系数的影响不大，一般可忽略。

③ 进料浓度。易渗透组分浓度增大时，其在膜中的溶解度和扩散系数均增大，故渗透通量增加。

④ 压强。液相侧压强对渗透汽化的影响不大，气相侧的压强直接影响推动力大小，一般当易渗透组分为易挥发组分时，选择性随压强的升高而增大。而当易渗透组分为难挥发组分时，选择性随压强的升高而减少。

⑤ 料液流速。料液流过膜表面的流速对渗透汽化的影响也不可忽视。当料液流速较低，温差极化和浓差极化的影响比较大的情况下，从料液主体到膜面的传质系数和传热系数会随着流速的增大而增大，可以有效提高过程的渗透通量。

7.4.3 渗透汽化模型和计算

7.4.3.1 渗透汽化模型

(1) 溶解扩散模型

溶解扩散模型是目前应用最广的一种模型，根据这种模型，渗透汽化的传质过程可分 3 步：渗透物组分在进料侧膜表面溶解；渗透物组分在浓度梯度或活度梯度的作用下穿膜扩散；渗透物组分在透过侧膜表面解吸。一般研究者认为 PV 过程的溶解达到了平衡。由此可以根据是否考虑渗透物组分和膜材料之间的相互作用力及相互作用力的强弱来选取不同的模型，计算得到渗透物组分在膜表面的溶解度。计算方法主要 3 种：①Henry 定律（渗透物组分和膜材料之间无相互作用力的理想情形）；②双吸附模型（渗透物小分子和膜材料之间存在较弱相互作用力的情形）；③Flory-Huggins 模型（渗透物小分子和膜材料之间存在较强相互作用力的情形）。此外还有半经验模型包括 UNIQUAC 模型、UNIFAC 模型、GCLF-EOS 模型等应用于溶解过程的描述。在相互作用参数值可以查取时 Flory-Huggins 和 UNIQUAC 等模型具有很好的预测精度。否则，UNIFAC 和 GCLF-EOS 模型更为合适[54-55]。

（2）孔流模型

模型假定膜中存在大量贯穿膜的长度为 δ 的圆柱小管，所有的孔处在等温操作条件下，渗透物组分通过 3 个过程完成传质：液体组分由 Poiseuille 流动通过孔道传输到液-气相界面；组分在液-气相界面汽化；气体由表面流动从界面处沿孔道传输出去。可见，孔流模型的典型特征在于膜内存在液-气相界面，PV 过程是液体传递和气体传递的串联耦合过程。孔流模型认为，渗透汽化过程在稳定状态下，膜中可能存在浓差极化。实际上孔流模型中的孔是高聚物网络结构中链间未相互缠绕的空间，其大小为分子尺寸。孔流模型与溶解扩散模型都是以膜厚和单推动力来表示渗透通量，且都具有相当的局限性，即当考虑组分间的相互作用时，会增加模型的复杂性。但其和溶解扩散模型有本质上的不同，主要体现在：①孔流模型定义的"通道"是固定的，而溶解扩散模型定义的"通道"是高分子链段随机热运动的结果；②孔流型认为膜内存在液-气相界面，而溶解扩散模型认为汽化过程发生在膜后侧的表面；③孔流模型以压力梯度为推动力，而溶解扩散模型以活度或浓度梯度为推动力；④孔流模型在数学处理上比溶解扩散模型更简洁，其中的模型参数仅通过一个实验条件下的渗透汽化实验即可获得，其他条件下的膜性能数据可以使用已获得的参数预测而得；而溶解扩散模型中的模型参数的获得除了要做渗透汽化实验以外，还需要做吸附（或溶胀）实验和扩散实验[39-40]。

7.4.3.2　渗透汽化的计算

（1）溶解度

类比物质在液体中的溶解，物质在聚合物中也有一定的溶解度。在一定条件（温度和压力）下，当两相达到平衡时，液体在两相中的浓度存在一定的关系，可以表示成：

$$K_s = c_m / c \tag{7-47}$$

式中　K_s——溶解度常数；

　　　c——液相中组分的浓度，g/cm^3（溶液）；

　　　c_m——聚合物中组分的浓度，g/cm^3（膜）。

溶解平衡也可以表示为：

$$c_m = SP \tag{7-48}$$

式中　S——溶解度系数，与体系的性质（液体/聚合物）和温度有关；

　　　P——组分的饱和蒸气压或者分压。

混合液中一种组分在聚合物中的溶解取决于：①它和聚合物的相互作用；②另外组分与聚合物的相互作用；③二组分之间相互作用的影响。

（2）渗透通量

渗透通量大致有三种类型。

① 经验关系式　根据实验测定的结果，将渗透通量表示为与一些主要影响因素的关系式。例如把乙醇水溶液渗透汽化分离时，水与乙醇的渗透通量分别表示为，

$$J_w = a(t) + b(t)x_w + c(t)x_w^2 \tag{7-49}$$

$$J_e = A(t) + B(t)x_e + C(t)x_e^2 \tag{7-50}$$

式中　　　　　J_w，J_e——分别为水和乙醇的渗透通量；

　　　　　　　x_w，x_e——分别为水和乙醇在料液中的摩尔分数；

　a，b，c，A，B，C——与温度有关的系数，由实验数据回归得来。

这类关系式很实用，但是都有一定的适用范围。

② 传递系数法　与常用的传质方程式类似，将渗透通量表示为：

$$J = (传质系数或者渗透系数，K) \times (推动力) \tag{7-51}$$

根据实验测定出各种因素对渗透通量的影响，整理实验数据，将 K 表示成与各种因素的关系式。

③ 根据传递机理建立相应的数学模型进行计算。

7.5　离子交换

7.5.1　离子交换过程

7.5.1.1　概述

离子交换是应用离子交换剂进行混合物分离和其他过程的技术。离子交换剂是一种带有可交换离子的不溶性固体。利用离子交换剂与不同离子结合力的强弱，可以将某些离子从水溶液中分离出来，或者使不同的离子得到分离。该过程是液、固两相间的传质与化学反应过程，在离子交换剂内外表面上进行的离子交换反应通常很快，过程速率主要由离子在液、固两相的传质过程决定。该传质过程与液、固吸附过程相似。例如传质机理均包括外扩散和内扩散。离子交换剂也与吸附剂一样使用一定时间后接近饱和而需要再生。因此离子交换过程的传质动力学特性、采用的设备形式、过程设计与操作均与吸附过程相似，可以把离子交换看成是吸附的一种特殊情况，吸附中的基本原理也适用于离子交换过程。

7.5.1.2　离子交换膜

离子交换膜根据固定电荷基团的不同可分为阳离子交换膜和阴离子交换膜两大类。其中，阳离子交换膜的固定电荷基团带负电，包括磺酸根（—SO_3^-）、羧酸根（—COO^-）和磷酸根（—PO_3H^-）等，允许带正电荷的离子通过；阴离子交换膜的固定电荷基团带正电，包括季氨基（—NR_3^+）和叔氨基（—NR_2H^+）等，允许带负电的阴离子通过[41-42]。

7.5.1.3　离子交换树脂

（1）离子交换树脂的种类

无机的天然离子交换剂是最早使用的离子交换剂，由于它们的交换容量不大，抵抗强酸碱的能力弱，已逐渐为有机高聚物树脂取代。后者实质上是高分子酸、碱或盐，其中可交换的离子电荷与固定在高分子基体上的离子基团的电荷相反，故称它为反离子。根据可交换的反离子的电荷性质，离子交换树脂分为阳离子交换树脂与阴离子交换树脂两大类，每一类中又根据电离度的强弱分为强型与弱型两种。

① 强酸性阳离子交换树脂。由苯乙烯与二乙烯苯（DVB）共聚物小球经浓硫酸磺化等生产过程制成。交换容量为 $4 \sim 5$ mmol/L 干树脂。—SO_3H 官能团有强电解质性质，在整个 pH 值范围内都显示离子交换功能。树脂可以是 H 型或 Na 型。这种树脂的特点是可以用无

机酸（HCl 或 H_2SO_4）或 NaCl 再生。它比阴离子交换树脂热稳定性高，可承受120℃高温。

② 弱酸性阳离子交换树脂。这类树脂的交换基团一般是弱酸，可以是羧基（—COOH）、磷酸基（—PO_3H_2）和酚基等。其中以含羧基的树脂用途最广，如丙烯酸或甲基丙烯酸和二乙烯苯的共聚物。在母体中也可以有几种官能团，以调节树脂的酸性。

弱酸性阳离子交换树脂有较大的离子交换容量，对多价金属离子的选择性较高。交换容量 9～11mmol/L，仅能在中性和碱性介质中解离而显示交换功能。耐用温度 100～120℃。H 型弱酸性树脂较难为中性盐类如 NaCl 分解，只能由强碱中和。

③ 强碱性阴离子交换树脂。这类树脂有两种类型，带有季胺基团［如季胺碱基—$(CH_3)_3NOH$ 和季胺盐基—$(CH_3)_3NCl$］和对氮位具有乙基氢氧官能团 $[(CH_3)_2N^+$—CH_2—CH_2—$OH]$ 的树脂。为使它们易于水解，多用 Cl 型。对弱酸的交换能力，第一类树脂较强，但其交换容量比第二类小。一般来说，碱性离子交换树脂比酸性离子交换树脂的热稳定性、化学稳定性都要差些，离子交换容量也小些。

④ 弱碱性阴离子交换树脂。指含有伯胺（—NH_2）仲胺（—NHR）或叔胺（—NR_2）的树脂。这类树脂在水中的解离程度小，呈弱碱性，因此容易和强酸反应，较难与弱酸反应。弱碱性树脂需用强碱如 NaOH 再生，再生后的体积变化比弱酸性树脂小，交换容量 1.2～2.5mmol/L，使用温度 70～100℃。

根据树脂的物理结构，离子交换树脂分为凝胶型与大孔型两类。a.凝胶型：这类树脂为外观透明的均相高分子凝胶结构，通道是高分子链间的间隙，称为凝胶孔，孔径一般在 3nm 以下。离子通过高分子链间的这类孔道扩散进入树脂颗粒内部进行交换反应。凝胶孔的尺寸随树脂交联度与溶胀情况而异。b.大孔型：大孔型树脂具有一般吸附剂的微孔，孔径从几纳米到上千纳米。它的特点是比表面积大、化学稳定性和力学性能都较好，吸附容量大和再生容易。

目前各国生产的离子交换树脂种类繁多，均按上述分类，但每类中各种牌号树脂的性能亦有较大的差别，要根据使用情况选用。

（2）物理化学性质

① 交联度。离子交换树脂是具有立体交联结构的高分子电解质，立体交联结构使它对水和有机溶液呈现不溶性和化学稳定性。交联结构由树脂合成时加入交联剂来实现，交联剂的用量用质量分数表示，称为交联度。交联度直接影响树脂的物化性能，如交联度大，树脂的结构紧密。溶胀小、选择性高和稳定性好。但交联度太高影响树脂内的扩散速率。交联剂多用二乙烯苯，交联度使用范围 4%～20%DVB。

② 粒度。离子交换树脂通常为球形颗粒，粒径 0.3～1.2mm，特殊用途的树脂粒径可小至 0.04mm。

③ 密度。离子交换树脂的密度随水含量而异，一般阳离子树脂的密度比阴离子树脂大。前者的真密度一般为 $1300kg/m^3$ 左右，视密度 700～$850kg/m^3$；后者真密度 $1100kg/m^3$，视密度 600～$750kg/m^3$。

④ 亲水性。离子交换树脂都具有亲水性，所以常含有水分，其含水量与官能团的性质和交联度有关，一般为 40%～50%（质量分数），高者达 70%～80%（质量分数）。

⑤ 溶胀性。离子交换树脂在水中由于溶剂化作用体积增大，称为溶胀。树脂的溶胀程

度与其交联度、交联结构、基团与反离子的种类有关。一般弱型树脂溶胀程度较大。例如强酸性阳离子交换树脂溶胀 4％～8％（体积分数，下同），弱酸性阳离子交换树脂体积溶胀约 100％；强碱性阴离子交换树脂溶胀 5％～10％，而弱碱性阳离子交换树脂溶胀 30％。在设计离子交换柱时需考虑树脂的溶胀特性。

⑥ 稳定性。包括机械稳定性、热稳定性和化学稳定性。机械稳定性是指树脂在各种机械力的作用下抵抗破碎的能力，其表征方法有磨后圆球不破率、耐压强度和体积胀缩强度。热稳定性的优劣决定了树脂的最高使用温度。化学稳定性指树脂抵抗氧化剂和各种溶剂、试剂的能力。

⑦ 交换容量。离子交换树脂的交换容量用单位质量或体积的树脂所交换的离子的当量数表示。又分总交换容量和工作交换容量。总交换容量是指单位质量（或体积）的树脂中可以交换的化学基团的总数，故也称理论交换容量。总交换容量对每种树脂来说都有确定的数值。例如，对于苯乙烯磺酸型树脂，近似分子量 184，其中有一个可交换 H，故可计算出理论交换容量为 5.43mmol/L。离子交换树脂在使用条件下，原树脂上的反离子不能完全被溶液中反离子所代替，所以实际交换容量小于总交换容量，称为工作交换容量。该交换容量不是一个固定的指标，它依赖于离子交换树脂的总交换容量、再生水平、被处理溶液的离子成分、树脂对被交换离子的亲和性或选择性、树脂的粒度、泄漏点的控制水平以及操作流速和温度等因素。

⑧ 选择性。选择性是离子交换树脂对不同反离子亲和力强弱的反映。与树脂亲和力强的离子选择高，可取代树脂上亲和力弱的离子。室温下，在低浓度离子的水溶液中，多价离子比单价离子优先交换到树脂上，如

$$Na^+ < Ca^{2+} < La^{3+} < Th^{4+}$$

在低浓度和室温条件下，等价离子的选择性随着原子序数的增加而增加，如

$$Li < Na < K < Rb < Cs$$
$$Mg < Ca < Sr < Ba$$
$$F < Cl < Br < I$$

对于高浓度反离子的溶液，多价离子的选择性随离子浓度的增高而减小。

工业应用上对离子交换树脂的要求是：交换容量高、选择性好、再生容易、机械强度高、化学与热稳定性好和价格低。

7.5.2 离子交换中的传质

7.5.2.1 Donnan 平衡理论

离子交换膜实质上就是片状的离子交换树脂，所以这一理论经常被用于解释膜的选择透过性机理。

将固定活性基离子浓度为 $\bar{C}_R$ 的离子交换膜置于浓度为 C 的电解质溶液中，膜相内与固定交换基平衡的反离子便会解离，解离出的离子扩散到液相，同时溶液中的电解质离子也扩散到膜相，发生离子交换过程。图 7-11 所示，为阳膜置于溶液的情况，$\bar{C}_R$ 为膜相 SO_3^- 的浓度。离子扩散迁移的结果，最后必然达到一个动态平衡的体系，即膜内外离子虽然继续不断地扩散，但它们各自迁移的速度相等，而且各种离子浓度保持不变。这个平衡就称为

Donnan 平衡。Donnan 平衡理论研究膜-液体系达到平衡时，各种离子在膜内外浓度分配关系。

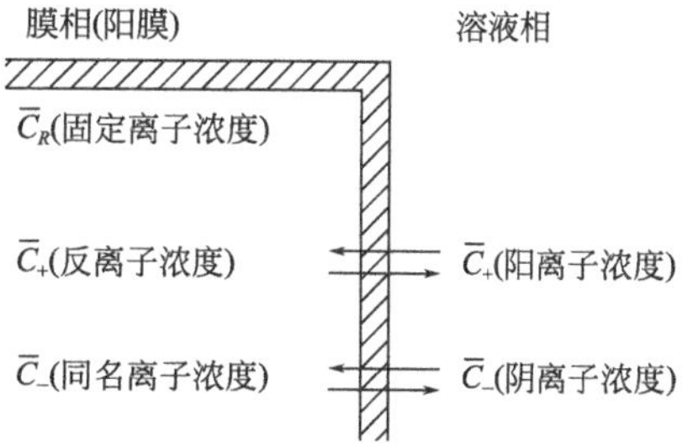

如果只考虑电解质，当离子交换膜与外液处于平衡时，膜相的化学位 $\bar{\mu}$ 与液相的化学位 μ 相等，

$$\mu = \bar{\mu} \tag{7-52}$$

假设膜-液之间不存在温度差与压力差，并把液相和膜相中的活度 α，$\bar{\alpha}$ 看作相等，则：

$$\mu_0 + RT\ln\alpha = \bar{\mu}_0 + RT\ln\bar{\alpha} \tag{7-53}$$

对电解质来说，定义：

$$\alpha = (\alpha_+)^{v+} + (\alpha_-)^{v-} \tag{7-54}$$

式中，v_+ 为 1mol 电解质完全解离的阳离子数；v_- 为 1mol 电解质完全解离的阴离子数。

Donnan 平衡式可写成：

$$(\alpha_+)^{v+}(\alpha_-)^{v-} = (\bar{\alpha}_+)^{v+}(\bar{\alpha}_-)^{v-} \tag{7-55}$$

为了分析简化，假设膜相和液相中的活度系数都为 1，并以浓度代替活度，对 I-I 价电解质而言。

$$v_+ = v_- = 1$$

则

$$C^2 = (C_+)(C_-) = (\bar{C}_+)(\bar{C}_-) \tag{7-56}$$

膜相内离子浓度满足电中性的要求，对阳膜，

$$\bar{C}_+ = \bar{C}_- + \bar{C}_R \tag{7-57}$$

从式（7-56）、式（7-57）解，可得

$$\bar{C}_+ = \left[\left(\frac{\bar{C}_R}{2}\right)^2 + C^2\right]^{1/2} + \frac{\bar{C}_R}{2} \tag{7-58}$$

$$\bar{C}_- = \left[\left(-\frac{\bar{C}_R}{2}\right)^2 + C^2\right]^{1/2} - \frac{\bar{C}_R}{2} \tag{7-59}$$

由于离子交换膜的活性基浓度可高达 $3\sim5$mol/L，显然，$\bar{C}_+ > \bar{C}_-$，即对阳膜来说，膜内可解离的阳离子浓度大于阴离子浓度。

为了解释膜的选择透过性，这里首先引入离子迁移数的概念。离子在膜中的迁移数和离子在自由溶液中的迁移数 t 的概念相同。它是反映膜对某种离子选择透过数量多寡的一个物理量。某种离子在膜中的迁移数是指该种离子透过膜迁移电量占全部离子（反离子和同名离子）迁移总电量之比。假定膜内阴、阳离子的浓度相等时，迁移数可用该种离子浓度来表示（也可用它们所迁移的电量来表示）。仍以上述体系为例，即有，阳离子在阳膜中的迁移数：

$$\bar{t}_+ = \bar{C}_+ / (\bar{C}_+ + \bar{C}_-) \tag{7-60}$$

阴离子在阳膜中的迁移数：

$$\bar{t}_- = \bar{C}_- / (\bar{C}_+ + \bar{C}_-) \tag{7-61}$$

$$\frac{\bar{t}_+}{\bar{t}_-} = \frac{\bar{C}_+}{\bar{C}_-} \tag{7-62}$$

图 7-11　阳膜-溶液体系离子平衡

$$\frac{\bar{t}_+}{\bar{t}_-} = \frac{\left[\left(\dfrac{\bar{C}_R}{2}\right)^2 + C^2\right]^{1/2} + \dfrac{\bar{C}_R}{2}}{\left[\left(\dfrac{\bar{C}_R}{2}\right)^2 + C^2\right]^{1/2} - \dfrac{\bar{C}_R}{2}} \tag{7-63}$$

显然，$\bar{t}_+ > \bar{t}_-$，即对阳膜来说，阳离子在膜内的迁移数大于阴离子在膜内的迁移数。

若当 $\bar{C}_R \gg C$ 时，对于阳膜

$$\frac{\bar{C}_+}{\bar{C}_-} \to \infty \qquad \bar{t}_+ \gg \bar{t}_-$$

以上推导可以得出如下结论：

① 离子交换膜的固定活性基浓度越高，则膜对离子的选择透过性越好；

② 离子交换膜外的溶液浓度越低，膜对离子的选择透过性能也越好；

③ 由于 Donnan 平衡，总有同名离子扩散到膜相中，离子交换膜对离子的选择透过性不可能达到 100%；

④ 电渗析脱盐或浓缩过程得以实现，实质上是借助于电解质离子在膜相与溶液相中迁移数的差。

7.5.2.2 分离过程的化学基础

（1）离子交换反应

利用离子交换树脂进行溶液中电解质的分离主要基于如下反应。

① 分解盐的反应。强型离子交换树脂能够进行中性盐的分解反应，生成相应的酸和碱，例如：

$$R_{C,s}H + NaCl \longrightarrow R_{C,s}Na + HCl$$
$$R_{A,s}OH + NaCl \longrightarrow R_{A,s}Cl + NaOH$$

式中，下标 C 表示阳离子交换树脂，A 表示阴离子交换树脂，S 表示强型树脂。弱型树脂无此种能力，但弱酸性阳离子交换树脂可分解碱式盐，如 $NaHCO_3$。

② 中和反应。强型树脂和弱型树脂均能与相应的碱和酸进行中和反应。强型树脂的反应性强、反应速度快、交换基团的利用率高，但中和得到的盐型树脂再生困难，再生剂用量多。弱型树脂中和后再生剂用量少，可接近理论用量。

③ 离子交换反应。盐式的强、弱型树脂均能进行交换反应。但强型树脂的选择性不如弱型树脂的选择性好。强型树脂可用相应的盐直接再生，例如，

$$2RSO_3Na + Ca^{2+} \longrightarrow (RSO_3)_2Ca + 2Na^+$$

交换后的 $(RSO_3)_2Ca$ 可以用浓 NaCl 溶液进行再生，弱型树脂则很难用这种方法再生，而需用相应的酸和碱再生。

$$R_2Ca + 2HCl \longrightarrow 2RH + CaCl_2$$
$$RH + NaOH \longrightarrow RNa + H_2O$$

（2）离子交换分离的类型

利用离子交换树脂进行的分离过程归纳起来可分为三种类型。

① 离子转换或提取某种离子。例如水的软化，将水中的 Ca^{2+} 转换成 Na^+。此时可利用

对 Ca^{2+} 有较高选择性的盐式阳离子交换树脂，将 Ca^{2+} 从水中分离出来。

② 脱盐。例如除掉水中的阴阳离子制取纯水，此时需利用强型树脂的分解中性盐反应和强型或弱型树脂的中和反应。例如水溶液中除去 NaCl 可用下列反应：

$$R_{C,s}H(固)+NaCl(溶液)\longrightarrow R_{C,s}Na(固)+HCl(溶液)$$
$$R_{A,s}OH(或\ R_{A,w}OH)(固)+HCl(溶液)\longrightarrow R_{A,s}Cl(或\ R_{A,w}OH)(固)+H_2O$$

式中，R 的下标 W 表示弱型树脂。

③ 不同离子的分离。当溶液中诸离子的选择性相差不大时，应用简单的离子转换不能单独将某种离子吸附而分离出来，此时需用类似吸附分馏或离子交换色谱法分离。

7.5.2.3 离子交换平衡（选择性系数）

离子交换平衡在很大程度上取决于官能团的类型和交联度。交联度确定了矩阵结构的致密度和孔隙度。

树脂的交联从颗粒的外壳到中心是变化的，通常用交联剂二乙烯苯的含量表征交联度。新型离子交换树脂含有更严格和清晰的大网状结构，它们由高度交联的微球构成大的球形结构。离子交换树脂的重要性质如下：

① 电中性守恒：离子交换按化学计量进行，交换容量与反离子的性质无关。

② 离子交换几乎都是可逆过程。

③ 离子交换是速率控制过程，控制因素通常为穿过颗粒表面液膜的外扩散或颗粒本身的内扩散。

质量作用定律是表示离子交换平衡的最常用的方法。分析阳离子 A 和 B 在阳离子交换树脂和溶液之间交换反应，系统中不含其他阳离子，假设开始时反离子 A 在溶液中，B 在离子交换树脂中，离子交换反应为

$$z_A B(s)+z_B A\longrightarrow z_B A(s)+z_A B \tag{7-64}$$

式中，s 表示树脂相，z_A 和 z_B 分别表示反离子 A 和 B 的离子价。

则选择性系数 K：

$$K=\frac{\overline{(c_A)}^{z_B}(c_B)^{z_A}}{\overline{(c_B)}^{z_A}(c_A)^{z_B}} \tag{7-65}$$

表 7-1 给出了一价离子的选择性系数。以 Li 离子为基准，表中数据均为对 Li 离子的相对选择性系数 K_i。

表 7-1 一价离子在磺酸型阳离子交换树脂上的选择性系数

交联度	4%DVB	8%DVB	16%DVB	交联度	4%DVB	8%DVB	16%DVB
Li	1.00	1.00	1.00	Rb	2.46	3.16	4.62
H	1.32	1.27	1.47	Cs	2.67	3.25	4.66
Na	1.58	1.98	2.37	Ag	4.73	8.51	22.9
NH_4	1.90	2.55	3.34	Ti	6.71	12.4	28.5
K	2.27	2.90	4.50				

二价阳离子的选择性系数列于表 7-2，其基准离子仍然是 Li。

表 7-2　二价离子在磺酸型阳离子交换树脂上的选择性系数

交联度	4%DVB	8%DVB	16%DVB	交联度	4%DVB	8%DVB	16%DVB
UO_2	2.36	2.45	3.34	Ni	3.45	3.93	4.06
Mg	2.95	3.29	3.51	Ca	4.15	5.16	7.27
Zn	3.13	3.47	3.78	Sr	4.70	6.51	10.1
Co	3.23	3.74	3.81	Pd	6.56	9.91	18.0
Cu	3.29	3.85	4.46	Be	7.47	11.5	20.8
Cd	3.37	3.88	4.95				

任何一对离子的选择性系数：

$$K_{ij} = K_i / K_j \qquad (7-66)$$

该估算方法主要用于筛选目的或初步计算。

7.5.3　离子交换动力学模型

离子交换速率的快慢，可采用离子交换动力学模型来评价。按照不同的区分性质，离子交换动力学模型有多种类型。离子交换动力学模型较常见的类型有：拟均相扩散模型（包括 Fick 模型、Nernst-Planck 模型和 Maxwell-Stefan 模型）、缩核模型、其他模型（大孔型动力学模型、非均相扩散模型等）[43]。

7.5.3.1　拟均相扩散模型

Fick 模型为离子交换最基本的一种模型，其假定离子在颗粒介质交换中的扩散过程符合 Fick 第一定律。离子扩散通量与离子浓度的梯度成正比，其扩散系数为常数。Fick 离子交换动力学模型较简单，由于该模型对进行交换的离子无选择性，且要求离子扩散系数相同，从而导致 Fick 离子交换动力学模型在应用方面存在一定的局限性。只有在交换离子浓度微量（痕量离子）、浓度的变化值较小时，方可使用 Fick 模型。

Nernst-Planck 模型是在 Fick 模型仅考虑离子在颗粒介质交换中的离子浓度梯度的基础上，同时考虑离子交换的电势梯度，也是一种较常用的离子交换动力学模型。Nernst-Planck 模型未考虑同离子、活度系数、对流效应等因素对离子交换过程的影响，仍是一种简化的离子交换动力学模型。同时，由于 Nernst-Planck 模型近似假定离子在颗粒介质交换过程中的单独扩散系数不变（为常数），因此该模型适用范围仅限于稀溶液中的颗粒离子交换过程。

Maxwell-Stefan 模型是在 Nernst-Planck 模型考虑离子浓度梯度和电势梯度的基础上，同时考虑了在颗粒介质交换中离子之间的相互作用力，并引入了离子相互扩散系数。其中，离子相互扩散系数与产生相互作用力的离子、固定离子基团以及离子交换的介质溶液有关[43]。

7.5.3.2　缩核模型

缩核模型是由拟均相扩散模型发展而成的。其假定离子在颗粒介质中的交换过程刚开始在颗粒表面进行，离子交换反应随后逐步向颗粒的内部迁移，即待交换的离子通过颗粒介质反应层后，离子交换反应过程在未反应的核表面进行。离子交换反应包括颗粒表面和颗粒内部扩散过程，因此离子交换总速率由颗粒介质反应层至未反应核的离子迁移扩散反应所决定[43]。

7.5.3.3　其他模型

大孔型动力学模型较为复杂，在大孔介质中交换离子的扩散包括离子在微球内的扩散。大孔型动力学模型可分为并行扩散模型和连续扩散模型。其中，并行扩散模型假定交换离子在微球和大孔介质内进行并行扩散，并保持两者的平衡；而连续扩散模型假定交换离子先后依次经过微球和大孔进行连续扩散。

非均相扩散模型认为，反离子在颗粒介质中没有完全解离，而且以双电层的形式分布于孔道中[43]。

7.6　应用实例

（1）碳减排中空纤维分子筛膜

为应对全球气候变化，绿色低碳经济发展战略已成为重要的全球议题，60 多个国家和地区承诺到 2050 年或更早实现 CO_2 "净零排放"。CO_2 减量和碳汇是实现"碳中和"的根本路径，国际能源署预测 2050 年前，节能增效、可再生能源、替代燃料、核能、CO_2 捕集利用与封存（CCUS）及其他技术措施对全球 CO_2 减量的贡献分别为 37%、32%、8%、3%、9%和 11%。特别是，节能增效对实现 2030 年前碳达峰的贡献更是高达 70%以上，是我国 CO_2 减排的最主要途径。

中空纤维分子筛膜具有高渗透通量和装填密度，可显著降低膜组件成本，是未来分子筛膜发展的一个重要方向。全硅/高硅分子筛膜具有良好疏水性能，并且在复杂的工况环境下表现出优异的热化学稳定性，在气体分离及相关领域具有很好的发展前景。

分子筛膜具有良好的热化学稳定性和分离性能，在小分子分离方面应用前景广阔，能够为我国能源转型和"双碳"目标的早日实现提供重要的技术支撑[44]。

（2）高性能超薄二氧化碳分离膜

近日，中国科学院大连化学物理研究院无机膜与催化新材料研究组的杨维慎研究员和彭媛副研究员团队制备出二氧化碳分离膜。其以 COFs 纳米片为膜构筑基元，诱发错排缩孔效应，实现了二氧化碳/氢气混合气中二氧化碳的优先渗透分离。二维 COFs 骨架对二氧化碳选择性吸附特性与纳米片错排缩孔效应协同作用，可以诱发气体在膜内表面扩散机制，进而实现二氧化碳的高效分离。实验研究数据显示，应用 COFs 材料时，在 298K 下，二氧化碳/氢气分离系数大于 20，二氧化碳渗透率大于 300GPU/（cm^2·min·bar）（表示气体在 1分钟内通过 1 平方厘米的膜面积，从高浓度到低浓度侧的渗透通量，当渗透压力差为 1bar时的渗透速率），分离性能达到了工业应用需求。

该团队在前期研究基础上，以 3 种不同表面化学和孔径的层状 COFs 材料为研究对象，发展出一种弱酸性溶剂剥层，并辅以温和机械外力的方法，将其剥离为厚度 2nm、尺寸达微米级的系列超薄纳米片层，通过精确控制纳米片错排组装，构建了孔径尺寸适合二氧化碳分离的纯相 COFs 膜[45]。

（3）抗污染 GO@TiO_2/PES 中空纤维超滤膜用于纺丝工艺

聚醚砜（PES）超滤膜以其优异的物理和化学性能，被广泛应用在各个领域。然而，在使用过程中，PES超滤膜易受到处理液中的大分子污染。这些分子聚集在膜表面，造成膜的堵塞，导致膜过滤性能低，生产和使用成本增加。因此，制备高抗污染性能的PES超滤膜成为当前工业应用中的研究方向。

有研究人员提出了一种新材料GO@TiO_2的制备，GO@TiO_2与PES共混制备了中空纤维超滤膜，并与传统的GO@/TiO_2/PES共混超滤膜进行对比，发现GO@TiO_2的添加可以有效提高超滤膜的水通量和通量恢复率，提高了膜的抗污染性能[46]。

（4）黑磷烯基气体分离膜用于氢气分离

二维材料具有优异的物理化学性质，超高的横纵比，且由二维材料纳米片组装成的膜不会受到罗伯森上限的限制，在实现高选择性的同时具有超高的气体渗透通量，因此二维材料被认为是最有前景的下一代膜构筑材料。

黑磷烯作为一种新型的二维材料，由于其特殊的褶皱层状结构，高载流子迁移率，可调节的直接带隙等众多优异的性质，已经在储能、催化、光电等多个领域获得广泛关注，在膜科学领域，已有理论计算预测黑磷烯膜在氢气分离领域具有巨大的潜力。刘艳奇等人制备了一种厚度为$1.25\mu m$的二维黑磷烯二维膜，并将其应用在膜分离氢气领域。为进一步提升黑磷烯膜的稳定性，他们将另一种二维材料MXene与黑磷烯复合并抽滤成膜并测试其气体分离性能，结果显示黑磷烯纳米片之间的层间通道对动力学直径较小的H_2分子具有更小的作用力，而其他动力学直径较大的气体分子则具有较大的相对作用力，表明H_2相对于其他气体分子将会更容易地扩散到黑磷烯的层间距中；当气体分子扩散到层间距中时，黑磷烯二维膜通过层间整齐排列的纳米通道实现分子筛分，允许H_2分子渗透的同时阻碍其他气体分子进行渗透，从而表现出对H_2的高选择性[47]。

本章符号说明

符号	意义	计量单位	符号	意义	计量单位
A	膜面积	m^2	D^*	极限扩散系数	
A	膜的水渗透常数		d_h	设备特征尺寸	m
A_1	舍伍德传质系数		d_p	膜孔径	m
a_w	溶剂活度		i	$i>1$是校正系数	
c	溶质浓度	g/L	J	滤液通量	$m^3/(m^2 \cdot h)$
c_B	主体溶液中的溶质浓度	g/L	J_{av}	平均通量	$m^3/(m^2 \cdot h)$
c_p	滤液中溶质浓度	g/L	J_i	初始膜的渗透通量	$m^3/(m^2 \cdot h)$
c_s	溶质在膜上游侧的浓度	$kmol/m^3$	J_i	组分i的渗透通量	$g/(m^2 \cdot h)$
c_s'	溶质在膜下游侧的浓度	$kmol/m^3$	J_j	终了膜的渗透通量	$m^3/(m^2 \cdot h)$
c_{si}	溶质i的质量分数		J_w	水的渗透通量	$kmol/(m^2 \cdot s)$
c_w	膜表面上溶质浓度	g/L	k	施密特传质系数	
δ	膜厚度	m	K_1	膜常数	
D	扩散系数	m^2/s	K_w	水的渗透系数	$kmol/(m^2 \cdot s \cdot Pa)$

符号	意义	计量单位	符号	意义	计量单位
l	流道长度	m	x_w	溶剂的摩尔分数	
M_i	组分 i 的透过量	g	y_i	渗透物中组分 i 摩尔分数或者质量分数	
M_{si}	溶质 i 的摩尔质量				
n_{si}	溶质 i 的物质的量	mol	y_j	渗透物中组分 j 摩尔分数或者质量分数	
n_w	溶剂的物质的量	mol			
P	膜两侧的压差	kPa	α	分离系数	
ρ	密度	kg/m^3	β	增浓系数	
R	理想气体常数	8.314J/(mol·K)	δ	溶解度参数	
r	溶胀效应的强度		δ_d	溶解度参数的色散分量	
R_{BL}	边界层阻力		δ_h	氢键分量	
Re	雷诺(Renolds)数		δ_p	极性分量	
R_f	膜上沉积层阻力		π	渗透压	kPa
R_g	覆盖层阻力		δ_c	浓度边界厚度	m
R_m	膜阻力		ΔP	传质推动力	kPa
Sc	施密特(Schmidt)数		ε	膜的孔隙率	%
t	操作时间	h	Q_v	体积流量	m^3/h
V	溶液的摩尔体积		Sh	舍伍德(Sherwood)数	
V_w	溶剂的偏摩尔体积		R	阻力	
x_i	原料液中组分 i 摩尔分数或者质量分数		φ		
			$\Delta\pi$	溶液的渗透压差	kPa
x_j	原料液中组分 j 摩尔分数或者质量分数		T	开式温度	k
			γ_w	溶剂的活度系数	
x_{si}	溶质 i 的摩尔分数		u	液体的黏度	Pa·s

 ## 思考题

[7-1] 膜分离过程的特点是什么？与传统分离过程相比最明显的优势在哪里？

[7-2] RO、MF、UF、GS 分别代表哪些膜过程？

[7-3] 超滤、微滤和反渗透各自的分离对象是什么？

[7-4] 超滤膜的污染形式有哪几种？

[7-5] 反渗透的传质机理是什么？有几种模型解释？并简要叙述。

[7-6] 如何减弱浓差极化对反渗透的影响？

[7-7] 简述渗透蒸发的基本原理

[7-8] 提高渗透蒸发推动力的方法有哪些？

[7-9] 简述离子交换的基本原理。

[7-10] 提高离子交换推动力的方法有哪些？

计算题

[7-1] 净化自来水连续 UF 工艺，单支膜组件面积为 $2m^2$，每支组件 25℃下膜瞬时通量为 $80L/(m^2 \cdot h)$，产水 40min，反洗 2min，反洗用水量为 $100L/(m^2 \cdot h)$，要求 15℃下产水量达到 $10m^3/h$，需要组件多少支？

[7-2] 精制除杂发酵液中提取某种氨基酸，发酵液原始体积 1000L，湿菌重（质量分数）为 10%，每次可以浓缩至湿菌重（质量分数）40%，然后每次加 260L 水洗提，氨基酸收率预期欲达到 98%，需要加几次水？

[7-3] 在一直径为 20cm 的渗透汽化池中放置一厚度为 30m 的均质纤维素酯膜，渗透物侧维持在 1mbar。20℃下的稳态实验中，1h 后收集到 20g 水，计算水的渗透系数。并分别以 $mol \cdot m/(m^2 \cdot s \cdot Pa)$ 和 $cm^3(STP) \cdot cm/(cm^2 \cdot s \cdot cmHg)$ 表示。

[7-4] 利用卷式反渗透膜组件进行脱盐，操作温度为 25℃。进料侧水中 NaCl 含量为 1.8%（质量分数），操作压力为 6.65MPa，渗透侧水中 NaCl 含量为 0.05%（质量分数），操作压力为 0.35MPa。所采用的膜对水和盐的渗透系数分别为 $1.0859 \times 10^{-4} g/(cm^2 \cdot s \cdot MPa)$ 和 $16 \times 10^{-6} cm/s$。假设膜两侧的传质阻力可以忽略，不考虑过程的浓差极化，水的渗透压可用范特霍夫定律计算，计算水和盐的渗透通量。

[7-5] 有一污染物质量分数为 2×10^{-6} 的水溶液，以 $u = 9m/h$ 的操作速度连续通过一床高 $L_B = 0.5m$ 的固定床交换柱，此床层的空隙率为 0.5，交换剂的密度 ρ_s 为 $700kg/m^3$，粒度 d_P 为 0.96mm。求流出液中污染物的质量分数浓度达到 0.2×10^{-6} 的穿透时间 t_K。

已知该交换体系符合 Freundlich 方程，$q^* = 0.209c^{1/3}$，q^* 与 c 的单位分别为 mol/g 和 1×10^{-6}。固相扩散系数 $D_S = 5.93 \times 10^{-10} cm^2/s$，液相扩散系数 $D_L = 3.8 \times 10^{-10} cm^2/s$。

[7-6] 采用间歇微滤过程浓缩细胞悬浮物，将细胞悬浮液浓度从 1% 浓缩到 10%，在浓缩过程中渗透通量可保持在 $80L/(m^2 \cdot h)$。设发酵罐体积为 $1.5m^3$，微滤膜面积为 $1.0m^2$。假设膜对细胞的截留率为 100%，计算间歇操作所需时间。

[7-7] 计算 25℃下，下列溶液的理想渗透压：含 NaCl 5%（质量分数）的海水 NaCl（$M_w = 58.5g/mol$）；含 NaCl 0.2%（质量分数）的苦咸水 5%（质量分数）的牛血清白蛋白（$M_w = 69000g/mol$）。并定性讨论若用反渗透法处理前两种溶液，并要求水的回收率为 50%，哪种水需要的操作压力高？

[7-8] 利用间歇渗透汽化过程脱除发酵液中的丁醇。当丁醇浓度从 8% 降至 0.8% 时，体积减小 15%，计算渗透物中丁醇的浓度。

[7-9] 需对含蛋白质浓度 4.3g/L 的稀释脱脂奶进行微过滤，采用醋酸纤维素膜做了实验，该膜的平均孔径为 $0.45\mu m$，膜面积是 $17.3cm^2$。对于恒定渗透液流量为 15mL/min 的第一阶段操作，通过滤饼和膜的压降在 400s 内从 2068Pa 增加到 137900Pa，渗透液的黏度是 $0.001Pa \cdot s$。如果操作继续进入恒定压降上限的第二阶段，直至渗透液流量降到 5mL/min 时为止。计算需要增加的时间。

[7-10] 采用有效面积 S 为 $10cm^2$ 的反渗透膜处理 NaCl 浓度 c_B 为 1000mg/L 的苦咸水操作压力 Δp 为 6.0MPa，苦咸水温度为 25℃。已知流量 Q 为 0.01m/s，渗透液中 NaCl 的

浓度 c_P 仅为 400mg/L。若苦咸水的渗透压可用 $\pi = icRT$ 计算，$i = 2$，c 为 NaCl 的物质的量浓度，R 采用 0.082。求这种反渗透膜两个常数的 K_W 和 K_S 及脱盐率 SR。

参考文献

[1] 王学松. 膜分离技术及其应用[M]. 北京：科学出版社，1994.

[2] 朱长乐，刘茉娥. 膜科学技术[M]. 杭州：浙江大学出版社，1992.

[3]《化学工程手册》编辑委员会. 化学工程手册：第18篇 薄膜过程[M]. 北京：化学工业出版社，1987.

[4] 佚名. 微滤膜市场规模不断扩大 在环保领域发展前景广阔[J]. 黑龙江纺织，2021，04：34.

[5] 杨永强，杨大令，张守海，等. 高性能中空纤维超滤膜结构和性能研究[J]. 现代化工，2005，25：44-47.

[6] 刘克静，张海春，陈天禄. 一步法合成带有酰侧基的聚芳醚砜：CN85101721[P]. 1986-09-24.

[7] 徐南平，邢卫红，赵宜江. 无机膜分离技术与应用[M]. 北京：化学工业出版社，2003.

[8] 占琦伟，许振良，胡登，等. NIPS法制备小孔径 SPES-PES 共混 UF 膜及其性能表征[J]. 膜科学与技术，2014，34(2)：28-31.

[9] 张杰. 高性能 MWCNTS-OH/PVDF 杂化中空纤维超滤膜的制备及应用[D]. 天津：天津工业大学，2016.

[10] 涂凯，李健，樊波，等. 非溶剂调控铸膜液制备海绵状结构聚醚砜超滤膜[J]. 化工新型材料，2015(12)：73-75.

[11] 徐海朋. TIPS 和 NIPS 法制备聚偏氟乙烯膜及其性能研究[D]. 上海：上海师范大学，2015.

[12] 张悦涛，杨继新，周秀杰，等. 一种 tips 法合成的小孔径 pvdf 超滤膜及制备方法：CN 105032212 A[P]. 2015.

[13] 赵晨，吕晓龙，武春瑞，等. 复合增强聚偏氟乙烯中空纤维膜的制备研究[J]. 膜科学与技术，2014，34(6)：11-16.

[14] 赵晨. 复合中空纤维膜制备研究[D]. 天津：天津工业大学，2014.

[15] 郭玉海，朱海霖，王峰，等. 微孔型聚四氟乙烯杂化平板膜包缠法制备中空纤维膜和管式膜的方法：CN103386256 A[P]. 2013-05-17.

[16] 徐又一，计根良，尤健明. 纤维编织管嵌入增强型聚合物中空纤维微孔膜的制备方法：CN101543731[P]. 2009-09-30.

[17] 李凭力，刘杰，解利昕，等. 网状纤维增强型聚偏氟乙烯中空纤维膜的制备方法：CN1864828[P]. 2006-11-22.

[18] 陈亦力，彭兴锋，李锁定，等. 一种增强型中空纤维膜的生产方法及装置：102688698A[P]. 2012-05-22.

[19] 张人杰. 固态粒子烧结法制备 ZnO 陶瓷膜研究[D]. 南京：南京工业大学，2015.

[20] 张可达. 阳极氧化无机超滤膜[J]. 化学世界，1992(6)：282-283.

[21] 吴宗策，赵小阳，何耀华，等. 一种耐氧化复合反渗透膜：CN200610051219. X[P]. 2009-05-13.

[22] 张林，瞿新营，董航，等. 一种含纳米沸石分子筛反渗透复合膜的制备方法[P]. CN 101940883A，2010-01-12.

[23] 具滋永，洪成杓，具有高的脱硼率的复合聚酰胺反渗透膜及其制备方法[P]. CN 101053787，2009-09-26.

[24] 王晓琳，丁宁. 反渗透和纳滤膜及其应用[M]. 北京：化学工业出版社，2005.

[25] 王晓琳. 纳滤膜分离机理及其应用研究进展[J]. 化学通报，2001，64(2)：86-90.

[26] 唐媛媛，徐佳，陈幸，高从堦. 正渗透脱盐过程的核心——正渗透膜[J]. 化学进展，2015，27(7)：818-830.

[27] 高从堦，陈国华. 海水淡化技术和工程手册[M]. 北京：化学工业出版社，2004.

[28] 高以垣、叶凌碧. 膜分离技术基础[M]. 北京：科学出版社，1989.

[29] 石松，高从堦. 我国膜科学技术发展概况[J]. 第一届全国膜和膜过程学术报告会，1991：17-23.

[30] 张慧娟，沈江南，高从堦. 界面聚合法制备 TFN NF 膜研究进展[J]. 过滤与分离，2017，27(2)：6-8.

[31] 王东，刘红缨，贺军辉，等. 旋涂法制备功能薄膜的研究进展[J]. 影像科学与光化学，2012，30(2)：91-101.

[32] 佘振，殷冠南，平郑骅. UV 辐照接枝聚合制备亲水性纳滤膜[J]. 化学学报，2006，64(19)：2027-2032.

[33] 周宗尧，张朔，王宁，等. 有机溶剂分离膜技术研究进展[J]. 膜科学与技术，2018，38(1)：104-113.

[34] Zhan X, Lu J, Tan T, et al. Mixed matrix membranes with HF acid etched ZSM-5 for ethanol/ water separation: Preparation and pervaporation performance[J]. Applied Surface Science，2012，259：547-556.

[35] Qiu S, Wu L, Shi G, et al. Preparation and pervaporation property of chitosan membrane with functionalized multi-walled carbon nanotubes[J]. Industrial & Engineering Chemistry Research，2010，49(22)：11667-11675.

［36］Wang N，Ji S，Zhang G，et al. Self-assembly of gra-phene oxide and polyelectrolyte complex nanohybrid membranes for nanofiltration and pervaporation［J］. Chemical Engineering Journal，2012，213：318-329.

［37］侯影飞，许杨，李海平，等. 渗透汽化膜改性技术研究进展［J］. 膜科学与术，2018，38(1)：136-142.

［38］程浩，张国才. 渗透汽化膜分离技术最新研究进展［J］. 应用化工，2021，50(12)：3489-3493.

［39］刘建华，于海波，杨海华，李琳. 渗透汽化传质模型的研究进展［J］. 广州化工，2013，41(17)：37-38，61.

［40］Shao P，Huang R Y M. Polymeric membrane pervaporation［J］. Journal of Membrane Science，2007，287：162-179.

［41］Sata T. Ion exchange membranes：Preparation，characterization，modification and application［M］. London：Royal Society of Chemistry，2004.

［42］张文娟，马军，王执伟，刘惠玲. 离子交换膜传质过程中电化学特性的研究［J］. 膜科学与技术，2017，37(01)：44-50.

［43］高教成，徐兰云. 浅述离子交换动力学模型及其机理［J］. 科技资讯，2015，13(22)：21-22.

［44］张春，王学瑞，刘华，高雪超，张玉亭，顾学红. 面向工业过程碳减排的分子筛膜技术研究进展［J］. 化工进展，2022，41(3)：1376-1378.

［45］佚名. 高性能超薄二氧化碳分离膜制备成功［J］. 山西化工，2021，41(04)：279.

［46］史亚平. 抗污染 GO@TiO_2/PES 中空纤维超滤膜的制备［D］. 天津：天津工业大学，2021.

［47］刘艳奇. 黑磷烯基气体分离膜的制备和性能研究［D］. 昆明：昆明理工大学，2021.

第**8**章

结　晶

8.1　结晶理论基础

结晶是指从蒸气、溶液或熔融物中析出固态晶体的操作，是一个溶质从溶剂中析出形成新相的过程。通过结晶作用，可以将物质提纯、净化，从而得到高纯度的产品或中间产物，实现溶质与杂质的分离，是制备纯物质的有效方法。结晶作为一项分离技术，是众多工业生产过程中不可或缺的关键部分，它具有以下优势：第一，相较于吸收和萃取等将化学产品转移到另一物相的工艺，结晶能够通过新相的形成生产高纯度固态产品。第二，相较于电泳和色谱等只适用于少量物质分离的技术，结晶工艺可以进行大规模工业生产。第三，结晶在分离具有热敏性或高沸点的有机物、生物制品和聚合物等产品方面具有独特的优势。第四，通过分布结晶、萃取结晶等技术能够实现复杂多组分混合物的完全分离。表 8-1 中列出了工业生产中一些常见结晶技术的生产领域和应用场景。

表 8-1　结晶技术的应用[1-7]

生产领域	应用场景
无机物	从钾盐矿中分离钾盐（KCl）
	以盐矿卤水为原料生产碳酸锂
有机物	萃取结晶法分离对二甲苯和间二甲苯
	加合结晶法生产双酚 A
	对二甲苯反应结晶生产工业级对苯二甲酸
药品	维生素 C（抗坏血酸）的纯化
	生产阿司匹林

结晶过程主要包括过饱和溶液的形成、晶核的出现、晶体生长等几个阶段。过饱和度是结晶过程的推动力，成核速率和晶体生长速率决定了结晶过程的速度。所有对成核和生长速度产生影响的因素，也会影响到整个结晶过程的动力学。那么，整个结晶动力学可以由过饱和度、成核速率和晶体生长速率几个主要参数来说明。

8.1.1　过饱和溶液的形成与维持

结晶过程的实质是指溶质从溶剂中析出形成新相，相变过程与溶液状态的关系十分密切。在微观上，由于溶解度的存在，溶质在晶体表面存在溶解和析出的动态平衡。溶质微粒在晶体表面的有规则排列是在化学键力的作用下进行的，因此结晶过程又是一个表面化学反应过程。当溶质在晶体表面溶解速度和析出速度相同时，对应的溶质浓度就是其在该溶液中的饱和溶解度。凯尔文公式（Kelvin）用以描述弯曲液面的蒸气压与曲率半径之间的关系，应用于固液界面可定量描述结晶过程中影响溶质溶解度的有关因素

$$\ln \frac{c}{c^*} = \frac{2\sigma M}{RT\rho r}$$ (8-1)

式中 r——晶体半径；

c^*——小晶体的溶解度；

c——半径为 r 的晶体的溶解度；

σ——固液界面间张力；

ρ——晶体密度；

R——气体常数；

T——绝对温度；

M——晶体分子量。

由凯尔文公式可以看出，溶质的溶解度不仅与晶体的密度、分子量和界面张力等参数有关，还与温度、晶体尺寸等条件有关。

溶质浓度超过饱和溶解度时，该溶液称为过饱和溶液。从微观上来说，是所形成的新相与母相之间存在化学势差值的情况。溶液的过饱和程度可以用三个参数来表示：绝对过饱和度 Δc，相对过饱和度 δ 与过饱和系数 s。

$$\Delta c = c - c^*$$ (8-2)

$$\delta = (c - c^*) / c^*$$ (8-3)

$$s = c / c^*$$ (8-4)

式中 c——浓度；

c^*——平衡浓度。

过饱和度是晶体生长的推动力，随着晶体的生长，溶液的过饱和度会逐渐降低，同时晶体的生长速度也会越来越慢，当溶质的浓度达到饱和浓度时，晶体也就不再增长。

形成新相（固体）需要一定的表面自由能，因此溶液浓度达到饱和溶解度时，晶体还不能析出，只有当溶质浓度超过饱和溶解度后，才可能有晶体析出。根据温度和溶质浓度可以确定溶液状态，主要包括三种状态：稳定态、介稳态和不稳定态。如图 8-1 所示[8]。图中，曲线 S 线为普通的饱和溶解度曲线，曲线 T 为能自发产生晶核的临界过饱和浓度曲线，它与曲线 S 基本平行。这两根曲线将温度-溶解度图划分为三个区域。在曲线 S 下方为稳定区，在此区域中对应的溶液浓度等于或低于平衡浓度，因此不会析出晶体；位于曲线 S 和曲线 T 之间的部分为介稳区，此区域中对应的溶液已经达到过饱和浓度，能够维持溶液中已有晶体的生长，但不能自发地产生新晶核；位于曲线 T 上方的部分为不稳区，此区域中对应的溶液不仅能够维持溶液中已有晶体的生长，还能自发地产生新晶核。介于曲线 S 和曲线 T 之间的区域，可以被曲线 T' 进一步划分第一介稳区和第二介稳区，其中靠近曲线 T 的为第一介稳区，此区域对应的溶液受到强剪切力刺激或晶体生长的诱导，会产生新晶核，此时主要是二次成核；靠近曲线 S 的为第二介稳区，此区域对应的溶液不能产生新晶核，

但能够促进晶体尺寸大于临界半径的晶体生长，同时促使小于临界半径尺寸的晶体溶解。

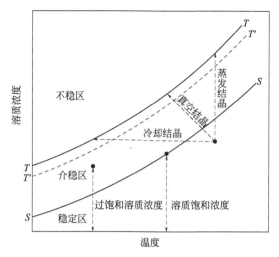

图 8-1　温度-溶解度关系图

在不稳区内会自发形成晶核，但成核速度难以控制，在此区域进行生产操作往往得到的晶体细小冗杂，造成晶体过滤和洗涤困难，并且产品质量较差。因此，工业生产中往往在介稳区进行结晶操作，尤其是在第二介稳区操作。为实现这一生产控制目的，就需要获得介稳区的宽度数据。其测定方法是在一定搅拌条件下缓慢冷却或蒸发不饱和溶液，在过饱和区域内检测晶核出现的温度或浓度，从而作出介稳区上限曲线，进而结合对应条件下溶质的饱和曲线就可给出介稳区宽度数据。需注意的是，介稳曲线并非严格的热力学平衡曲线，它除与物质体系特性有关外，还受到搅拌强度、冷却或蒸发速度等实验条件以及杂质的种类与含量等因素影响。

结晶物质过饱和溶液的稳定性决定了系统处于介稳区的时间。不同物质形成稳定的过饱和溶液的能力有所差异。一般来说，分子质量较大、组成复杂和含有结晶水的化合物倾向于生成稳定的过饱和溶液。但是，物质的结构并不决定过饱和溶液的稳定性。其中也有例外，如氯化铜结晶水合物的过饱和溶液不如硝酸钾过饱和溶液稳定。此外，溶解度较低的物质在很大程度上也趋向于生成稳定的过饱和溶液，例如碳酸钙、硫酸钙等物质。

在介稳状态下，系统的稳定性可用两个数值来表示：介稳区宽度和在不平衡状态下不发生明显变化的停留时间。介稳区宽度是最大过饱和浓度（高于此浓度立即开始自发结晶）与平衡浓度之差。从结晶科学发展伊始，人们就已经注意到介稳区宽度的影响。介稳区宽度是一个动力学参数，而非热力学参数。介稳区宽度取决于结晶系统和操作条件。例如，介稳区宽度一般会随着溶液混合速率的增加而减小。至于停留时间，除所有其他条件外，取决于介稳区内溶液的过饱和度。过饱和度愈接近于极限，则停留时间愈短；反之，过饱和度愈接近于划分第一和第二介稳区的界限，则停留时间愈长。在介稳区宽度和停留时间有限的情况下，形成和维持过饱和溶液的介稳状态是结晶设计的中心内容之一。

过饱和溶液的形成方式可分为等温法和多温法。等温法是与溶剂脱除、抗溶剂或化学相互作用有关的方法。其中，操作最为简单的是蒸发溶剂浓缩结晶法，使溶液达到过饱和状态，适用于制取溶解度系数较低的氯化钠型物质的过饱和溶液。在不改变温度的情况下，还可以通过向溶液中加入抗溶剂组分，如盐析剂，盐析剂的离子水合作用比原溶液中结晶物质更强，使得溶液中自由水分子数减小，从而提高溶液中结晶物质的有效浓度，使其达到过饱和状态。此外，两种或几种比较容易溶解的化合物经过化学相互作用生成一种不易溶解的化合物同样可以获得过饱和度。需要注意的是，此时溶液中除了结晶物质，还存在其他杂质，不仅会影响化合物的溶解度，所得到的结晶产品还可能会掺有杂质。多温法的原理是基于物质的溶解度与温度的关系，对于溶解度随温度升高增大的溶质体系来说，降低温度使得溶解度下降，导致溶液浓度高于溶解度，从而形成过饱和溶液。

（1）蒸发浓缩结晶法

对于溶解度随温度变化不大的体系，或随温度升高溶解度降低的体系，可以通过蒸发溶剂增加溶液浓度从而达到并维持一定的过饱和度。蒸发结晶不适用于热敏化合物。特别是对于加热溶剂导致溶质分解的体系，应避免使用这种方法。大多数蒸发装置使用低压蒸汽或其他化学过程中产生的副产品蒸汽。对于蒸发操作，进行蒸发结晶的目的是脱除溶剂，将溶液增至饱和状态，随后加热或者冷却，析出固体产物，以得到固体的溶质。进行蒸发结晶操作时，需要不断的供给热能，在工业上采用的热源通常为水蒸气，而蒸发的物料大多数是水溶液，蒸发时产生的蒸汽也是水蒸气，为了易于区别，前者称为加热蒸汽或者生蒸汽，后者称为二次蒸汽。采取蒸发结晶时，操作方式有：常压、加压、减压（真空）蒸发。在进行蒸发结晶的过程中，会常用到闪蒸模式（闪急蒸发）：这是一种特殊的减压蒸发，将热溶液的压力降到低于溶液温度下的饱和压力，则部分水将在压力降低的瞬间沸腾汽化。进行闪蒸的优点是避免在换热面上生成垢层，闪蒸不需要加热，热量来自自身放出显热。热泵蒸发也是蒸发结晶工艺中的一种，提高二次蒸汽的压力和温度，重新用作蒸发的加热蒸汽，称为热泵蒸发或蒸汽再压缩蒸发。对于热泵蒸发是消耗一部分高质能（机械能、电能）或高温位热能为代价，通过热力循环，将热由低温物体转移到高温物体的能量利用装置。

在青霉素生产中，通过丁醇-水共沸蒸馏，可以脱除部分溶剂水，从而实现青霉素盐的结晶。此外，沿海地区盐场"晒盐"，也是利用太阳能蒸发浓缩海水来获得氯化钠晶体的。

（2）抗溶剂结晶法（盐析结晶法）

针对不同的物系，所加入的组分可以是水、乙醇、丙酮等液体，也可以是氯化钠、硫酸铵等固体，还可以是氨气等气体。所加入组分的特点就是在易溶于原物系溶剂的同时，能够降低目的物的溶解度。例如在联碱生产中，在同离子效应作用下，加入固体氯化钠并溶解到溶液，可以得到氯化铵晶体。在化工生产中常使用的组分为氯化钠，因此这种结晶方法习惯上被称为盐析结晶法。根据加入组分的不同，也可以有其他的叫法，例如往有机溶剂料液体系中加入水使溶质析出可称为"水析法"，而往水溶液体系中加入有机溶剂使溶质析出可称为"溶析法"。在生化产品及药品生产中，盐析法应用得较多，尤其是溶析法在抗生素及其中间体的生产中有着广泛的应用。由于添加了新的组分，盐析结晶的母液需要更深入地处理，例如回收溶剂、脱盐等，这有时会带来一些工艺及设备问题。但与其他方法相比，盐析结晶法有着独特的优点：①能够在稳定的温度、压力条件下进行操作，适用于热敏及易挥发物料的结晶；②由于对不同组分的溶解度不同，适当选择添加溶剂可以在析出目的物的同时，将杂质组分保留在母液中，从而提高产品的纯度；③可与冷却结晶或反应结晶等方法结合起来，提高目的物溶质的收率。此外，通过超滤、纳滤、反渗透等膜过滤过程进行浓缩，可以脱除部分溶剂，实现类似蒸发浓缩的结晶操作。这些膜过滤往往以压差或浓差为推动力，利用膜层作为分离介质，实现对目的溶质的选择性截留，而溶剂及部分小分子组分将会透过。但在过滤过程中膜表面会存在浓度梯度，影响其渗透通量，并且形成的局部高过饱和度，容易导致晶体大量析出而污染或堵塞过滤通道。

（3）反应沉淀结晶法

在一些特定的产品生产过程中，可以通过反应结晶法实现分离提纯操作。在相应料液体系中加入反应剂或调节 pH 值，可以使目的物溶质转化为新的产物，当该新产物的浓度超过其饱和溶解度时，即有晶体析出。此法适用于目的物溶质与产品具有反应转化关系，并且反应产物与反应物的饱和溶解度差异较大的情况。一般目标结晶物质为微溶性化合物（溶解度范围 $0.001\sim1kg/m^3$）。生产中可以将游离酸或碱转化为盐的形式来获得产品，例如在头孢菌素 C 酸（CPC）的浓缩液中加入醋酸锌，可以获得 CPC 锌盐晶体；也可以通过调节 pH 值到目的物的等电点，来使之结晶析出，例如用氨水调节 7-氨基头孢烷酸（7-ACA）浓缩液的 pH 值到其等电点 3.0，可以获得 7-ACA 晶体。

（4）真空蒸发冷却法

通过抽真空使部分溶剂在负压下迅速蒸发，并实现绝热冷却，具有冷却和部分溶剂蒸发两种方法的优势。将一定温度的饱和溶液送入低压容器中，当溶液进入容器后，部分溶剂蒸发成气相，液体被绝热冷却至容器压力的沸腾温度。在溶液蒸发和冷却双重作用下，溶液达到过饱和。这一方法设备简单，操作稳定，而且能避免换热面的晶垢问题，因此在工业结晶中应用较广。

（5）冷却结晶法

这一方法要求目的物在溶液体系中的溶解度随温度有一定幅度的变化，并且与杂质具有一定的区分度。为了保证最高的固体结晶产量，最大量的固体结晶，通常初温和最终温度选定在溶解度曲线变化较为明显的温度区间。理论上来说最终温度越低越好，但是一旦低于室温将需要额外的冷却设备，增加设备成本和运行成本。

结晶过程中的冷却可以通过自然降温，间壁换热和直接接触制冷等方式进行。自然降温是使料液的热量在自然条件下散发出去，从而达到冷却结晶的目的。但这一方法存在降温速度缓慢，生产周期长等缺点，只适用于一些要求不高的场合，例如一些盐湖，夏天温度高，湖面上无晶体出现；而到冬天，气温降低，纯碱（$Na_2CO_3\cdot10H_2O$）、芒硝（$Na_2SO_4\cdot10H_2O$）等物质就会从盐湖里析出来。生产中广泛应用的是间壁换热的方法，通过调整换热面积和冷却介质温度等途径，可以有效控制结晶物系的降温速度，并能实现封闭式操作，保证了设备的生产能力和产品的质量。但由于局部温差和换热面的存在，器壁表面往往会产生晶垢，不仅降低了设备的换热效果，还会延长设备的清理时间。直接接触制冷法是指向结晶料液中通入冷空气、液氮等冷却剂实现降温，但由于成本和物料夹带等问题，这一方法很少在工业生产中应用。

（6）熔融结晶法

熔融结晶主要是针对某些需要避免使用溶剂和在低温下纯化的结晶体系。熔融结晶是通过直接或间接冷却在液相中形成晶体，从而将目标晶体从熔融液中分离出来。熔融结晶是可以在高浓度下进行的冷却结晶。熔融结晶包括结晶和发汗两个过程：结晶过程是熔融液冷却的过程中，结晶组分在熔融液中形成过饱和状态后成核并生长。熔融液结晶后，晶体的表面和内部还含有部分杂质，发汗是将含有杂质的结晶，缓慢升高温度到接近熔点（平衡温度）附近，晶层内的杂质包藏体熔点低，会首先熔化而向温度较高的方向移动，由于晶层内包藏体中杂质的浓度梯度和温度梯度，使得杂质向晶层外扩散，因而提高了晶层的纯度。

熔融结晶的两种基本技术是层式熔融结晶（原料融化后直接在冷却界面上沉积晶体层）和悬浮式结晶（原料融化液在带有搅拌的结晶器中降温而使晶体析出，析出的晶体颗粒悬浮于熔融液中并不断生长）。由于不存在溶剂，熔融结晶具有环境友好性，且无需后续干燥操作等优势。

对于给定的工艺，过饱和溶液制备方法的选择需要综合考虑目标结晶物质和溶剂的化学特性、进料组成、热力学性质（如溶解度曲线）、溶质/溶剂体系的物理性质以及晶体质量要求等因素。总结工程经验来看，冷却或蒸发结晶法适宜用于大尺寸晶体生产，沉淀或抗溶剂结晶法适宜用于细颗粒晶体的生产。对于纯度要求比较高的产品，则适宜选择熔融结晶法。

8.1.2　成核

在得到过饱和溶液以后，成核是从母相形成固体新相的第一步。在形成新相的过程中，晶体首先以晶核形式出现。晶核是过饱和溶液中形成的能够继续长大的微小晶体粒子。19世纪，吉布斯（Gibbs，1878）基于热力学原理首先提出了经典成核理论（classical theory of nucleation），即新相的形成需要过饱和母相（蒸汽、熔体或溶液）中存在小簇的基本单元结构（由原子或分子组成）。这些基本单元结构可以是由原子或分子组成的小液滴、气泡或微晶，它们尺寸微小，但是具有与晶体体相相同的性质和粒子组成。在微观上，溶液中的溶质粒子进行着快速的无规则运动，通过相互碰撞而结合在一起，当结合的溶质粒子足够多，将在母相中形成具有明确边界的新相，此时所产生的新相为晶胚。当晶胚大小达到临界半径时，所形成的即为晶核。也就是说，在母相中形成新相的过程是在某些位置发生较大程度的相变，从而产生小范围的新相，而不是在亚稳系统的全部体积内均匀地发生相变。

溶液中的溶质粒子聚集在一起，形成了有序固体结构——晶核，即为成核。成核包括初级成核和二次成核，其中初级成核又可以分为均相成核和非均相成核。均相成核仅涉及溶质分子，是在不存在任何异物的情况下，母相中发生的均匀成核现象，主要是由随机碰撞的溶质粒子相互聚集而发生的。如果是由杂质（如大气中的微尘和结晶设备表面）的诱导下生成晶核的过程，称为非均相成核，比如溶质粒子吸附到杂质表面并发生扩散后与其他溶质粒子聚集并形成晶核。除了初级成核，在含有溶质晶体的溶液中仍然存在成核过程，称为二次成核。二次成核是在晶体之间或晶体与其他固体（器壁、搅拌器等）碰撞时所产生的微小晶粒的诱导下发生的。二次成核在决定最终晶体质量参数中起到关键作用。

晶核的形成是一个新相产生的过程，需要消耗一定的能量才能形成清晰的固-液界面。结晶过程中，体系总的自由能变化分为两部分：表面过剩吉布斯自由能 ΔG_s 和体积过剩吉布斯自由能 ΔG_v，前者用于形成表面，后者用于构筑晶体[9]。经典成核理论认为当溶质粒子合并到预成核集合体时，其体积和表面积都会有所增大。一方面，固相在热力学上是有利的，体积自由能变化为负值（$\Delta G_v < 0$）；同时，表面的形成使得自由能增加（$\Delta G_s > 0$）。晶核的形成必须满足如下关系：

$$\Delta G = \Delta G_{\rm v} + G_{\rm s} = \frac{4}{3}\pi r^3 \Delta\mu + 4\pi r^2 \sigma < 0 \tag{8-5}$$

其中，r 为球形预成核集合体的半径；$\Delta\mu$ 为单位体积晶体中的溶质与溶液中的溶质自由能之差；σ 为固液界面张力。对于半径较小的集合体，$\Delta G_{\rm v}$ 占据自由能变化的主导地位，半径较大的集合体则相反。ΔG 与晶核半径 r 的关系如图 8-2 所示，随着集合体尺寸的增大，$\Delta G_{\rm s}$ 不断增大，$\Delta G_{\rm v}$ 不断降低，二者之和 ΔG 随着集合体尺寸的增加而增加，后达到最大值 $\Delta G_{\rm max}$，此时对应的集合体尺寸为临界半径 $r_{\rm c}$。对于确定的过饱和溶液，存在确定的临界半径 $r_{\rm c}$，小于该尺寸的纳米晶粒趋于溶解，大于该尺寸的晶核可以继续稳定生长，向 ΔG 降低的方向转化。

图 8-2　吉布斯自由能在晶核形成过程中的变化情况

令 $\mathrm{d}\Delta G/\mathrm{d}r = 0$，可以得到

$$\Delta G_{\rm v} = -\frac{2\sigma}{r_{\rm c}} \tag{8-6}$$

代入上式，可得

$$\Delta G = 4\pi r^2 \sigma\left(1 - \frac{2r}{3r_{\rm c}}\right) \tag{8-7}$$

当 $r = r_{\rm c}$ 时，ΔG 取得最大值，有

$$\Delta G_{\rm max} = \frac{4\pi r_{\rm c}^2 \sigma}{3} \tag{8-8}$$

将式（8-4）代入上式，可得

$$\Delta G_{\rm max} = \Delta E = \frac{16\pi\sigma^3 M^2}{3(RT\rho\ln s)^2} \tag{8-9}$$

上式所得最大吉布斯自由能变化值就是双组分溶液中球形晶体成核过程所需的活化能 ΔE。根据阿伦尼乌斯方程，可得初级成核速率方程为

$$B = A\exp\left(-\frac{\Delta E}{RT}\right) \tag{8-10}$$

式中，B 为均相成核速率；A 为频率因子，代表单位时间内粒子碰撞晶体表面的次数，大多数有机化合物的频率因子为 10^{30} 核$/(\rm s\cdot cm^3)$。这一式子表明，过饱和度的微小变化即会对成核速率产生巨大影响。

由于非均相微粒尺寸的不确定性及界面性质的复杂性，使用热力学理论推导出来的初级成核速率方程并不方便。通常在应用中常使用简单的经验公式

$$B = k\Delta c^p \tag{8-11}$$

式中，k 和 p 为常数；Δc 为料液中溶质的实际浓度与其饱和溶解度的差值。表明晶体的成核速率正比于过饱和浓差 Δc 的 p 次幂。

8.1.3　二次成核

二次成核是指在溶质晶体存在的情况下形成新晶体的过程，一般是在晶体之间或晶体与

其他固体（器壁、搅拌器等）碰撞时所产生的微小晶粒的诱导下发生的。一般来说，二次成核基本上是在弱过饱和溶液中溶液处于第一介稳区内发生，但在更高的过饱和度下也有可能，例如，当单个大粒晶体在过饱和溶液中降落时出现新的晶体。工业生产中结晶设备多会发生二次成核，且二次成核可在较低的过饱和度下发生，因此在实际生产过程中，二次成核远比初级形核重要，是晶核的主要来源。

二次成核机理目前主要分为两类。第一类是不接触成核和接触成核。不接触成核就是在固相之间不直接接触的情况下溶液中出现新晶核，也就是晶体相互之间或与结晶器壁或其他设备均不接触或碰撞，代表机理为剪切力成核，即由于过饱和溶液中的液体边界层上存在剪切应力，使得附着在晶体上的粒子被扫落，较大的部分作为晶核。而接触成核则与碰撞、表面对表面的滑动、摩擦以及其他因素直接有关，例如晶体与其他晶体或者器壁碰撞产生大量碎片，较大的碎片成为新的结晶中心。

二次成核涉及的参数和问题较多，有关的定量理论关系还未建立，二次成核速率多使用经验公式进行计算，这里给出两个经验表达式。

$$B=k_1(c-c_m)^N \approx k_1(c-c^*)^N c^* < c_m \tag{8-12}$$

式中　B——二次成核速率，m^3/s；

$\quad\quad c$——溶质浓度；

$\quad\quad c_m$——自发成核时的溶质浓度；

$\quad\quad c^*$——平衡浓度。

介稳区的极限值 c_m 需要通过实验来确定，不过对于许多无机体系来说，c_m 非常接近 c^*，可用 c^* 代替。常数 k_1 和 N 必须通过实验才能确定，对于二次成核 N 的取值范围一般在 $0\sim3$ 之间。

$$B=k_2 \Delta c^l \rho^m p^n \tag{8-13}$$

式中　B——二次成核速率，m^3/s；

$\quad\quad k$——常数，是温度的函数；

$\quad\quad \rho$——晶体悬浮密度，kg/m^3；

$\quad\quad p$——搅拌强度（线速度，m/s；或搅拌转数，s^{-1}）；

$l，m，n$——常数，是操作条件的函数。

结晶过程中成核速率是初级成核速率与二次成核速率的和，但由于初级成核速率相对很小，往往可以忽略不计，因此常用二次成核速率来表达。

8.1.4　晶体生长

在过饱和溶液中已有晶核形成或加入晶种后，在过饱和度的推动下，结晶物质从气体或溶液本体内向晶体表面扩散，结晶物质在表面上吸附，最简单的粒子沿表面移动，最后它们以某种方式嵌入晶格，这一过程称为晶体生长。目前存在多种晶体生长理论包括表面能理论、吸附层理论、形态学理论等，这里选取应用较广的吸附层理论加以介绍[10]。假设有一溶质分子组成的"吸附"层松散地附着在晶体表面，这些吸附的粒子集团可在二维表面自由行动。在低过饱和状态下，二维成核所需的能量要比正常成核所需的能量更低。因此，已有晶体可以在三维成核无法发生的条件下继续生长。晶体生长通常在低于二维成核理论所需过饱和水平时就开始进行，这是因为不完美的表面上的生长速率更快。由于晶体表面光滑，生长往往通过"填充"的方式进行。小晶体表面往往比大晶体光滑，因此通过二维成核的方式生长可能性更大。而大晶体容易被叶轮或挡板破坏，一般通过台阶、位错而生长。因为这些缺陷的存在，即使是两个相同大小的晶体，也有可能存在不同的生长速度。晶体生长中的传质过程可分为 7 个步骤，如图 8-3 所示：

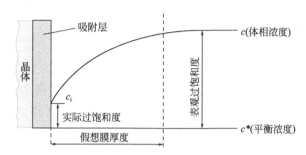

图 8-3　晶体生长中的传质过程

① 溶质透膜扩散；

② 溶质在吸附膜中的扩散；

③ 部分或整体脱溶剂；

④ 溶质单元扩散至生长位点；

⑤ 嵌入晶格；

⑥ 溶剂通过吸附膜的逆扩散；

⑦ 溶剂透膜逆扩散。

涉及的传质步骤较多，因此常用简化模型加以描述，以步骤 1，步骤 2 至步骤 5 为主，忽略最后两步的影响。步骤 1 中的透膜扩散可描述为

$$\frac{\mathrm{d}m}{\mathrm{d}t}=k_f A(c-c_i) \tag{8-14}$$

式中，m 为通过薄膜转移的溶质质量，同时也表示沉积下的固体质量；t 为时间；k_f 为膜传质系数；A 为晶体表面积；c_i 为溶液界面浓度。然后通过经验关联式，将步骤 2 至步骤 5 结合作为单一表面反应描述

$$\frac{\mathrm{d}m}{\mathrm{d}t}=k_r A(c_i-c^*)^n \tag{8-15}$$

式中，k_r 为速率常数；n 为反应阶数。一般来说，界面浓度 c_i 难以确定，对于一阶表面反应（$n=1$），将式（8-14）和式（8-15）联立起来，可得到

$$\frac{\mathrm{d}m}{\mathrm{d}t}=k_{OG} A(c-c^*) \tag{8-16}$$

式中，k_{OG} 为总速率常数。对于晶面以相同速度生长的晶体，其质量和面积可以写成

$$m=k_V L^3 \rho_c \qquad A=k_A L^2 \tag{8-17}$$

其中，L 为晶体尺寸；k_V 和 k_A 为形态因数；ρ_c 为晶体密度。代入式（8-1），可得到单位时间内晶体生长的线速度 G（单位是 cm/s），且线速度在三个维度上均相等：

$$G = \frac{\mathrm{d}L}{\mathrm{d}t} = \left(\frac{k_A}{3\rho_c k_V}\right) k_{OG}(c - c^*) \tag{8-18}$$

引入速率常数 k_G 可得到

$$G = \frac{\mathrm{d}L}{\mathrm{d}t} = k_G(c - c^*) \tag{8-19}$$

当线速度与晶体尺寸无关，且过饱和度为常数时，可简化为 ΔL 定律，悬浮在过饱和溶液中的同种晶体，所有几何相似的晶粒都以相同的速率生长：

$$G = \frac{\Delta L}{\Delta t} \tag{8-20}$$

由于在推导过程中有假设存在，这一定律无法适用于所有结晶系统。料液体系中存在不同并且操作条件也有所差异，晶体生长速率的控制因素会有所区别。除了过饱和因素以外，温度也会通过扩散和晶体重排过程影响晶体生长速度。如果主要由温度控制，生长动力学可以由阿伦尼乌斯方程表示：

$$k_G = k_G^0 \exp\left(-\frac{\Delta E_G}{RT}\right) \tag{8-21}$$

如果两种机制并存时，此时一般引入总生长速率将生长动力学与过饱和程度联系起来：

$$\frac{\mathrm{d}m}{\mathrm{d}t} = k_{OG} A (c - c^*)^n \tag{8-22}$$

$$G = \frac{\mathrm{d}L}{\mathrm{d}t} = k_G (c - c^*)^n \tag{8-23}$$

其中，速率常数 k_G 和 n 主要通过拟合晶体生长数据获得。

8.2 工业结晶

8.2.1 工业起晶方法

要获得晶体产品，首先就要使溶液中产生晶核，即工业生产中的起晶。在初级成核条件下，溶液中溶质的过饱和度较高，晶体生长速度快，但容易形成大量的细小结晶，从而降低晶体产品的质量。因此，工业生产中往往会采用一定手段来对起晶过程进行调控，并将溶质浓度控制在养晶区，以利于大而整齐的晶体形成。常用的工业起晶方法有以下三种。

① 自然起晶法：通过蒸发溶剂、降温等手段使溶液浓度进入不稳区，在自然条件下形成晶核，当产生一定量的晶核后，通过稀释、升温等方法控制溶液浓度至介稳区，抑制新的晶核生成，使溶质在晶种表面生长。

② 刺激起晶法：通过浓缩、冷却手段调整溶液浓度到刺激起晶区，对溶液进行搅拌、曝气或超声振动等刺激，使之形成一定量的晶核，此时溶液的浓度会有所降低，控制料液浓度进入并稳定在养晶区使晶体生长。

③ 晶种起晶法：将溶液蒸发后冷却至亚稳定区的较低浓度，加入一定量和一定大小的晶种，使溶质在晶种表面生长。该方法容易控制、所得晶体形状大小均较理想，是一种常用的工业起晶方法。采用的晶种直径通常小于 0.1mm，晶种加入量由实际的溶质量以及晶种和产品尺寸决定。

8.2.2　结晶产品的主要性质及影响因素

结晶产品的质量主要包括粒度、形状和纯度三个方面。针对不同物料体系和产品质量要求，通过对结晶工艺条件和晶体生长过程的分析，可以对晶体质量进行调控。在吸湿、升温或受压情况下，晶体产品在贮存中常需注意结块的问题。对于质量不合格的晶体产品，往往还需要进行重结晶处理。

微观粒子的规则排列可按不同的方向发展，即各晶面可有不同的生长速率，由此可形成不同外形的晶体。同一晶系的晶体在不同结晶条件下可得到外形不同的晶体。晶体的外形、大小和颜色在很大程度上取决于结晶时的条件，如温度变化、溶剂种类、pH 值、结晶速率、溶液的过饱和度、少量的杂质或添加剂以及晶体生长时的位置等。例如氯化钠在纯水溶液中的结晶为立方体，但若在溶液中加入少量尿素，则得到的结晶为八面体。又如碘化汞由于结晶温度的不同可以是黄色或红色。

8.2.2.1　结晶产品的粒度

在均匀生长的条件下，当结晶操作前后溶液溶质浓度一定时，单位体积溶液中析出的晶体总质量也就确定了，此时晶体的大小往往由晶体的总个数来决定。除了晶体平均粒径尺寸，晶体大小还包括晶体的粒径分布。在通常生产过程中，希望得到大而均匀的晶体，以便于晶体的滤出、洗涤和干燥。但有些结晶过程却要求小的晶体粒径，如一些注射粉针用药品的晶体就要求较小的粒径，以便于晶体溶解。影响晶体大小的因素主要有成核和生长两个方面的内容。关于晶体成核与生长的机理，前面已经讨论过。

如果在高过饱和度条件下进行结晶，将会发生较为严重的初级成核现象，使最后得到的晶体粒径偏小。例如红霉素结晶，在 32℃ 条件下得到的晶体较小，且效价不稳；而在高于 45℃ 条件下结晶，得到的晶体为长方体状大晶粒，效价也得到明显提高。高的晶浆浓度和搅拌强度会降低母液消耗和促进晶体生长，但也会导致二次成核严重，尤其会在结晶后期产生较多的小晶核，造成晶体粒径分布不均。

保持恰当的搅拌强度有利于获得大尺寸的晶体，例如在六氨氯化镁反应结晶的过程中[11]，随着搅拌强度的增大，产品的平均粒度出现了极大值（如图 8-4）。搅拌强度过弱，

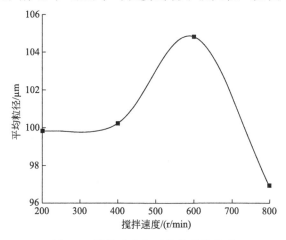

图 8-4　搅拌速度与平均粒径的关系

加入的料液不能迅速均匀地分散到体系中，不论是在整个反应器水平上还是分子尺度水平上混合效果都不均匀，因此晶体生长会受到影响。此时提高搅拌强度，可使粒度逐渐增大。但是当强度增大到一定的程度，剪切力会使大颗粒破碎发生二次成核，不利于晶体的粒度分布均匀。因此根据结晶过程的特点，在间歇结晶过程中，往往采用前快后慢的搅拌策略，既保证晶浆的充分混合接触，又避免过大的剪切和碰撞作用。

为了得到大且粒度分布均匀的晶体，在结晶初期进行晶种起晶往往是一个有效的手段。添加晶种可以使结晶在较低的过饱和度下进行，有利于晶体的生长，例如在料液黏度较大的蔗糖溶液中，添加晶种可以获得大而均匀的晶粒。此外，在生产过程中，陈化也是消除产品细小晶粒大小不同的重要途径。由于不同大小的晶粒对应的饱和溶解度不同，晶浆中晶体的生长存在"马太效应"，即大晶粒会更趋于生大，而小晶粒会更趋于溶解。在结晶后期，让晶体维持较长时间的生长过程，不仅可以提高溶质的收率，还可以尽可能地消除细晶，并使晶粒尺寸分布均匀。

8.2.2.2 结晶产品的形状

晶体形状也可称为晶习，晶体在一定条件下可形成特定晶体形状，不同晶习的同一物质在物化性质上会有所不同。一种结晶方法可能得到针状晶习，另一种方法则可得到片状晶习。晶习的改变对工业结晶有重要意义。利用它可以得到美观的产品，可以得到易于包装、储存、运输的产品。晶习是晶体生产的重要指标之一，它不仅对晶体的过滤、洗涤、干燥等后处理过程产生影响，还会影响到产品的堆积密度、机械强度、混合特性等指标。而对于一些药品，晶习还影响着药物的外观、溶解速率甚至化学活性。

在结晶过程中控制不同的因素，可以改善晶习。例如，控制晶体的生长速率；控制过饱和度、结晶温度；使用不同的溶剂；改变水溶液的 pH 值；加入表面活性剂；加入晶习改变等。改善晶习的方法有严格的选择性，必须事先经过中间试验加以确定。

向溶液中添加或除去某种物质（晶习改变剂）可以改变晶习，使所得晶体的形状符合要求。例如在硫酸钙结晶过程中加入不同的晶习改变剂，可以分别获得棱柱状、蝶结状和球状的晶体，相应晶粒的尺寸也产生了一倍左右的差异，这对工业结晶有一定的意义。晶习改变剂通常是一些表面活性物质以及金属或非金属离子，常见的如三价离子 Cr^{3+}、Fe^{3+}、Al^{3+} 等是很有效的晶习改变剂，它们在结晶母液中的质量含量往往只需万分之一左右。此外，通过改变过饱和度、溶剂体系、杂质种类与含量，也可以影响到晶体的形状。例如在对苯二酚结晶过程中，当以甲醇为溶剂时，可以获得 β 晶型的晶体，而以水、乙醇、异丙醇和正丙醇等作为溶剂时，得到的晶体为 α 晶型。

8.2.2.3 结晶产品的纯度

结晶的主要目的是分离提纯，因而晶体的纯度就成为衡量晶体质量的一个重要依据。结晶产品中所含杂质的性质和浓度是重要特性之一。首先，杂质对产品的一系列物理性质有影响：如熔点、电性质、对化学反应的催化能力等。其次，杂质对如吸湿性和结块性等重要特性也有影响。此外，杂质的存在在多数情况下决定着产品进一步使用或其工艺加工的可能性。绝对纯的物质是不存在的。因此，在谈到个别特性时必须注意到，事实上我们所考察的是不同类型的固体溶液或由不同化合物的晶体组成的机械混合物。

根据杂质含量的多少，可将所有产品分为三类：工业用的、纯的和超纯的。纯物质又可分为"纯""分析纯""化学纯"。对于电解质来说，属于超纯化合物的是其中杂质含量不超过 $10^{-5} \sim 10^{-4}$ 的物质。如为非电解质，这类物质中杂质的含量允许略高，为 $0.01\% \sim 0.1\%$。结晶产品中杂质的含量，可以用很多不同的方法测得。这些方法中有以化学相互作用为依据的，也有应用各种不同仪器的。近年来，光谱分析法、X 射线光谱分析法、电化学分析法、色谱分析法、放射化学分析法和其他仪器分析法，都得到了很广泛的应用。

从溶液中析出时，晶体本身是较为纯净的，而杂质出现在产品中的原因，往往有以下几个：①表面吸附。由于晶体粒子尺寸较小，晶浆中的晶体表面积很大，由于晶体表面的离子电荷未达到平衡，它们的残余电荷会吸引溶液中带相反电荷的离子，并最终带到产品中。在此情况下，升高溶液温度，可以减小晶体表面的吸附容量，从而降低产品中的杂质含量。②包藏与包埋。在结晶过程中，如果溶质过饱和度较高，晶体生长较快，则晶体表面吸附的杂质离子来不及被晶格离子取代，就被后来结晶上来的离子所覆盖，以至杂质离子陷入晶体的内部，此称为包藏。避免包藏杂质的办法最好是控制晶体生长速度。当晶体堆积在一起时，由于浸润性及表面张力的影响，母液会附着在晶体表面，并填充在晶体的毛细间隙中，如果形成晶簇，这种间隙会变成死端空间，此时母液会被包埋在晶体中，最终将杂质代入产品。对于这种情况，往往需要对晶体滤饼进行充分的洗涤，用适当的溶剂将母液顶洗出来。当死端包埋较为严重时，有时还需要进行重新打浆或重结晶操作。③生成杂质沉淀。在操作条件下，除了目的物溶质能够生成晶体，有时其他杂质也能达到过饱和而产生沉淀。杂质沉淀一旦产生，往往就很难再从产品中去除，因此要尽可能地避免这种现象。在生产过程中往往采用预先除去能生成沉淀的杂质、选择适当的溶剂物系、控制恰当的结晶条件等方法来避免杂质沉淀的生成。

8.2.2.4　结晶产品的结块

晶体产品在贮存、运输过程中，有时会发生结块现象，这不仅会影响产品的销售，还会影响产品的使用，例如氯酸钾结块后就很难处理，因为敲击粉碎会导致爆炸。无结块是晶体产品外观的一个基本要求，而一些医药产品甚至还对晶体的流动性提出了具体的要求。目前解释结块现象的理论主要有结晶理论和毛细管吸附理论两类。结晶理论认为，由于物理或化学的原因，晶体表面发生溶解并重新结晶，晶粒的接触点处会被黏结在一起，形成晶桥，宏观表现为结块。毛细管吸附理论认为细小晶粒间会形成毛细管，在吸附力作用下毛细管弯月面上的饱和蒸气压会低于外部的饱和蒸气压，这样水蒸气及物料内部存在的湿分就会在晶粒间传播，进而为晶粒表面的溶解创造条件，促使晶桥形成，出现结块现象。

影响晶体结块的因素很多，例如晶体自身的尺寸大小与分布、晶体的形状等，以及环境湿度、温度、压力和贮存时间等。在不同情况下，产生晶体结块现象往往是多个因素共同作用的结果。就防止晶体结块而言，除了通过控制晶体自身质量来避免外，还可以通过改善贮存环境和添加助剂来实现。添加适量的助剂可以有效改善晶体的表面性质，使之难以产生晶桥等粘连现象，从而使之保持分散的粉末状态。例如通过添加表面活性剂十五烷基磺酰氯可以有效防止碳酸氢铵的结块，添加乳酸可防止硫酸钡结块等。

8.2.3　重结晶

经过一次粗结晶后，得到的晶体通常会含有一定量的杂质。此时工业上常常需要采用重结晶的方式进行精制。重结晶是利用固体产物在溶剂中的溶解度与温度有关，不同物质在相同溶剂中的溶解度不同，达到产物与其他杂质分离纯化的目的。重结晶是制药企业进行固体产物纯化最常用的操作。好的重结晶工艺可以提供高产量的合格产品，并尽量避免二次重结晶消耗的人力、物力，最大可能地降低生产成本。固体有机物在溶剂中的溶解度与温度有密切关系。一般是温度升高，溶解度增大。若把固体溶解在热的溶剂中达到饱和，冷却时即由于溶解度降低，溶液变成过饱和而析出晶体。利用溶剂对被提纯物质及杂质的溶解度不同，可以使被提纯物质从过饱和溶液中析出。而让杂质全部或大部分仍留在溶液中（若在溶剂中的溶解度极小，则配成饱和溶液后被过滤除去），从而达到提纯目的。重结晶是利用杂质和结晶物质在不同溶剂和不同温度下的溶解度不同，将晶体用合适的溶剂再次结晶，以获得高纯度的晶体的操作。

不论在无机制剂化学和分析化学中，还是在解决各种工业生产课题时，重结晶都具有重大的实际意义。在分析化学中，重结晶有助于制备容易过滤的沉析物。在工业上，可利用重结晶制取较纯的物质。重结晶是在间歇过程中获得固相的最后阶段。但是应当指出，重结晶不仅能够在过饱和度低的情况下，而且能够在过饱和度较高的情况下进行。例如，较小粒子的溶解度比较大粒子的高，故后者过饱和的溶液对于粒度较小的粒子来说，可能是不饱和的。因此，小的粒子应当被溶解，大的粒子则应当长大。重结晶的形式有二：奥斯特里瓦德式和结构式重结晶。以上所述都属于第一种形式。至于结构式重结晶，它是由于固相粒子的表面不完善及在其上面存在各种缺陷造成的。结构式重结晶可使物质在各个晶体的质量上重新分布。这种类型的重结晶，是由于粒子倾向于变为能量上更有利的状态。

重结晶的操作过程包括：①选择合适的溶剂；②将经过粗结晶的物质加入少量的热溶剂中，并使之溶解；③冷却使之再次结晶；④分离母液；⑤洗涤。在重结晶过程中，溶剂的选择是关系到晶体质量和收率以及生产成本的关键问题。选择适宜的溶剂时应注意以下几个问题：①选择的溶剂应不与重结晶目的物溶质发生化学反应。例如脂肪族卤代烃类化合物不宜用作碱性化合物重结晶的溶剂；醇类化合物不宜用作酯类化合物重结晶的溶剂，也不宜用作氨基酸盐酸盐重结晶的溶剂。②在溶解和析出条件下，选择的溶剂对重结晶的目的物溶质应具有较大的溶解度差异。例如采用冷却法重结晶时，目的物应易溶于高温溶剂而较难溶于低温溶剂。③选择的溶剂对重结晶目的物溶质中可能存在的杂质，或溶解度很大，在目的物溶质析出时留在母液中；或是溶解度很小，在目的物溶质溶解时难溶，可直接经热过滤除去。④选择的溶剂沸点不宜太高，否则晶体干燥及溶剂回收困难。⑤在选择的溶剂中目的物溶质能够获得符合要求的晶型。⑥无毒或毒性很小，便于操作。⑦价廉易得。由于溶质往往易溶于与其结构相近的溶剂中，在选择溶剂时可通过"相似相溶"原理进行初选。用于重结晶的常用溶剂有水、甲醇、乙醇、异丙醇、丙酮、乙酸乙酯、氯仿、冰醋酸、二氧六环、四氯化碳、苯、石油醚等。此外，甲苯、硝基甲烷、乙醚、二甲基甲酰胺、二甲亚砜等也常使用。其中二甲基甲酰胺和二甲亚砜的溶解能力大，但沸点较高，晶体上吸附的溶剂不易除去。乙醚虽是常用的溶剂，但是易燃、易爆，使用时危险性大。在选择重结晶溶剂时，适当采用混合溶剂形式有时会取得理想的效果。

8.2.4 分步结晶

在一些产品的生产中，分步结晶法有时是一个不错的选择。利用溶解度的差异，分离混合物中的各种成分，采用的方法称为分步结晶法。所谓分步结晶，就是将混合物在合适的条件下（各成分溶解度差别最大），反复进行溶解和结晶的操作，而在每一次溶解和结晶以后，溶解度小的成分富集于晶体中，溶解度大的成分则富集于母液中，这样经过多次反复以后，就可以达到分离的目的。分步结晶过程通常采用蒸发结晶或冷冻（冷却）结晶，此法适用于可析出组分的溶解度具有一定差异的情况。由于这种差异，溶解度小的组分便会优先析出，而溶解度大的便留于液相中。例如核工业中需要铪含量低于 0.01% 的锆，就是采用氟络合物的分步结晶法制得的。

分步结晶是利用目的产品在多元物料体系中，依据固液平衡相图优先结晶的特点而使之得到提纯的工艺过程，此方法亦可称为融体结晶或本体结晶，无须添加任何溶剂。工艺过程简单，除主体设备结晶器外，其他辅助设备极少，控制系统也比较简便，工艺流程较短。分步结晶单元本身物料无损失，物料进入该单元后分成两股：其一为母液，其二为产品。母液可以通过精馏单元去除部分杂质后返回本单元，这样产品的收率几乎可以达到理论收率。事实上，对于多数医药及精细化工产品，该单元的能耗费用在成本中几乎可以忽略不计。对于许多热敏性物料、有特殊气味或易聚合的物料，如采用其他手段分离均会有各种不良后果，而采用本工艺技术，可保证产品的安全性。由于本工艺整个操作过程是在安全密闭系统中进行的，因而操作环境极其优良。无物料特殊气味，无跑、冒、滴、漏等现象，同时也保障了操作人员的职业卫生要求。采用了行业内领先的特殊设备结构技术，使设备造价大幅度下降，产品产能大幅提高。许多常温下为固体的医药、化工产品，尤其含多种异构体的物系，往往通过精馏、重结晶等常见分离手段，而这些常见分离手段，很难使产品品质达到理想的纯度，甚至在牺牲收率的情况下也很难做到。采用本工艺技术，往往轻松达到理想纯度，且物料消耗几乎为零。该法的优点是操作简单，不消耗试剂，其缺点是难以实现连续化生产。

8.3 结晶设备

结晶设备是实现结晶操作的工具，它直接影响到整个结晶生产过程，因此了解并合理地选择结晶设备就具有了重要意义。随着过饱和溶液形成方法的不同，结晶设备在结构上有所不相同。在操作方式上，结晶器有间歇结晶器和连续结晶器之分。第一代的结晶设备多属于间歇式结晶器，不控制过饱和度，但具有产能小、消耗大等缺点，目前已被逐渐淘汰，只在小批量生产时才考虑。现代结晶设备多为连续式，具有规模大、操作自动化等特点，在结晶过程中要求精确控制过饱和度。

作为通用型结晶设备，常见的结晶器有搅拌釜式、DTB（draft tube and baffle，导流筒-挡板）、DP（double propeller，双螺旋桨）等形式。

8.3.1 冷却结晶器

冷却结晶器中最为常用的结晶器是搅拌釜式结晶器，该类设备通过强制搅拌可使釜内温度和晶浆浓度分布均匀，从而得到粒径均匀的晶体。图 8-5 是常见的几种搅拌釜式冷却结晶器。冷却换热通常以夹套或盘管形式进行，其中夹套换热面平整光滑，并具有缓解晶垢的聚结和便于清理维护等特点，因此得到了较多采用。强制搅拌可以采用机械搅拌桨、气升、泵循环、摇篮式晃动、滚筒式转动等形式进行，为提高搅拌效果，还可以添加内套筒结构使晶浆在釜内形成内循环。为避免局部过饱和度过高引起的换热面晶垢聚结,在换热过程中料液与换热表面的温差一般控制在10℃以内。

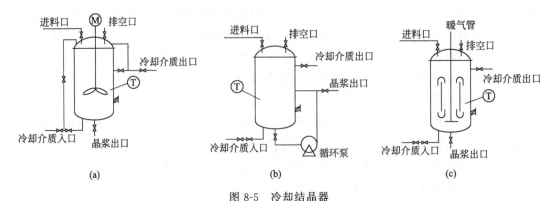

图 8-5 冷却结晶器

图中(a)、(b)、(c)分别采用了机械搅拌、泵循环和气升来实现晶浆的混合,由于具有控制便捷、操作稳定等特点,机械搅拌得到了广泛应用。比较而言,气升混合在晶浆中引起的剪切作用最为轻柔,有利于晶体生长,但需要引入外部压缩气体;泵循环有利于外部换热器的使用,但晶浆在泵壳内受到的剪切作用也最为剧烈。在生产中,可以针对结晶物系的特点进行选取。此外,结晶釜可以采用敞口式的结构,而对于易氧化、有毒害以及对洁净度有较高要求的结晶物系,也可以使用封闭式的结晶釜。结晶釜可以单釜运转,也可以多级串联进行。

8.3.2 蒸发结晶器

蒸发结晶有两种方法:一种是将溶液预热,然后在真空(减压)下闪蒸(有极少数是在常压下闪蒸),这一方式在本章 8.3.3 小节中详细讨论;另一种是结晶装置本身附有蒸发器,这是本节讨论的重点——蒸发结晶器。蒸发结晶器是利用蒸发部分溶剂来达到溶液的过饱和度的,这使得其与普通料液浓缩所用的蒸发器在原理和结构上非常相似。蒸发结晶设备由换热器、蒸发室、强制循环泵、转料泵、盐分离器等等一系列设备组成。蒸发结晶设备常用来处理工业生产制造的废水,蒸发结晶设备对溶液的提纯会消耗蒸汽,在蒸发溶液时,溶剂会减少,应根据处理需求选择设备。蒸发结晶器是利用蒸发部分溶剂来达到溶液的过饱和度的,这使得其与普通料液浓缩所用的蒸发器在原理和结构上非常相似。根据情况,对于盐类蒸发,优先选用强制循环型蒸发器,如果盐类浓度较低,也可以采用前置降膜蒸发器+强制循环蒸发器的方式,以降低运行及初次投资。对于其他非盐类的蒸发,优先选用降膜蒸发器。普通的蒸发器虽然能够容许操作过程中有固形物沉淀,但难以实现对晶粒分级的有效控制,因此蒸发结晶器与普通的蒸发器往往还有着一些区别,

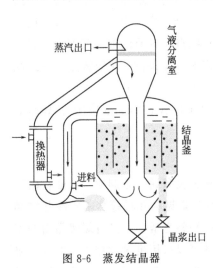

图 8-6 蒸发结晶器

图 8-6 是一种典型的蒸发式奥斯陆型(Krystal-Oslo)生

长型结晶器结构图。加料溶液经循环泵送入换热器，生蒸汽（或者前级的二次蒸汽）在管间通入，于是产生过饱和，将料液控制在介稳区以内，溶液在蒸发室内排出蒸汽由顶部排出。溶液在气液分离室分离蒸汽之后，由中央下循环泵行管直送到结晶釜的底部，然后再向上方流经晶体流化床层，过饱和得以消失，晶床中的晶粒得以生长。当粒子生长到要求的大小后，从产品取出口排出，排出晶浆经稠厚器、离心分离，母液送回结晶器。如果所处理的物系对晶体大小有严格要求，则往往需要在蒸发器外单独设置具有较好分级功能的结晶器，蒸发器只是起到了提高并维持溶液过饱和度的作用。

奥斯陆结晶器是最常见的蒸发式结晶器，除此以外，较为常用的还有遮导式结晶器（drabt tube babbled crystallizer），即加入遮挡板与导流管的结晶器。遮导式结晶器的特点是结晶循环泵设在内部，阻力小，节省驱动功率。为了提高循环螺旋桨的效率，需要有一个导液管。遮挡板的钟罩形构造是为了把强烈循环的结晶生长区与溢流液穿过细晶沉淀区隔开，互不干扰。

与减压蒸发类似，蒸发结晶器也可在减压条件下操作。通过减压可以降低料液的沸点，从而可以通过多效蒸发来充分利用热量，NaCl 生产曾采用了这种多效蒸发形式的结晶器。与冷却结晶器的情况一样，在蒸发结晶器的换热面上也存在晶垢聚结的现象，因此需要定期清理设备。此外，由于采用的是加热蒸发，在换热器表面附件存在温度梯度，而当有晶垢存在时，这种梯度将会更为明显，此时要注意晶垢在换热面温度下的稳定性问题，以防止结焦或变性，避免设备使用和产品质量受到影响。

8.3.3　真空结晶器

真空结晶器利用蒸发来浓缩溶液和冷却混合物，结合了蒸发结晶器和冷却结晶器的原理和优点。料液以较高的压力和温度进入结晶器，部分进料蒸发，闪蒸同时引起液体的绝热冷却。由于真空设备需要在 5～20mbar 的压力下工作，真空结晶器比其他类型的结晶器要复杂得多，在大型系统中最常见。在密闭绝热容器内，通过负压抽吸保持较高真空度，使容器内的料液达到沸点而迅速蒸发，并最终温度降低到与压力平衡的值，这种结晶器即为真空结晶器。此时容器内的料液既实现了部分溶剂蒸发浓缩，又实现了降温。由于是绝热蒸发，溶剂蒸发所吸收的汽化潜热与料液温度降低所放出的显热相等，因此蒸发液量一般较小，此与前面持续供热的负压蒸发结晶器是不同的。

由于通过蒸发带走热量来实现降温，真空结晶器内不需要换热面，这就避免了换热面聚结晶垢的问题。通过设置导流筒、搅拌桨等内部构件，可以设计出多种不同结构的真空式结晶器。其操作可以连续进行，也可以分批间歇进行，其中连续真空结晶器往往设计成多级串联的形式。

蒸发结晶与真空结晶装置的根本区别在于是否与蒸发加热器连在一起。真空结晶器的主体部分并不包括蒸发加

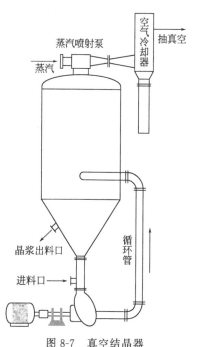

图 8-7　真空结晶器

热器，加热是靠外部设备，它主要的任务是真空降温（绝热蒸发）和结晶生长。除此之外，这两类结晶器是很难严格区分的，因此奥斯陆真空结晶器与奥斯陆结晶器基本相似，而遮导式真空结晶器与遮导式蒸发结晶器相比，除不带有蒸发加热器外，其余结构完全相同。它是由密闭式奥斯陆真空结晶器改进而来，以内搅拌螺旋桨代替循环泵，减少外部循环管系的阻力损失，节省驱动功率，晶浆可以循环得更加完全，过饱和度较低，晶核发生速率低，产量高；将细晶沉降区与晶浆循环区用遮蔽罩隔开；沸腾闪蒸表面激烈形成的过饱和度得以稀释；晶浆取出之前要经过分级淘洗使取出的晶粒大而均匀。由于以上优点，遮导式真空结晶器目前逐渐成为使用最为广泛的一种设备。

8.3.4　盐析与反应结晶器

与冷却和溶剂蒸发不同，盐析结晶和反应结晶需要往结晶物系中添加新物料，这样才能达到要求的过饱和度。与冷却结晶器相比，盐析与反应结晶器有着明显的不同。首先，结晶器有效体积大，在间歇结晶过程中这一区别尤其明显，例如采用溶析法的头孢菌素 C 盐结晶，加入的溶剂量达到了原浓缩液的 1/3 到一半，这就要求结晶器要预留出容纳新添加的物料的体积。其次，由于传质速度问题，在新添加物料时很容易会引起局部浓度过高问题，这就要求该物料在反应器内能够与原有物料实现充分而均匀的混合。通常在反应器内设置足够强度的搅拌，尤其当所投物料为固体时，但也要避免剪切力过强而引起剧烈的二次起晶。当所投物料局部浓度过高会破坏目的物结构或产生新杂质时，往往还要在投料口设置分布器，例如使用氨水调 pH 使 7-ACA 结晶析出，但 7-ACA 在碱性条件下会分解，此时就需要在加强搅拌混合同时，在氨水入口设置分布器，并严格控制氨水添加速度。

8.3.5　结晶器的选择及设计

8.3.5.1　结晶器的选择

结晶器是结晶过程得以实现的场所，对结晶过程的顺利实施有着直接的影响。不同结晶物系有着不同的特点，而不同产品又有着不同的质量指标，此外还要考虑生产进度与成本等，因此影响结晶器选择的因素比较多。虽然目前已进行了很多的研究，但由于很多随机因素会对整个结晶过程产生影响，因此对于大部分产品来说，准确地对结晶过程进行定量预测与控制仍然无法实现。这也就使得选择结晶器时，除了一些通用的原则可参考外，在很大程度上依靠实际经验。物系的特性是要考虑的首要因素。过饱和度是结晶进行的推动力，所处理物系产生过饱和度的方式决定了反应器的一些特征参数。如果溶质在料液中的溶解度受温度影响比较大，可考虑选用冷却结晶器或真空结晶器；如果温度对溶质的溶解度影响很小时可考虑选用蒸发结晶器；当温度对溶质的影响一般，为提高收率，则可采用蒸发与冷却结合的结晶器形式；当过饱和度的产生方式为盐析或反应时，在选用相应反应器的同时，往往也要分析生成物的溶解度情况，要求结晶器具有冷却或蒸发等功能。

在选择结晶器时，还要考虑该生产过程的生产能力和生产方式。一般说来，如果生产量较小，可采用间歇生产式结晶器；如果生产量较大，则往往考虑采用连续结晶器进行生产。此外，通常连续结晶器的体积较间歇式结晶器的要小，但对操作过程的控制要求也高。当对产品的晶体粒径有具体要求时，往往需要采用具有分级功能的结晶器；当杂质在操作条件下也析出，但析出的比例与目的溶质不同时，则可通过分步结晶以获得不同质量等级的产品；

通过对剪切强度和料液循环路径的要求，可以采用不同的搅拌混合方式，例如搅拌可采用不同桨叶形式的机械搅拌、气升搅拌、泵循环搅拌等，也可通过添加内导流筒实现晶浆的内循环，或通过外管路实现晶浆的外循环。除此之外，设备的造价、维护难易程度和运行成本等也是选择结晶器时要考虑的问题。例如采用有换热面的结晶器，如果结晶过程中晶垢或其他组分结垢现象严重，则一般不采用连续结晶器；而当对产品的质量和收率要求不是很严格时，可采用简单的敞口结晶槽进行操作，以节省费用。虽然目前已经开发出了结构繁多的结晶器，但是由于结晶过程的复杂性和影响因素的多样性，在实际生产中很难选择最佳的结晶器。甚至有观点认为结晶操作条件的优化比结晶器的选择更重要，与凭经验选择设计新的结晶器相比，通过对操作条件的优化，在简单选择的通用结晶器上一样能够获得好的生产效果。

8.3.5.2　结晶器的设计

结晶器是结晶分离的关键设备，合理设计结晶器及结晶工艺是实现结晶分离工业化的可靠保证。结晶器设计要求：①满足产量要求；②满足晶体质量要求、晶体生长的时间，控制成核速率，达到一定的悬浮状态。达到控制过程的基本要求设计参数：生产能力和产品质量，和粒度要求，计算要求的基础数据与模型，溶解度数据，溶液的基本性质和颗粒的基本性质（如密度、形状系数等），结晶成长速率模型与成核动力学模型，溶液的初始浓度 c_0。

Larson 首先提出粒数衡算理论，明确指出在模拟和分析结晶过程时，除了要进行物料、热量衡算和研究成核生长动力学外，亦要特别考虑晶体颗粒的粒数衡算。粒数衡算理论揭示了结晶过程所涉及的大量物理和化学现象，而这些现象对结晶产品质量、晶体的二次成核及成长分散有重大影响。该理论现已广泛应用于实验室规模及工业结晶器的操作分析，推动了结晶工艺设计理论的发展，是工业结晶理论发展的一个里程碑。Larson 在近期发表的文章中指出：粒数衡算理论可用于连续和间歇结晶系统的评估和设计，并在对连续结晶进行过程设计中，明确提出了细晶消除及晶体分级脱除限度，以提高晶体粒度，并可用于分批式结晶器的优化策略。Bennet、Mnllin、Jong 等人也从粒数衡算基本理论出发，结合动力学经验表达式针对不同类型的结晶器做了大量研究工作，提出了多种结晶器简化设计模型。Tamman 研究了自熔融液的结晶过程与成核过程，提出了评价熔融结晶过程以及熔化过程的一些关系式。Kirwan 和 Pigford 基于活化状态模型发展了熔融液中晶体生长的界面动力学绝对速度理论，预测了纯物质的生长速率并关联了二组分熔融液中晶体的生长速率。

近年来为数众多的学者在从事结晶理论研究中开始将计算流体力学（CFD）的方法与粒数衡算理论相结合，通过模拟的方法揭示了沉析动力学和流体力学之间的相互作用。如 Garside 等采用搅拌釜式结晶器（rushton tank），以 $BaCl_2$ 和 Na_2SO_4 反应结晶为例，通过数值模拟方法研究了沉析与混合的相互作用，探讨了 $BaCl_2$ 和 Na_2SO_4 反应结晶过程中的宏观混合。

工业上结晶器的设计首先需要从满足相应生产能力的悬浮体积出发。如果已知目的晶体的饱和溶液的悬浮液体积 V_s，则结晶器中圆柱形结晶釜的直径 D_{CR} 可计算为：

$$D_{CR} = \sqrt[3]{\frac{4V_s R_{HD}}{\pi}} \tag{8-24}$$

式中，R_{HD} 是结晶器高度与内径的比值。这个值无法准确得到，因为在实际应用中需要考虑到液沫夹带、挡板和辅助设备等因素的影响。

【例题 8-1】 现需计算一导流筒挡板式（DTB）结晶器尺寸以完成冷却结晶工艺。已知外筒高度与内径之比为 1.1，釜体体积为 5.0m^3，结晶釜筒体直径应为多少？

解：筒体内径 D_{CR} 按下式计算：

$$D_{CR} = \sqrt[3]{\frac{4V_s R_{HD}}{\pi}} = \sqrt[3]{\frac{4 \times 5 \times 1.1}{\pi}} = 1.914 (m)$$

计算得到 1.914m，应取圆整筒体内径为 2.0m。

对于蒸发结晶，结晶器设计中的主要限制因素是蒸发时的截面积。其中截面积 $(\pi D_{CR}^2)/4$ 可以通过 V_s 和 R_{HD} 进行调控。除了增大截面积以外，还需要优化蒸发结晶器中的蒸汽流速来减少冷凝器中的液滴夹带，一般不超过 0.025m/s。因为一旦蒸汽流速过大，液滴被带到冷凝器中会导致冷凝器堵塞或换热面效率的降低。为了避免这种情况，提出了避免液滴夹带的最小结晶器直径 D_v：

$$D_v = \sqrt{\frac{4V}{\pi v_v \left(\frac{\rho_1 - \rho_v}{\rho_v}\right)}} \tag{8-25}$$

式中，V 为气相流率；v_v 为蒸汽流速，一般取 0.025m/s 进行计算。ρ_1 和 ρ_v 为液相和气相的密度。在设计蒸发结晶器时，应同时计算出 D_v 和 D_{CR}，并取较大值进行设计。

8.4 结晶工艺及应用

8.4.1 氯化钾晶体粒度控制工艺开发及设备设计

氯化钾是制造各种含钾有机盐的主要原料，钾离子对机体的各项生理活动都有严重的调控作用。氯化钾还经常被用作电解质平衡调节药，而且临床疗效确切。氯化钾的生产原料主要是光卤石，是含镁钾盐湖中蒸发作用最后的产物，常与石盐、钾石盐共生。光卤石是钾镁的卤化物矿物质，分子式为 $KCl \cdot MgCl_2 \cdot 6H_2O$，是一种味咸、性脆，无解理，荧光性强，易溶于水的物质。光卤石是非相称性的一种复盐，可以经过溶解、分布结晶等加工程序，然后使氯化钾同氯化镁进行分离提炼出氯化钾。光卤石的分解过程是层次剥离的过程，在溶解过程中钾离子和镁离子的浓度关系不一样，两者的浓度随着溶解深度的增加，氯离子的浓度逐渐升高，低温情况下的 KCl 表面受冷却的影响会凝结，但遇到高温情况会迅速散开并溶解，氯化钾的饱和度随着浓度的影响而扩散。这说明光卤石分解氯化钾与溶液饱和度和温度有很大关系，光卤石被分解后氯化钾达到一定的饱和度，形成氯化钾晶体。

为了最大程度减少氯化钾在结晶过程中含有的杂质，一般选择采用导流筒挡板式（DTB）结晶技术设备。DTB 型结晶是属于典型的晶浆循环式结晶，在结晶器内设置内导流筒，筒形挡板，从而形成循环通道，操作时热饱和溶液连续加热到循环管的下部与循环管内夹带有小晶体的原液混合后由循环泵送至加热器里，只需要很低的压头，就能使器内实现良好的内循环，同时结晶循环区和细晶沉淀区互不干扰，彼此独立。DTB 结晶器同时还采用了特殊设计的搅拌桨，转速可以调节，且真空式的结晶器过饱和产生于液面，循环晶浆能够迅速地消除过饱和，而且 DTB 结晶器性能良好，生产强度大，设备内不易结疤。是生产氯化钾主要的设备仪器之一。生产过程中，蒸发液澄清后，从 DTB 结晶器的进料口（导流筒底部附近）进入，与原有的母液相混合，并在缓慢转动的搅拌器的作用下，在导流筒中向上流动至液面，然后折返到沉降区，再经导流管做循环流动。溶液在液面闪蒸冷却达到过饱和状态，析出光卤石结晶。其中部分光卤石在细晶表面沉积，使光卤石结晶体得以长大，在料液循环过程中落入沉降区。较大晶粒的光卤石浆料经出料口排出。

目前国内氯化钾的生产的主要工艺中，冷分解-热溶结晶法在工业生产中能耗高，对生产设备的腐蚀大。"冷分解-浮选法"的回收率较低，产品的粒度较细。而"反浮选-冷结晶法"是目前世界上发展前景很好的一种工艺，在常温下，能生产出粒径大、含量高、水分低产品。同时，是在常温下生产，生产能耗低，对选矿设备腐蚀较小。具体来说，反浮选法是与浮选法相反的工艺，该工艺将无用的物质从矿物中滤除，通过在光卤石料浆中加入氯化钠浮选药剂，使氯化钠变成泡沫被刮除，而光卤石原料则因为亲水性被留下，故称为反浮选法。该方法选取了如下的工艺路线：首先用光卤石原矿和尾矿进行调浆，接着使用浮选药剂，通过反浮选技术将氯化钠从光卤石中分离出来并除去，使光卤石原料转化成高品位的低钠光卤石。然后将得到的光卤石料浆经过离心机脱卤，接着使用冷结晶技术，在脱卤后的精料中加水分解结晶，将光卤石分解，结晶制成高品位的氯化钾。这种工艺的出现和使用，打破了我国生产氯化钾技术落后、效率低下的局面，使我国生产氯化钾的技术达到国际标准。

青海盐湖工业股份有限公司钾肥分公司于 1998 年新建 10 万吨样板工程，开发了适应高原环境的反浮选冷结晶自控系统，2000 年大规模将反浮选冷结晶技术及自控系统应用于年产 100 万吨氯化钾项目（原 100 万吨钾肥项目），装置运行十年来稳定，连创新高，近几年来在国家科技支撑计划、国家矿产资源节约与综合利用专项资金支持下，产品质量、回收率达到新水平，工艺装置可以连续稳定生产 98% 以上产品、回收率达到 63%～65%。设计采用的水采光卤石原矿品位为 KCl 18.37%。

8.4.2 硝盐联产工艺设计开发

硝盐联产，就是在传统真空制盐、制硝装置相结合的基础上，实现母液循环使用。制硝和制盐在一个密闭的循环系统中进行，盐工序生产 NaCl 产品，硝工序生产 Na_2SO_4 产品。在设计盐工序和硝工序时，主要以结晶颗粒生长机理为考量；工业生产中力求生成粗大的结晶产品，有利于固液分离操作。生产大颗粒结晶，必须满足析晶的基本条件：料液过饱和度、结晶生长时间、结晶成长的区间、料液温度。影响结晶的因素很多，如过饱和度、浓度、pH 值、同离子效应、络合效应、搅动强度、温度、流速等。其中最主要的因素是溶液的过饱和度。因此，控制消耗速率将成为真空制硝、制盐过程控制粒度的关键所在。

中国轻工业北京设计院于 2006 年前后设计了 3 套年产 56 万吨、30 万吨、60 万吨的生产装置，都采用五效真空制硝，制硝母液经过两级闪发降温进入制盐组罐蒸发析出 NaCl 结晶排出。精制后硝水进入硝工序蒸发析出 Na_2SO_4 结晶，制硝母液中 NaCl 富集至一定含量后供给母液回收系统生产。制硝母液回收系统采用首效加热蒸发析硝，析硝料液后溢经过两级闪发降温，进入析盐蒸发罐加热蒸发析出 NaCl 结晶，析出 NaCl 结晶的制盐母再返回制硝蒸发罐蒸发析出 Na_2SO_4 结晶，这样循环蒸发分离出制硝母液中 Na_2SO_4、NaCl 成分，

并生产出合格的 Na_2SO_4、$NaCl$ 产品。生产实践证明，混合卤水中 Na_2SO_4、$NaCl$ 完全可以分离，产品品质能够达到不同级别的指标要求。硝工序在原料条件允许的情况下，满负荷生产，产量比较理想，但是盐工序（母液回收系统）在生产运行过程中，容易出现晶体偏细，固液比不理想，沉降缓慢等现象。因此，在设计生产装置时，装置的运行必须满足连续结晶过程的控制，只有符合过程的过饱和度产生速率与结晶动力学之间的平衡，才可使用一定的控制手段对晶体的成核速率与晶核数量进行控制；有效的控制才能达到大晶粒产品的设计要求，这样的生产装置才能高效地正常运行。

江苏省有关文件规定将淘汰 35t/h 锅炉，现有配置 35t/h 锅炉热电站的硝盐联产装置面临停产或寻找洁净能源问题，因此，需要开拓硝盐联产全程采用电为能源的技术先进经济合理的分离硝盐新工艺技术。中国中轻国际工程有限公司的彭赛军等人提出一种硝盐联产绿色生产工艺，工艺过程以硫酸钠和氯化钠溶液为原料液，原料液与升温制盐母液混合经过冷凝水换热至沸点进入一段高温机械压缩蒸发后分离获得固体硫酸钠和一段高温制硝母液；一段高温制硝母液进入二段高温机械压缩蒸发后获得含氯化钠和硫酸钠固体的二段高温制盐硝母液的混合物；混合物与低温制盐母液经过 n 级换热器换热得到降温盐硝混合液；降温盐硝混合液与自来水或循环水经过带夹套沉降分离器强制循环换热器降温回溶硫酸钠盐析氯化钠后固液分离获得固体氯化钠和低温制盐母液，低温制盐母液换热升温后与原料液混合换热至沸点参与下循环一段高温机械压缩蒸发制硝工序。

8.4.3　晶体发汗法提纯工业对甲酚

对甲酚是一种重要的有机化工原料。它广泛应用于高分子材料的助剂、农药、染料、塑料等工业部门，在医药上还可以用作消毒剂。目前，除了从煤焦油、石油炼制品分离制得对甲酚以外，许多国家仍采用甲苯磺化碱熔法生产对甲酚，此法类似苯磺化碱熔法合成苯酚。国外一些公司就是利用原有苯酚生产装置改产甲酚的。甲苯磺化碱熔法以甲苯为原料，磺化剂有硫酸、三氧化硫、氯磺酸三种，磺化后，得到甲苯磺酸，经中和、碱熔得到甲酚钠，再经酸化得甲酚。优点是工艺简单、成熟，用于苯磺化碱熔法生产苯酚的设备皆可套用，适于中、小规模生产。但其缺点是需耗用大量的酸、碱，设备腐蚀严重，三废量大。

由甲苯磺化碱熔法制得的对甲酚是含苯酚、邻甲酚、对甲酚以及间甲酚等组分的混合物。由于对甲酚和间甲酚沸点差很小（仅差 0.29℃）人们难于用精馏法分离它们。天津卫津化工厂的王学东和李文理团队采用晶体发汗法对甲苯磺化碱熔法生产的含量为 95％ 的工业对甲酚进行提纯，一级晶体发汗可得到含量高达 99.9％ 的高纯物，采用二级晶体发汗其总收率可达 75％。其过程主要有：先将熔融工业品对甲酚取样，加入结晶管内，管外再喷淋冷却水。调节喷淋水温度，使物料温度逐步升高直至适当温度，努力减少温度波动，使物料温度尽量接近纯对甲酚之熔融点。排发汗液，将发汗液从结晶管底部阀门放出，此后称量发汗液重量并取样化验。继续提供热量，使结晶管内物料全部熔化，之后取样，视化验结果决定是否达到最终目的。将不同晶体发汗组次的发汗液混合，对这种混合物料进行再结晶及晶体的再发汗，即有所谓的第二级晶体发汗。二级晶体发汗总收率包括第一级和第二级晶体发汗提纯过程的收率。

8.4.4　酮苯脱蜡工艺开发及设备设计

酮苯脱蜡是溶剂脱蜡中最常见的一种，它具有处理量大、操作条件缓和、适用性广、能处理各种馏分润滑油和残渣润滑油等优点。主要目的在于除掉原料中的高凝点组分〔主要是大分子的正构烷烃和异构烷烃（蜡）〕降低油品的凝点以满足各种机械在低温下的使用要求。丁酮-甲苯混合溶液对油的溶解能力强而对蜡的溶解能力弱，通过降低温度来减小蜡在原料油液中的溶解度，同时加入稀释溶剂降低原料油的黏度和蜡晶体的浓度，使蜡结晶。通过过滤、冷洗，使油、蜡分离，并将溶剂回收循环使用。

酮苯脱蜡装置以减压蒸馏装置的侧线馏分油及减压渣的溶剂脱沥青油为原料，混入丁酮、甲苯混合溶剂，经过冷却降温、过滤分离、溶剂回收等工艺过程，生产粗石蜡产品。对于重质原料油，通过脱油过程，可以生产地蜡（微晶蜡）。酮苯脱蜡装置是润滑油及石蜡生产的重要环节，整个过程中物料经物理变化进行分离，没有化学变化。本装置为单脱装置，三段脱油为等温进料，原料为蒸馏装置减四线馏分油，主产品为 64 号粗石蜡。装置自开工至今，为进一步挖潜增效，装置进行多次技改，目的是消除装置生产中的一些短板，单能耗指标一项，已由 70.02kg/t 降至 2018 年的 42.71kg/t。低于设计值 30.6kg/t，装置能耗指标领先于同类装置，基本工艺流程如图 8-8。套管结晶器是酮苯装置的主要设备，它的任务是冷却含蜡原料油和溶剂的混合物，并提供一定的停留时间，使原料油中的蜡在套管内缓慢结晶析出。它直接影响装置的加工能力、产品质量及收率。大套管节电约 25% 以上，降低了稀释比，回收系统能耗较大幅度降低。

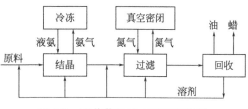

图 8-8　酮苯装置基本工艺流程图

8.4.5　脱苯洗油结晶工艺开发及设备设计

洗油是煤焦油蒸馏 230~300℃ 的馏分，为黄褐色至棕色的油状液体，在无水煤焦油中比例约占 4.5%~6.5%。因其分子量适中，化学稳定性较好，在常温下对粗苯有良好的吸收能力，而在加热时又能使粗苯从中很好地分离出来，常用于吸收焦炉煤气中的苯族烃及各种有机气体。洗油中富含 α-甲基萘、苊、芴、氧芴、β-甲基萘、萘、喹啉、异喹啉、吲哚、联苯和二甲基萘等宝贵的有机化工原料，但这些原料目前主要用于从焦炉煤气中洗苯，价格低廉。近年来随着煤焦油加工重视程度的提高，洗油产品中的精细化学品分离逐步成为化工研究人员关注的焦点。洗油中各组分沸点差很小，通过一次精馏很难获得最终产品，通常先富集馏分，再通过结晶方法将其分离，获得高纯度产品。例如在洗油中，蒽与菲的沸点非常接近，无法用常规精馏方法进行分离，而结晶法可以使蒽的收率在 75% 以上，且产品纯度达到 95%。

芴（$C_{12}H_8$）是煤焦油及洗油深加工的主要产品之一，约占洗油馏分的 16%，芴可用于制作染料的中间体，或用于制塑料、杀虫剂及杀菌剂等，结构式如图 8-9 所示[12]。国内外工业芴的制取基本是以煤焦油中洗油为原料，采用萃取结晶、乳化结晶和共沸重结晶等工艺。日本新日铁化学所研制开发了以洗油为原料，通过把蒸馏与塔内结晶工序相结合（BMC）方法制取芴的工艺过程，能够得到纯度为 99% 的芴。具体操作是将洗油经精馏工艺制取芴馏分后将其在设有三个搅拌器和三个区段（冷却、净化和熔融）的立式塔内用结晶法净化，最后得到主要物质含量为 99% 的芴和油。

芴（$C_{13}H_{10}$）作为洗油中的重要组成部分之一，含量在 8%~14% 之间，是一种重要的有机合成原料[13]，由法国科学家 Berthelot 于 1867 年在蒸馏粗蒽油的过程中，通过热乙醇重结晶首次制得。芴在制药工业、燃料工业、高分子合成材料和生物工程等领域应用广泛，其结构式如图 8-10 所示。在工业芴的提取精制过程中，首先通过蒸馏的方法切取芴主馏分，然后通过冷却结晶法和溶剂结晶法精制芴主馏分得到纯度较高的芴。精制工艺一般采用结晶、离心分离、溶剂重结晶和干燥等工序，但是用重结晶所采用的溶剂各不相同。目前国内外关于芴溶液结晶研究的重点是寻找合适的溶剂。由于芴在多数溶剂中的溶解度比较小，使每步结晶操作的生产能力有限；而且多数溶剂对工业芴中的氧芴、甲基联苯、甲基氧芴等主要杂质的分离能力较低，所以，一次结晶往往纯度不够，因此需要进行多次重结晶，才能得到纯度较高的精芴。

图 8-9 苊的结构式   图 8-10 芴的结构式

8.4.6 阿莫西林生产工艺中等电点结晶的应用

随着中国医疗健康行业的快速发展和人类健康意识的觉醒，医疗卫生服务和医疗质量安全日益受到重视，提高医药制品的安全性和有效性对于医药行业发展质量具有十分重要的意义。对医药行业而言，结晶行为影响药物的物理化学性质，包括溶解性、可压性、流动性、稳定性等，进而影响药物的溶解行为和生物利用度。通过研究医药制品的工业结晶过程，可以提高产品的收率，改善产品质量（包括产品纯度、外观以及粒度分布等），降低生产过程成本，提高医药制品在市场上的竞争力。结晶过程的许多操作因素对最后获得的晶体都有着重要影响，溶液过饱和度会影响晶体成核和生长速率，杂质会影响晶体的晶习等。

阿莫西林（Amoxicillin），即羟氨苄青霉素（$C_{16}H_{19}N_3O_5S \cdot 3H_2O$），为青霉素类广谱 β-内酰胺类抗生素。作为人类最早发现的抗生素，青霉素至今仍是人类应对细菌感染最常用、最有效的药物之一。除了阿莫西林以外，青霉素类药物还包括甲氧西林、氯唑西林和哌拉西林等衍生物，具有杀菌作用强、毒副作用少等特点。阿莫西林是由英国药企 BEECHAM 公司（现并入葛兰素史克公司）开发的 6-氨基青霉素烷酸（6-APA）的半合成衍生物，于 1972 年首次推向市场。阿莫西林能抑制细菌外层细胞壁的合成，有较强的杀菌作用，除了青霉素针对的革兰氏阳性菌以外，阿莫西林对革兰氏阴性菌如淋球菌、流感杆菌、百日咳杆菌、大肠杆菌、布氏杆菌等也有较强的抗菌作用。

阿莫西林的生产工艺主要有化学合成法和酶促合成法等。前者包括对羟基苯甘氨酸邓钾盐与特戊酰氯的混合、混酐、缩合、水解和结晶等工序，后者主要是对羟基苯甘氨酸甲酯（HPGM）与 6-APA 混合后，加酶催化，结晶沉淀即可得到阿莫西林。二者均需要工业结晶操作，结晶行为直接影响阿莫西林的晶型和纯度，进一步影响药物的原料纯度及成品制剂等关键质量属性。结晶工艺在控制晶体形态和结晶水结合方式方面起着至关重要的作用，结晶方法或结晶条件的细微变化都会导致产品晶型的改变，阿莫西林的晶型直接影响其固有性质，尤其是固体制剂的粒度。如果结晶工艺得到的产品粒度较小将会对产品后续的过滤分离和干燥造成不利影响，洗涤时也会导致滤饼中溶剂和杂质的残留等问题，降低产品纯度，同时小粒度晶体也给产品的运输和贮存带来不便。因此，结晶工艺为阿莫西林生产工艺中的关键控制点。阿莫西林是两性电解质，分子中同时含有氨基（碱性基团）和羧基（酸性基团），在水溶液中既可带正电荷也可带负电荷。阿莫西林在水溶液中的溶解度受酸度，也就是 pH 值的显著影响。根据这一特点，阿莫西林的生产采用等电结晶工艺，通过酸度调节剂使得阿莫西林在水溶液中的溶解度不断降低，直至溶液调至等电点（分子表面不带电荷时的 pH 值），此时阿莫西林溶解度最小。使阿莫西林呈过饱和状态析出，获得纯净的阿莫西林晶体。

本章符号说明

符号	意义	计量单位	符号	意义	计量单位
r	晶体半径	m	p	搅拌强度	m/s
s	晶体的溶解度	g/100g 溶剂	k_f	膜传质系数	m/s
σ	固液界面间张力	N/m	t	时间	s
ρ	晶体密度	kg/m^3	n	反应阶数	
R	气体常数		L	晶体尺寸	m
T	绝对温度	℃	G	晶体生长的线速度	cm/s
M	晶体分子量	kg/mol	D_{CR}	筒体内径	m
c	浓度	g/ml	R_{HD}	高度与内径的比值	
ΔG	吉布斯自由能	kJ/mol	V_s	悬浮液体积	m^3
B	成核速率	cm$^3 \cdot$ s	D_v	最小结晶器直径	m
A	频率因子	核/(s $\cdot$ cm^3)	v_v	蒸汽流速	m/s

 思考题

[8-1] 结晶过程的原理是什么？结晶分离有什么特点？

[8-2] 溶液中晶核产生的条件是什么？成核方式有哪些？

[8-3] 什么是过饱和度？简述不同过饱和度对结晶过程的影响。

[8-4] 试给出几种常用的工业起晶方法，并说明维持晶体生长的条件。

[8-5] 晶体质量的指标通常包括哪些内容？生产中如何获得高质量的晶体产品？

[8-6] 什么是重结晶？重结晶的意义有哪些？

[8-7] 试给出几种常用结晶器形式，并说明相应结晶设备操作原理。

 计算题

[8-1] 下表给出三种盐类在水中的溶解度（单位：g/100g），请为每种盐类选择合适的结晶方法。

盐类别	20℃	40℃	60℃	100℃
1	20	23	26	29
2	0.033	0.040	0.046	0.052
3	11	16	29	69

[8-2] 假设 $(NH_4)_2SO_4$ 晶体生长的线速度 $G \propto \Delta c$，请验证阿伦尼乌斯方程是否适用于其结晶过程。c^* 是温度的函数，且硫酸铵结晶为无水化合物。

温度/℃	30	60	90
溶解度/(g/100g)	78	88	99
s	0.05	0.05	0.01
$G/(10^{-7}\,\mathrm{m/s})$	5.0	8.0	0.6

参考文献

[1] 乐有贵，曾波，罗康碧，等. 老挝钾盐矿热溶结晶生产大颗粒氯化钾研究[J]. 化工矿物与加工，2013，42(04)：15-19.

[2] 乜贞，伍倩，丁涛，等. 中国盐湖卤水提锂产业化技术研究进展[J]. 无机盐工业，2022，54(10)：1-12.

[3] 陈亮. 对二甲苯悬浮结晶分离技术进展[J]. 现代化工，2020，40(02)：57-61.

[4] 张宗礼，吕惠生，肖观秀，等. 聚碳级双酚 A 结晶精制过程的研究[J]. 化学工程，2005(06)：14-17.

[5] 丁海兵，汪英枝，马海洪. 精对苯二甲酸(PTA)结晶动力学[J]. 聚酯工业，2005(05)：22-26.

[6] 张建国，刘银霞，朱腾跃. 维生素 C 钠盐结晶工艺优化[J]. 低碳世界，2018(05)：347-348.

[7] 李兰菊，李秀喜，徐三. 阿司匹林结晶过程的在线分析[J]. 化工学报. 2018，69(03)：1046-1052.

[8] 尹芳华，钟璟. 现代分离技术[M]. 北京：化学工业出版社，2009.

[9] 叶铁林. 化工结晶过程原理及应用[M]. 北京：北京工业大学出版社，2020.

[10] de Haan André B, Burak Eral H, Schuur Boelo. Industrial Separation Processes[M]. De Gruyter, 2020.

[11] 赵建海，王相田，宋兴福，等. 反应结晶过程中六氨氯化镁的粒度分布[J]. 华东理工大学学报(自然科学版)，2005，31(3)：323-326.

[12] 李浩，王康康，李改锋，刘月娥. 苊的用途及提取工艺研究进展[J]. 广州化工，2016，44(11)：5-6, 9.

[13] 卞长波. 洗油深加工产品及工艺技术分析[J]. 石化技术，2021，28(05)：46-48.

第**9**章

组合工艺应用实例

9.1 工业实例1：精馏结晶组合工艺分离苯-氯化苯-二氯苯-多氯苯混合液

9.1.1 概述

苯氯化反应的产物含有过量苯、氯化苯、二氯苯及多氯苯等，一氯苯和二氯苯均是重要的原料、中间体和溶剂，广泛应用于医药、农药、工程塑料、溶剂、染料、颜料、防霉剂、防蛀剂、防臭剂等领域。

工业上对二氯苯的制备主要有两种方法。一是联产法，以苯为原料，在催化剂存在下，分批或连续氯化，反应首先生成氯苯以及部分二氯苯异构体，继续深度氯化增加二氯苯异构体含量并防止生成多氯苯，氯化液采用蒸馏和结晶分离提纯，即将氯苯生产中得到的二氯苯送入结晶器，冷却使之析出结晶，再经离心分离或压滤等分出母液，然后送入水蒸气蒸馏塔进行精馏，再通过冷凝器、制片机使其凝固而得到对二氯苯；从离心分离器等分离出的母液用真空蒸馏塔进行精馏得到邻二氯苯。二是苯的定向催化氯化法，定向法主要是开发了连续氯化反应器和定向催化剂，由于氯苯的价格比苯的价格高，氯化法一般都以苯为原料，苯的氯化反应是亲电取代反应，常用的催化剂为 Lewis 酸，反应产物为苯、一氯苯、二氯苯异构体及多氯苯的混合物，然后分离出对二氯苯，这将是今后对二氯苯的主要来源。

国内二氯苯生产装置的生产能力较大，但工艺和设备存在问题，导致产品质量和收率低、能耗大及设备腐蚀等，因此开发新工艺及设备，能有效解决产品质量和收率低、能耗大的问题。

苯过量氯化反应生成的产物包含苯、一氯苯、二氯苯和多氯苯，普遍采用初馏和精馏方法分离混合产物，工艺流程详见图9-1。氯化反应液经初馏塔分离，塔顶回收得到苯，塔底流出液送至精馏塔精制，精馏塔塔顶得到一氯苯，塔釜流出液为混合二氯苯和多氯苯及高沸点残液，精馏塔塔釜混合二氯苯用于进一步分离。混合二氯苯是同分异构体的混合物，物化性质相近（见表9-1），对、间二氯苯之间沸点差仅为2℃，对、邻二氯苯之间沸点差为3～6℃，组成之间的相对挥发度仅为1.059，属于难分离物系。采用一般的精馏方法，产品纯度和收率低，在回流比为20:1条件下进行精馏分离，能耗大。为解决二氯苯混合物分离难题，前期国内外进行了大量研究，提出萃取精馏、分子筛吸附法、共熔结晶法、结晶与精馏结合法、氯化分离法、乳化法、熔析结晶法、熔融结晶法、精馏-降膜结晶耦合法、多级结晶法、结晶压榨法、萃取结晶分离法及萃取蒸馏法等。各种方法均有明显的优势，但也存在问题，分子筛吸附法自动化程度高、产品纯度高，但分子筛再生周期长、能耗大，分离效果受微孔数量和孔径影响大；各种结晶法操作方便、能耗低，但结晶裹挟杂质严重、产品纯度低，且母液处理难度较大；精馏法产品含量和收率低、能耗大；萃取精馏法与精馏法相比节省了设备投资和能耗，有利于对、邻二氯苯的分离，但对对、间二氯苯的分离效果差；氯化分离法流程简单、能耗低，但对设备的耐腐蚀、耐高温要求高，且易引入新的三氯苯杂质[1]。

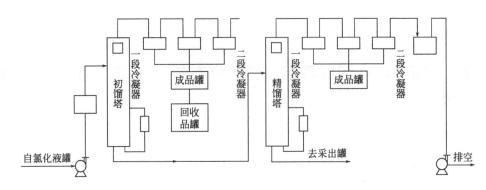

图 9-1　提取氯化苯的精馏过程

表 9-1　混合二氯苯部分物性数据

名称	沸点/℃	汽化潜热/(kJ/kg)	熔点/℃	比热容/[kJ/(kg·K)]
间二氯苯	172	259.46	-24.7	1.4126
对二氯苯	174.1	261.15	53.5	1.4114
邻二氯苯	179	269.76	-17.03	1.4119

9.1.2　混合二氯苯分离工艺对比

工业中主要采用多次精馏法分离苯氯化反应生产的混合氯化苯，首先采用初次精馏去除反应生产的混合氯化苯中的苯，然后采用精馏法分离氯化苯和多氯化苯，最后再次采用精馏分离二氯苯和三氯苯以上的成分，多次精馏可得到 98.7% 纯度的苯、99.6% 以上纯度的氯化苯和 99.5% 以上纯度的二氯苯馏分。由于多次精馏和多次冷凝需要消耗大量能量，每生产 1t 混合二氯苯需要消耗 47.62×10^6 kJ 能量，生产成本过高。采用组合分离工艺可以显著降低能耗，减少设备投资的费用[1]。

（1）多次精馏和结晶结合分离工艺

多次精馏和结晶结合分离混合二氯苯，分离工艺如图 9-2 所示，工艺流程由三塔（T101、T102、T103）及结晶装置（J104）构成，该过程分离结果及能耗见表 9-2，从表 9-2 知，每生产 1t 对二氯苯能耗为 8.12×10^6 kJ，生产 1t 邻二氯苯能耗为 18.91×10^6 kJ。

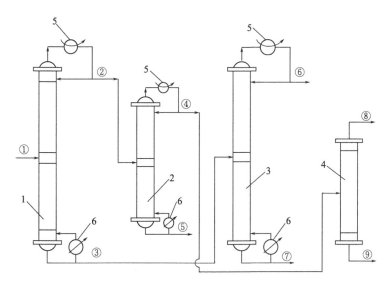

图 9-2 多次精馏和结晶组合工艺流程图

①～⑨代表各塔馏分

1—精馏塔（T101）；2—精馏塔（T102）；3—精馏塔（T103）；4—结晶器（J104）；5—冷凝器；6—再沸器

表 9-2 分离结果及能耗

塔	馏股	流量/(kg/h)	组成含量（质量分数）			热量/kJ
			间二氯苯	对二氯苯	邻二氯苯	
T101	①	2940	0.0300	0.5500	0.4200	4232060
	②	2143	0.0345	0.6831	0.2824	
	③	797	0.0173	0.1921	0.7900	
T102	④	1157	0.0495	0.8978	0.0526	2409180
	⑤	986	0.0168	0.4311	0.5521	
T103	⑥	399	0.0344	0.3808	0.5848	844010
	⑦	398	0.0034	0.0015	0.9951	
J104	⑧	230	0.2424	0.5048	0.2527	40780
	⑨	927	0.0016	0.9953	0.0031	
能耗总计						7526030

（2）萃取精馏与结晶结合分离混合二氯苯

如图 9-3 所示的分离工艺流程为萃取精馏与结晶操作组合工艺，混合二氯苯（馏分①：间二氯苯 55%，对二氯苯 3%，邻二氯苯 42%）进入萃取塔，塔顶②为 89% 以上纯度的对二氯苯，萃取剂 S 和邻二氯苯混合物③经萃取剂回收塔处理，萃取剂回收塔底处理后的溶剂送至馏分④循环使用，萃取剂回收顶馏出馏分⑤。经以上详细的研究，分离工艺条件及结果分别见表 9-3 和表 9-4。

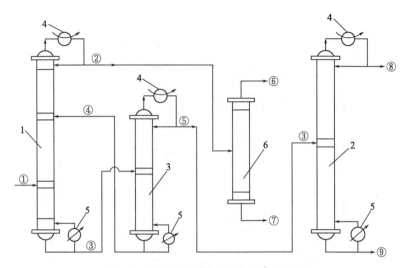

图 9-3　萃取精馏和结晶组合工艺流程图
①～⑨代表各塔流股
1—萃取精馏塔（T101）；2—精馏塔（T103）；3—萃取剂回收塔（T102）；4—冷凝器；5—再沸器；6—结晶器（J101）

表 9-3　分离过程工艺条件

工艺参数	萃取精馏塔 1	萃取剂回收塔 3	结晶器 6
塔顶温度/℃	173.7	179.1	—
塔底温度/℃	205.5	227	—
回流比（R）	4	1～2	—
理论板数（N）	48	25	—
原料进料位置（N_F）	37	13	—
萃取剂进料位置（N_S）	5	—	—

采用萃取精馏的工艺，在一定工艺条件下，经过萃取，萃取精馏塔塔顶一次性得到纯度89%以上的对二氯苯，回收塔底得到97%以上纯度的邻二氯苯（不计萃取溶剂），邻二氯苯一次收率达到91%以上。因此，本节提供的间二氯苯（1）-对二氯苯（2）-邻二氯苯（3）萃取分离混合二氯苯分离实验为进一步产业化提供依据，为生产邻二氯苯开辟了新途径。

表 9-4　萃取过程分离结果

塔	流股	流量/(kg/h)	组成含量（质量分数）				热量/kJ
			对二氯苯	间二氯苯	邻二氯苯	环丁砜	
T101	①	2940	0.5500	0.0300	0.4200	0.0000	4300340
	②	1780	0.8968	0.0457	0.0575	0.0000	
	③	4100	0.0048	0.0017	0.2763	0.7172	
	④	2940	0.0000	0.0000	0.0000	1.0000	
T102	⑤	1160	0.0179	0.0060	0.9761	0.0000	2875340
	④	2940	0.0000	0.0000	0.0000	1.0000	

续表

塔	流股	流量/(kg/h)	组成含量（质量分数）				热量/kJ
			对二氯苯	间二氯苯	邻二氯苯	环丁砜	
J101	⑥	373					62745
	⑦	1407					
T103	⑧	162					420730
	⑨	998					
能量总计							7659155

从表 9-4 可知，生产 1t 对二氯苯消耗总能量为 4.3×10^6 kJ，生产 1t 邻二氯苯需要能量为 6.6×10^6 kJ。

（3）萃取精馏和结晶结合方法与精馏和结晶结合方法能耗的比较

采用两种工艺分离二氯苯，分离过程能耗及收率见表 9-5。结果表明采用萃取精馏和结晶结合的方法与精馏和结晶结合方法相比，前者纯度较高，对二氯苯含量达到 99.8% 以上，对二氯苯和邻二氯苯的收率分别达到 86% 和 80% 以上。采用萃取精馏和结晶结合方法生产 1t 邻二氯苯能耗为精馏和结晶结合方法的 34.9%。

表 9-5　萃取精馏和结晶结合方法与精馏和结晶结合方法对比

参数	萃取精馏和结晶结合方法		精馏和结晶结合方法	
	对二氯苯	邻二氯苯	对二氯苯	邻二氯苯
纯度/%	99.80	99.81	99.53	99.51
收率/%	86.80	80.60	57.07	32.12
能耗/(10^6 kJ/t)	4.3	6.6	8.12	18.91

从以上方法比较可知，采用萃取精馏与结晶结合技术分离苯氯化反应产物，不仅简化生产工艺流程，同时降低了能耗。

9.2　工业实例 2：结晶分离与吸附分离耦合法组合工艺在芳烃分离中的应用

在 C_8 芳烃生产的联合技术中，结晶分离法和吸附分离法是相继在工业上实现对二甲苯（PX）生产的两种方法，二者各有特点。结晶分离利用 C_8 芳烃不同异构体之间熔点的差异，来实现 PX 与其他组分的分离，工艺流程简单、产品纯度高，但是受低共熔点的限制，单程回收率较低，特别是 PX 含量低时，需要深冷、多结晶过程，使得设备投资和能耗明显增加。吸附法利用分子筛吸附剂对异构体之间吸附作用力强弱的差异实现分离，是 PX 生产中使用最多的工艺方法，与结晶法相比单程回收率高，但当物料中 PX 含量越高，所需吸附剂的量就越高，且对杂质含量要求严格，使得二甲苯分馏塔能耗增加。吸附-结晶组合工艺是同时使用这两种分离方法生产 PX 的过程，既可以充分发挥两种方法各自的特点和优势，又可以降低能耗，实现增产的同时降低生产成本[2]。

以下简述结晶分离与吸附分离耦合的组合工艺，首先通过吸附分离将低 PX 含量的 C_8 芳烃原料提浓为高 PX 含量（一般不小于 80％）的物料，然后仅通过结晶分离获得 PX 产品，该组合工艺适合于对现有装置的扩能改造，也可用于新建 PX 生产装置。组合工艺流程如图 9-4 所示。首先利用吸附单元对低 PX 含量的 C_8 芳烃原料进行提浓，得到高 PX 含量的 C_8 芳烃物料；然后将这部分高 PX 含量的 C_8 芳烃送入结晶单元以获得高纯度 PX 产品；结晶单元的结晶母液再返回到吸附单元继续进行提浓，而吸附单元的抽余液经异构化单元处理后重新得到接近热力学平衡组成的低 PX 含量的 C_8 芳烃原料。如果联合装置中有其他来源的高 PX 含量的 C_8 芳烃原料，例如来自甲苯择形歧化、甲苯甲基化等工艺，则这部分原料也可与吸附提浓后的 C_8 芳烃一起，直接送入结晶单元进行结晶分离。在耦合法组合工艺中，经吸附分离提浓的 C_8 芳烃中的 PX 含量，不仅会对吸附分离过程本身产生很大影响，而且会影响结晶过程的结晶温度和 PX 回收率，是需要优化的一个重要工艺参数。

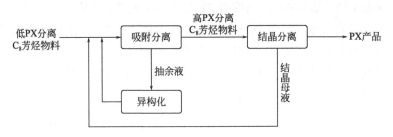

图 9-4　结晶分离与吸附分离耦合法组合工艺方块图

经过吸附分离提浓后的 C_8 芳烃原料中，PX 含量可在较大范围内变化，以满足组合工艺的不同需求。仅从结晶工艺过程考虑，当结晶进料中 PX 含量达到 94％左右时，其饱和结晶温度约为 11℃，当结晶温度为 −10℃ 时便能获得 92％的 PX 回收率，理论上结晶分离工艺采用单级结晶过程即可。但是采用纯 PX 产品作为洗涤液洗涤滤饼时，洗涤液在洗涤过程中容易结晶析出从而影响洗涤效果，为了保证产品纯度，宜采用更高的结晶温度；然而，由于结晶单元的母液要全部返回到吸附单元，为了减少系统循环量，应采用较低的结晶温度以尽可能地提高结晶单元的 PX 回收率。综合考虑，结晶分离工艺仍然采用两级结晶过程，即通过相对较高温度的一级结晶过程获得 PX 产品，同时利用相对低温的二级结晶过程提高结晶单元的回收率，其工艺流程如图 9-5 所示。当原料中 PX 含量为 92％～96％时，−10℃ 左右的结晶温度比较合适，此时结晶母液中的 PX 含量已降至 53％左右，PX 回收率达到 90％以上，在此基础上继续降低结晶温度，回收率无明显提高。

耦合法组合工艺中的吸附单元的作用是为结晶单元提供 PX 含量适宜的 C_8 芳烃原料，其分离精度要求低于常规吸附分离过程，该单元的投资和操作费用尽量减少。简化的吸附分离工艺采用液相模拟移动床分离技术（本书 6.4.3 节已述），用 12 个吸附床层代替通常的 24 个吸附床层，以获得 PX 含量为 92％～96％的 C_8 芳烃作为结晶单元的进料，而 PX 回收率维持在 97％以上。简化的吸附分离工艺的吸附剂装填量不超过现有吸附分离工艺吸附剂用量的一半。吸附塔操作温度为 177℃，控制吸附塔塔底压力为 0.9MPa，与常规吸附分离工艺相同，吸附进料为 C_8 芳烃，其中可以含有少量的甲苯（小于 1％）和 C_9 芳烃（一般应控制在小于 0.5％）；解吸剂为对二乙苯（PDEB）；抽出液中富含 PX，PX 回收率大于

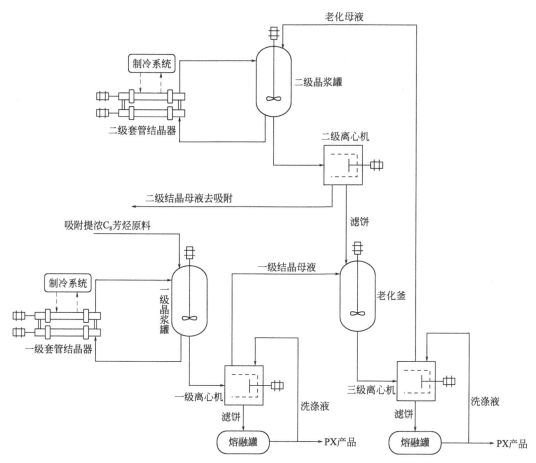

图 9-5 组合工艺中结晶单元工艺流程图

97％，经抽出液塔分离后，由塔顶采出高 PX 含量（PX 质量分数大于 90％）的 C$_8$ 芳烃送去结晶单元进行分离提纯，塔底采出 PDEB 循环用作解吸剂；抽余液经抽余液塔分离，塔顶侧线采出贫 PX 的 C$_8$ 芳烃送去异构化单元，塔底采出 PDEB 循环用作解吸剂。

9.3 工业实例 3：膜分离与变压吸附耦合技术在炼厂氢气回收中的应用

随着市场对油品质量要求越来越严格，炼厂对氢气需求量也越来越大，但由于制氢成本较高，高效回收氢气，成为炼厂增效的重要措施之一，因此，加氢工艺在炼厂得到了广泛的应用。炼厂中氢源主要有两种：①重整副产氢气，但受炼厂加工路线及生产实际情况限制，重整氢气远不能满足炼厂耗氢需要；②单独建立制氢装置或外购氢气。无论是新建制氢装置或外购氢气，成本均较高。而炼厂尾气中氢的含量较高，如果将炼厂尾气排放至瓦斯管网，既造成氢气资源的严重浪费，又使瓦斯管网氢气含量偏高，导致瓦斯系统压力不稳定，影响加热炉燃烧。因此，高效回收炼厂气中氢气，成为炼厂增效重要的措施之一。

9.3.1 单一氢气提纯工艺

氢气提纯的主要工艺有膜分离、变压吸附（PSA）、深冷分离等。其中，膜分离、PSA

的应用较为广泛。

9.3.1.1 膜分离

膜分离的基本原理是利用一种高分子聚合物薄膜（通常是聚酰亚胺或聚砜）来选择"过滤"进料气而达到分离的目的。当两种或两种以上的气体混合物通过聚合物薄膜时，各气体组分在聚合物中的溶解扩散系数有差异，导致其渗透通过膜壁的速率不同。当混合气体在驱动力——膜两侧相应组分压差的作用下，渗透速率相对较快的气体优先透过膜壁而在低压渗透侧被富集，渗透速率相对较慢的气体则在高压侧滞留被富集[3]。

不同气体的相对渗透率由低到高排列如下：C_2H_6、CH_4、N_2、CO、Ar、O_2、CO_2、H_2S、H_2、H_2O。膜分离装置的氢气产品物质的量浓度要求越高，氢气的回收率就越低；在高回收率操作时（原料组分和系统压力一定），所需的膜面积也越大，且膜面积随氢回收率的增加以指数关系增加。

膜分离系统的核心部件是一构型类似于管壳式换热器的膜分离器，由数万根细小的中空纤维丝浇铸成管束而置于承压管壳内。混合气体进入分离器后沿纤维的一侧轴向流动，"快气"不断透过膜壁而在纤维的另一侧富集，通过渗透气出口排出，而滞留气则从与气体入口相对的另一端渗余气出口排出。

氢气回收率的影响因素如下：

（1）原料气中液态水和轻烃的含量

膜分离系统原料气中含有少量水和轻烃，如果含量偏高会造成原料气中出现凝液，不但会堵塞膜分离器的小孔，妨碍气体分子的渗透，降低分离性能，而且因为膜丝材质为聚酰亚胺，烃类液体会溶解膜材质，造成膜丝永久损坏。因此，去除原料气中的液体对膜分离系统的正常操作至关重要。

（2）原料气温度

原料气温度降低时，产品氢气浓度提高，氢气回收率降低；但温度太低时，由于非渗透气中烃类含量较高，冷凝形成烃类液体会使膜丝损坏。原料气温度提高时，扩散系数提高，渗透速率增大，有利于气体分离，在原料气组成不变的前提下，提高原料气进膜温度，产品氢气纯度下降，氢气回收率略有提高，提高温度可以提高系统氢气回收率，除扩散系数影响外，温度的提高使操作温度远高于露点温度，减少凝液对中空纤维膜分离性能的影响。但原料气的温度不能超过膜分离器的允许温度，过高则会损害膜的分离性能，缩短膜的使用寿命[3]。

9.3.1.2 PSA（变压吸附）

PSA 利用不同压力下，固体吸附剂对介质不同的吸附能力来实现气体分离。通常在高压下，混合气体通过吸附剂床层后杂质气体被吸附，氢气则穿透床层得以提纯。当吸附剂吸附杂质气体达到饱和状态时，吸附塔转入净化步序，杂质气体低压解吸，吸附剂得以再生。PSA 通常分为吸附、降压、顺放、逆放、冲洗、升压、再吸附等步序，不同塔处于不同步序，所有塔完成以上步序后，进入下一吸附周期。

PSA 的最大优点是可以生产高纯度氢气，氢纯度（体积分数，下同）可达 99.99% 以上。但其氢气收率较低，解吸气中氢含量通常高于 40.00%，有时高达 60.00%。解吸气中高浓度氢气排放至瓦斯管网，造成氢气资源较大浪费。膜分离技术操作简单灵活，对原料选择性较为宽泛，可以处理原料中氢气含量为 20.00％～90.00％的氢气，但是受膜性能限制，当原料氢纯度较低时，产品气纯度难以满足炼厂氢网纯度要求[4]。

9.3.1.3　深冷分离

深冷分离技术目前广泛应用于工农业生产、国防建设和科学研究领域。该技术主要是以气体或气体混合物为工质，经绝热膨胀制取低温气体，通过换热器返流回收低温冷量或者使气体液化。透平膨胀机是压力能转化为冷能的核心部件，它的高速平稳运转能够提高制冷效率并为液化、分离系统提供持续足够的低温和冷能。

深冷分离技术回收烯烃的基本原理：根据 PE 装置尾气中各组分沸点的差异，通过深冷低温液化方法使高沸点的组分首先冷凝变为液体，然后经过高效气液分离器使液相烯烃从混合气体中分离出来。

深冷分离技术具有工艺流程简单、回收率高、能耗低、节约资源、无二次污染的特点。该技术可在聚烯烃行业节能减排方面起到推动作用，具有较高的推广价值。

9.3.2　技术比选

在项目规划时，要充分考虑工艺的灵活性、可靠性、装置扩能难易程度以及经济性等因素影响。单一的氢气回收技术往往达不到高效、高回收率的目的，需结合炼厂实际情况和各种氢气回收技术特点，通过两种或多种回收技术，对炼厂富氢气体进行梯级分离，实现高效、高回收率的氢气提纯回收。

以上 3 种工艺均具有较高的操作弹性，但操作灵活性则各不相同。当进料组分变化时，PSA 可通过调整吸附时间维持产品氢纯度，操作灵活性最高；膜分离也可通过调整膜前后压差满足产品氢纯度要求，操作灵活性居中；深冷产品气受原料性质变化影响最为明显，如原料中低沸点组分含量增加，将会直接影响产品气纯度，操作灵活性较差。就操作可靠性而言，膜分离可靠性最高，装置易损件较少；PSA 程控阀因频繁动作，有一定故障率，但故障塔可实现在线切除，维修程控阀后可将故障塔再次并入系统，可靠性居中；深冷分离原料预处理系统故障率较高，容易导致深冷装置停工，因此可靠性较差。

在膜分离中，由于 CO_2 和 H_2S 属于渗透较快的气体，随氢气进入渗透侧后，对产品氢气纯度和质量影响较大。而氢网要求进入产品氢气中的硫含量和 CO_2 较低，所以仅通过膜分离处理技术无法得到高质量的 H_2 产品。PSA 分离技术具有较好的 CO_2、O_2 等杂质脱除效果，因此，采用新建膜分离回收装置与连续重整装置的 PSA 进行耦合来实现对富氢气体物流的分离和回收，可以同时提高氢气的回收率和氢气的纯度。膜分离装置首先通过富氢膜分离单元对氢气含量较低的富氢气体进行氢气浓缩，达到 PSA 原料气要求后进入连续重整装置的 PSA 单元。然后，为了保持连续重整装置 PSA 单元不超过设计处理能力，增建辅助重整氢膜分离单元用于处理部分不含 CO_2、O_2 等杂质的来自连续重整装置的氢气部分。

9.3.3　膜分离与变压吸附耦合工艺

富氢回收单元分为重整氢膜、富氢膜两部分。工艺流程图如图 9-6 所示[4]。

重整氢膜（一段膜）工艺流程：重整氢进入重整氢缓冲罐，缓冲并去除固体颗粒和凝结水。罐顶气体进入重整氢膜前除雾器除去杂质和液滴后，进入膜前预热器预热，使原料气远

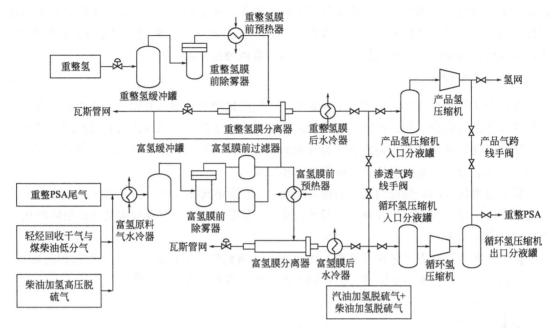

图 9-6　富氢回收单元工艺流程图

离露点，避免因氢气渗透后渗余气中烃类含量升高产生凝液破坏膜分离层。预热后气体进入重整氢膜分离器。膜渗透侧产出高纯度氢气，进入重整氢膜后水冷器冷却后进入产品氢压缩机前缓冲罐，气相自罐顶进入产品氢压缩机，增压后作为高纯产品氢气进入氢网。渗余气则排入瓦斯管网。

富氢膜（二段膜）工艺进料包括经增压后的重整 PSA 尾气和轻烃回收干气与煤柴油加氢低分气，原料气混合后经富氢原料气水冷器冷却，进入富氢原料气缓冲罐对原料气体进行分液处理，再经富氢膜前除雾器、富氢膜前过滤器除去液滴及杂质后进入富氢膜分离。高压渗余气排放至瓦斯管网，低压渗透气经重整氢膜后水冷器冷却后与汽油加氢脱硫尾气汇合进入循环氢压缩机前缓冲罐，脱除可能存在的饱和水。以上渗透气经循环氢压缩机增压后，进入循环氢缓冲罐对循环氢进行分液处理，除去凝结水，防止压缩机出口夹带水分被带入重整PSA 装置。

参考文献

[1] 顾正桂. 分离集成技术及实训[M]. 北京：科学出版社，2021：221-226.

[2] 戴厚良. 芳烃技术[M]. 北京：中国石化出版社，2014：411-418.

[3] 张维. 炼油厂富氢气体回收装置投用对氢网运行的影响[J]. 中外能源，2020，25(06)：73-78.

[4] 白尚奎，周伟民，田婷婷，魏娴，王强，李盼，宁少波. 膜分离与变压吸附耦合技术在炼厂氢气回收中的应用[J]. 天然气化工，2021，46(增 1)：113-117.

名 人 堂

W. K. 刘易斯（Warren K. Lewis），1882 年 8 月 21 日生于美国特拉华州劳雷尔，1975 年 5 月 9 日逝世。美国化学工程界先驱者，被誉为化学工程之父。1905 年获麻省理工学院学士学位，1908 年获德国布雷斯劳大学哲学博士学位。自 1910 年后，他终身在麻省理工学院任教。1923 年，他与 W. H. 华克尔及 W. H. 麦克亚当斯合著了世界第一部《化工原理》教材，成为数十年间乃至现代化学工程师必读书目。

刘易斯的另一重要贡献是与惠特曼（W. G. Whitman）于 20 世纪 20 年代共创双膜理论，双膜理论将复杂相际传质过程大为简化，对于具有固定气液相界面的系统以及速度不高的两流体间的传质，双膜理论与实际情况非常吻合，模型经多次改进，已成功用于环境中化合物在大气-水界面间的传质过程，较好地解释了液体吸收剂对气体的吸收过程。根据这一理论推导的相际传质速率方程沿用至今，是传质设备设计的主要理论依据，对于实际生产的应用具有重要意义。

刘易斯在皮革、橡胶制造、蒸馏、过滤、石油裂解、催化剂等方面也有较大贡献。在两次世界大战期间，担任有关防御毒气战争、发展核武器等工作的政府顾问。曾获得珀金斯奖章（1936 年）、美国化学学会普里斯特利奖章（1947 年）、美国化学家学会金质奖（1949 年）、美国化学学会工业工程化学奖（1957 年）。刘易斯重视理论与实践的结合，不仅在化学工程学科上开辟新的途径，使工业研究获得显著成果，他也是著名的教育家，1920 年，麻省理工学院成立化学工程系，由刘易斯任系主任，培养出不少著名学者。

沃伦 L. 麦克凯布（Warren L. MaCabe），1899 年出生于美国，1982 年去世。美国化学工程学家，化学工程的奠基人之一，先后获得美国密歇根大学学士、硕士和博士学位，曾担任北卡罗来纳州立大学化学工程系教授，著有《化工单元操作》（*Unit Operations and Chemical Engineering*），主要贡献是与欧内斯特·蒂勒（Ernest Thiele）共同研究了 McCabe-Thiele 图解法求解精馏塔理论塔板数的技术，为现代研究精馏分离的理论计算奠定基础。

麦克凯布-蒂勒方法（McCabe-Thiele method）被视为分析双组分蒸馏最基本最简易且最具启发性的方法，被现代广泛应用于双组分分离基本精馏塔的设计中，也是目前计算机模拟计算理论板的基础。本方法利用于每个理论塔板（均为气液平衡板）上的组成皆可由其中一成分之摩尔分数决定，且建立在等摩尔流率的假设之上（忽略热损失）。本方法由麦克凯布及蒂勒两人率先于 1925 年发表。当时，麦克凯布与蒂勒两人都在麻省理工学院任教。蒂勒于该年完成科学博士学位，并从该校毕业。拥有密歇根大学硕士的麦克凯布则在麻省理工学院担任预约教员，随后返回密歇根大学，并于 1928 年取得其博士学位。

舍伍德（Thomas K.Sherwood），1903 年出生于美国俄亥俄州哥伦布市，1976 年去世。美国化学工程学家，1929 年获麻省理工化学工程博士学位，1930 年至 1969 年担任麻省理工学院教授。主要贡献包括固体干燥、吸收、萃取、填料塔、泡罩塔板等，1937 年出版了《吸收和萃取作用》（*Absorption and Extr action*），是该化工分离领域第一部重要著作，为了纪念他，将无量纲数群 kl/D 命名为舍伍德数（Sherwood number），舍伍德数是反映包含有待定传质系数的无量纲数群，表征为对流传质与扩散传质的比值。

时钧，1912 年 12 月 13 日出生于中国江苏省常熟市，2005 年 9 月 1 日逝世。我国著名化学工程学家，化学工程专业的创导者和开拓者，化工教育界的一代宗师，1980 年当选为中国科学院院士。时钧撰写有《化学工程手册》中的"传质"和"吸收"两篇，主编《化学工程手册》（第二版），在吸收分离、干燥技术、膜分离技术和化工热力学等领域的研究均作出了重要贡献。1957 年开始即从事"湍流塔"和膜分离等技术的研究，1980 年后又对化工热力学和无机膜等方面进行了专题研究。

在膜分离的研究方面，时钧与合作者主要做了有关气体膜分离的研究，同时对一些渗透汽化过程和液膜分离设备性能进行开发。20 世纪 80 年代初期，时钧及其合作者用改性含氟树脂膜对氨、氢、氮混合气体进行渗透分离，为从混合气体中分离氨提供了新方法，当时在国内外是一项首创工作。1985 年后，在气体膜分离方面做了较为系统的研究工作，用各种不同的国产膜，组成单膜和双膜渗透器以及连续膜塔，以 $He-N_2-CH_4$，$CH_4-CO_2-N_2$ 等混合气体为对象进行分离试验，并从理论上阐述气体在膜中的溶解与渗透的机理，探索了各种膜渗透器及其系统的气体分离计算方法，建立了新的数学模型。这个新模型对任意组分数的混合气体在不同类型的膜渗透器及其系统中的分离计算都是适用的。此外，他们还建立了气体在膜中溶解和渗透机理的通用热力学模型，以及存在有增塑化作用时的渗透机理模型等。在液膜分离方面，时钧等人采用多孔转盘塔进行了油-乳-水体系中的流体力学性能、液滴直径分布以及传质效果等的研究。

为了表彰时钧的卓著成就，化学工业部特授予他"全国化工有重大贡献的优秀专家"的光荣称号，成为我国首批享受政府特殊津贴的专家。时钧先生终生注重科学研究，认为工程科学始终是一门实验科学，他兢兢业业、埋头工作、严谨治学、淡泊名利，曾在异常艰难的环境中和极其简陋的条件下取得多项研究成果，为我国化工科学的发展奠定了坚实的基础。时钧先生为后辈之楷模，"时钧精神"激励着一代又一代的化工科技工作者为祖国的科研事业和中华民族的伟大复兴而奋勇前进。

余国琮，1922 年 11 月 18 日出生于中国广东省广州市，2022 年 4 月 6 日逝世。我国精馏分离学科创始人，现代工业精馏技术先行者、化工分离工程科学开拓者，中国科学院院士。著有《化工计算传质学》（合作），主编《化学工程辞典》《化学工程手册》等。他深耕精馏技术，研究成果应用于新建或改造的工业精馏塔数以千计，直接带动了

我国石化、轻工、环保等行业精馏分离技术的进步，助推我国石化工业技术的跨越式发展。

20世纪80年代初，余国琮团队首次应用自主技术成功改造大庆油田乙烯生产成套进口装置，轻质烃的回收率超过原有设计指标，设备性能和能耗得到改善，这标志着我国化工分离技术在当时已经达到世界领先水平。余国琮团队研发的"具有新型塔内件的高效填料精馏塔"等多项成果在我国20多个省份的数千座精馏塔中获得成功应用，单位降耗达30%至50%，目前石化工业全行业80%以上的精馏塔均采用了该项新技术；在炼油常减压精馏领域解决了我国千万吨炼油中超大型精馏塔的设计问题，国内技术市场覆盖率达到90%；在空气产品分离这一重要领域技术市场占有率达到80%以上，完全取代了国外技术，为企业创造了巨额经济效益，为国家经济建设作出了重大贡献，多项成果获得国家科技进步奖。

进入21世纪，化学工业成为我国国民经济的支柱性产业，为各行业的发展提供各种原料和燃料，支撑着我国经济的高速增长。精馏，作为覆盖所有石化工业的通用技术，在炼油、乙烯和其他大型化工过程中发挥着关键作用。余国琮十分注重以市场为导向积极推动产业化，亲手创建了精馏领域的国家重点实验室以及我国最早的高效精馏设备产业化加工中心，创造性地提出了"研究设计—加工—安装—服务一条龙"的成果转化模式，解放了团队的创新能力。特别是在获得巨大的经济效益的同时，技术的进步实现了节能减碳的显著效果，推动我国石化工业的可持续绿色发展。